# 中国美学史新著

ZHONGGUO
MEIXUESHI XINZHU

王振复 著

北京大学出版社
PEKING UNIVERSITY PRESS

### 图书在版编目(CIP)数据

中国美学史新著/王振复著.—北京:北京大学出版社,2009.11

ISBN 978-7-301-13750-5

Ⅰ.中… Ⅱ.王… Ⅲ.美学史-中华-教材 Ⅳ.B83-092

中国版本图书馆 CIP 数据核字(2008)第 063085 号

| | |
|---|---|
| 书　　　　名: | 中国美学史新著 |
| 著作责任者: | 王振复　著 |
| 责 任 编 辑: | 张雅秋 |
| 封 面 设 计: | 奇文云海 |
| 标 准 书 号: | ISBN 978-7-301-13750-5/I·2041 |
| 出 版 发 行: | 北京大学出版社 |
| 地　　　　址: | 北京市海淀区成府路 205 号　100871 |
| 网　　　　址: | http://www.pup.cn　电子邮箱:pkuwsz@yahoo.com.cn |
| 电　　　　话: | 邮购部 62752015　发行部 62750672　出版部 62754962<br>编辑部 62752022 |
| 印　　刷　　者: | 三河市欣欣印刷有限公司 |
| 经　　销　　者: | 新华书店 |
| | 650×980mm　16 开本　25.75 印张　440 千字 |
| | 2009 年 11 月第 1 版　2009 年 11 月第 1 次印刷 |
| 定　　　　价: | 39.00 元 |

未经许可,不得以任何方式复制或抄袭本书之部分或全部内容。
版权所有,侵权必究
举报电话:010-62752024;电子邮箱:fd@pup.pku.edu.cn

# 目 录

导言　文化人类学三路向："神话"说、"图腾"
　　　说与"巫术"说 …………………………………（1）
第一章　巫史文化根性与原始审美意识 ………………（11）
　　第一节　原巫文化 …………………………………（11）
　　第二节　史的文化 …………………………………（16）
　　第三节　原始审美意识何以发生 …………………（18）
　　第四节　卜辞原始审美意识探问 …………………（22）
　　第五节　龙文化与原始审美意识 …………………（27）
第二章　先秦子学与"前美学" …………………………（33）
　　第一节　"轴心时代"的"祛魅" ……………………（33）
　　第二节　郭店楚简《老子》的美学贡献 …………（48）
　　第三节　通行本《老子》的美学贡献 ……………（57）
　　第四节　孔子仁学的美学意义 ……………………（62）
　　第五节　楚简《性自命出》的审美意识 …………（68）
　　第六节　孟子心性说与审美意识 …………………（75）
　　第七节　庄子哲学的美学精神 ……………………（82）
　　第八节　《易传》思想的美学蕴涵 ………………（93）
　　第九节　荀子思想的美学蕴涵 ……………………（98）
　　第十节　值得注意的美学范畴与命题 ……………（104）
第三章　秦汉经学与"前美学" …………………………（116）
　　第一节　黄老之学的美学理念 ……………………（116）
　　第二节　"独尊儒术"的美学理念 …………………（120）
　　第三节　人文时间与人文初祖的美学意义
　　　　　　　……………………………………………（127）
　　第四节　谶纬神学与审美 …………………………（132）
　　第五节　唯"物"而"疾虚妄"的审美 ………………（136）
　　第六节　美学范畴、命题俯瞰 ……………………（142）

## 第四章　魏晋南北朝玄、佛、儒的趋于融合如何促成美学建构 ……（154）

　　第一节　自然、名教之辨 ……（154）
　　第二节　言、意之辨 ……（160）
　　第三节　有、无之辨 ……（165）
　　第四节　才、性之辨 ……（168）
　　第五节　以"无"说"空" ……（175）
　　第六节　"唯务折衷"：《文心雕龙》美学的文化素质 ……（181）
　　第七节　美学范畴、命题择要 ……（190）

## 第五章　隋唐佛学与美学 ……（200）

　　第一节　隋唐美学的人文品格 ……（200）
　　第二节　法海本《坛经》的美学诉求 ……（212）
　　第三节　审美"意境"说的佛学解析 ……（226）
　　第四节　美学范畴、命题解读 ……（241）

## 第六章　宋明理学美学的完成 ……（253）

　　第一节　理学美学的文化前奏 ……（254）
　　第二节　道德作为本体：审美如何可能 ……（260）
　　第三节　道德本体与存养工夫 ……（264）
　　第四节　良知："为动去静是格物" ……（278）
　　第五节　入世、出世与弃世 ……（284）
　　第六节　文、道之辨 ……（290）
　　第七节　"闲和严静"的美学 ……（298）
　　第八节　美学范畴、命题讨论 ……（305）

## 第七章　清代实学与中华古典美学的终结 ……（323）

　　第一节　"气"哲学的美学之思 ……（324）
　　第二节　尚"实"的美学思考 ……（331）
　　第三节　从古典走向现代 ……（343）
　　第四节　值得重视的美学范畴与命题 ……（357）

## 第八章　20世纪中华美学的现代格局 ……（367）

　　第一节　守成主义 ……（369）
　　第二节　自由主义 ……（381）

第三节　激进主义 …………………………（389）
第四节　美学范畴与命题问题简说 ………（399）

**主要征引与参考书目** …………………………（403）
**后　记** ………………………………………（408）

# 导言
# 文化人类学三路向:"神话"说、"图腾"说与"巫术"说

研究中华美学史,须从研究中华文化根性问题入手。

中华美学的文化根性究竟是什么?这关系到原始审美意识何以发生这一重要的理论课题,也是中华古代美学何以如此的根据。

关于这一学术课题,可以从文化人类学的三大路向来进行研究:"神话"说、"图腾"说与"巫术"说。

## 一、"神话"说

这一研究路向,将中华原古文化的主导形态,看做神话,认为中华原古存在着一个神话时代。所谓"原始思维",被称为"神话思维"。后世传说所谓女娲补天、伏羲创卦、仓颉造字、精卫填海、神农尝草、后羿射日与大禹治水等等,包括黄帝这一中华民族(汉民族)"人文初祖"的神话,都是"神话"说的立论支点。"神话"说运用荣格、弗莱神话"原型"说的观念与方法,来研究中华文化的根性问题,探讨中华原始审美意识的发生。荣格假定人类具有某种先在的文化心理模式,或称做文化精神本能,称其为"集体无意识";弗莱将"原型"理解为"典型的即反复出现的原始意象"。这为"神话"论者所改造并倡言文化心理"积淀"说,是实践论意义上的审美精神"原型"说。"神话"说指出,人类文化包括中华文化在其起步之始,固然并非如荣格所言主体心灵本具一种先在的"精神底色",但原始初民的体质包括脑质作为宇宙、地球生物进化之成果,由于各种族、民族的人种体质、脑质的自然质料及其与环境的实践关系必有区别,便本然地生成各自的"种族记忆",这就是"原型"。就原始初民而言,"原型"是人类本能、无意识的心理机制及其文化内容与隐在的一种文化结构,它在人类文化历程中显现为"原始

意象",便是原古神话。据荣格说,原古神话携带了诸多文化原型,如诞生、死亡、再生、英雄、力量、巨人、上帝、大地之母以及人格的阿尼玛、阿尼玛斯、阴影与自身等①。又据弗莱所言,审美诸如文学审美"总的说来是'移位'的神话"。这神话作为审美"原型",总是反复呈现四季交替的结构,即"喜剧",对应于欢愉的春天;"传奇"(爱情故事),对应于梦幻般神奇的夏天;"悲剧",对应于崇高悲壮的秋天;"讽刺",对应于在危机中孕育生机的冬天。春象征神的诞生,夏象征神的历险,秋象征神的受难,冬象征神的有待于复活。弗莱认为,这种神话"结构",便是叙事文学及其审美的"原型"。

"神话"说在理念与方法上,实际已与荣格、弗莱的"原型"说建立了一种学理上的信任关系,它舍弃"原型"说的先验性与神秘性,作为人类学的一种"预设",提供了研究中华文化根性及原始审美意识之何以发生的一条思路。学者们坚信,既然原古神话作为"原始意象"蕴涵着诸多文化"原型",那么,中华原始初民原始审美意识的萌生及其文化根性,则一定可以在原始神话中被发现。认为通过研究中华原古神话这一文化形态,可以揭示原始文化的基本素质与原始审美意识发生的真实关系,是一条可行的学术思路。

然而笔者以为,"神话"说在研究中华文化之根性及其原始审美意识何以发生这一学术课题时,可能会遇到三个困难。第一,神话究竟是不是中华原古文化的主导形态与最原始的"原始意象",恐怕是有疑问的。中华原古神话并不十分发达,这一点如与古希腊神话、古印度神话相比较,是毋庸置疑的;中华原古神话传说之见诸文本,是相对晚近的事。关于伏羲的神话,主要见于战国《易传》。保存了许多神话传说的《山海经》,凡18篇,其中14篇为战国时作品,《海内经》四篇为西汉初年作品。关于黄帝的神话,起于战国黄老学派而成于西汉"五德终始"说。盘古的神话,始于三国徐整所著《三五历记》②与南朝梁任昉《述异记》。这说明,中华原古的神话思维,其实并不很发达。这从一般原古神话传说的篇幅短小这一点亦能见出。毋宁可以认为,神话其实并不是中华原古文化的主导形态与最原始的"原始意象"。第二,中华文化是一种"淡于宗教"的文化,这一见解自从梁漱溟倡

---

① 阿尼玛(Anima),指人格面具(persona)遮蔽下的男性人格中的女性原型因素;阿尼玛斯(Animas),指女性人格中的男性人格因素;阴影(shadow),指人格心灵之最隐秘、最黑暗的部分;自身(the self),指人格心灵结构的协调因素。

② 《三五历记》一书已佚,关于盘古的神话传说,见《太平御览》卷二所引录。

言,大抵成为学界共识。因为是"淡于宗教"的文化,其原古神话的生产,便必然缺乏丰饶、深厚的文化土壤。"淡于宗教",尤其使原古神话缺乏主神意识,如宙斯、梵天这样的主神,在中华神话中从未出现。在《三五历记》中,传说盘古随"天日高一丈,地日厚一丈"而"日长一丈",但其只是生于天地混沌之中,是天地混沌生盘古而不是盘古生天地。在任昉《述异记》中,盘古确有"开天辟地"之功,"盘古氏,天地万物之祖也,然则生物始于盘古"。然而天地万物,却为盘古死后由身体各部所变演,盘古不是宗教主神,亦难成为神话主神。而且,这开天辟地的神话所体现的,是南朝这相当晚近的中国人的创世神话观,不能作为中华文化根性及原始审美意识起于神话的直接证据。第三,神话这一"宏伟叙事"的方式,在古希腊,曾经是不可企及的文学审美范本,给后世的叙事体文学以深巨影响。欧洲文学的审美历史上,诸多叙事体文学作品,以古希腊神话为题材、主题与灵感的例子不胜枚举。从古希腊的悲剧与喜剧作家,到处于中世纪与文艺复兴之际的但丁,再到文艺复兴时期的文学巨匠莎士比亚及17世纪到20世纪的大批文学天才,他们个个都是"讲故事"的好手,不啻可以看做受古希腊神话传统"宏伟叙事"熏染之故。然而在古代中华,这一文学的文脉景象是不存在的。先秦文学如《诗》固然不乏"叙事"的篇什,但这"叙事"仅是"宣情"的手段,不同于古希腊文学的重于"叙事"。今文《尚书·尧典》倡言"诗言志",此"志"指感觉、情感、意念、记忆、想象与理想等综合的审美心理内容。儒家所言"志",偏重于伦理道德,确是"言志"而非"言事"。中国文学很早就形成了"宣情"、"言志"的传统,在"叙事"方面发蒙较迟而显得有些拙于"讲故事"。这可以看做中华原古神话及神话思维相对薄弱的一个有力反证。原古神话传说这一审美现象,固然与中华美学的文化根性相联系,而中华美学的文化根性及原始审美意识的"原型",却不是"神话"。可见,试图以"神话"说的理念与方法来解读中华美学的文化根性问题,虽然不失为一条学术思路,但恐不符中华文化及其文学审美的原始现实而显得有些步履维艰。

**二、"图腾"说**

此说认为,人类最古老的一种主导文化形态是图腾文化。图腾,印第安语 totem 的音译,意为"他的亲族",18 世纪末叶由约翰·朗格《一个印第安译员兼商人的航海与旅行》一书首次提出。图腾,被认为是原始初民意识到人之生命起始并假设与追问人之生命何以起始的一种远古文化与心理现象,是原始初民最早的宗教信仰之一。"图腾是意识到人类集团成员们的共同性的一切已知形式中最古老的形式","意识到人类集体统一性的最初形式是图腾"①。虽然关于图腾的意识与理念究竟起于何时,是一个十分烦难的学术课题,要在历史、考古学意义上寻找图腾的文化源头即"第一因",即找到历史时间最原始意义上的图腾文化实例,几乎是不可能的,但是,原古图腾包含着一个巨大而重要的文化主题,即人类对自身的生命与精神究竟来自何方深表关切与敬畏,寻根问祖,成为生活、生产、生命与精神的第一需要。人类意识到并且总有一种心灵冲动,即总在努力寻找"他的亲族",寻找自己的"父亲"甚至"母亲",以便使整个氏族牢固地团结在图腾的旗帜下,去共同面对外部叵测世界的挑战,使自己的精神有一个权威可以依附,沐浴在偶像崇拜的文化氛围中。图腾的文化功能,在于唤醒氏族的群体意识以及群体意识隶属下的生命意识。可以说,人类原始图腾意识、理念与行为的发生,一开始就本在地存在着通往此后哲学、美学与艺术审美之发生的历史与人文性契机。图腾是宗教的"前史"现象。它证明,宗教主神其实已在图腾文化中孕育。图腾是一种史前文化的"错觉",它将动物、植物甚至山岳、河川与苍穹之类认作氏族的"先父"或"先母"。但在这"错觉"中,氏族对生命先祖的崇拜与敬畏,却是十分真实的。图腾是不是人类最古老、最初的一种主导文化形态,目前学界尚有争论。笔者以为,图腾的文化机制,是原古祖先崇拜与自然崇拜的合一。图腾文化必诞生于祖先崇拜与自然崇拜诞生之后,或者至少与祖先、自然崇拜同时诞生。而自然崇拜诞生在先,祖先崇拜的诞生稍后,这是人类文化史的常识问题。因此可以推见,图腾可能不会成为人类最早的一种主导文化方式。目前学界有的学人以为,史前艺术发生的原始动因是图腾意识与理念。这一见解牵涉诸多相应问题。首先,我们在什么意义上谈艺术的起源,是审美意义上的,还是文化意义上的?倘是前者,则史前时期这样的"艺术"还不存在,今人所说的审美性艺术,在史前尚未具有独立而纯粹的品格与形态,艺术在其发生之时远不是纯粹审美的,仅仅孕育、蕴含着审美的胚素。倘是后者,则这样的"艺术"及其"起源",其实是"文化"及其起源的问题。Art(艺术)这个词在西文里本义是"人为"或"人工造作"。凡是"人为"或"人工造作"的行为主体、过程、方式与产品,都可称为"艺术"。罗宾·乔治·科林伍德说:"中古拉丁语中的

---

① 苏联科学院民族研究院:《原始社会史——一般问题、人类社会起源问题》,中译本,浙江人民出版社,1990年,第436—437页。

Ars,很像早期英语中的 Art","古拉丁语中的 Ars,类似希腊语中的'技艺'"。①这种"艺术"(技艺)的概念,是广义的,也是本义的,证明人类文化史上最早的所谓"艺术",其实指的是孕育、蕴含着审美等因素的文化。不仅"技艺"是"艺术","巫术"是"艺术","图腾"也是"艺术"。如果是这样,那么,所谓史前艺术发生的原始动因是图腾理念这一命题,便会遭遇被质疑的考验。须知原始图腾本身就是包含在史前"艺术"之中的,或曰原始图腾本身就是史前"艺术"(原始文化)的有机构成,因而,在这两者之间不存在历史与人文的因果联系。

原始图腾文化是否蕴含中华美学的文化根性,值得进一步讨论。

中华古籍关于原始图腾及其文化遗构的记载很多。《诗经·商颂》云:"天命玄鸟,降而生商。"说明商部落原以玄鸟为图腾。大史笔司马迁《史记·殷本纪》解释云:"殷契,母曰简狄,有娀氏之女,为帝喾次妃。三人行浴,见玄鸟堕其卵,简狄取吞之,因孕生契。"其"秦本纪"又云:"秦之先,帝颛顼之苗裔,孙曰女修。女修织,玄鸟陨卵,女修吞之,生子大业。"玄鸟,古籍一说为燕子。《古诗十九首》:"秋蝉鸣树间,玄鸟逝安适?"一说为鹤。《文选·思玄赋》:"子有故于玄鸟兮,归母氏而后宁。"李善注:"玄鸟,谓鹤也。"不管是燕是鹤,两说都指的是鸟图腾。周人以姜嫄履大人(巨人)迹而感生为图腾传说。《诗经·生民》唱道:"厥初生民,时维姜嫄。生民何如?克禋克祀,以弗无子!履帝武敏歆,攸介攸止。载震载夙,载生载育,时维后稷。"《史记·周本纪》解释云:"周后稷,名弃。其母有邰氏曰姜嫄。姜嫄为帝喾元妃。姜嫄出野,见巨人迹,心忻然悦,欲践之。践之而身动如孕者。居期而生子,以为不祥,弃之隘巷,马牛过者皆辟(避)不践,徙置之林中。适会山林多人,又迁之。而弃渠中冰上,飞鸟以其翼覆荐。姜嫄以为神,遂收养长之。初欲弃之,因名曰弃。"《山海经》所言"人面蛇身"、"人首蛇身",罗愿《尔雅·翼·释龙》所谓"角似鹿,头似驼,眼似龟,项似蛇,腹似蜃,鳞似鱼,爪似鹰,掌似虎,耳似牛"之龙的形象,实际是多种动物图腾的综合,证明中华原始图腾的崇拜对象很丰富。

恩斯特·卡西尔指出:"中国是标准的祖先崇拜的国家,在那里我们可以研究祖先崇拜的一切基本特征与一切特殊含义。"②德·格罗特认为:"我

---

① 罗宾·乔治·科林伍德:《艺术原理》,中国社会科学院出版社,1985年,第6—7页。
② 恩斯特·卡西尔:《人论》,上海译文出版社,1985年,第109页。

们不能不把对双亲和祖宗的崇拜看成是中国人宗教和社会生活的核心的核心。"①以自然崇拜意识与祖宗崇拜意识合一为文化机制的中华原始图腾文化,不能不说是中华民族以生命意识为其根性的文化表现形态之一。

问题是,体现于原始图腾文化中的生命意识,还不等于是祖宗崇拜文化中的生命意识。原始图腾的发生,固然是原始初民某种关于自身来自何因的生命意识的开始苏醒,那种寻根问祖的文化心灵的"冲动"是真实的。但是,当原始初民已经意识到、并努力地寻找自己的血缘"亲族"时,却不是、也不能自觉地将其"凝视"的目光准确地投向其真正的、实际存在的血缘祖先,而是错误地认同"他者"(动植物、山川之类)为自己的"生身父母"。图腾崇拜所表现出来的生命意识,是初始的、朦胧的、神秘的与不成熟的,毋宁可以看做是一种"前生命意识"。万物有灵的意识与理念,是自然崇拜的文化心理基础。因此原始图腾崇拜,固然是原古祖宗崇拜与自然崇拜的合一,但实际上是原始初民从自然崇拜向祖宗崇拜转嬗的一种文化、心理方式。原始初民已经意识到认祖的精神需要,并且崇祖在整个氏族的政治、经济、军事与文化活动中也的确是一实际需要,然则初民却企图将其放在原古自然崇拜的文化方式中去求得解决。原始图腾崇拜,实际是祖宗崇拜的前期方式,是不成熟的、初起的原始祖宗崇拜。

中华美学何以发生及其文化根性,显然与原始祖宗崇拜之顽强的、独具的生命意识相联系,从具有"前生命意识"的原始图腾文化进入,探究中华民族的原始审美意识之何以发生,确是可行的学术之途。但值得注意的是,第一,尽管中华原古图腾文化相当发达,却并非原始(史前)文化的唯一形态。除了原始图腾,还有原始神话与原始巫术等等,也无有力证据可以证明,原始图腾是中华最古老的主导文化形态。第二,体现于原始祖宗崇拜的原始生命意识,确是中华美学文化根性的心理蕴涵,然而,中华美学的文化根性,却并非仅仅是生命意识。除此之外,还有"象"意识、"天人合一"意识与"时"意识等等,况且原始图腾文化的意识,仅是"前生命意识"而已。第三,原始图腾文化从原始自然崇拜角度,倒错地树立一个虚假的、替代的祖宗权威而真正的祖宗其实并不"在场"。这个假想中的祖宗权威是一个巨大的崇拜对象,他的深沉的文化尺度与情感空间,确为从原始宗教意义上的崇拜走向审美意义上的崇高,开辟了一条文化、历史之路。但中华自古没有

---

① 德·格罗特:《中国人的宗教》,引自《人论》,上海译文出版社,1985年,第109页。

"崇高"这一美学范畴①,只有所谓阳刚、雄浑、悲壮、悲慨、宏壮、沉郁与风骨等等与"崇高"意义相近、相通的美学范畴。唐司空图《诗品》将雄浑、悲慨等列于诗美二十四品之列。南宋严羽《沧浪诗话·诗辨》亦说"雄浑"为诗之"九品"之一,并将司空图的"悲慨"改为"悲壮"。唐代来华日僧遍照金刚《文镜秘府论·论体》首唱"宏壮",后来王国维《人间词话》加以重申,并使"宏壮"与"优美"相对。阳刚这一范畴,源自中华古代气论及阴阳之说,在《易传》所言"内阴而外阳,内柔而外刚"中已包含了阳刚(与之相应的是阴柔)这一范畴的本义。清人姚鼐《复鲁絜非书》对阳刚与阴柔有过非常生动且前所未有的描述,而直至清末曾国藩《求阙斋日记》才提出与阴柔相对的阳刚这一美学范畴:"阳刚者,气势浩瀚;阴柔者,韵味深美。"其庚申三月的日记写道:"阳刚之美曰雄直怪丽;阴柔之美曰茹远洁适。"凡此不难见出,"崇高"作为美学范畴长时期不在中华美学史的视野之内。中华美学史所以不言"崇高",原因在于中华文化是一种东方古老的礼乐文化。中华文化不是没有"忧患"意识,郭店楚简与《易传》曾说到"忧患",但是并没有将其理解、领悟为生命存在本身的悲剧性体验及其痛感。中华文化在印度佛教入传以前,一般只承认人格之悲,不承认人性之悲;只承认生活之悲,不承认生命之悲。这用《易传》的一句话来说,叫做"乐天知命故不忧"。中华美学史缺乏"崇高"这一范畴,正是中华文化缺乏生命之悲的悲剧意识这一文化根性的表现。因此,如果说中华原始图腾确是中华美学文化根性之所在,那么,从原始图腾崇拜所升华而起的生命悲剧意识及其崇高,应当成为中华美学史的一个重要而经常性主题,可是这一点,我们未能也不能从中华美学史中得到有力的反证。

这或许可以说,"图腾"说固然是研究中华美学的文化根性及其原始审美意识之何以发生的一条思路与学术之途,但有一些理论上的困难不好解决,值得加以进一步讨论。

### 三、"巫术"说

此说认为,原始巫术作为人类企图把握世界的一种文化的迷信与"倒

---

① "注:崇高"一词,始见于《国语·楚语上》,原文为:"灵王为章华之台,与伍举升焉。曰:'台美夫!'对曰:'臣闻国君服宠以为美,安民以为乐,听德以为聪,致远以为明。不闻其以土木之崇高,彤镂为美。'"此"崇高",指建筑物的高峻。又,《易传》亦说到"崇高",指道德。

错的实践",是中华原古文化的主导形态①。人类原始文化史,是人类原始实践史而不仅仅是原始心灵史、理念史与"话语"史。如果说"神话"说与"图腾"说,偏重于从原始人类的文化心理、理念与"话语"入手,来研究中华美学的文化根性及其原始审美意识之发生,是一条可行的学术思路的话,那么,"巫术"说首先是将原始巫术文化作为一种原古人类的文化实践方式来加以考察与研究的。"巫术"说认为,原始巫术之所以是原古文化的主导形态,其原因是,它几乎渗透、贯穿与存在于原始初民的一切生产与生活领域。原始巫术几乎是原始先民的原始生存方式本身。原古文化史证明,在原始初民的生命全过程中,在一切重要、艰难的生命、生活与生产(包括人自身的生产)活动中,原始巫术活动几乎无处、无时不在,它是原始初民的生存状态与生存策略本身,是原始先民与盲目的自然力量及其社会力量进行"对话"的主要方式。原始巫术文化的发生,在文化意识与理念上具有五大文化要素:1. 自然与社会难题的存在并且被人所意识到;2. 人盲目迷信自己能够解决一切自然与社会难题;3. 人的头脑中已经产生"万物有灵"、精灵与鬼神意识即被歪曲了的前生命意识;4. 人的生命本身本具一种总是想把原始生命意志与情感实现于对象的实践冲动;5. 其目的是为了人自己而并非为了神。原始神话可以通过口头"话语"来表现包括原始图腾、原始巫术在内的先民一切实践与文化理念方式,而它自己仅是先民的一种精神现象;原始图腾是一种原始先民以自然崇拜的方式所进行的崇祖文化现象,即在意识、理念与情感上,把不是某一种族、氏族祖先的动物、植物甚至山岳、河川与苍穹等错认为血亲先祖,并且加以崇拜。它只有在原始人类追溯自身生命的起源、报本追远、对祖宗感恩时才具有文化意义。而相比之下,原始巫术作为一种"前宗教"方式、生产与生活方式,在原始社会中是非常活跃的。列维·施特劳斯说:"巫术思想,即胡伯特和毛斯所说的那种'关于因果律主题的辉煌的变奏曲'"②,在原始先民的生命历程中,巫术几乎是到处普遍地实行的,哪里人类企图用巫术手段来控制环境及人自身的命运,哪里便是巫术文化的领地。比如,一群原始狩猎者今日不知该到哪里去狩猎,就随手从住地的一棵树上抓了一条虫,放在沙地上让它随意地爬,虫爬行的方向、距离以及路线的曲直状态,便被认为是指示了狩猎的方向、距离之远近以及行进路线的曲折、艰难或顺利等。这是一个原始巫术过程,

---

① 参见王振复:《巫术:周易的文化智慧》,浙江古籍出版社,1990年第一版,1999年第二版。
② 列维·施特劳斯:《野性的思维》,商务印书馆,1987年,第15页。

也是作为原始劳动即狩猎实践的重要构成。毋庸置疑,原始先民的一切生活、生产领域,几乎到处是巫术的实践。

原始巫术是人类原始文化的一种常式。著名人类学家泰勒、弗雷泽、马林诺夫斯基与列维·施特劳斯等人的人类学研究及其著述,都把原始巫术文化作为研究原始文化的主要对象与切入点。当然,神话、图腾与巫术文化,在远古作为人类文化的"原始混沌"往往并不是分立、分开的,如中国的龙,既是中华古老文化之最显著、最巨大、最重要的"原始意象"即神话之原型,又是中华民族(华夏民族)生殖、崇祖的图腾崇拜,还是中华原始巫术文化之最古老的一种吉兆,龙象是远古中华文化集神话原型、图腾崇拜与巫术行为于一身的一个"原始混沌"。我们在探讨人类或中华艺术及审美的何以起源时,尽可以从偏于原始神话、原始图腾或原始巫术入手,但这不等于说三者是各自起源与独立发展的。三者共同统一于原始宗教即"原神"文化。

中华原始文化的主导形态,是以渗融着原始神话、原始图腾为重要因素的原始巫术文化为代表的。起源悠古、盛于殷代的甲骨占卜与殷周之际的《周易》占筮,是富于中华民族文化特色的、形态成熟的原始巫术文化,它历史地孕育了属于这个伟大民族之独特的原始审美意识。在此之前,必然还有更为悠远、原创的而迄今已失传了的原始巫术文化,如《尚书·夏书·禹贡》关于"夏禹征龟"的传说,所为夏易、殷易的记载,以及《左传》《国语》等典籍关于卜筮那么丰富的资料记述,都在证明卜筮作为中华自远古承传而来的主导文化形态的意义。

"巫术"说认为,原始巫术作为中华古老文化的不离于原始神话与原始图腾的一种主导文化形态,确是中华文化、中华美学之文化根性所在,中华古代文化是一种"巫史"文化,具有史的文化素质,而史是由巫而非神话与图腾发展而来的(详后),原始审美意识之发生,与"巫"具有更密切的历史与人文联系。

第一,正如前述,中华民族自古是一个十分热衷于原始巫术文化的民族,除了甲骨占卜与周易占筮,诸如占星术(包括日占、月占、五星占与恒星占等)、望气与风角等原始巫术"技艺",也运用得十分娴熟,其原始巫术文化之发达,是毋庸置疑的。尤其是筮,其象数体系是后代发育为中国哲学、科学、伦理与艺术审美等的原始文化沃土。就原始审美意识而言,所谓天人合一观、时空观、生命(气)观与意象观等,都源于易筮这一原古巫术文化形态。

第二，中华原始巫术文化不是成熟意义上的宗教，它是宗教的一种前期形态，可以说是"宗教前的宗教"。中华民族的典型文化表现之一是"淡于宗教"。之所以如此，恰恰由于原始巫术文化过于发达之故。从原始巫术文化的原始思维、原始情感与原始意志看，巫术的思维固然承认外界之神灵力量及其权威的存在，却不承认神灵的绝对权威。人、神"互渗"，在思想与思维之"天人合一"、"天人感应"的模式中，是人犹神、神犹人，人神同在，或者说，原始巫术作为人（巫）的"作法"，借助神灵的力量来显示人（巫）的力量以达到人的目的。因此，原始巫术所体现的是人在神面前并未如宗教那般人彻底地向神跪下，而是仅仅跪下了一条腿，具有一定的主体意识，它曲折地体现在所谓神神鬼鬼的巫术活动之中。巫术的情感诚然是非理性的、迷信的、痛苦的与悲剧性的，然而人在巫术活动中，总是相信人可以借助神灵以把握世界及自己的命运，人将实际上的悲剧性人生变成了精神上的喜剧性（快乐）人生。学界所公认的中华文化的"乐感"性质，其实是由原始巫术文化的盲目乐观之根性所铸就的。同时，中华原始巫术文化所表达的情感，是相对平和而不是决然迷狂的，试看甲骨占卜与周易占筮，皆相对从容与理性。尤其原始易筮，是数的推演，具有趋于理性的文化特征。巫术的意志自然是强烈而明确的，但是人的"作法"（巫术行为）纯粹是为人而非为神。在巫术中，人只是借助于神，不是去达到神的目的，而是人的意志的战胜。因此，中华原始巫术文化的过分发达，由于其原始理性的巨大历史、人文作用，使得中华文化未能由原始巫术成长为宗教，因为它一开始就缺乏主神意识。或者说，原始理性相对强大而持久的中华原始巫术文化，恰恰是阻碍主神意识的历史性生成的，它是消解或遮蔽主神意识的巨大精神之力。一个缺乏主神意识的民族与文化绝不会产生像样的宗教。故"淡于宗教"是历史、人文之必然。中华文化的根性表现之一是"实用理性"，其实这种道德伦理意义上的"实用理性"，首先表现在原始巫术中。凡巫术，既比宗教"理性"又是讲究"实用"的。巫术的目的，是所谓"趋吉避凶"，它是讲究实用的，此以中华古代的甲骨占卜与《周易》占筮为典型。

# 第一章
# 巫史文化根性与原始审美意识

## 第一节 原巫文化

### 一、"巫"的传说

据中华远古神话传说,天地、人神之间原本混溶,无有阻碍,神界人界未分,天与地之际可以自由交通。其中介,类似古印度所为"宇宙树"(Cosmic Tree)。"宇宙树",古印度典籍《梨俱吠陀》(约成于公元前 1300 至公元前 1000 年)卷十第八十一篇,称其存在于"苍天与大地"之际。印度婆罗门教、佛教与耆那教等宗教传说,都称"阎浮提(jambu)树",其高巨无比。此树长在阎浮洲最高的山顶上,佛教称其高一百由旬(古印度长度单位,原指帝王一日行程,约合三四十里),婆罗门教则说它高一千一百由旬,成为天与地之间一种想象的"联系"。在古埃及,人们关于"宇宙树"的坚强信念是:"天是一棵巨大的树,以其阴影笼罩了整个大地,星辰则是悬挂在大树树枝上的果实或树叶。当诸神栖息在其枝上时,他们显然就与这些星辰合为一体了。"①

中华原古的"宇宙树",被称为"建木"与"扶桑":

> 南海之内,黑水、青水之间,有九丘,以水络之。名曰陶唐之丘、叔得之丘、孟盈之丘、昆吾之丘、黑白之丘、赤望之丘、参卫之丘、武夫之丘、神民之丘。有木,青叶紫茎,玄花黄实,名曰建木,百仞无枝,有九欘。下有九枸,其实如麻,其叶如芒,太皞爰过,黄帝所为。②

---

① 芮传明、余太山:《中西纹饰比较》,上海古籍出版社,1995 年,第 234 页。
② 《山海经》"海内经"。

>有木,其状如牛,引之有皮,若缨、黄蛇。其叶如罗,其实如栾,其木若芑,其名曰建木。①

《玄中记》又云:

>天下之高者,有扶桑,无枝木焉。上至于天,盘蜿而下屈,通三泉。

建木、扶桑之类的功用,是使天地、人神之际的交往成为可能,正如汉代《淮南子·地形训》所说:"建木在都广,众帝所自上下。"

随着原始社会生产力与文明的推进,原始先民在现实中不断地遭受到巨大挫折、苦难甚至毁灭,这加速了原始意识的"成长",即意识到或部分地、歪曲地意识到自身的"存在"。原先以为天地、神人之际可以自由交通,所谓"众帝所自上下",即人人都具有天赋的与神交通的灵性,现在则必须通过一定的巫术仪式("作法"),才能与神灵打交道。与神灵"对话",成了一种文化霸权。

《周书·吕刑》云:

>王曰:"若古有训,蚩尤惟始作乱,延及于平民,罔不寇贼,鸱义奸宄,夺攘矫虔。"

又说:

>"上帝监民,罔有馨香德,刑发闻惟腥。皇帝哀矜庶戮之不辜,报虐以威,遏绝苗民,无世(使)上下。乃命重、黎,绝地天通,罔有降格。"

这里《尚书》所言,是一远古传说:相传蚩尤作乱,从一开始就祸及平民百姓。当时贼寇掠害,巧取豪夺,内外交困,纲纪不正。上帝见到东方九黎之民不能在花一般芬芳的德政下生活,只有刑罚深重,好比发散着一片腥臭之气。于是,皇帝颛顼哀怜那些被杀戮的无辜,用威刑处罚施行暴虐的人,灭绝某些行虐的苗蛮,使他们断子绝孙。然后,颛顼命令他的孙子重与黎来管理地上之人与天上之神往来交通的事,禁止普通老百姓与天神相通。天与地、神与普通平民之际,再也不能随意升降、交通与杂糅了。

"绝地天通"的古老传说所传达的原始意义,是将九黎之族首领蚩尤的作乱,归之于天神与地民之际的自由往来与交通,而颛顼命令重、黎分管"属神"(天)、"属民"(地)之事,为的是重整因蚩尤而大乱的天地和神人秩序。

---

① 《山海经》"海内南经"。

这一传说否定天地、神人之际原朴而无规无矩的自由交通,派遣主司春木的木正即重与主司夏火的火正即黎来加以治理。这无异于说,重、黎是中华原始巫术理念意义上的祖先。这打破了所谓"众帝所自上下"的文化格局,只有重、黎才既通上天之神、又达下地之人。重、黎毋宁说是最原古的"巫"。

这便是中华有关巫(觋)及其文化意识、理念的缘起。

## 二、"巫"的考古

据考古,1987年6月,在安徽含山凌家滩一座新石器晚期的墓葬遗址中,发掘了一组玉龟、玉版,并发现玉器一百件、石器三十件,陶器八件。李学勤说:"玉器多集中于墓底中部,估计原来是放置在墓主的胸上,而玉龟和玉版恰好位其中央。"又说:"大致相当这一位置的上方墓口处,端端正正地摆放着一件大型石斧。"该遗址年代,据碳十四测定,距今4500±500年或4600±400年。而玉龟、玉版均经过颇为精细的磨磋、钻孔且玉版之上有繁复的图纹,这"必然有特殊的意义,不能以普遍的装饰花纹来说明"。而且,玉龟、玉版恰好"位其中央",并非偶然。李学勤引用俞伟超《含山凌家滩玉器和考古学中研究精神领域的问题》一文来阐述自己的见解。该文认为,从"上下两半玉龟甲的小孔,正好相对"这一情况,"一望即知是为了便于稳定在这两个小孔之间串系的绳或线而琢出的"。绳、线的串系可按需将两半玉龟、玉版闭合或解开,这种"合合分分,应该是为了可以多次在玉龟甲的空腹内放入和取出某种物品的需要。即当某种物品放入后,人们便会用绳或线把两半玉龟甲拴紧,进行使整个玉龟甲发生动荡的动作(例如摇晃——原注),然后解开绳或线,分开玉龟甲,倒出并观察原先放入的物品变成什么状态"。由此推测,"这是一种最早期的龟卜方法"。[①] 考虑到原始先民对玉、龟的神秘感、崇拜感及迷信玉、龟的灵力这一点,俞、李二氏关于这玉龟、玉版作为迄今发现的"最早期的龟卜方法"之推论,并非无根游谈。

与凌家滩墓葬遗址玉龟、玉版相类似的考古发现,在高广仁、邵望平《中国史前时代的龟灵与犬牲》[②]一文中有过颇为翔实的综述。在山东泰安大汶口、江苏邳县刘林及大墩子、山东兖州王因、山东茌平尚庄、河南淅川下王岗、四川巫山大溪以及江苏武进寺墩等八处遗址中,均有相类的龟甲文物

---

① 李学勤:《走出疑古时代》,辽宁大学出版社,1997年,第114—117页。
② 《中国考古学研究》,文物出版社,1986年。

出土,而且大多为龟背甲与龟腹甲共同出土,且甲上有钻孔。江苏邳县大墩子44号遗址的出土龟甲,龟背与龟版相合,内有骨锥六枚,背腹甲各有四个穿孔,成方形,腹甲一端被磨去一段,上下有 X 形绳索痕,年代大多早于安徽含山凌家滩遗址。这种令人鼓舞的考古发现,使得关于玉龟、玉版为迄今所发现之最早的龟卜工具与"龟卜方法"的推断,显得甚为坚实。

据测定,河南舞阳贾湖遗址所发掘的龟甲文物①,年代当在距今 7762±128 年及 7737±123 年之际,比凌家滩文化早约二千五百年。在此墓葬中,也发现在一副龟背、龟版内装小石子的现象,且发现类似甲骨契刻的一些前文字符号。

> 一批距今约八千年前的甲骨契刻符号,前不久在河南省舞阳县贾湖新石器时代遗址出土,这一重大考古发现,为探索中国文字起源,提供了极为珍贵的历史资料。②

这不仅为探讨甲骨文前的中华古文字提供了一个重要线索,也为探讨殷、周龟卜文化的前期现象,提供了重要实证。

正如前述,安徽凌家滩遗址的玉版为方形,其"正面有刻琢的复杂图纹。在其中心有小圆圈,内绘八角星形。外面又有大圆圈,以直线准确地分割为八等份,每份中有一饰叶脉纹的矢形。大圆圈外有四饰叶脉纹的矢形,指向玉版四角"③。依笔者看来,这玉版的方形以及圆形线条,是所谓"天道曰圆,地道曰方"即天圆地方人文理念的前期表现。而其"八角星形"以及向八个方向放射的"矢形",体现了类似后代的《周易》八卦方位理念。至于大圆圈外"指向玉版四角"的四个"矢形",又指示着类似八卦方位的"四隅"的位置。这是后代有关天圆地方、八卦方位与四正四隅思想的前期意识。而且,这一玉版出土时,是夹置在用于占卜的两片玉龟甲(背甲、腹甲)之间的,所以玉版的文化意义,又与龟卜文化攸关。学界曾根据著名甲骨学者胡厚宣的有关卜辞"四方风名",推见殷商时代已有方位理念。传说史前的河图、洛书之方位,又被看做是八卦方位理念的文化原型。而从凌家滩遗址出土的玉版图纹看,关于四方、八方的方位理念以及天圆地方思想,其实

---

① 参见河南省文物研究所:《河南舞阳贾湖新石器时代遗址第二至第六次发掘简报》,《文物》1989 年第 1 期。
② 《八千年前的甲骨契刻符号在河南舞阳县贾湖遗址出土》,《人民日报》1987 年 12 月 13 日。
③ 李学勤:《走出疑古时代》,辽宁大学出版社,1997 年,第 115 页。

是起源更早的,这种理念与思想,是与原古龟卜文化纠缠、融合在一起的。

### 三、"巫"文字考释

巫,甲骨文写作㊉(一期合二六八)。甲骨卜辞云:"癸亥贞今日帝于巫豕一犬一"(人二二九八),"壬午卜巫帝"(人三二二一),"癸酉卜巫宁风"(后下四二、四),"辛酉卜宁风巫九豕","辛亥卜帝北巫"(邺三、四六、五),凡此都有一个"巫"字,"巫"在卜辞中是常见字。

巫,从工。《说文》云:"工,巧饰也,象人有规矩也。"学者因之疑"工"乃象矩形。自然界本无矩形。矩形者,人工所为。人工、人为者,巧饰。徐中舒主编《甲骨文字典》说:"工者,为事功,为工巧,为能事。"故其义引申为"工作"(引者注:"工作",非近代外来语。《后汉书·和熹邓皇后纪》:"以连遭大忧,百姓苦役,殇帝康陵方中秘藏,及诸工作,事事减约,十分居一。"此"工作",原指与风水术相关的土木营造之事)。并称"其说未为无据"①。实际上,这是"工"之后起义、引申义。

工之本义,指古代卜筮活动之执掌者与祭祀者。卜辞有"工典"之记(续一、五)。《甲骨学小词典》:"工与贡古通用。"《说文》说:"贡,献功也。从贝,工声。"故"工典",即"贡典",指庄严、神圣的祭祀。

工,甲骨文为工(一期京一九一八)、工(二期后下二〇、七)、古(一期人二九八〇)。据《甲骨文字典》,"卜辞中工、工、古多用同示","甲骨文示或作古、工、工古",说明工与示类通,其义相钩连。示,《说文》引《易传》"天垂象,见吉凶"之后称,"所以示人也"。示字上部⌒为甲骨文"上"字,下部川为"三垂",日月星之谓。观乎天文,以察时变,"示,神事也。"又,甲骨文示字为丅,其写法正与另一甲骨文字且(且)相关而写法相颠倒。且为祖之原字,祖者,祖先。"殷墟甲骨文中的'示'作丅,则是男性生殖崇拜物的移位造字,表示对所有崇拜物之崇拜,这是把自然法则人化的宗教意识。"②

可见,工典者,贡典,类于示典,三者义通。工,指管理与祭礼天地、祖神的卜筮者。先秦有"工祝"这一职官之称。《诗·小雅·楚茨》:"工祝致告,徂赉孝孙。"又云:"工祝致告,神俱醉止。"《楚辞·招魂》有"工祝招君,背行先些"之记,此"工",均具"巫"之本义而非许子所谓"巧饰"、"规矩"。

---

① 徐中舒主编:《甲骨文字典》,四川辞书出版社,1990年,第494页。
② 李玲璞、臧克和、刘志基:《古汉字与中国文化源》,贵州人民出版社,1997年,第4页。

## 第二节 史的文化

史，甲骨文作👋（一期乙三三五〇）；👋（一期人三〇一六）；👋（一期合四二二）等。考甲骨文"史"字造形，从中从又。中，甲骨文为中（一期四五〇七）；👋（四期粹五九七）；👋（四期粹八七）；👋（四期合三二九八二）；👋（一期人三一一四）等。又，甲骨文象手，为👋（一期京二二一六）；👋（四期京四〇六八）；👋（五期京五二三八）等。

中，唐兰《殷虚文字记》云："本为氏族社会之徽帜，古时有大事，聚众于旷地先建中焉，群众望见中而趋赴……群众来自四方则建中之地为中央矣。"徐中舒主编《甲骨文字典》说："今案唐说可从。"然而笔者以为，此唐、徐二氏释"中"之论，是从"中"字意为"中央"这后起义反推出来的。中的本义，并非中央，也不是立于中央的氏族徽帜。卜辞有"立中"之记，其义并非"建立在中央的旗帜"的意思，而是"立"一"中"以测风向、日影之义。中者，原古晷景之装置。"这'中'的中间'丨'表示标杆，中间一竖与方框'囗'表示装置，'≈'表示具有方向性的移动的日影。测日影的标杆必须竖得很直，垂直于地面，否则测得的结果就不会准确。标杆垂直于地面说明其方位与形象得'正'，测得的结果准确说明得'中'（注：读为 zhòng）"。① 李圃《甲骨文选读·序》将"中"释为古代晷景装置之义。《古汉字与中国文化源》一书则重申了这一见解："甲骨文中已出现'中'这个字形，写作👋，据学者们考定为测天的仪器：既可辨识风向，也可用来观测日影。"②并以姜亮夫的论述作为一种支持性意见加以引用。姜亮夫指出，中者，日中也。杲而见影，影正为一日计度之准则，故中者为正，正者必直。中的本义，不是与徽帜相联系，而是与测日影与测风向相联系。

《周髀算经》谈到晷景时说："周髀长八尺。夏至之日，晷一尺六寸。髀者，股也。正晷者，勾也。"这里所言，与周之前许多个世纪的原古晷景，有些区别，但依然可以见出原古晷景的基本精神。原古晷景的功用，并非仅测"一日计度之准则"——这种"计度"即标杆所投射于地的阴影的有规律的移动与长短变化，后来便成为原始人文经验意义上的时辰知识。但是从原

---

① 王振复:《巫术：周易的文化智慧》，第 21 页。
② 李玲璞、臧克和、刘志基:《古汉字与中国文化源》，贵州人民出版社，1997 年，第 98 页。

古晷景的文化原型看,尽管包含着某些关于天文、时辰的原朴而直观的知识因素,但在文化本质上,却是先民通过这一"立中"方式,企图对那种在他们看来是神秘的日影与风向加以人为的却是"倒错"的把握,以趋吉避凶。在先民心目中,人的死亡与黑夜的来临是最可怕的两件事,人的鬼魂理念是由死亡与黑夜以及梦幻培养起来的。先民对太阳神的迷狂崇拜,起于对黑夜的恐惧。阴影,在不明白其所由何来的先民那里,其实就是白天的"黑夜"。先民一到日全食或大阴天,其心情就常是阴郁不安的,他们相信阴影的神秘、可怕,就因为其中有"魂",认为阴影与魂总是连在一起的,这从原古晷景标杆投射于地的阴影即称为"勾"又称为"魂"可以看出,所谓"勾魂摄魄"是先民最感恐怖与痛苦的一件事。先民进行晷景活动这"倒错的实践",以图驾驭、控制日影与风向的变化(尽管实际上是做不到的),既可爱又可叹。

作为一种原古的巫术行为,"立中"以测日影,后来便发展为同时测风向。迄今所知关于"立中"的卜辞,都与贞(占卜)风有关而与徽帜无涉。胡厚宣《甲骨六录》双一五:"无风,易日……丙子其立中,无风,八月。"王襄《簠室殷契徵文》天十又云:"癸卯卜,争贞:翌……立中,无风。丙子立中,允无风。"

要之,所谓史者,从中从又,其本义显与"立中"相勾连。《说文》云:"史,记事者也。"这"记事"本义,并非一般的"记事",而是将占卜结果锲刻于甲骨之上,这便是最原古的"史"。而史字从又,说明"记事"的动作、行为。史者,本指巫事也。后代之史,是从巫发育、分化而来的。

从巫到史,是中华文化的一次原始意义的"祛魅"。其文化意义,在于从巫学走向人学,从神秘的巫术转递为实用理性的政事、伦理。后代史官是些参与、辅佐甚至主持朝廷或王府种种政事的人物,同时兼擅巫事。当然,其巫事活动又往往是与政事结合在一起的。史有大、小之别。所谓大史(太史),是君侧担任君王言行的记录者,《礼记·玉藻》云,"动则左史书之,言则右史书之"。又,《周礼·春官》所谓"大(太)史,掌建邦之六典"。他们参与王朝的重要政治活动,如担负君王的祖宗祭祀大典、记载王朝的重大政事与历史,这便是《说文解字》所谓"史,记事者也"、《尚书·金縢》所谓"史乃册"的意思。史还成为天文、历法与医疗的解释者与承担者。他们是一些具有权威的从事政事的所谓"文化人",而其懂得而擅长巫事,则更渲染了他们在现实生活中的权威性。

## 第三节 原始审美意识何以发生

本书从三个方面,来探讨巫文化与原始审美意识的关系,即原始审美意识何以发生这一问题。

**一、原古巫文化的目的与功利意识,是原始审美意识得以滋生的历史与心理前导。**

审美是一种移情,没有也不能具有实际的功利目的。它体现为人之为人的精神自由,精神愉悦的或是灵魂净化的,可能达到思想的启悟,体现为灵魂的终极关怀。

由于无功利、无利害、没有实际目的、拒绝物欲,审美才是精神的高蹈。

然而,这审美的"无功利",却是以"有功利"为历史与心理前导的。在人类漫长的文化历程中,如果原始先民连朦胧的"目的"意识还未萌生,则根本不可能诞生从事某事、做出某种行为的动机与冲动。先民从事某项巫术的目的,是为了趋吉避凶。这作为一个明确无误的生存目的,包含先民的求生欲望以及欢乐、痛苦的自我意识与情感因素。目的意识是一种心灵的执著,它是求其实用的、物欲的。尽管先民在巫术中所期望达到的目的,往往总是落空,因为巫术"是一套谬误的指导行动的准则;它是一种伪科学,也是一种没有成效的技艺"①,但是,原始巫术却实实在在地催生与锻炼了属人的原始目的意识与功利意识。对于原始先民来说,"世界是马马虎虎的背景,站在背景以上而显然有地位的,只是有用的东西"②。这种原始目的与功利意识,恰恰是无功利的审美的历史与心理前导。试问,原始初民如果连朴素的目的、功利意识还未萌生,则如何能够在这基础之上建构更高精神品格的无功利的原始审美意识呢?

在原始文化实践中,人只有实现了一定的功利、目的,才能由此激引超越物欲的精神性的满足感、舒适感、喜悦感与审美感。

《说文》在阐释"巫"这个汉字时说,巫"能事无形,以舞降神者。象人两袖舞形"。这巫所从事的巫术行为,"降神"而趋吉避凶就是其目的。这要有两个条件:一是巫须通神,所谓"能事无形"。"无形"者,灵,气,感应之

---

① 弗雷泽:《金枝》(上),中国民间文艺出版社,1987年,第19页。
② 马林诺夫斯基:《巫术科学宗教与神话》,中国民间文艺出版社,1986年,第27页。

谓。二是须有"作法"的仪式,所谓"两袖舞形"。这仪式原本是功利而实用的,但是一旦这"作法"在理念上获得成功,这"两袖舞形"便可以从物质实用向精神审美转换,即由巫术之舞向艺术之舞转换。这可以看做原始巫术文化,蕴涵着向一定原始审美意识转换的文化意识因素。在此意义上,巫术与艺术异质而同构。这大约便是为什么直到在《晋书》那里,还习惯于将巫术称之为"艺术"的缘故,所谓"艺术之兴,由来尚矣。先王以是决犹豫、定吉凶、审存亡、省祸福"。

要之,只有在一定的目的、功利达到的同时,才能接引、激发那种超越物质功利的精神升华,即产生对这个世界的满足感、幸福感与审美感。或者当一定目的、功利不能达到时,才能产生关于人、关于世界的痛苦感甚至毁灭感。

原始巫术的目的无疑是虚妄的,但真实地诞生了的目的意识以及在文化心理经验上所经历的那种愉快、欢乐或痛苦的情感,确是真实的。这为原始审美意识的初步启蒙,打开了历史与心灵之门。

**二、原古巫文化之人盲目的自信,是原始审美意识得以萌生的文化前提。**

史前社会生产力过于低下,原始先民总是处于悲剧性的生存境遇之中。他们一时无力找到战胜盲目自然力与社会力的有效途径与方法,不得不借助原始巫术的所谓"灵力"以观念性地而不是现实地实现其自身的愿望与理想。可以说,原始巫文化的诞生、发展与延续,是人类自古以来悲剧性命运的确证。

但是巫术的存在,又曲折地体现了原始先民盲目的自信。

原始先民从事巫术活动,其心灵总是沉浸在一派神秘与虔诚的文化氛围之中,其间还掺和着迷惘、焦虑、痛苦、恐惧与企盼。不过,人在宗教崇拜中或是心悦诚服、或是痛苦万分而彻底地向神跪下。人在原始巫术中,尽管觉得需要借助于神灵的力量,却又不是完全拜倒在神灵面前,人在巫术中对神灵的态度,只是跪倒了一条腿而没有彻底跪下。这当然不是说,人在神灵面前显得不够虔诚而三心二意。人实际并不以为只要全心全意地依靠神灵的感应就能逢凶化吉,而是自信人在借助神力的同时,自己"作法"以达到人的目的。这就等于承认,人通过巫这一神人中介,保留着作为人的智慧、力量与尊严的一席之地。

原古巫术这一"伪技艺"的文化内核,据说来自神灵的启悟,但归根结底却是由人来把握的,是"降神"而非"拜神",它表现出人在自然与社会难题面前的幼稚、勇气与自信。这自然不是审美,但与审美具有相通之处。悲剧性的历史处境却虚假地衍生出原古喜剧性的文化心态。

> 如果你能把全身的力量,来维持你胜利的自信心——这就是说,如果你相信你的巫术的价值,不论它是自然而然的或是传统的标准化的——你一定会更勇往直前。如果你在疾病的时候能靠巫术——常识的,术士的,精神治疗的,或其他江湖上专家的——而自信你总会康复,你的身体也可能会比较健康,如果你的整个心思是趋向胜利而不顾失败,在事业上你成功的机会亦可较多。①

原古巫术的目的,往往不可实现,然而,它所张扬的一种精神如关于人的某种盲目的自信,却使其有可能与原始审美意识进行某种程度的"对话"。这不是审美,但其中所包含的某些自信因素与努力因素,却将人的精神"带到极高的山峰之巅,在那里,越过他脚下的漫漫浓雾和层层乌云,可以看到天国之都的美景,它虽然遥远,却沐浴在理想的光辉之中,放射着超凡的灿烂光华"②。原古巫术所体现出来的尽管是虚妄却是巨大的精神力量,由于颠倒地体现了人所具有的巨大尺度的原朴自信与理想的文化素质,所以与原始审美意识相比邻,在这盲目自信中,蕴涵着初始的人的主体意识。

### 三、原古巫文化对原始知识、理性因素抱着宽容的文化态度,这是原始审美意识得以发生的文化土壤。

原古巫术不是科学,不具有科学精神,也并非是原朴的知识系统,原古巫术在文化本涵上,是与知识、理性相背悖的。马林诺夫斯基《文化论》云:

> 人们只有在知识不能完全控制处境及机会的时候才有巫术。③

问题是,虽然原古巫术在文化本涵上总是与知识、理性和科学相背离,但它又并不彻底、绝对地拒绝知识、理性和科学因素。

其一,原古文化的精神领域以巫术文化理念为精神的主导,这不等于说,原始先民的一切社会实践领域,都由原古之巫及巫术把持而绝对没有其他非巫文化的因素存在。"最重要的就是在初民知识中有一部分的领域是

---

① 马林诺夫斯基:《文化论》,中国民间文艺出版社,1987年,第69页。
② 弗雷泽:《金枝》(上),中国民间文艺出版社,1987年,第76页。
③ 马林诺夫斯基:《文化论》,第53页。

没有巫术的份的。"①在具有一定真理性内容的知识领域,巫术便难以立足。"普通的技术,有可靠的知识指导,已足够使人们走上正确的途径。"②"只要这些方法是一定可靠的,其中就没有任何巫术。可是在任何危险的、不稳定的捕鱼方法中就免不了巫术。在狩猎中,简单而可靠的设阱或射击都只靠知识和技术,若是在那有危险及拿不稳的围猎中,巫术便立刻出现了。航行亦然。靠岸的活动,平安无事的,没有巫术;外出远征,没有不带种种巫术仪式的。"③

原古巫术文化,有时并不拒绝一定的知识与理性,它对知识与理性抱着宽容的人文态度。

其二,一定的知识、理性与科学因素还可能在反知识、反理性、反科学的蛮野文化的重压之下,艰难困苦地滋长起来,成为巫术所谓"灵验"、"神通广大"的一种文化"装饰",甚至具有原朴科学因子潜生的可能。

巫者往往自称能"通神秘之奥者",能"呼风唤雨"、"预知吉凶"之类,实际上只是一种口头的承诺,这在巫风盛行、迷信弥漫的社会里成为风行的信仰,却经不住知识与理性的检验。然而,考原古巫觋一类人物,其实可以分为两大类。一类是笃信自己确能"通神"、"降神";另一类,即在巫术活动屡屡失败之后,则不得不向知识与理性屈服,即为了保证巫术的所谓"神力"与"灵验",同时为了维护巫觋似乎确能"通神"、"降神"的公众形象与虚假的权威,那些"最灵敏最狡猾"的巫觋,便在暗地里不得不向知识与理性寻找帮助,以实际的知识与理性营构骗人的巫术(或称为"伪技艺"),以图巫术的"成功"。

这便是原古巫术有时并不拒绝知识反而须以知识"装饰"巫术与巫觋人格之神秘形象的原因。

> 肯定没有人比野蛮人的巫师们具有更激烈追求真理的动机,哪怕是仅保持一个有知识的外表也是绝对必要的。④

巫觋在巫术活动中运用一定的知识与理性因素,是为了确保巫术的"成功"、维护那一套骗人的把戏的权威性,岂料这种"运用",使得巫术文化必然发生意外的转递,在原古巫术的非理性的神秘氛围中,有可能促成原朴

---

① 马林诺夫斯基:《文化论》,第53页。
② 同上。
③ 同上。
④ 弗雷泽:《金枝》(上),第94—95页。

知识理性因素的抬头,成为在紧接原始巫术之漫漫长夜之后所出现的原古审美的一抹晨曦。原古巫术文化在本质上是非审美、反审美的,却由于一定知识与理性的不得不"运用",而在一定程度上成为瓦解原古巫术文化的一种内在精神动力,最后是知识、理性与科学的战胜。这也便是广义的审美意识得以发生的一个历史与人文性契机。

## 第四节 卜辞原始审美意识探问

据考古,目前所发现的中华原始文字最早的资料,可能是被称为"陶符"或"陶文"的甘肃秦安大地湾一期文化遗存红陶钵形器上的刻画符号,距今约七千三百五十年至七千八百年之际。其中有刻符∧,似后代汉字的笔画,可以看做"准文字"①。据李学勤研究,河南裴李岗新石器遗址所出土的龟甲上锲有一个"目"字,其年代距今八千年,"当更早于大地湾"。与大地湾"陶符"相类的是西安半坡距今约六千年的仰韶早期遗存的宽带纹彩陶钵刻符,有∧、↓、Y、↓、⎮、)(、V等多种。凡此,都可以看做甲骨文字之前的"准文字"现象。

中华文化发展到殷商甲骨文时代,已是汉文字成熟的历史时期。甲骨文作为处于"巫史"时代的殷代文字的主要形态,是一种负载大量原古文化信息的符号载体,是留存至今的符号"活化石",其间蕴藏着丰富的原始审美意识。这里仅择数个汉字,探问一二。

### 一、"九分"井田

甲骨文有"井"字,写作:井(甲三〇八);米(粹一一六三)。

朱骏声《六十四卦经解》:"井,本作井,穴地而达泉,古者八家一井。"这一说法,源自许慎《说文》"八家一井"说。

朱骏声所言"本作井"之"井"字中间一点,表示什么?后来井字的演变,为什么在造型上又失去了这中间的一点呢?《说文》所言"八家一井",到底是远古"八个家族共掘、合用一口水井",还是别有深意?

据《周礼》《礼记》与《汉书》记载,中华古代有井田制。据说夏禹时井田制已具雏形。周代曾经是井田制的兴盛期。殷也是一个存在井田制的时

---

① 参见祝敏申:《说文解字与中国古文字学》,复旦大学出版社,1998年。

代。《世本·作篇》："伯益作井。"伯益,传说为夏禹时东夷部落首领,相传助禹治水有功,并"初作井"。此"作井"的"井",当指井田而非水井。

作,卜辞为℔(铁八一·三);ᄂ,(甲一〇一三),金文亦多如此。

郭沫若《卜辞通纂》与《甲骨文字研究·释封》认为,作,封之义。所谓"作邑"、"乍邑"云者,实为"封邑"。同理,所谓"作井",并非掘地营造水井以"达泉"之意,而是"封井"即"封疆"为"井田"之意。

可见,许慎所谓"八家一井",并非八个家庭共掘、合用一口水井,而是"八家"合为一块井田。

《周礼·考工记》所说的四周挖掘"沟洫"、标出疆界,以成一"井"的"井",自然不是指水井,而是井田。

"八家一井",指自夏代开始的井田文化的土地制度,也是一种居住方式。

《孟子·滕文公上》云:"方里为井,井九百亩,其中为公田,八家皆私百亩,同养公田。公事毕,然后敢治私事。"

这里,里者,居之谓。《说文》段注,"里者,居也"。所谓"方里为井",指"八家"共同居住在一块平面为方形的井田之中。这块井田面积一共"九百亩",其四周有八个一百亩,都是私田,中间是公田,也是一百亩,这公田是由"八家"所"同养"的。而且,"八家"总是将公田耕耘、收获完成后,才各自去耕作自家的私田。而方形井田四周标出疆界,是谓"封井",即"作井"。

可见,甲骨文的井字,实际可以写作囲,而囲(井)也是甲骨文"田"字的写法。故井者为田,田者为井。

《说文》段注:"方里而井。"(这是采孟子之说,见前述)又云,"因为市交易,故称市井"。"市井"之说,非指中华最早的集市贸易是在水井边进行的,而是"市"起源于"井"(井田)。故成语"背井离开乡"的"井",亦并非指水井,而是指井田。

《尔雅》云,"里者,邑也"。"邑者,国也"。此国之本义,指人居之处,且与井田有关。《公羊传》又云,"邑者何?田多邑少称田,邑多田少称邑"。这说明,井、田、里、居、邑与国之间存在着原生关系,邑即国起自于田。

国,繁体写作國,从口从或,指四周以沟洫或其他标志物所围合起来的一个区域,指从井田发育而来的都邑,都邑即城。甲骨文"国"字,写作或、䘊,象人持戈守卫一片围合的土地,指由井田孕育而成的都邑。《周礼·考工记》所言"匠人建国"之"国",不是指"国家"而是指"都邑"(城),其"匠人建国","辨方正位"的意思是说,匠人营造都城须看风水。假如把这里的"国"理解为"国家",就不通了,试问:匠人何能建立国家?

中华古代的都邑(城市)起源于井田。都邑是一块扩大了的井田,都邑的平面模式,由井田平面发展而来,凡是典型的,理念上都分为九个单位。这是中华古人心目中最理想、最完美的一种土地居住制度。

因此,中华古代理想的城市平面,是分为九个单位的所谓棋盘格及其变形。

《周礼·匠人》:"九分其国,以为九分,九卿治之。"这"九分"之中,王城、宫城居中,其文化原型,即"九夫为井"。"九夫为井"就是"九家为井"。似乎与《说文解字》"八家为井"说相矛盾。其实不然。"八家为井",指一井中"同养"一块公田的"八家"私田,而"八家"私田加一块公田,就是"九夫为井",一夫等于百亩。

那么,井田制与中华先民关于"天下"之原始审美意识是什么关系呢?

既然甲骨文的这一个"井"字,可写作囲,那么,这也是一个《周易》八卦九宫平面。无论是文王(后天)八卦方位还是伏羲(先天)八卦方位,其模式,都是"井"字型。

"九分"井田制同时也是中华先民的一种宇宙观,渗融着一定的天下(宇宙)意识。

战国之时,阴阳家邹衍持"九州"之说。据《史记》所云,"所谓中国者,于天下乃八十一分居其一分耳"。这是将天下分为九个"大九州",每一"大九州",又分为九个"小九州",中华为天下"八十一分"之"一分"。

这便是说,在空间意识上,天下(宇宙)是一块呈现为九个"大九州"的"大井田";中华,是天下"八十一分"之"一分"的"小井田",所以,古时候"中华"亦称为"九州"(神州)。而井田,不仅是居住而且是精神意义上的人的家园。井田是中国人的"家",天下(宇宙)也是中国人的"家"。中华初民从井田看"天下"(宇宙)的视角是独特的,一个自古以农立于天下的伟大民族,不能不在它的天下(宇宙)意识中体现出从土地的耕耘与管理所激发出来的那种执著与情感,从大地培育一种显然是富于条理然而也不免有些呆板的原始理性。这种"九分"以及"八十一分"之"一分"的条理性,虽然原本不是审美的,却蕴涵、建构了一种东方古老而独异的人间秩序的原始审美意识,尤其在中华古代的都城、民居、宫殿与陵寝等建筑美中,有充分而强烈的体现。

## 二、天人合一

天人合一是中华文化、哲学与美学的基本命题,尽管这一命题的正式提出,可能是北宋张载。① 然而作为天人合一的人文意识,在甲骨文中已有体现。

甲骨文有人、大、天、夫四字。

"人"字造型之一,象人侧立之形,甲骨文写作⺁。许慎《说文解字》:"人,天地之最贵者也。此籀文,象臂胫之形。"甲骨文还有别一"人"字,这便是下文所述的"大"。

大,甲骨文写作:大(一期合集一九七七三),大(一期合集一二七〇四);大(一期乙七二八〇),天(一期乙六六九〇);天(五期前二、二七八)、大(五期前四、一五、二)。

徐中舒主编《甲骨文字典》:"象人正立之形,与象幼儿形之子(子)相对,其本义为大人,引申之为凡大之称而与小相对。"

裘锡圭《文字学概要》:"例如古汉字用成年男子的图形大表示(大)。"

《说文解字》说:"大,天大地大人亦大,故大象人形,故文大也。"

天,甲骨文写作:天(一期后下一八、七),天(一期乙四五〇五);大(一期乙九〇九二),天(一期前四、一六)。

甲骨文的"天"字,其下部都是一个"人"(大)字,其上部以"二"为基型,而"二"者,即"⌣",为"上"之意。至于一些"天"字的上部,或写作"口"、或为"o"等,都是"⌣"(上)的变体。因此,甲骨文"天"字表示"人之上"。什么是"天"?"人之上"者为天。

《说文解字》云:"天,颠也。至高无上。从一,大。"这里所谓"从一",实际是"从上";所谓"大",实际是正立之"人"。

夫,甲骨文作夫,是甲骨文"大"与"天"的变体。徐中舒主编《甲骨文字典》说:"甲骨文大、天、夫一字。"②是从该三字的基型而言的。

可见,其一,不仅大、天、夫三字在甲骨文字中的造型相互关联,而且这三字都包蕴着一个"人"字基型。其二,甲骨文从"人"的角度看"天",而"夫"又是"天"字的嬗变。天,表示人之头顶之上的那个神秘空间。而

---

① 注:《张子正蒙·乾称篇下》云,"儒者则因明致诚,因诚致明,故天人合一,致学而可以成圣,得天而未始遗人,《易》所谓不遗、不流,不过者也"。

② 徐中舒主编:《甲骨文字典》,四川辞书出版社,1990年,第1179页。

"夫"是顶天立地的"人"（大丈夫）的意思。其三，大、天、夫三字构成一个文字组群，从其造字的思路都关涉到"人"来看，体现出中华先民天人合一的文化理念，涵蕴着一定的原始审美意识。在对大、天与夫的敬畏中，蕴涵一定的属人的愉悦与崇高感。《易传》云："夫大人者，与天地合其德，与日月合其明，与四时合其序，与鬼神合其吉凶。先天而天弗违，后天而奉天时。"虽然《易传》大致是战国中后期的著述，但这种关于天、人关系的致思方式，确是与这一组甲骨文字一脉相通的。虽然这是从道德立论，但本来意义上的天人合一，已经蕴涵关于物我、主客统一的审美意识因素。

### 三、崇生、崇祖

生，甲骨文作 ꜧ（一期合四六七八）。

《说文》："生，进也，象草木生出土上。"生字的文字营构，出自中华先民对植物生长于大地的理解，引申为一切生命之"生"。甲骨文有关于"乎取生雏鸟"的记述①，又有关于"癸酉卜ꜧ生豕"②的记载。"生"的文化意识起源悠古。

姓，甲骨文作 ꜧ（一期前六、二八、三）。

姓从女从生。《说文解字》说："姓，人所生也。"在"人但知其母而不知其父"的母系社会，姓意味着人之所以生。有的学者说："'姓'标明人为谁所生，是一种血统的标记，这正与其字形之造义相契合。"③此说可商。甲骨文的"姓"字，从造型上看，并不直接"标明人为谁所生"，而是体现出女子对具有生命的草木的崇拜。"女"字在甲骨文中的造型呈下跪之状。问题是，该女子为何要对草木下跪？在先民心目中，草木作为一种原始图腾与巫术符号，是生命、祖宗的象征。先民以为，人之生殖首先关涉到女子，女子向"生命之树"下跪，在祈求生殖之兴旺。《易经》有关于"其亡！其亡！系于苞桑"的记载，很生动地传达出先民将血亲一族的兴衰寄托于桑树之荣枯的强烈的生命意识。姓字体现了原始先民的崇生与崇祖意识。

示，甲骨文作 ꜧ（一期后上二八；二期京三二九七）；ꜧ（一期人二九八二）。

"示"是"丄"的倒写。"丄"是"且"。"且"是活着的先祖，"示"则为亡

---

① 董作宾：《小屯·殷虚文字乙编》一〇五二。
② 郭若愚等：《殷虚文字缀合》一、三一一。
③ 李玲璞、臧克和、刘志基：《古汉字与中国文化源》，第256页。

故的先祖并加以崇拜。

且,即"祖"字。甲骨文作 🄰(一期甲二四九)或是 🄱(一期乙八四一)。且字在战国演变为"祖",指男性生殖之根及其崇拜意识。正如前述,在甲骨文中,示是且的倒写符号,是且的死后之灵。

好,学界有谓男(子)、女相合为"好"的看法,这是望其字型而生想象之义,未确。许慎《说文解字》:"好,美也,从女、子。"徐锴注:"子者,男子之美称。"段注:"好,本谓女子。引申为凡美之称,凡物之好恶,引申为人性之好恶。"均未识"好"之本蕴。李玲璞、臧克和、刘志基《古汉字与中国文化源》说:"'子'在古文字里的取象,并非是'大人',更不是什么'美丈夫'之义;而是'幼孩'之形。""好"从女从子,表示"女子生育幼子";甲骨文"好"字作 🄲,表示女性生养子嗣之义。

生、姓、示、且与好,是又一组与先民崇生、崇祖有关的字群,体现了先民生命、生殖人文意识的觉醒。人之生命与生殖的原始审美意识蕴涵其间,均具赞美、肯定生命之义。

## 第五节　龙文化与原始审美意识

龙文化是中华典型的原始文化形态之一,龙是原古神话、图腾与巫术文化三兼的文化符号。

讨论中华原始审美意识问题,不能不关涉到自中华远古发展而来的龙文化。

第一个问题,关于龙的原型,目前学界尚无一致意见,可谓众说纷纭,莫衷一是。归纳起来,有 17 种见解。

### 一、蜥蜴说

唐兰《古文字学导论》:"龙象蜥蜴戴角的形状。"

何新《中国神龙之谜的揭破》(《神龙之迹》,1988):"其实所谓'龙'就是古人眼中鳄鱼和蜥蜴类动物的大共名。"

### 二、鳄鱼说

何新《龙:神话与真相》(1989):"'龙'在古代是确实存在的,它就是现代生物分类学中称为 Crocodilus Porosus 的一种巨型鳄——蛟鳄。"这是何新本人对前引所谓"蜥蜴"说的修正。

### 三、恐龙说

王大有《龙凤文化源流》(1988)："龙,被古人公认为最原始的祖型,可能还是恐龙。"

### 四、蟒蛇说

徐乃湘、崔岩峋《说龙》："龙是以蛇为基础的。而发展变化了的蛇图腾像就是龙的形象。"

何金松《汉字形义考源》："龙可以豢养、驯化,为人服劳役,并可杀肉吃。""其中的龙只能是蟒蛇,不是鳄鱼或蜥蜴。"

### 五、马说

《周礼·夏官》："马八尺以上为龙。"
王从仁《龙崇拜渊源论析》："龙源于马。"

### 六、河马说

王从仁《龙崇拜渊源论析》："龙源于河马。"河马不同于马。王从仁自相矛盾。

刘城淮《略说龙的始作者和模特儿》："充任龙的模特儿之一的马,最初不是一般的陆马,而是河马。""河马不仅把自己的部分形体贡献给了龙,而且也把自己的部分性能——善于御水,也贡献给了龙。"

### 七、闪电说

朱天顺《中国古代宗教初探》(1982)："幻想龙这一动物神的契机或起点,可能不是因为古人看到了与龙相类似的动物,而是看到天空中闪电的现象引起的。"

### 八、云神说

《易传》："云从龙。""召云者龙。"《淮南子·地形训》："黄龙入藏生黄泉,黄泉之埃上为黄云。""青龙入藏生青泉,青泉之埃上为青云。""赤龙入藏生赤泉,赤泉之埃上为赤云。""白龙入藏生白泉,白泉之埃上为白云。""玄龙入藏生玄泉,玄泉之埃上为玄云。"何新《诸神的起源》："'龙'就是云神的生命格。"这是何新关于龙之原型的第三种说法。

### 九、春天自然景观说

胡昌健《论中国龙神的起源》:"龙的原型来自春天的自然景观——蛰雷闪电的勾曲之状、蠢动的冬虫、勾曲萌生的草木、三月始现的雨后彩虹等等。"

### 十、树神说

尹荣方《龙为树神说——兼论龙之原型是松》:"中国人传说中的龙,原是树神的化身。中国人对龙的崇拜,是树神崇拜的曲折反映,龙是树神,是植物之神。"

### 十一、物候组合说

陈绶祥《中国的龙》:"在广大的范围中,人们选择不同的物候参照动物,因此,江汉流域的鼋类、鳄类、黄河中上游的虫类蛙类鱼类、黄河中下游的鸟类畜类等等都有可能成为较为固定的物候历法之参照动物……后来,这些关系演化成观念集中在特定的形象身上,便形成了龙。"

### 十二、以蛇为原型的综合图腾说

闻一多《伏羲考》:"龙图腾,不拘它局部的像马也好,像狗也好,或像鱼、像鸟、像鹿也好,它的主干部分和基本形态却是蛇。"

此外,还有"龙起源于水牛"、"龙由猪演变而来"、"龙与犬有联系"、"龙源于鱼"与"龙形由星象而来"等五种看法,加上前述12种,凡17种。可能还有遗漏。刘志雄、杨静荣《龙与中国文化》一书,搜集了12种有关龙之原型的言说,何金松《汉字形义考源》一书,倡言"龙源于蟒蛇"说并简略转述王从仁《龙崇拜渊源论析》一文关于龙之原型说的14种观点。本书总结龙原型17种时,对前述诸书、文有关内容作了参阅、整理与补充。

凡此龙之原型诸说,有些为推测之见,缺乏扎实的考古与文字学依据。如所谓"恐龙"说,显然有悖于常识。据考古,恐龙生活的极盛年代为中生代,中生代末期已全部绝灭,当时地球人类尚未出现,更谈不上中华文明的存在,则恐龙又怎么可能成为中华先祖创构"龙"这一文化意象的动物学原型呢?如果指出土的恐龙化石,那也必须要有考古学依据及其论证才好。

罗愿《尔雅·翼·释龙》所描述的龙,是一个由多种动物拼凑起来的人文符号。所谓龙,"角似鹿,头似驼,眼似龟,项似蛇,腹似蜃,鳞似鱼,爪似鹰,掌似虎,耳似牛"。这一关于龙的人文意象,颇接近于我们今天所见到的那个样子。

中华龙的原型究竟是什么?一些考古发现,可以为这一学术课题的求解提供可靠的资料与思路。

据中国社会科学院考古研究所《宝鸡北首岭》(1983)一书,陕西宝鸡北首岭先民遗址出土一种蒜头壶,壶上绘有"水鸟啄鱼"纹样。该蒜头壶,据测定,其年代距今为六千八百至六千年之际,是迄今所发现的最早的中华龙纹样。

该纹样以一鱼一鸟相构,为鸟啄鱼尾之状。其鱼身细长,绘于陶壶的肩部,呈现弧形盘曲之势,其头部高昂呈回首状,似鸟啄其尾因巨痛而有挣扎的样子。此鱼形象奇特,方形口吻,立睁着圆睛,头部双侧巨鳃怒张,有腹鳍与背鳍,其腹部且有斑驳的花纹,尾部又呈三叉形状。所以,学界以为该鱼实际似鱼非鱼,因为它不像一般常见的鱼,是鱼的基形的夸张,有鱼的基形又有一些非鱼的神韵。据考古发现,这种"水鸟啄鱼"纹样的出土不是孤例。在河南临汝闫村仰韶文化遗址中,也发掘到类似的纹样,其年代稍晚于北首岭遗址,其纹样绘于彩陶瓮棺之上。不过,纹样中的鸟与鱼的造型,显得更写实。其鸟躯呈站势,非常肥硕有力,鸟嘴非常尖长,它啄着一条形似今之鲫、鲤的鱼。鱼身下垂而显得无力,显然是一条死去的鱼。又在鸟啄鱼图右方绘一石斧之形。斧形巨大而显得十分笨重,并且斧把刻有"X"标志,可以看做是权威的象征。据分析,这种把鸟啄鱼与石斧并列绘在一起的象征意义是很显明的,意味着鸟图腾氏族对鱼图腾氏族的战胜。而巨斧象征鸟图腾氏族首领的力量、信心与权威。甲骨文"王"字,就写作Ⅱ即斧形。据对该纹样的识别,纹样中的鸟不是一般的鸟,是巨躯的白鹳,并且全图是描在瓮棺之上的,这瓮棺是一只陶缸,一般的陶缸作为盛殓的瓮棺都是没有彩绘的。严文明《鹳鸟石斧图跋》指出,该纹样的象征性意义在于:"白鹳是死者本人所属氏族的图腾,也是所属部落联盟中许多相同名号的兄弟氏族的图腾,鲢鱼则是敌对联盟中支配氏族的图腾。这位酋长生前必定是英武善战的,他曾高举那作为权力标志的大石斧,率领白鹳氏族和本联盟的人民,同鲢鱼氏族进行殊死的战斗,取得了决定性的胜利。"这一阐发,可能过于坐实,而该纹样的构图模式,其实在前述宝鸡北首岭蒜头壶的纹样中已经出现过,在在显示鸟图腾氏族对鱼图腾氏族的一种文化优势,体现前者战胜后者的人文面貌。而这里的鱼,尤其是宝鸡北首岭那似鱼非鱼的造型,学界一般认为即原始的龙纹。中华文化有一个基本原型,即所谓"龙飞凤舞"。

"龙凤"的原型,即为"鱼鸟"。鸟者,凤也;鱼者,岂不是龙么？龙的形象建构,与鱼有关。鱼纹大约就是一种"原龙"之纹。

据濮阳市文物管理委员会等《河南濮阳西水坡遗址发掘简报》(《文物》1988),河南濮阳西水坡遗址编号为 M45 的一座墓葬中,发现"龙虎蚌塑"图样。据测定,该墓葬之年代距今六千四百六十年左右,该遗址发掘于 1987 年。《龙与中国文化》一书对该纹样的描述颇为生动:"这幅原龙纹出现在濮阳西水坡遗址 M45 号大墓墓主人骨架的东侧,由白色的蚌壳精心摆塑而成。'龙'长 1.78 米,高 0.67 米,头北尾南,背西爪东。'龙'头似兽,昂首睁目;它的吻很长,半张的大嘴里长舌微吐;颈部长而弯曲,颈上有一撮小短鬣;身躯细长而略呈弓形,前后各有一条短腿均向前伸,爪分五叉;尾部长而微曲,尾端具有掌状分叉。总体上看,这条'龙'似乎在奋力向前爬行。"而"墓主人骨架的西侧,是一幅与原龙纹相对称的虎形蚌塑。虎头微垂,圜目圆睁,张口露齿,长尾后撑。虎的四肢作交递行走状,真可谓下山猛虎。"同时,"墓主人骨架的正北(足部)有一蚌塑三角图案,三角图案的东侧横置两根人的胫骨。被蚌塑环绕的墓主人是一位身长 1.84 米的壮年男子,他头南足北,仰身直肢葬于墓室正中。整个墓室布局严谨,充满了庄严、神秘的气氛"①。

这一罕见的考古发现,学界称为"龙虎墓",由此研究中华"四象的起源"。四象者:东苍龙、西白虎、南朱雀、北玄武。李学勤说:"特别奇怪的是,在墓主骨骼两旁,有用蚌壳排列成的图形。东方是龙,西方是虎,形态都颇生动,其头均向北,足均向外。"并说,该"龙虎墓"的方位排列,"龙形在东,虎形在西,便和青龙、白虎的方位完全相合"。② 如果说陕西宝鸡北首岭的仰韶文化半坡类型遗址出土的"鸟啄鱼"纹中的鱼还不太像龙的话,那么,濮阳西水坡遗址 M45 大墓出土的这一龙样,已与后世的龙在造型上极为相似。学界一致认为,这是迄今为止所发现的真正中华"原龙"图样,而且它与虎图相对,称它为龙,殊无疑问。学界有人曾认为,中华四象观起源甚晚。《中国天文学》一书甚至说"是秦、汉之后的产物"。实际上,《礼记·曲礼上》已有关于四象的记载:"行,前朱鸟而后玄武,左青龙而右白虎,招摇在上。"据考,《曲礼》乃孔门后学七十子所作,由此,以往学界多持"四象起于战国"之说。濮阳西水坡"龙虎墓"的发掘,证明距今约六千五百

---

① 刘志雄、杨静荣:《龙与中国文化》,人民出版社,1992 年,第 26 页。
② 李学勤:《走出疑古时代》,辽宁大学出版社,1997 年,第 143 页。

年前中华古代已产生了包括龙在内的四象观。

　　原始龙文化的文化意识,由于因图腾崇拜与神话、巫术理念而渗融着中华自古所特有的民族生命意识与崇祖意识,在中华审美文化史上,开启了关于中华民族阳刚之美的审美历程。闻一多指出:"现在所谓龙便是因原始的龙(一种蛇)图腾兼并了许多旁的图腾而形成一种综合式的虚构的生物(引者注:指罗愿《尔雅·翼·释龙》所描述的龙)。这综合式的龙图腾团族所包括的单位,大概就是古代所谓'诸夏',和至少与他们同姓的若干夷狄。"又说:"龙是我们立国(引者注:首先是立族)的象征。""龙族的诸夏文化才是我们真正的本位文化。"①《周易》六十四卦之首的乾卦,被称为龙卦。其文化理念,源自远古中华的龙文化。龙作为一种文化符号,兼有图腾、神话与巫术三重意义,是我们伟大中华审美尤其是阳刚之美的渊源之一,龙作为巨大、灵动甚至带点狞厉的一个人文意象,是中华民族伟大生命力的美的象征。

---

① 闻一多:《伏羲考》,《闻一多全集》第一册,三联书店,1982年,第32—33页。

# 第二章
# 先秦子学与"前美学"

春秋战国,诸子蜂起,百家争鸣,是"中国精神文化的开创时期"。"在开创时期,原始宗教(引者注:实为原始巫术),向人文精神的发展;由人文精神的发展,而至人性论的建立;在时间之流中,皆有其历历的径路可寻"[①]。孔子仁学、孟子心学与荀子礼学为"心性之学"的主要代表,与老庄的自然哲学(实为精神自然的哲学),在"心性"说上是一致的。儒家偏于心性问题的仁学兼伦理学解,道家偏于心性问题的自然哲学解。在先秦,中华美学在理论上并未成熟。道、儒两家的"前美学"都关注、执著于心性的解放与改造,共同开拓了一个深远而灿烂的思想、精神之苍穹。

## 第一节 "轴心时代"的"祛魅"

春秋战国,一个多思而理性早熟的时代。诸子不安而深邃的灵魂,在中华文化史上第一次放射出人文理性而少朴素科学理性的思想光辉。"祛魅",是中华文化从"巫"的原始文化阶段,真正跨入"史"的时代。德国著名学者卡尔·雅斯贝尔斯(Karl Jaspers)曾经指出:

> 以公元前500年为中心——从公元前800年到公元前200年——人类的精神基础同时地或独立地在中国、印度、波斯、巴勒斯坦和希腊开始奠定。而且直到今天人类仍然附着在这种基础上……
> 
> 在公元前800年到公元前200年间所发生的精神过程,似乎建立了这样一个轴心。在这时候,我们今日生活中的人开始出现。让我们

---

[①] 参见徐复观:《中国人性论史·先秦篇》,上海三联书店,2001年,第405、407、410页。

把这个时期称之为"轴心的时代"。在这一时期充满了不平常的事情,在中国诞生了孔子和老子,中国哲学的各种派别兴起。这是墨子、庄子以及无数其他人的时代。①

从公元前800年到公元前200年这600年间,大致上正是中华春秋战国之时。② 尤其在公元前500年前后,确是老子、孔子等思想巨子思想生活最为活跃的时代。

"轴心时代",有一个文化精神的原型。

> 人类一直靠轴心时代所产生的思考和创造的一切而生存,每一次新的飞跃都回顾这一时期,并被它重新点燃。自那以后,情况就是这样,轴心期潜力的苏醒和对轴心期潜力的回归,或者说复兴,总是提供了精神的动力。③

在这一伟大的历史与人文时期,人类世界的思想巨人几乎不约而同地从文化的深处"苏醒",他们以过人的智慧、深睿的目光凝视与思索这个多事而烦人的世界,对这个世界的神秘、多变、灾难与平安,对人间的痛苦与幸福,表示惊讶,发出惊叹,他们翘首仰望高远之苍穹,或是脚踏在坚实的大地,在世间与出世间之际作一次次思想与思维的游履、幻想、执持或是放逐,进行无可逃遁的思想精神的历险,追问世界的"是"或"不是","有"或"无",等等。

"轴心时代"的最大精神事件,便是哲学人文思想的觉醒与灵魂的安顿。

这也便是马克斯·韦伯(Max Weber)所谓"哲学的突破"。

在这一"轴心时代",希腊、巴勒斯坦与以色列、印度以及中华这四大人类文明都各自诞生了伟大的思想大家,以各自方式突出地实现了"哲学的突破"(即哲学之觉醒),构筑起关于人类处境、命运及其幸福境界之本体理性认知的精神高地,并且有力地影响了各自民族此后漫长的文化精神包括审美精神的宏伟历程。

一、从人对世界之关系、人掌握世界的基本方式分析,古希腊的苏格拉

---

① 卡尔·雅斯贝尔斯:《人的历史》,转引自《现代西方史学流派文选》,上海人民出版社,1982年,第38—39页。
② 在中华文化史上,自公元前770年至公元前476年,为春秋时期。自公元前475年至公元前221年,为战国时期。
③ 卡尔·雅斯贝尔斯:《历史的起源与目标》,华夏出版社,1989年,第14页。

底与柏拉图认为,人可以通过知识途径与由知识所决定的思想来寻找、发现与认识人自己。其哲学的重大命题与理想,是"认识你自己"。苏格拉底与柏拉图实际上都将知识作为人之绝对、永恒的本质,这便是柏拉图《克拉底鲁篇》440A 所说的"知识的理念",理念最真、最善、最美,是柏拉图从知识论预设的一个人的绝对精神本质。正如策勒所言:"概而言之,知识观念的形成是苏格拉底哲学的一个中心。"①哲学先贤之理性,以其"自知其无知"而具有残酷而彻底的清醒。而柏拉图的哲学与美学理论尽管倡言"灵魂回忆"的迷狂,为神在其哲学王国留下一个地盘,但柏拉图的理念说,依然基本上牢牢地建构在以知识论为基础的哲学理性的基础之上。在那个崇尚数学等自然科学的时代里,柏拉图也同样信奉所谓"不懂几何学者不得入内"的知识理性的哲学箴言,其本人出于数学之深厚素养,奠定了哲学与美学的知识论基础。总之,苏格拉底与柏拉图都以知识(在他们那里所谓知识,有时是先验的、天生的,这亦当注意)与理性对世界提出质疑,其思想超越现实又不否定现实。

相比之下,属于以色列、巴勒斯坦人文地域的耶稣则要打破一切现世、现存的秩序,认为人生的现实本身意味着"自我否定"。在古希腊作为自我救赎的知识理性,在这里没有立锥之地。耶稣试图让一切都归罪于世界末日来临的国度里。上帝"无所不在,无所不知,无所不能",上帝就是整个世界。因此,认识世界就是认识上帝。认识上帝者,并非以上帝为认识对象,而是信奉对上帝虔诚的崇拜。上帝终究不可认知。上帝是圣父、圣子与圣灵三位一体,上帝是主神。所以,知识的存在现实,就是本体意义上对上帝的亵渎。人的知识,是人之原罪的一个确证。耶稣说:"我就是道路、真理、生命。若不藉着我,没有人能到父那里去。"②如果没有上帝的指引,人寸步难行。如果人所行的路,不是耶稣所指引的,就无疑是迷途。基督(耶稣)是上帝的"独生子",基督与上帝同一,是圣父与圣子、圣灵一体的,在这里,基督的复活与升天,就是人逃避原罪,拒绝知识。

印度的释迦牟尼——迦毗罗卫国净饭王之子乔达摩·悉达多,则企祈冥思静虑和破斥尘世之烦恼,通过修持入于涅槃之境。佛经言,禅定者,静虑;智慧、觉悟之谓。"脱乐欲之缠缚,入无上之寂灭,遂得无生无缚无上之

---

① 策勒:《苏格拉底和苏格拉底学派》,第 89 页。
② 《新约·约翰福音》,第 14 章,见中国基督教协会、中国基督教三自爱国运动委员会印《新旧约全书》,1994 年,第 149 页。

寂灭","忽然正见升起,大彻大悟:吾已解脱,此乃最后生期,更无重生"。①这里,知识与理性的地盘实际是狭小的。沉思、静虑入于涅槃之境者,本已圆满俱足。人对世界的把握以及人对自身的认识,被简约为以冥思、禅定为主的宗教修持,所谓"排除障碍,专心镇定,不起纷扰,平息身心,不使激荡,集中思绪,注于一点"②。这便是,且将那纷烦扰攘、心猿意马统统收起,面对世界便"目空一切"(四大皆空),"达到无所谓乐与不乐的绝对清净境界"。③

中华古代的老聃与孔丘,则希望在现世塑造人自己,要使这世界以其既定的秩序(天命、道)的永恒准则发展,通过启发人的心性、本性致力于人格的完成。老聃与孔丘都讲"道",前者是对世界本原、本体的认同,首先从哲学进入,来试图解决人生道路(主要指政治、伦理,老聃自有其独特的政治伦理观)问题;后者则放弃一般哲学意义上的探求,在继承与扬弃周礼的基础上,以仁释礼,建立仁的学说,试图在政治伦理的域限中安顿人的身心。老聃作为中华哲学之父,在楚简《老子》中,倡言"道恒亡(无)名朴"、"返也者,道动也"与"天道员员(圆圆),各复其根"以及"道法自然"、"亡(无)为而亡(无)不为"等思想,来述说其政治意义的治国方略与道德伦理的合"道"与合"理"。孔丘作为中华伦理学之父,创立仁学,以"克己复礼"为己任,一心在建立一个合乎"仁"的社会,倡言"一以贯之"的"道",达到"礼之用,和为贵,先王之道斯为美"的理想境界,这也便是所谓"夫子之道,忠恕而已矣"。"忠恕"者,"仁"。老聃与孔丘的学说固然有很大差异,一以哲学为主题;一以仁学、伦理学为主题,然而在哲学与仁学、伦理学的文化品格上,又具有相通之处,都在于关注人格以及实现人格的理想。这里,知识的地位,不是很崇高的。孔子在谈到诗的文化功能问题时说:"诗可以兴,可以观,可以群,可以怨。迩之事父,远之事君;多识于鸟兽草木之名。"④虽然肯定"诗"有"识"的功用,但毕竟不是主要的;重于伦理而轻于物理,是孔子学说的显著特点。老聃倡言以"道"治世与治人,无为而治,所谓"亡(无)为而亡(无)不为",其学说,没有为知识留下多大的空间,所谓"绝智弃辩,民利百倍"。因为在他看来,"智"(与知识相联系)在本体上是背"道"而驰

---

① 渥德尔:《印度佛教史》,商务印书馆,1987年,第51—52页。
② 同上,第51页。
③ 同上。
④ 《论语·阳货》。

的,如果智巧横行,便天下不宁,世间妄为。

二、从人的精神转化角度来看,苏格拉底、柏拉图看重知识,坚信知识的接受与传播,是促成人之精神转化的根本动因。人的转化在根本意义上是哲学的转化,而哲学的文化本涵是"爱智"而非"智"之本身。就连上帝也是"爱智"的。柏拉图哲学的"理式"(idea)与上帝的本性同一。"理式"是上帝在哲学思辨中的代名词,或者说,"理式"是上帝之哲学精致化的表述。上帝的无上智慧与哲学"理式"的"爱智"在知识论上是对应的。上帝是一种神秘的预设,而在其知识的文化底色上,却是趋于理性的。因此,所谓人的精神转化即人的历史性的人文解放,固然需要依靠神(上帝)的帮助,经过哲学途径去消解"原罪",但人之"原罪"的消解,还不仅仅是道德向宗教与哲学的皈依,它包含一种原在的动力,即总有一天,是知识对神(上帝)的讨伐与清算。结果是神(上帝)被知识所消解,知识及其"爱智"的哲学,构成人性与人格之转化的历史性素材与必然的途径。

而耶稣,仅仅要求人对上帝意志的奉献。信仰是执著,执著是意志的坚定。意志作为人的一种心理驱动力,是将人的欲望、情感锁定在某一种理想或偶像之上。这便是宗教崇拜。在笔者看来,崇拜是对象的神化同时也是主体意识的迷失。因此,所谓人的精神转化的意义,实际是人在"基督涤罪所"里失去人的主体性。这种失去,在宗教意义上显得辉煌、美丽而幸福,却又必然以人在人性与人格的成长史上主体意识的被贬损、被剥夺为沉重代价。笔者想说的是,异己的对象之所以伟大,是因为人自己跪着的缘故。没有人能够在上帝与基督面前可以自由地张扬其主体性。否则,上帝与基督这一被神化的偶像便不复存在(观念中的存在)。上帝与神化的基督偶像的观念性建构,是尚未被人所准确而正确地掌握到的事物本质规律对人的心灵奴役,是必然王国里人的痛苦呻吟。上帝、神与基督之所以有无比的力量,是因为人的偶像与权威即盲目自然力及其盲目社会力未被人把握的缘故。但人的历史性转化,往往命里注定地要经历宗教崇拜这一充满苦难与欢乐的文化历程。崇拜是认知与审美的"史前"文化方式。崇拜是颠倒的认知与审美。因此,在崇拜中,人歪曲地寄托了自己争取解放的理想。上帝、神与基督的光辉,实际是人满怀希望的理想的光辉。所谓神的神秘,实际是人尚未彻底认识自己的一种心灵的迷茫与幻象。上帝与神灵种种、包括这里被神化了的耶稣基督的神秘力量,颠倒而夸大地体现人之内蕴的伟大创造力。因为人的精神在清醒的社会实践中未能把握到自己的真实面貌,作为代偿,且将上帝之类认作神秘的精神故乡。与其说这种神秘是人所不可思议的,倒不如说没有这种神秘,人就是不可思议的。德国伟大诗人歌德有一句名言:十全十美是神的尺度,而要达到十全十美是人的尺度。在人的历史性转化中,上帝之类与人同在等于上帝之类的永远与人疏远。上帝是完美之人性的外在尺度,人的完美的宗教表述即是上帝。上帝是人创造的。上帝对那些无知、无情的动物而言没有意义。上帝的尺度提升了人之现实存在的精神品位。同时,上帝的被创造,又是人之自贬、自悲的确证。上帝既体现人的理想与无望,又体现人的伟力与无能。对人而言,上帝指引人之转化,以便使人性与人格趋于完美,却又永远不能达到绝对的完美。

如果说,耶稣的成为基督,可以说是人之精神转化的一种文化方式的话,那么,印度乔达摩·悉达多的变为释迦牟尼(意为:释迦族的觉者),则与此有异曲同工之妙。所不同的是,前者强调信众对上帝、基督之意志的信仰与忠诚,后者则主张以沉思默照与静虑来实现与调整其相应的精神生活。为了达到这一精神境界,外在的、约束人之意念、意绪与欲望的种种戒律的颁订与实施,是必要的。人一般很难管住自己的一颗"活蹦乱跳"的"心"。印度佛教就是通过对教义的设立与认同、对戒律的严格遵守或者以顿悟方式,来在这纷繁的世界里安顿人自己。人有三种与生俱来的生命冲动,即生命的进入、退出与舍弃。进入者,动;退出者,静;舍弃者,空。动、静与空都是人之生命的境界。但一般芸芸众生,都在热衷于生命之进入。喜怒哀乐、执著追求、无尽烦恼,生命之"动"也。如果从这生命之"动"中退出,便是生命之"静"境。"静"境不是别的什么,好比一块巨石从山顶滚落,落到谷底,便是"静"境。因此,生命的退出与"静",便是生命状态的"落到人生的最低点"。而体悟到一切空幻而连空也是空的,便是无所执著的涅槃之"空"境。释迦的基本教义以及与沉思相应的生命、生活方式,就是如此。如果说这是人的精神转化,那么,这是从生命之动、之进入向生命之静、之退出以及向空幻之境的转化,其意义的深邃,不可估量。

而在这一人的转化问题上,中国先秦的老聃与孔丘,则贡献了另一种文化方式。比较而言,老、孔两位思想巨子,对知识在人之转化中的地位与作用,本不抱多大希望,毋宁说是抱着轻忽的文化态度。但是,人之历史性人文转化这一重大的时代课题,已经历史地提出来并且被自觉地意识到,必须严肃地加以解答。老聃从哲学寻求答案,孔丘从仁学寻找开启的钥匙。前者试图让人回归到他那"朴"的精神故地,楚简本《老子》所谓"见素保朴,少私寡欲",认为人本有一种素朴的智慧,人的转化便是启悟这一智慧,回归于"道","各复其根",提倡人的"无待"与人格的独立。后者则相信通过教育的途径来启发心性与良知,达到道德人格的完成。《论语》记孔夫子云:"朝闻道,夕死可矣。"但此"道"并无多少哲学本体意义,而往往指认识与处理人际关系的那种生活准则。《论语·季氏》所谓"天下有道"、"天下无道",大致从伦理、政治角度立论。"道"在这里也指道德理想,《论语·卫灵公》所言"道不同,不相为谋","君子谋道不谋食"是矣。这也便是救治人心、人性与人格的一剂良药。无论老、孔,都笃信人的转化即精神的"祛魅",可以通过天下的改造、制度的调整与人际关系的和谐来实现。这无须依靠神与上帝的力量,也一般不用知识的参与,而是于世间体"道"、悟"道"与践"道"即可。当然,老聃所言"道",实际是从心性角度将"道"这一人生准则自然本体化;孔丘所言"道",则指人际制度的伦理信条,从而一般地拒绝本体意义的提升。老聃言"天道"而不信"天命",表现出清醒、早熟而葱郁的先秦理性精神;孔丘的实用理性相当充分,他为神与神学保留一点地盘,此即《论语·季氏》所谓"君子有三畏:畏天命,畏大人,畏圣人之言",《论语·八佾》所谓"祭神如神在"等等,都说明在孔子的思想深处,并未割舍与原始宗教巫术传统的因缘。因此,从理性精神的纯粹性角度分析,这一人之转化的"祛魅"并不彻底。

三、从此岸与彼岸、世间与出世间的关系而言,人类四大古代文明之思想家及其群落的学说思想与思维框架,大致上可以分为两大类:其一,苏格拉底、柏拉图与老聃、孔丘的立足点,基本在此岸、世间,在"此"实现精神的突破与超越。而苏格拉底、柏拉图重知识;老聃、孔丘重人生道路的哲思认同或是道德的修为与践行。其二,耶稣与释迦牟尼的逻辑原点,基本在彼岸、出世间,在"彼"实现其精神的突破与解脱。而耶稣重意志,释迦重沉思。

这两大文化方式,作为普遍意义上的"祛魅",其文化品格无所谓高下,仅仅体现为文化个性的差异。一可称为人本主义,二可称为神本主义。大凡在文化上成熟的民族,一般都经历过一个原始巫文化时代。按照一般的文化进程,从原始巫文化向宗教文化的历史递进,是顺理成章的。英国早期文化人类学家弗雷泽以及西方精神分析学说的创始者弗洛伊德,都持有所谓"巫术—宗教—科学"说,马克斯·韦伯从新教伦理发展的角度探讨西方资本主义文化的成长史,也显然主张"巫术—宗教—科学"的见解。弗洛伊德曾经举例说,比如求雨,在原始巫文化那里,原始先民通过"作法"(巫术),让老天服从人的意志(所谓巫的意志),"降神"而使天下雨。在宗教文化那里,人彻底地向神跪下,为求雨而虔诚祈祷。而历史一旦走出宗教时代,理性的展开与科学的昌明使人具有高度的自信与实际的能力,人把神与巫逼到了历史的角落里,依靠科学理性的力量达到人工降雨的目的。这种所谓的"巫术—宗教—科学"的文化史观,一定程度上具有人为的逻辑预设、裁剪历史真实之思想与思维的局限,因为人类文化历史的发展,并不是如此整齐的"一刀切"的,历史所本在的丰富、复杂或是"例外",在这一逻辑预设中被简化或被忽略了。然而,从文化早期主导形态的原始巫术,并由原始巫术走向宗教文化时代这一点来说,大致是西方文化发展的一种真实的历史轨迹。

而中华古代并非如此。在经历了轰轰烈烈的原始巫术文化阶段以后,先秦并不是像模像样的宗教时代。正如梁漱溟所言:"中国文化在这一面的情形很与印度不同,就是于宗教太微淡。"①"淡于宗教",确是中华本土文化自古具有的一大特色。

中华原始巫文化并未转入成熟形态的宗教文化。那么,它转向了哪里呢?一句话,它转向了"史"文化时代,即从原始巫术时代转向"淡于宗教"的主要是伦理文化的理性(或曰:实用理性)时代,或者可以说是一个"准宗教"时代。

这种"准宗教"型的"史"文化及其人文代表,即先秦的原始道学与原始儒学。

"史"文化具有理性精神而不同于"宗教的理性"。凡是宗教,"可以说就是思想之具一种特别态度的。什么态度?超越现实世界的信仰"②。宗教贬损知识、追崇信仰、迷失自我,是非理性而迷狂的,但其深层的文化底蕴,却具有某种理性的文化品格。否则,就连宗教本身也是创构不成的。

在宗教文化中,第一,哲学一方面成为宗教与神的显在的奴婢,另一方面也正因为宗教有一个主神而使人类的思维走向对世界本体的追问。宗教主神的建构是非理性的,但主神的预设,却成为哲学本原与本体论的历史与人文前导。第二,凡宗教必具有一定的终极意识与终极关怀,它既包含非理性的情感、意志的诉求,也可能历史地启动一种关于本原与本体的哲学追问。在某种意义上可以说,宗教的主神及终极意识、终极关怀,往往与哲学的本原与本体追问相联系,甚至是本原与本体的代名词。在宗教中塑造一

---

① 梁漱溟:《东西文化及其哲学》,《梁漱溟全集》第一卷,山东人民出版社,1989年,第441页。

② 同上,第361页。

个上帝、主神的形象与在哲学里追问事物的本原与本体,两者在思维上是同构的,仅仅思想不同而已。同时,宗教主神与"终极"的确立,成为信徒所应遵循、公认的一种宗教化的"道德律令"。宗教可以是一定道德文化的人文孵化器,宗教严重影响、甚至规范了道德生活。在此意义而言,种种宗教戒律与道德准则,也是同构的。不过,前者是强制的,后者在于启发自我良知而已。

在宗教文化所统治的国度里,上帝、主神与臣民、信众之间是不平等的,这种不平等,源自于原在、盲目的自然与社会规律作为一种强加的异己力量,是对主体的一种精神奴役。这证明,宗教主神之类作为权威、偶像,实际是人类尚无力把握的盲目、巨大之自然、社会力量对人的精神压迫,无疑是人的一种历史性悲剧。宗教的严厉、其戒律的不可触犯,也为道德的冷峻制订了一个蓝图。

在不平等的宗教国度里,宗教的上帝、主神同时又是辉煌而仁慈的,这有如在道德生活中,那个具有一张冷冰冰之面孔的父亲对其子女深沉的爱,体现了宗教与道德的一致性,而且开启了人类审美理想的历史之门,树立了关于道德、关于审美的伟大的人格榜样。如果说,柏拉图的理式,是一种被哲学所精致化的宗教主神意识,那么,阿奎那的上帝,就是一个在天国放出光辉的哲学本原、本体。尼采宣告"上帝死了"之时,不仅意味着传统文化意义上宗教主神的死亡,而且也是对一种哲学本原与本体论的怀疑与否定。

由于建构了西方之上帝与臣民之间的不平等关系,所以导致在理念上,要求达到人与人之间的平等。这种所谓平等首先是人性与人格意义上的。无论父亲、儿子,丈夫、妻子,还是领袖、平民等等,大家都服膺于一个"天父"上帝。"在上帝面前人人平等",后来转嬗为"在真理面前人人平等",从宗教话语变成了哲学与政治话语。同时,又称"在法律面前人人平等"。所谓天赋人权,一切都必须拿到理性的审判台上来加以评判,在理性面前人人平等。

但在巫魅大致被祛除之后,在印度佛教入渐之前,中国却并未进入一个西方那样的"理性化的宗教"时代。这当然不是说,中国先秦没有哲学追问,没有关于世界本原与本体的"置疑"与"悬搁"。先秦道家就具有深邃的哲学思考,老庄的道论,独具葱郁的哲思品格。

但是,经过宗教文化之濡染与洗礼的哲学文化与没有真正经过宗教文化之濡染、洗礼的哲学文化,是不大一样的。中华"史"文化所偏重的,是属于此岸、世间的政治、伦理即人际关系之功能性问题的追问,这里不是没有任何哲学的一席之地,不过,在作为先秦主流文化即儒文化那里,它是关于人与人之间的一种哲学思考与解答。老庄的学说当然是一种成熟的哲学,而且表现出对自然与社会、文化之本体、本原的深沉的哲学思考与冷峻的关注,但是这里有两点应当注意:一是无论老子还是庄子,他们所关注的,都依然是世间、此岸与当下的现实,对出世间与彼岸的问题,同样采取了"存而不论"的态度,这正是其哲学未经宗教文化传统之培养、酝酿与打磨的缘故。二是尽管老庄的哲学具有鲜明的形上性,其思辨的深致程度,一点也不亚于古希腊的柏拉图,然而老庄之所以对本体、本原问题进行深刻的哲学思考,并不是纯粹的"爱智",而是为了从哲学高度、从根本上解决种种政治与伦理问题。老庄哲学的远在背景,是从原始巫文化转嬗而来的"史"文化;其近在背景,是当下所遇的种种政治、伦理的社会现实课题。老庄的哲学,也在于治世与治人。在这一点上,与先秦以孔子为代表的儒家没有区别。所不同的,老庄在于通过其哲学方式,希冀从"根"上去"治"。以往学界有个误解,似乎老庄不食人间烟火,非常玄虚,其实老庄既玄虚也实际,不过是试图从哲学之玄虚来解决他们所面临的政治、伦理之类的种种实际问题。同样是治理国家,孔夫子坚信通过"克己复礼"的道德认同与实践、推行仁学那一套就可以将国家治理得井井有条;老子却说"治大国,若烹小鲜"。这是以"道"治国,"道法自然"。"自然"者,本然如此之意。老子哲学显然并非无视而反对"治国",仅仅要求以"道"治国而已。尽管老子、庄子的哲学之高昂而聪慧的头颅,总是仰望于世界的无边无垠并作无尽的玄思,然而其双脚,依然践立于当下政治与伦理之坚实的大地之上。与孔儒相同,老庄哲学也具有"经世致用"的一面。所不同者,孔儒的仁学由于一般地缺乏哲学的"关怀"而显得更注重于道德践行。

全部先秦道学与儒学的要旨,可以用一句话来概括:做怎样的人以及怎样做人。就道家而言,做怎样的人是与对世界本原、本体即"道"的体悟相一致的,认为只有体悟到"道"的真谛,才能谈得上做人的标准问题。"道"是做人之唯一与最高的尺度。如果背"道"而驰,人则为非人。儒家所倡言的做人标准是"仁"。"仁者,爱人"。"爱人"者,"己所不欲,勿施于人","克己复礼为仁",要求以"仁"的道德尺度,来规范与维系人与人之间一种适中、调和的人文张力,缓解人际的紧张。至于怎样做人,道、儒自有区别。前者重个体价值,从老子到庄子,都没有抹杀人的个性与主体意识,倡言"遗世特立",作为个体之人的现实生活道路,与社会群体及其生活准则取

"逆对"的态势。后者重群体价值。从孔子、孟子到荀子,提倡个体之人的现实生活道路应当与社会群体及其生活准则、规范(礼)取"顺对"的态势。怎样做人呢?儒家要求重孝、亲人、贵德、体道。这里所言"道",主要指形而下的生活道路之"道"。所谓体道,是体验人之生活道路的经验性质,在理念上一般不向形而上的方向提升。两者的区别在于,道家为了解决与夯实做怎样的人以及怎样做人的生活道路及其基础问题,启用其形而上的道的哲学来作其理念的证明与精神的提升,为了解决人与人之间的关系问题,首先将这一问题拿到天、人关系的思想与思维的高度与框架中去加以论证。儒家则直截地将人与人之间的关系问题作实在的政治、伦理的建构。从根本上来说,道、儒都是中华原始巫文化向史文化转递而在春秋、战国所结出的两大硕果。两者都注重人的生活道路,都主张在此岸、现世与现实中来"安顿"人的生命,在世间寻找与肯定人的幸福与美。

先秦道、儒两家,由于历史地、民族地不具有真正成熟意义上的宗教文化的"关怀",在道家之"道"与儒家之"仁"的审美意识里,由于没有一个真正的主神、上帝作为光辉的本原、本体树立在彼岸,所以无以建构主神、上帝与信众、臣民之间的不平等关系,于是,这种原本在宗教文化形态中的彼岸与此岸、神与人之间本在的不平等,被道、儒文化置换、挪移为此岸、世间的人与人之间的不平等。这一点在儒学那里表现得尤为突出。孔子的"爱人"观,是建立在人与人之间不平等理念与现实的基础上的,不是因为"天赋人权","在上帝面前人人平等",才普施"博爱"于天下,而是正因其不平等,才开出"仁者、爱人"这一"良方"来缓和这种不平等。孔子讲"礼乐"。礼的本义,是人对祖宗神的敬畏,体现了人与祖宗的不平等关系。乐是用以调和礼的,此即《礼记》所谓"礼别异,乐统同"。凡此都说明,道、儒由于缺乏一个精神意义上的上帝,才有必要以伦理道德与政治(或者通过哲学上的证明,或者未经哲学证明)来替代宗教,且将政治、伦理抬高到"准宗教"的历史与人文地位。蔡元培曾有中华文化之基本性格"以美育代宗教"(以艺术代宗教)的著名命题,这当然不谬,但是中华文化的基本特点之一,在笔者看来,说到底是"以政治、伦理代宗教"。

那么在先秦,为什么中华原始巫文化终于没有走向宗教而发展为史文化呢?

拙著《周易的美学智慧》曾经就这一学术课题提出过一些假设性的分

析①,这里试作进一步的论述。

第一,关于"神"的理念问题,无论从道、儒两家的代表性典籍《老子》、《庄子》还是《周易》、《论语》来看,都不乏关于"神"的言述。《周易》多处说过"神无方而易无体"、"阴阳不测之谓神"与"知几其神乎"之类的话,然而这"神",并不是真正宗教意义上的。在甲骨文中,有作为"神"之本字的"申",写作 ₴(见胡厚宣《战后京津新获甲骨集》四七六)、₴(见商承祚《殷契佚存》二五六)与 ₴(见商承祚《殷契佚存》二六一)等。许慎《说文解字》云,"申,电也"。徐中舒主编《甲骨文字典》说:"故申象电形为朔谊(义)。"申是一个象形汉字。在文字造型上,"申"演变为"神",大约始于战国。"战国时期的《行气铭》之'神'字的写法,已从电,作祂,与后来的字书如《秦汉魏晋篆隶》等所收录'神'字写作已无二致,从电取象,显而易见。"②这说明,中华古代关于"神"的人文理念,是从原始巫文化有关兆象起始的。"神"的初文为"申","申"乃雷电之象,即把天上电闪雷鸣这自然之象,认作人之命运休咎、吉凶的预兆,并以这雷电之兆占验吉凶,决定去做某事或不做某事。

"申"(神),虽是先民感到神秘与敬畏的对象,却从未被提升到如宗教主神与"终极"那般的精神高度。神在巫术中仅仅是一个很"实际"的角色,即除了决定巫术的成败别无其他重要意义。神在巫术中是一种神秘的感应,它其实也是巫(巫师)的一种人文属性。在原始巫术的神秘氛围中,没有人怀疑神灵的力量,否则,便可能是原始巫文化的历史性消解。然而,巫术之神的出现,是由人类的生存目的理念所驱使而走上文化历史舞台的。此神实际上是人为了达到、完成某种实际的生存目的而扮演的一种神秘的精神性工具。从工具角度看,神具有两重性,既是人(巫)所崇尚、虔敬的对象,又是可供人(巫)驱使(作法)的。神对巫术,体现出那种在当时看来是高级的生存智慧。但它一开始就缺乏西方古代上帝那种天父般的精神魅力与本原、本体意义上的人文素质。中华原始巫术目的意识的过分强烈与持久,阻塞了从巫术文化之神走向宗教文化主神的历史与人文之路。

中华原始巫术中的神并不是绝对崇高的。神在巫术中可以呼风唤雨、摧枯拉朽,或是祸从天降,或是恩被华夏,但是神之所以如此神通广大,是通神的巫作法的结果,离开了巫,面对世界的严重挑战,神也无能为力。因此,

---

① 王振复:《周易的美学智慧》,湖南出版社,1991年,第48—55页。
② 李玲璞、臧克和、刘志基:《古汉字与中国文化源》,第237页。

作为中华原始文化之主导形态的巫文化,在一定程度上肯定了人的地位,而对神的绝对性有所保留。

这种神几与"鬼"同列。许慎《说文解字》有"魖"字,称"神也,从鬼申声"①,"魖"是神字别体,证明古人造字在理念上是"神"、"鬼"未分的。钱锺书说:古时"'鬼神'浑用而无区别,古例甚夥"②。如《论语·先进》:"季路问事鬼神,子曰:'未能事人,焉能事鬼?'"这里,孔子并不是答非所问,而是将鬼与神看做同一回事的缘故。《管子·心术》:"思之思之,思之不得,鬼神教之。"这是"鬼神"并称。鬼神者,"初民视此等为同质一体(the deamonic)"③。理念上的神、鬼不分,无异于降低神的文化品格及其神性。"人之信事鬼神也,常怀二心(ambivalence)焉。"④

第二,一个民族的原始巫文化,如果能够转递为一种成熟的宗教,作为宗教所必备的精神基础与文化蕴涵之一,则必须具备充分、足够的非理性因素。因为,任何宗教教义、仪轨以及宗教徒的情感世界,都必须充满对主神、上帝或佛陀等等的精神迷狂与激情。

然而,中华原始巫术的非理性与激情显然是不够饱满、充分的。一个上古欧洲农夫,可以为了丰收而在田埂上日夜蹦跳(作法),他坚信人跳多高,庄稼就能长多高,他的蹦跳不能停止,否则便是巫术的失败,必然导致颗粒无收。因而直至跳到精疲力竭、昏死过去,这里充满了激情与迷狂。古希腊神话与悲剧"被缚的普罗米修斯"富于巫的人文基因,也是始终充满非理性的迷狂因素的,当这位窃天火给人类的神被宙斯用锁链锁在高加索的悬崖上,每日让饿鹰啄食其肝脏、第二天又使其长好,承受无尽折磨与痛苦时,我们可以体会到,这一神话与悲剧的非理性与情感之原型,是作为基因即原始巫术之本在高涨至极的非理性与情感。一个非洲原始部落的男子的"成丁礼",是用一二百钝而不锐的骨针刺扎全身,最后一针须横穿舌头(作法),这鲜血与非理性的迸流与弥漫,受巫者的痛苦之巨不可想象,全看这"成丁"的男子能否以迷狂的意志、激情与坚定的信仰来抗过这"生死劫",从而成为一个顶天立地、无所畏惧、无往而不胜的男子汉,否则,便是巫术的失败。这里,有大痛苦和因大痛苦而进入大欢乐的境界。

---

① 许慎:《说文解字》,中华书局影印本,1963年,第188页。
② 钱锺书:《管锥编》第一册,中华书局,1979年,第183页。
③ 同上书,第184页。
④ 同上书,第186页。

中华原始巫术的非理性与情感因素本来就不够充分,不够激越与迷狂,发展到殷、周之时,更有一个退化的趋势。殷代的甲骨占卜,捉龟、杀龟、钻龟、灼龟与刻龟,你不能说它没有非理性因素(否则就不是巫术了),不过,这种占卜过程及其理念,在情感方式上还是相对平和的。从《周易》占筮这种中华古代巫术的典型代表来看,都是神秘之数与数的运演,并由数而决定象(兆象)的神秘性,不具有非理性因素是不可能的。但是《周易》算卦,是一种偏于理性、性质偏"冷"的巫术,这"伪技艺"的操作过程,是虔诚而慢条斯理的。其心态,不是因虔诚而迷狂,而是因虔诚而平静;不是激情洋溢、使情感达到燃烧的程度,而是在平静的情感历险中,渗融着"数理科学理性前的理性"即巫术"实用理性"的人文内容。

比如,《周易》占筮的文化本位是"数"(与此相关、相融的还有"象"),所以才深埋着一颗可以发育为坚强理性的"种子"。这文化"种子"的品性,注定要有力地约束巫术的非理性(当然并非灭绝),规范这巫术的情感因素,使其不至于如脱缰之野马那般放纵。在人类的原始巫术文化大泽中,以"数"(还有"象")为文化本涵的《周易》占筮,在智慧品格与层次上,是独特而出类拔萃的。试问,世上还有哪一种原始巫术文化形态能够历史地发育为成熟的哲学与伦理学?唯有中华的《周易》占筮。其成因,就在于与理性相系的巫术的"前理性",是其规定了《周易》占筮文化的历史与人文走向:不向宗教发展而走向哲学与伦理学等等。

第三,原始巫术文化能够发育为成熟的宗教文化,还有一个条件是必须具备的,那就是作为其文化基础的原始巫术,应当可能为宗教之强烈的苦、乐意识与境界提供其精神的前期素材。一般宗教所虚构的世界与境界,比如基督教的天堂与佛教净土宗的"西方极乐世界"等等,都建构了一种虚妄的理想境界。比如天堂,《彼得前书》二章第十八节云,其"黄金铺地,宝石盖屋,眼看美景,耳听音乐,口尝美味,每一官能都有相称的福乐"。佛教中描述的"西方净土",也是黄金为屋,宝物无数;花树灿烂,甘洌澄美;舞姿迷眼,诸色微妙;佛相庄严,悦乐无限。而阿鼻地狱的丑恶与痛苦,反衬了净土境界的和美。一般佛教教义倡言所谓无死无生、无染无净、无悲无喜的涅槃之境,似乎无关乎苦、乐,其实,这佛教涅槃之境对此岸、世间苦、乐的消解,恰恰是建立在承认此岸、世间之苦、乐人生的基础上的。

《周易》本经所提供的原始巫术智慧,一定程度上是天生缺乏这一精神素质的。

《周易》巫术不是没有理想的,不过它所提供的理想蓝图很实际、很实在,即趋吉避凶而已。也就是说,《周易》占筮仅仅在人生道路的吉与凶之际,帮助人做出谨慎的选择而已。

文化人类学家将原始巫术一般分为黑巫术(Black Magic)和白巫术(White Magic)两类。黑巫术即恶巫术,是积极而进攻性的巫术,教人怎样行动以攻击对方,使对方遭受苦难甚至死亡;白巫术即善巫术,是消极而防御性的巫术,教人在具有攻击性的盲目而巨大的自然和社会对象面前,怎样躲闪、保护自己不受伤害。《周易》占筮属白巫术范畴,其文化功能在于趋吉避凶。从《周易》看,中华古人在"轴心时代"的文化心态与处世态度,是很善意的。他们以趋吉避凶为实际的理想,并不追问在此岸、世间之外,还有没有一个彼岸、出世间的理想境界等问题。

从与理想相契的苦、乐角度看,《周易》本经与《易传》处处以生为乐。所谓"生生之谓易","天地之大德曰生",避免苦、恶与死等字眼来刺激崇尚实际的心灵。所谓趋吉避凶,目的只有一个:逃避苦难与死。《周易》是很乐观地抱着"乐则行之,忧则违之"①的文化态度,提倡"反身而诚,善莫大焉"②,是孟子、其实也是《易传》所主张的人生信条。《周易》忌言"死"。实在不能回避,就将"死"与"生"放在一起来说,还只说过一次,这便是《易传》所言"原始反终,故知死生之说"。并把"死"看做是人之生命逆旅中的一个可以跨越的阶段。

《周易》巫术理念也不是不讲忧患的。《易传》云:"易之兴也,其于中古乎?作易者,其有忧患乎?"这里,虽是用设问的方式,却暗指文王被拘羑里之史事。文王拘而演《易》,乃忧患之作。不过,《周易》所言"忧患",与印度佛教所述生死烦恼、因缘轮回是两回事。它是指氏族、民族、时世、家国、社稷之忧与个人身世之忧,属于所谓"伤时忧国"一类。这是史的文化智慧而不是宗教智慧,与中华原始巫文化的世间智慧是两相对应的。

总之,乐观向善的中华原始巫术,具有这一伟大、古老之东方民族独异的文化气候与精神气质,在这块富饶而贫瘠的土地上,难以开放一般宗教所言的生命苦、乐之华并建构属于本体意义的忧患意识及其精神解脱的"理想国"。正如梁漱溟《东方学术概观》所说,古代中华"却是世界上惟一淡于宗教、远于宗教,可称'非宗教的民族'。"③

---

① 《周易·乾文言》。
② 《孟子·尽心上》。
③ 梁漱溟:《东方学术概观》,巴蜀书社,1986年,第68页。

## 第二节 郭店楚简《老子》的美学贡献

郭店楚简《老子》,发掘于1993年10月,在湖北省荆门市沙洋区四方乡郭店村出土。是迄今所发现的最古的《老子》抄本。其思想,显然更接近于《史记》所言那个"周守藏室之史"老聃所撰的《老子》原本,与1973年所发掘的长沙马王堆帛书甲、乙本《老子》,尤其与通行本《老子》相比较,具有重大区别。学界一般认为,通行本《老子》为太史儋所编纂,它所体现的主要是战国中期的道家思想及其美学见解。郭店楚简《老子》的思想,可以认为更直接地接近于道家原貌。其篇幅,虽不及通行本的五分之二①,但其古朴、深邃的哲学及其审美意识,为体现于老子哲学的美学意识问题的重新研究与再认识,提出了一个学术新课题。关于这一点,与《论语》比较,也能见出。

### 一、道:"有状混成"还是"有物混成"

郭店楚简《老子》全文有道字凡二十四,具有与通行本《老子》大致相应的意义,即如"道恒亡(无)名朴",指事物本原、本体;"返也者,道动也","天道员员(圆圆),各复其根",指事物变化规律性;"保此道(指德行)者,不欲当盈",指道德准则;"道法自然"②,指人生理想境界。

关于"道",通行本《老子》说:"有物混成,先天地生。寂兮寥兮,独立而不改,周行而不殆,可以为天下母"。这里,明白无误地称"先天地生"的"道"是一种"物","道"为"天下母",可称为"原物"。

考通行本《老子》所谓"有物混成",楚简本原作"有状混成"。

这可从楚简《老子》图版有关文字符号的书写得到有力的证明。

"物"字在楚简《老子》全文凡十一见,是为"是故圣人能辅万物之自然"、"而万物将自化"、"万物将自定"、"万物作而弗始也"、"天下之物"、"万物将自宾"、"万物方作"、"而奇物滋起,法物滋彰"、"物壮则老"与"是以能辅万物之自然"。这十一个"物"字,简文大多写作"勿",个别写

---

① 郭店楚简《老子》的篇幅之所以不及通行本的五分之二,学界认为有三种可能:一、该墓曾遭盗掘而导致竹简残损;二、陪葬时未将《老子》全文放入墓中;三、原本如此,既然是古抄本,篇幅短小合乎常理。究竟如何,目前学界尚无一致结论。

② 《郭店楚墓竹简〈老子〉》,文物出版社,1998年5月版(后文引用该书,不再注明)。

作"勿"。

而在通行本《老子》"有物混成"相应处，楚简《老子》写作"又㡭幵成"。裘锡圭从文字学角度研究这四字，认为《郭店楚墓竹简》一书将该四字释为"又（有）䚅蟲（蜫）成"，是可取的。裘先生指出，这里的"又"为"有"："䚅无疑也应分析为从'頁'（首）'屮'声，依文义当读为'状'，'状'也是从'屮'声的"。又说，"蟲"即"蜫"，"即昆虫之'昆'的本字，可读为'混'"。而"成"，为"成"字的战国楚文字写法，当不成问题。因此，楚简《老子》的这四字，应为"有状混成"而非通行本所谓"有物混成"。这里的"䚅"，即"状"。"䚅（状）应即'无状之状'，此字作'状'比做'物'合理。"①此说可从。

"有状混成"与"有物混成"仅一字之差，其美学意义却是不一样的。这里的"状"及其文义，确与通行本《老子》第十四章"无状之状"相应相契。所谓"无状之状"，是对道及其美学意蕴的一种恰如其分的描述与领悟，道既不是物质性的，也并非精神性的，作为事物本原、本体，这是一种原始、原朴意义上的"无的状态"。

"无的状态"自然并非形下之"物"（有）。作为本原存在，便是楚简《老子》所言，"道恒亡（无）名朴"、"见素保朴"，也即所谓"大象"。"大象"者，"无象"。"无象"即"无的状态"。如果以胡塞尔的现象学方法来加以理会，那么，这"无的状态"不是其他什么别的，它是用"括号"将一切生命与生活经验"括了出去"之后的一种"悬置"与"存疑"状态，是真正形上、超越于"物"的状态。正如叶秀山所言："经过胡塞尔现象学的'排除法'，剩下那'括不出去'"、"排除不出去的东西，即还'有'一个'无'在。"②试问"无"是什么？假设将经验世界的一切都拿走，那么这世界还存在什么？回答是，这世界还存在"无"。故"无"是"存在"。这"无的状态"对于审美的意义，在于"无"逻辑地自由建构起超越于经验时空的人类生命创造的契机，是一种有待于"创造"的本原意义上的"状态"。人类之所以是无可争辩的美的创造者，是因为这世界本"无"。美的创造，便是"无"中生"有"。"无"，预设了无限的时空可能性。通行本《老子》所谓"故天下万物生于有，有生于无"这一句话，在楚简《老子》中为"天下之物生于有，（有）生于亡（无）"。

---

① 裘锡圭：《以郭店老子简为例谈谈古文字的考释》，《中国哲学》第21辑，辽宁教育出版社，2000年，第187—188页。
② 叶秀山：《世间为何会有"无"》，《中国社会科学》，1998年第3期。

"无",是预设了本原意义上的一个逻辑原点,使思想与思维超拔于经验性存在,从而开启美之创造的智慧之门。

无疑,楚简《老子》"有状混成"这一命题及其"天下之物生于有,(有)生于亡(无)"这一相关论述,具有追问美之本原、本体的思想与思维的形上品格。通行本《老子》改"有状混成"为"有物混成",不仅与该本关于"故天下万物生于有,有生于无"、"无,名天地之始"等论述相牴牾,而且把郭店楚简《老子》已经达到的哲学及其美学意识的深度肤浅化、平庸化了。

## 二、美之根:"玄牝"还是"大"

通行本《老子》论美之根源与美之品格,最关键的有两处。

其一,通行本《老子》第6章说,"谷神不死,是谓玄牝。玄牝之门,是谓天地根。"严复《老子道德经评点》一书认为,"以其虚,故曰'谷';以其因应无穷,故曰'神';以其不屈愈出,故曰'不死'"。这是以"玄牝"拟"道"之"天地根"性。张松如《老子校读》指出,"玄牝"者,"微妙的母性"之谓。据此,陈鼓应进而强调道的雌性与阴柔品性,"虚空的变化是永不停竭的,这就是微妙的母性。微妙的母性之门,是天地的根源"①。自然,这也是美的根源。通行本《老子》这一段名言以女性生殖作比,言说美之始源意义上的阴柔性,从根本上阐述老子哲学及其美学意识所认同的美的守雌与虚静属性。

其二,通行本《老子》第25章又说,"有物混成"的"道",作为"天下母"却难以命名,所谓"吾不知其名",只能"字之曰道,强为之名,曰'大'"。这里对道的描述与体悟,显然不同于通行本第六章所言。

笔者以为,此处尤为值得注意的,是一个"大"字。

卜辞"大"字多见,如🧍(郭沫若等《甲骨文合集》一四二一)、🧍(董作宾《小屯·殷虚文字乙编》七二八)与🧍(郭若愚等《殷虚文字缀合》八七)等,是一个象形汉字。

东汉许慎《说文解字》所云"大象人形",可谓的解。

然而这"大",正如本书前述,并非象一般意义上的"人",更非象女子,而是男子正面而立、四肢伸展之象。

裘锡圭指出:"古汉字用成年男子的图形🧍表示(大)","大的字形像

---

① 陈鼓应:《老子注译及评介》,中华书局,1984年,第85—86页。

一个成年大人"。① 所言是。

萧兵释"美"字,认为《说文解字》所谓"美""从羊从大"的"大",并非大小的"大",而是"正面而立的人,这里指进行图腾扮演、图腾乐舞、图腾巫术的祭司或酋长"。② 此说可从。

"大"字本义,象正面站立的成年男性,这实际上奠定了通行本《老子》描述道的又一种朴素的文化意识与美学意识底蕴的基础。

在上古原始母系社会,"民人但知其母不知其父",先民的生殖理念,首先是与母系血缘相联系的。后来,原始父系文化代替了原始母系文化,随着原始群婚制的结束与对偶婚制的出现,先民逐渐发现男性在两性生育中同样具有重要的"原生"意义,并加以崇拜。同时,由于男性不可避免地成为父系社会政治、经济与军事等的权力中心,所以这一崇拜进一步加剧了。

于是,作为这一原始文化、生命现象之文字符号的表达,便有了"大"这一古汉字的创构。

殷墟卜辞中,"大"字具有两个意义,除表示大小的"大"③之外,其根本之义,指男性祖先④。而且大小的"大",实际是男性祖先的引申义。在卜辞中,男性祖先又称"大示",其宗庙即"大宗"。"大"是原始先祖尊显的名号,这显然体现出对男性生殖"原生"性的一种崇拜意识。由此,在春秋末年的老聃、孔子时代甚至在此之前,"大"由表达原始男性生殖崇拜意识,转嬗为具有哲学、伦理与审美意义上的"原生"、"原始"之义。否则,我们便很难理解,为什么通行本《老子》要勉强给"道"起名为"大"。以"大"名"道",就是为了指引人们由"大"悟"道"。在这里,"大"的男性生命、生殖意义上的"原生"、"原始"性,实际就是《老子》所体悟到的道的哲学本涵与美学意蕴。

它体现了中华先民哲学及其美学意义上生命意识的一种觉醒。

这里的"大",读"太"(tài),"大"是"太"的本字。从文字造型看,"太"比"大"多的那一点,是古人由"大"进而造"太"字时对男子性器的强调。南宋朱熹《周易本义》曾将"易有太极"一语写成"易有大极"⑤,目的在以此示其"本"。顺便说一句,通行本《老子》诸如"大象无形"、"大智若愚"与

---

① 裘锡圭:《文字学概要》,商务印书馆,1988年,第3页。
② 萧兵:《楚辞审美观琐记》,《美学》第三期,上海文艺出版社,1981年,第225页。
③ 如:"贞其有大雨"。郭沫若等:《甲骨文合集》一二七〇四。
④ 如:"亥卜在大宗又伐羌十"。商承祚:《殷契佚存》一三一。
⑤ 朱熹:《周易本义》卷三,怡府藏板(版),天津市古籍书店影印本,1986年,第314页。

"大音希声"等"大",都非大小的"大",都是"太"的本字,读 tài,具有本原、本体的哲学与美学意蕴。

不难见出,通行本《老子》一方面以"玄牝"为比来言说道的守雌与阴柔性(所谓"致虚极,守静笃"),另一方面又以"大"名道,无异于承认道具有本原意义上的雄强与进取的精神品格。

这种文本现象,在楚简《老子》中是不存在的。楚简《老子》仅说"有状混成"的"道","未知其名,字之曰道,吾强为之名,曰大"。而所谓"玄牝"之论,未见一字。如果排除楚简《老子》出土前曾因盗掘而残缺与陪葬时未将全文放入墓中这两种可能,如果这楚简确为《老子》古抄本全文,如果这古抄本是忠实于由老聃所著的《老子》原本的,那么笔者有理由认为,楚简《老子》仅以"大"名"道"而只字不提"玄牝"之论,说明该文本在描述道的哲学本原、本体思想及美学意识时,显然并不是从人类母性生命、生殖这一文化基因入手的,它并未将母性与道的思想属性及其美学意识联系起来加以思考。

这是可以理解的。老聃及其《老子》原本所处的时代大致与孔子同时。这是一个崇尚男性、贬抑女性,歌颂阳刚、树立祖宗权威的时代,原因是此时中华文化刚刚进入父系时代,男性的政治、经济、军事、文化与人格地位得到了全面提升与尊重。周代所盛行的宗法制,其政治、伦理意义在于强调帝王与君主的威权,这种强调的文化基因,是对男性生殖、血缘与父亲的神性崇拜。从"殷道亲亲"到"周道尊尊"的文化选择,成为整个民族、社会以男性血缘为文化意识中心的现实肯定与时代转嬗。正如派伊《亚洲权利与政治》一书所言,此时的中华,"典型的父亲可期待完全的尊敬"。父亲无可替代地是政治的标识、伦理的表率、文化的象征、人格的偶像与人性生命之根。这个"父亲"的哲学及其审美表达,便是楚简《老子》与通行本《老子》所言说的"大"。随着身披霞光的男性之高巨形象在古老中华大地上昂首苍穹,必然是女性及其母系理念的黯淡与落寞。周代在社会公共事务与私有财产的继承方面,推行严格的父系原则,王位、君位与卿大夫爵位的继承等,以嫡长子为第一世袭者,在国家与家族的权力与财产的再分配上,是完全排斥母系与女性的,女性历史地位的衰落,使女性"变成了一种私人的事务,妻子成为主要的家族女仆,被排斥在社会生产之外"①。这就难怪《论语·阳货》记述孔子之言云:"唯女子与小人为难养也,近之则不孙(逊),远之则怨。"

---

① 《马克思恩格斯选集》第四卷,人民出版社,1966 年,第 70 页。

孔子斯言,将"女子"与"小人"并列,在今人看来,是糟贱女性,会激起义愤的,但在孔子及其时人眼里,却并非故意贬损女性,实在是真实地传达了一种当时很正常的时代意绪及其审美理念。

楚简《老子》描述"道"时言"大"而不言"玄牝",反映了该文本在建构其哲学及其美学理念时,思想与思维层次上对男性文化的强烈认同。那么,通行本《老子》又为何既以"大",又以"玄牝"名"道"呢?如果我们认同以"大"名"道"体现了先秦原始道家建构道之本原、本体论原始思想面貌这一点的话,那么,把通行本《老子》关于道的"玄牝"之论,看做道家后学所添加,是合乎逻辑的。

学界一般认为,"简本《老子》出自老聃,今本(引者注:指通行本)出自太史儋"①。据《吕氏春秋》、《礼记》与《史记》等古籍记载,老聃与孔子同为春秋末年时人而老聃稍年长,孔子曾问礼于老聃。又据《史记·秦本纪》"十一年,周太史儋见献公"之记可知,这位编纂通行本《老子》的太史儋与秦献公同时。献公十一年,即公元前374年,处于战国中期,离老聃所处的春秋末期约百年时间。

太史儋时代与老聃时代相比,其文化理念与时代意绪已经发生了不小的变化。此时七国并雄、天下纷争,曾经作为"天下共主"的周天子的权威与政治力量已趋衰微(注:东周亡于公元前256年)。虽然此时血缘宗族文化中"父亲"崇高的人格魅力并未丧失,但是,曾经被贬抑得毫无立锥之地的女性,却得到某种文化意义上的承认。值得注意的是,此时在哲学上的表述,是"天"这一范畴不再至高无上、独一无二,而是转递为天地并称。天地"根喻"分别是男女与父母,亦称乾坤。这正如大致成文于战国中后期的《易传》所言:"乾,天也,故称乎父,坤,地也,故称乎母。"天地并称这一哲学思维构架的文化学原型,是男女与雄雌并提。

这一历史性转递,早在战国初期的子思时代就已经开始,而完成于战国中后期。杨荣国曾经指出:"有一点是不可忽略的:孔墨虽言'天'而不言'地',子思则是'天'与'地'并言的。可见这时(是)由于血族的宗族关系日形松弛。"②这并非意味着战国时代女性社会地位的根本提升与伦理地位

---

① 郭沂:《楚简老子与老子公案》,《中国哲学》第20辑,辽宁教育出版社,1999年,第136页;李泽厚:《初读郭店竹简印象纪要》,姜广辉:《郭店楚简与早期道家》,《中国哲学》第21辑,辽宁教育出版社,2000年,第8、277—278页。

② 杨荣国:《中国古代思想史》,人民出版社,1954年,第155页。

的改变,而是说明战国中期的太史儋时代,时人已经同时从男女两性的生命、生殖角度来建构其哲学及其美学意识,即那种原先仅从男性角度看问题的思维模式被打破了。曾经被巨大的男性这一历史、文化阴影所遮蔽的关于女性生命及其生殖的文化理念,成为战国时人酝酿、建立哲学及其美学意识之重要的思维与思想资料之一。难怪成文于战国中后期的《易传》如是说:"天地纲缊,万物化醇;男女构精,万物化生。"难怪比通行本《老子》晚出的《庄子·田子方》也说:"至阴肃肃,至阳赫赫;肃肃出乎天,赫赫发乎地;两者交通成和,而物生焉。"至于成书于战国末年的《荀子·礼治》更是说:"天地合而万物生,阴阳接而变化起。"凡此思维模式与体现于哲学中的文化视角,都是与通行本《老子》相一致的,这便是男女、天地并称。

通行本《老子》同时以"大"与"玄牝"名道,是战国中期出现的一个著名的文本个案,体现出这一特定历史时期道家哲学及其美学意识的学术气质与思想面貌。通行本《老子》所添加的"玄牝"之论,可以看做是对楚简《老子》以"大"名道的修正与补充,或曰是对源自原始母系文化的女性生命崇拜的一种哲学、文化意义上的追忆与回顾。

要之,郭店楚简《老子》唯以"大"名道的美学意义,说明老聃始创道论之初,其实并未自觉地意识到他自己的哲学及其美学意识,是什么守雌,属阴与崇女的,相反倒是顺应源自新石器晚期父系文化的血脉,与传统男性生殖崇拜理念相联系。但这并非说明老聃心目中的美,是什么阳刚的、进取的。因为,当时还未及产生阳刚、阴柔与进取、退避等文化理念及相应的审美理念。将男性与阳刚之美、女性与阴柔之美在理念上自觉地联系在一起,起码是战国中期以后的事情。楚简《老子》独抬一个"大"字来名道,并非对男性文化情有独钟从而有意贬低女性文化,不过是顺其自然地从当时普遍流行的崇天亦即崇父、崇男的社会文化氛围中采撷一定的思想与思维素材罢了。

值得强调指出,通行本《老子》那种同时以"大"与"玄牝"名"道",看似矛盾的文本现象,可以说两千多年来的老学研究从未认真注意过。大凡学人都从"玄牝"为"天地根"来领会与言说道及其美的阴柔性与守雌性,不去推究所谓"吾强为之名,曰大"的"大"究竟是什么意思,错以为先秦道家从一开始就认为道是所谓"致虚极,守静笃"的。如果同时关注到"大"的文化本义及其哲学、美学意蕴,那么,老子原本所谓道及其美学意识的文化性格是否纯粹是阴柔与守雌的这一结论,就是值得怀疑的了。日本学者服部拱《老子说》引东条一堂氏的话说:"此章(注:指通行本《老子》说"玄牝"、"谷神"之类的第六章)一部之筋骨。'谷神'二字,老子之秘要藏,五千言说此二字者也。"① 这一说法、以及今日学者所谓《老子》思想为"母性哲学"、"守雌美学"云云,岂不是无根之谈?

### 三、儒、道原本对立还是相容

所谓"儒、道对立互补",自从李泽厚在美学界提出这一见解以来,学界似乎并无多大歧义。李泽厚说,先秦"开始奠定汉民族的文化—心理结构。这主要表现为以孔子为代表的儒家的思想学说,以庄子为代表的道家则作了它的对立和补充。儒道互补是两千年来中国美学思想一条基本线索"。"老庄作为儒家的补充和对立面,相反相成地在塑造中国人的世界观、人生观、文化心理结构和艺术理想、审美情趣上,与儒家一道,起了决定性的作用。"② 这一看法,仅就先秦儒家著述与通行本《老子》、《庄子》所体现的思想对应关系而言,颇言之成理。

可是,自从郭店楚简《老子》出土,所谓"儒道原本对立"云云在理论上是否站得住,便成为值得讨论的一个问题。

考楚简《老子》全文,未见非黜儒家之论。通行本第18章关于"大道废,有仁义"那一段攻讦儒家的名言,在楚简原为"故大道废,安有仁义?六亲不和,安有孝慈?邦家昏乱,安有正臣?"其言辞与思想实质,与帛书甲、乙本《老子》所言大体相同。此句帛书甲本为:"故大道废,案有仁义?智慧出,案有(大伪)?六亲不和,案有孝慈?邦家昏乱,案有贞臣?"帛书乙本为:"故大道废,安有仁义?智慧出,安有(大伪)?六亲不和,安有孝慈?国家昏乱,安有贞臣?"这说明,体现于楚简本与帛书本的道家思想,显然更接近于道家原貌,其所倡言的"大道"(原道,根本之道)与儒家的"仁义"、"孝慈"之类的精神旨归、走向是一致而不相牴牾的。"大道"兴而"仁义"存,"大道"废而"孝慈"绝,在这一点上,原始儒、道原本相容,不分彼此。

不难见出,楚简《老子》没有如通行本《老子》第38章"夫礼者,忠信之薄而乱之首"那样激烈的反儒言述,也不见如通行本第19章"绝圣弃智,民利百倍;绝仁弃义,民复孝慈;绝巧弃利,盗贼无有"如此反对儒家所谓"圣智"、"仁义"与"巧利"的决绝态度。关于这一点,楚简《老子》原为"绝智弃

---

① 严灵峰:《无求备老子集成续编》,引自萧兵、叶舒宪:《老子的文化解读》,湖北人民出版社,1994年,第551页。

② 李泽厚:《美的历程》,文物出版社,1981年,第49、53页。

辩,民利百倍。绝巧弃利,盗贼亡(无)有。绝伪弃虑,民复孝慈"。在此,先秦原始道家只是对"智、辩"、"巧、利"与"伪、虑"表示非议,并未抨击儒家的核心思想"仁义"。

儒、道原本相容,可以证明这一点的,可谓在在皆是。

《史记·老子列传》称,孔子在其门徒面前曾喻称老聃为"龙":"鸟,吾知其能飞;鱼,吾知其能游;兽,吾知其能走"。"至于龙,吾不能知,其乘风云而上天。吾今日见老子,其犹龙邪!"崇拜之情溢于言表。大史笔司马迁还在《老子列传》中说过一句关键的话:"世之学老子者则绌儒,儒学亦绌老子。""绌"者,此处通"黜",排斥之谓。所谓"学老子者",当指老聃后学,说明"绌儒"者为老聃后学而非老聃,孔、老原本并未相互攻讦、排黜。

楚简《老子》论道,较少玄虚色彩,体现出偏于古朴、与儒相容、相似的思维特色。通行本一系列关于道之本体的玄虚之论,多不见于楚简《老子》。除前述第6章"谷神不死,是谓玄牝"不见于简本外,又如通行本第1章"道可道,非常道"、"玄之又玄,众妙之门";第10章"涤除玄监"、"是谓玄德";第21章"道之为物,惟恍惟惚";第28章"复归于无极"与第42章"道生一,一生二,二生三,三生万物"等,均未见于楚简《老子》,说明《老子》原本的思维能力与思想水平,均相容于以孔子为代表的儒。

将楚简《老子》与《论语》所述孔子的言论相比较,则具有惊人的相容、相通与相似之处。楚简《老子》主张"见素保朴,少私寡欲",《论语·述而》记孔子语云,"不义而富且贵,于我如浮云"。楚简说,"以其不争也,故天下莫能与之争",《论语·八佾》称:"子曰:'君子无所争'。"楚简倡言"亡(无)为"的生活与审美态度,《论语·先进》则推崇孔子门徒曾点那种"风乎舞雩,咏而归"的逍遥之境,而"夫子喟然叹曰:'吾与点也'!"意思是说,这一点孔子是很赞成、同意的。更有甚者,孔子首倡"无为而治"这一著名命题。《论语·卫灵公》记:"子曰:'无为而治者其舜也与?夫何为哉?恭己正南面而已矣'。"虽然孔子所谓"无为而治",与通行本、楚简《老子》的有关思想在"出世"这一点上具有程度的差别,然而,这里孔子将舜的德政即所谓"恭己正南面"看做"无为而治"的政治理想与榜样,恰与楚简《老子》所言"以正治邦"相契合。而"以正治邦",又与《论语·颜渊》中孔子所说的"政者,正也"之说相呼应。这里,包容关于心"正"、身"正"的某些人格审美的内容。楚简《老子》提倡"守中,笃也"的处世态度与生存策略,孔子则在《论语·八佾》中以"乐而不淫,哀而不伤"的《诗》的精神品格问题,启迪其学生执持一种《论语·先进》所谓"过犹不及"的中和、中庸的生活准则。"过犹不及"便是"守中"。楚简《老子》主张"功遂身退,天之道也"。这种思想在《论语》中也有相似的表达,其一是《泰伯》说:"天下有道则见,无道则隐。"其二,该书《卫灵公》篇又云:"邦有道,则仕;帮无道,则可卷而怀之。"意即国家政治黑暗时,文人学子就与当局取不合作态度,且将浑身的本事收藏起来,勿使外露,这也便是"隐"。这里,可以说是道犹儒、儒犹道。至于原始儒、道两家在谈论各自的学说时,都表现出一种有些洋洋自得、自信而矜持的思想巨人的人格。楚简《老子》云:"上士闻道,勤而能行于其中。中士闻道,若闻若亡。下士闻道,大笑之。不大笑,不足以为道矣。"道是如此深奥、玄妙与美丽,是喧嚣之中的沉潜与庄严,岂有"下士"能够领会、企及与观照的?所以,此道横遭"下士"的耻笑与误解,理所必然,否则还是道吗?在此,可以体会到道之横空出世的崇高与渊深无比的精神之力。与此相仿,是《论语·雍也》也有类似的表述。孔子有云,"中人以上,可以语上也;中人以下,不可以语上也"。这岂不是说,儒学是一门"上"学,哪有智慧、人格在中等水准以下的人可以理解与领悟的呢?这里,孔子对其所悟解和宣说的道即"人道"的钟爱与自珍,几与楚简《老子》取同一思路,同一情感态度与价值评价,蕴涵同一种彼此相容的审美态度以及对儒学之充分的自信与矜持。

## 第三节　通行本《老子》的美学贡献

尽管通行本《老子》实为战国中期太史儋所编纂,在思想、思维的品格与方式上与郭店楚简《老子》有所不同,尽管这两种《老子》,都提出并论证哲学、美学元范畴"道",然而,通行本《老子》对中华哲学、美学的实际贡献与影响,是漫长而深巨的。在楚简《老子》沉睡于地下两千多年之时,通行本《老子》的哲学、美学思想,在中华哲学、美学史上大放异彩。

而且在道这一根本的人文意义上,通行本《老子》有力地批判孔子所信从的周礼以及由其所建立、推行的仁学的虚伪。这是楚简《老子》所没有的。

　　　　大道废,有仁义;智慧出,有大伪;六亲不和,有孝慈;国家昏乱,有忠臣。①

---

① 通行本《老子》第18章。

这是说,这个多事的世界,本来是不需要仁义的。仁义对于原朴的世界而言,纯粹是外加而多余的。因为"大道废",才不得已而求其仁义。可见,孔子的"仁义"与老子的"道"相背谬。

通行本《老子》又说:

> 故失道而后德,失德而后仁,失仁而后义,失义而后礼。夫礼者,忠信之薄而乱之首。①

在《老子》看来,道本圆满具足,它不缺失也不多余。道之本性与儒家所倡言的德、仁、义与礼相敌对,否则便是非道。道乃最高本体,一旦沾染由儒家所倡言、实施的社会政治、伦理教条,便每况愈下,不断错失。从道到德到仁到义到礼,最后导致天下大乱,这是道不断被污染、被消解的过程。

那么,如何治世、治人呢?《老子》开出的药方是:

> 绝圣弃知,民利百倍。绝仁弃义,民复孝慈。绝巧弃利,盗贼无有。②

圣、知(智)、仁、义、巧、利之类,在《老子》看来,都是必须断然拒绝的。

通行本《老子》如此激烈地抨击儒家,是不奇怪的,体现了老聃后学而不是老聃本人与儒家对立多于调和的文化态度,有类于此后庄子后学对儒学的攻抨。

通行本《老子》在中华哲学、美学史上最大的理论贡献,是关于玄虚、形上之道论的坚持与发扬。在思辨上,尽管道并非通行本《老子》所首先预设,然而应当说,这种关于道的坚持、发扬,是宗于祖本《老子》的。假设没有通行本《老子》两千余年的流行,自战国中期以来的中华哲学史、美学史以及中国人的文化素质、心态与修养等等,一定是另一副样子。而且,关于"道可道,非常道;名可名,非常名"、"惟恍惟惚"以及"谷神不死,是谓玄牝。玄牝之门,是谓天地根"等如此形上、玄虚的道论,是楚简《老子》所没有的。

"宇宙中之最究竟者,古代哲学中谓之为'本根'。"③"本根"一词,出自《庄子·知北游》:"然若亡而存,油然不形而神,万物畜而不知,此之谓本根。"与楚简《老子》一样,通行本《老子》也具有哲学、美学本根的思想,称之

---

① 通行本《老子》第38章。
② 通行本《老子》第19章。
③ 张岱年:《中国哲学大纲》,中国社会科学出版社,1982年,第6页。

为"根"。其文曰:"夫物芸芸,各复归其根。归根曰静,静曰复命。"①

通行本《老子》所说的哲学、美学本根,无疑是道。道,中华哲学与美学的元范畴。

道,本义为道路,从首从辵,楚简的"道"字,写作"衜"。《说文解字》云:"所行,道也。"道字原本具有形下之义。自通行本《老子》出,道更具形上之义。牟钟鉴《老子的道论及其现代意义》一文指出:"自古及今,哲学无非要解决三个根本性的问题:一是宇宙和生命起源及演化问题,我们称之为哲学发生论;二是现实世界的本质与基础问题,我们称之为哲学本体论;三是社会与人生的理想问题,我们称之为哲学价值论。"②通行本《老子》云:"有物混成,先天地生。"又说:"道生一,一生二,二生三,三生万物。"这关乎发生论;"道者,万物之奥","万物恃之以生而不辞,功成而不有,衣养万物而不为主"以及"道生之,德畜之"等等,关乎本体论;"道常无为而无不为","道法自然"以及"功成,名遂,身退,天之道",等等,关乎价值论。可以说,通行本《老子》哲学的道论,是对这三大哲学问题的追问与解答。

陈鼓应《老子注译及评介》一书,从哲学本体论释道,认为道具有"实体"、"规律性"、"生活德用"(准则)三重意义③。其实《老子》所言道,还具"人生理想境界"之义,所谓"归根曰静"的思想,是《老子》的"人生理想境界"说,亦即"大曰逝、逝曰远、远曰反"。《老子》这里所言说的,是人类的精神故乡问题。

因此,通行本《老子》美学的第一个贡献,是彻底破除中华文化原始神学(原始巫术)的思想局限与思维框架,所谓祛魅就是渎神。神,不管是巫术宗教之神,还是世俗之神,在《老子》哲学、美学体系里都没有立足的余地。

通行本《老子》哲学、美学言"天"、言"命"之处在在多是,但实际对"天"已取"大不敬"的人文态度。梁启超《老子哲学》云:"他(指老子)说的'先天地生',说的'是谓天地根',说的'象帝之先',这分明说'道'的本体,是要超出'天'的观念来求他;把古代的神造说极力破除。""《老子》说的是'天法道',不说'道法天'是他见解的最高处。"章太炎也说:"老子并不相信天帝鬼神和占验的话。孔子也接受了老子的学说,所以不相

---

① 通行本《老子》第 16 章。
② 《道家文化研究》第六辑,上海古籍出版社,1995 年,第 59—60 页。
③ 见陈鼓应:《老子注译及评介》之《老子哲学系统的形成》,中华书局,1984 年。

信鬼神,只不敢打扫干净,老子就敢于打扫干净。"①对此徐复观总结说:

> 老子思想最大的贡献之一,在于对自然性的天的生成、创造,提供了新的、有系统的解释。在这一解释之下,才把古代原始宗教的残渣,涤荡得一干二净,中国才出现了由合理思维所构成的形上学的宇宙论。②

《老子》所言"命",不同于带有神秘与信仰意义的"天命",不是孔子所说的"畏天命"的"天命",而指规律性,所谓"复命"之"命"。

"复命"者,有类于《周易》的"一阳消尽,一阳来复"。《易传》云:"七日来复,天行也。"③"一阳消尽,一阳来复",以"七"为周期,用卦符表示,便是一个天时运行周期:从姤、遯、否、观、剥、坤到复卦,构成一个"复命"系列,蕴涵葱郁的人文时间意识。通行本《老子》的时间意识与此相通。

《老子》美学的第二个贡献,是其富于现代意义的怀疑主义,具有深邃的美学精神。

德国当代学者赫伯特·曼纽什《怀疑论美学》一开始就提出:"什么是怀疑主义?""怀疑态度,即一种在本能状态下作出某种决定的同时,对之加以仔细平衡和毫无偏见的检查的态度。"④也是不断问一个"为什么"的态度。

人类的低级智慧,相信真理不证自明;人类的高级智慧(包括美学智慧),是"怀疑一切",把对真理的把握,看做一个无尽的认识与实践过程。没有一种关于真理的认识是不包含错误的,否则便是把握了绝对真理。而"把握绝对真理"云云,无疑是一个"假命题"。通行本《老子》第一章云:"道可道,非常道;名可名,非常名。"道可以被言说;一旦言说,就不是道本身;而可以命名的,不是道之常名。这是因为道无常名的缘故。道在本性上不可言说、不可被命名。因而《老子》第25章说,"可以为天下母"的那个"本体","吾不知其名,强字之曰'道',强为之名曰'大'"。这是从根本上怀疑语言、文字符号所传达的真理性。但《老子》一书本身,也是以一定的文字符号写成的,《老子》一方面向世界庄严宣告:"道可道,非常道",一方

---

① 章太炎:《演讲录》,载引自陈鼓应:《老子注译及评介》,中华书局,1984年,第50页。
② 徐复观:《中国人性论史·先秦篇》,上海三联书店,2001年,第287页。
③ 《易传》这句话,笔者疑"七日"之"日",系"曰"之误,待考。
④ 赫伯特·曼纽什:《怀疑论美学》,辽宁人民出版社,1990年,第1页。

面又不得不言说其五千言。《老子》的尴尬与无奈正在于此。其实,这也正是整个人类及其文化不竭的痛苦、尴尬与无奈。《老子》将整个人类文化及其哲学与美学等等,都放到其道的无言的审判台前加以无情地拷问,连《老子》所述怀疑思想本身,都在经受思想的追问。

这个世界及其哲学与美学等等,本来应当沉默。沉默是最有力量的。但如果没有言述及诸如没有哲学与美学之类,人的存在又如何得以确证?人之存在,又不得不向世界言说。一旦言说便"言语道断,心折半始"。这是道的本性的背悖。

以笔者之愚见,通行本《老子》在哲学上提出过天人之辨、有无之辨、动静之辨、情性之辨与言意之辨等极有思想与思维价值的哲学命题,其中,数言意之辨这一哲学命题最为核心、最为关键,它体现了《老子》彻底的怀疑主义精神,《老子》怀疑道这一世界本原与本体的被言说性。

赫伯特·曼纽什指出:"在欧洲,最早的怀疑论学派出现于公元前三百年的雅典艾利斯,其代表人物是古希腊哲学家皮罗。大约与此同时,中国的老子也写了一部《道德经》,这其实是一部涉及范围更广的哲学怀疑论著作。"①此言是。

通行本《老子》美学的第三个贡献,是以无来言说道、言说美与审美问题。其11章云:"三十辐,共一毂,当其无,有车之用。埏埴以为器,当其无,有器之用。凿户牖以为室,当其无,有室之用。故有之以为利,无之以为用。"这是喻说道的无性。在《老子》看来,既然"故天下万物生于有,有生于无",那么,道是有、无的统一,然而归根结蒂是无。"无之以为用",实"无用之用",正与美、审美相契。无乃美之本根。因为美、审美本于无,因为无,才是"无用之用"。故此"无之以为用",无异于说"无功利的功利"。而且,从《老子》第57章所言"我无为而民自化,我好静而民自富,我无欲而民自朴"分析,《老子》的本意,是在关注、言述民生政治,然而这里"无为"、"好静"、"无欲"云云,都是道之无性的另一表述,与审美相通。《老子》又有"反者,道之动"之说,这已经开启了后世关于美、关于审美之变易、转化之思想的智慧之门,是其"归根曰静,静曰复命"的别一说法,所体现的,是关于美、审美之回归于精神故乡的问题。

---

① 赫伯特·曼纽什:《怀疑论美学》,第1—2页。

## 第四节 孔子仁学的美学意义

### 一、孔子的原始儒学

原始"儒"这一学术课题,曾引起诸多学人的关注与研究。儒字首次出现于《论语·雍也》,其文云:"子谓子夏曰:'女为君子儒,无为小人儒'!"这里,既然已有"君子儒"与"小人儒"的区别,说明孔子时代的儒已不是原始、原型意义上的了。

原始、原型意义之儒,为"需"。

卜辞有儒字,目前可以检索到的,为 ☆(董作宾:《小屯·殷虚文字乙编》);☆(胡厚宣:《战后京津新获甲骨集》);☆(商存祚:《殷契佚存》)。

从卜辞儒字的造型看,徐中舒说:"从 ☆(大)从 ∴ 或 ∵,像人沐浴濡身之形,为濡之初文。""上古原始宗教举行祭礼之前,司礼者须沐浴斋戒,以致诚敬,故后世以需为司礼者之专名。需本象人形之大,因需字之义别有所专,后世复增人旁作儒,为緟事增繁之后起字。"① 卜辞中的儒字,从 ☆(大),"大"是正面而立的成年男性的象形;儒又从 ∴ 或 ∵,像滴水之状,故"儒"的原型为"濡",可谓的解。上古司礼者行礼(祭祀祖先、山川等)之前,先行浴身净体,表示对被崇拜者的虔诚,儒既然是司礼之人,那么,他所从事的司礼这一职业,自然不无神秘兼神圣的意义。神秘者,具有自远古传承而来的神灵意识,说明儒的文化之源,是以"巫"为主导形态的原始巫术;神圣者,是由原始巫文化发育(祛魅)而来的道德伦理。《礼记·儒行》说:"儒有澡身而浴德。"儒是这样的一个文化角色,既带有自远古巫祝那里传承而来的文化胎记,又是新时代道德人格的榜样。儒在孔子时代,具有属于他那个时代的"现代性"。儒在行礼之前,须洗尽肉身的污垢,又必洗涤心田,澡雪精神,在道德伦理上达到自律自净。儒的崇高,源自原始巫祝那里接引而来的那一件拖着长长阴影的巫术"法衣",又以道德人格的时代新形象,挺立在新时代的文化舞台之上。

孔子时代的儒,在人格建构上已基本脱离了巫术神格意义的纠缠。

研究孔子仁学的"前美学"意义这一课题,必先认识孔子仁学的文化学

---

① 徐中舒主编:《甲骨文字典》,四川辞书出版社,1990年,第878—879页。参见徐中舒:《甲骨文所见的儒》,《四川大学学报》1975年第4期。

意义。首要的问题,是孔子及其学说关于神的文化态度。正如前述,中华文化自古"淡于宗教",却并不等于说没有"神"的意识。以"郁郁乎文哉,吾从周"为文化箴言的孔子,对神并没有绝对地拒绝,也没有把神看得很重。孔子是站在人的立场来观照神的,他既不媚神,也不渎神。

　　樊迟问知。子曰:"务民之义,敬鬼神而远之,可谓知矣。"①

　　"敬鬼神而远之",一个极富思想意蕴的人学命题。

　　鬼神同是尊奉与疏远的对象,这是关于鬼神的第三种人生态度。不是不尴不尬,也非不伦不类,更无三心二意,而是一种进退自如、左右逢源、富于弹性的文化策略。

　　"祭如在,祭神如神在。"②如不祭呢? 那么,神就不"在"了。神不是一个本体,也便缺乏权威性。神是"祭"出来的。孔子基本没有彼岸观念。不是笃信彼岸确有神在,彼岸之神不妨有,也不妨没有。"子疾病,子路请祷。子曰:'有诸'? 子路对曰:'有之。《诔》曰:祷尔于上下神'。子曰:'丘之祷久矣'。"③借口"祷久矣"而这一次不再祷神,可见,神在孔子的心目中并非绝对崇高而令人敬畏。《左传·哀公六年》记楚昭王病笃却拒绝祭神,孔子称赞其"知大道"。孔子对鬼神并不盲目崇信,"子不语怪、力、乱、神"④。虽非绝对"不语",但他对鬼神满不当一回事,是可以肯定的。"季路问事鬼神。子曰:'未能事人,焉能事鬼'?"⑤可谓又一力证。

　　孔子对鬼神的文化态度,实由原古巫术文化的悠长传统传承而来。原古巫术文化有一个精神内核,即对作为神秘感应力的神灵尽管崇信却不绝对地拜倒在其脚下。在巫术中,人其实并不想要完全让神灵来决定人自己的生活道路,而是利用神灵的一臂之力,来企望自己独立地面对世界的挑战。孔子仁学的实用理性,源于巫。

## 二、仁(急)学的美学意义

　　原始儒学的基本思想精神是仁。仁字在《论语》中出现凡一百零九次。诸如"弟子入则孝,出则悌,谨而仁,泛爱众,而亲仁","君子笃于亲,而民兴

---

① 《论语·雍也》。
② 《论语·八佾》。
③ 《论语·述而》。
④ 同上。
⑤ 《论语·先进》。

于仁","克己复礼为仁","里仁为美","仁者爱人"以及"知者乐水,仁者乐山。知者动,仁者静。知者乐,仁者寿"等等言说,可谓俯拾皆是。孔子所谓"吾道一以贯之"的道即仁。曾子说:"夫子之道,忠恕而已矣。""忠恕"也者,孔子本人的解读是"己所不欲,勿施于人","己欲立而立人,己欲达而达人",这也可以用一仁字来概括。

原始儒学,实即仁学,与其后继者孟、荀的儒学、汉代的经学与宋明理学有所不同。仁学大致属于伦理学范畴。孔子以仁释礼,以仁学改造周礼,试图从人性之根因,来奠定人格意义之外在意志整肃的礼的文化与哲学基础,将儒家"不平等即平等"、"人伦等级即人伦和谐"的礼规践履,看做人之心性本在的实现。在美学上,孔子所倡言的仁,建构在人之生命的个体之间、个体与群体以及群体与群体之间。所谓"仁者爱人",指在承认人伦不平等关系之合理性的前提下,对人的普在的爱。仁是"对立之和谐"的人伦关系的理想境界。甲骨卜辞迄今未检索到仁字,此可证仁的文化意识理念确为后起。在《周易》卦爻辞中,未见一个仁字,证明殷、周之际,中华古人那时尚无仁的思想(《易传·文言》有"君子体仁足以长人"之说,然时值战国中后期)。仁字始见于《尚书·金縢》所言"予仁若考",属西周初期。《诗经》有"洵美且仁"之记,《左传》记述仁字三十有余。

东汉许慎《说文解字·人部》云:"仁,亲也。从人,从二。"这一权威性阐说,显然宗于先秦儒家。仁者,二人,首先指二人之间的血亲联系,指男女、夫妇、祖孙与长幼等等的相亲相爱,《论语》记孔子言云:"弟子入则孝,出则悌,谨而仁,泛爱众,而亲仁。"扩而至于君臣、臣民、友朋与天下百姓之间的亲爱等等,均以事实的血亲关系或理念上的血亲关系维系着,此之为"天下归仁"。《礼记·中庸》云:"仁者,人也。亲亲为大。"《孟子·离娄上》亦称:"仁之实,事亲是也。"这是重申了子思的思想。

孔子所言仁,是基于人之生命,尤其是生殖意义的一种学说与人文理想。它本是为了和谐地协调人伦、人际关系而历史地应运而生的。由于关注人的生命,首先从生命、生殖角度看待与处理人伦、人际关系,而本在地有一定的美学意蕴"种植"其间。从其美学意义而言,仁其实是一种基于血缘人性的亲情,亲其所亲者,仁。仁是血亲内部的"亲"兼以"亲"的尺度去"情"被天下。仁是对人之生命的钟爱,有一个人际之"亲"的结构蕴涵在仁中,这结构的"骨骼"是等级性的"礼",而其"血肉"是居于审美意义的亲情,这也便是"乐"。"乐"是人之本在的在这个生命世界中的欢愉与喜悦,是生命本身所洋溢的喜剧性情调。孔子云:"兴于诗,立于礼,成于乐。"又说:"人而不仁,如礼何? 人而不仁,如乐何?"仁是一个礼乐结构。在这一人文结构中,礼是硬性的乐,乐是软性的礼,是所谓"硬性审美"与"软性审美"的谐调。这大致由伦理所激发出来的审美,体现出这一伟大民族早熟的生命群体意识的觉醒与狂欢。

《论语》仁之原本的"前美学"意义已如前述。然郭店楚简与上海博物馆藏战国楚竹书的发表,可望进一步推进与改变我们对孔子原始儒学仁之"前美学"意义的认识。仁字,郭店楚简与上博楚竹书一律写作"息"。如:"笃,息之方也","息,性之方也","笃于息者也","爱类七,唯性爱为近息","恶类三,唯恶不息为近义"与"修身近至息"①等等。其他,诸如郭店楚简的《缁衣》、《语丛》、《五行》、《尊德义》、《忠信之道》、《唐虞之道》与《老子》等,亦都有息字一再见诸于文本。息,郭店楚简与上博楚简一般写作 或 ,从身从心。这一文字现象,在考古上自然并非首次发现。罗福颐《古玺文编》曾收录息字28例,可见该字在古玺文中亦属常用之字。前人与时贤往往将其上部误读为"千"或"人",以致要么如许慎《说文解字》所言"古文仁从千、心"而令人费解,要么又如何琳仪《战国古文字典》那样,称该字为"信"字异体。② 虞万里指出:"身之字形,战国时各地写法极多,楚系字形多如郭店所书,然其稍一简化即近似千,再简之则似人。"③这种误读可以理解。

这一误读现在可以得到纠正了。庞朴指出:"整个郭店楚简的一万三千多字中,无论各篇的思想倾向有无差异,学术派别是否相同,以及钞手的字体如何带有个性,其所要表述的仁爱的'仁'字一律写作上身下心的'息',其所写出的无数个上身下心的字,一概解作仁爱之'仁',全无例外。"又说,学界过去往往多将此字与从言从身的"詡"即"信"字相混,"此次郭店简的出现,因有上下文本为据,亥豕得以一清,息字当读仁义之'仁',已是铁定无疑"④。

这就为我们进一步研究先秦原始儒学关于仁的"前美学"意义问题,提

---

① 《郭店楚墓竹简·性自命出》,文物出版社,1998年;《上海博物馆藏战国楚竹书(一)·性情论》,上海古籍出版社,2001年。
② 何琳仪:《战国古文字典》,中华书局,1998年,第1139页。
③ 虞万里:《上博简、郭店简〈缁衣〉与传本合校拾遗》,《上博馆藏战国楚竹书研究》,上海书店出版社,2002年,第435页。
④ 庞朴:《郢燕书说》,《郭店楚简国际学术研讨会论文集》,湖北人民出版社,2000年,第40页。

供了一个新的视角。

作为一个会意字,㤙由两个字素即身、心所构成,身之意义与心之意义相组接,建构㤙即仁的意义内涵。

其一,正如前述,仁,从人从二,其人文、美学意义在于两人之际,然而㤙所体现的美学意义,却属于生命个体,它是生命个体身心之间的一种意蕴。注重群体抑或个体,是两者关于生命意识的不同分野。同样是仁,一从群体进入,一从个体进入。以往学界认为原始儒家的人文及其审美意识只是群体性的。父慈子孝,君惠臣忠,以及内外、尊卑、上下之类,都是一种群体伦理与审美性的结构。崇拜生殖,崇拜祖先以及强调与践行人伦秩序,都意味着对群体生命原始及其沿承、发展的尊重。这种笃于亲情、温情脉脉而又严峻的人伦与审美性结构,在儒家看来,自然是世间唯一完美而理想的人际结构。对这种结构及践行的钟爱与欣赏,使人伦、人格的审美有可能从群体伦理得以升华。伦理的完满是一种善,它体现人的生命之群体的本质力量,在人与自然之实践关系中的肯定性实现。其实,这已经是群体人格从求善走向了审美。以往学界多从人之群体生命探讨儒家的人伦规范、理想及其审美意识问题,固然有言之成理之处,却往往由于不从人之个体生命角度进入而导致忽视对儒家仁学及其美学意义的整体把握。

㤙字的考古发现,在文化、美学上无疑具有去蔽的意义。它突显了先秦原始儒学对人之个体生命的肯定。其实,这也符合孔子仁学思想的实际。孔子本人在强调人伦、人际道德的同时,并没有否定人之个体生命的存在与价值。《论语》有云:"子曰:'三军可夺帅也,匹夫不可夺志也'。"这无疑是对"匹夫"主体意识的肯定。"子曰:'克己复礼为仁'。"虽言"克己",却并非主张"无己"。子曰:"仁远乎哉?我欲仁,斯仁至矣。""为仁由己,而由人乎哉?"凡此言说,由于强调生命个体,都好像在解读㤙的文化学及其美学意义,都是㤙的有力注脚。这是一种先秦原始儒学所主张的理想人格,其个体性尽管须在群体道德人格的精神与践行秩序中存在,与群体不起冲突,但也不如后世"三纲五常"说那般几乎为群体说所淹没。个体性,其实并未在先秦儒家群体文化中沉沦。

其二,㤙字是一个身心的结构,它体现儒家所倡言的个体人格身心和谐的人文理想。这里先说身。郭店楚简与上博馆楚竹书将仁字写作㤙,首先体现出从人之肉身角度来看待和理解仁的人文内涵及其美学意义的思想。仁关涉于身么?答曰:然。身是人之个体生命的物质形态及其精神生命的故乡。所谓人之生命,首先是肉身。儒家对肉身的钟爱毋庸置疑。"身体发肤,受之父母,不敢有所毁伤",这是众所周知的儒家名言。孔子有"血气"之"三戒"说。《论语·季氏》:"君子有三戒:少之时,血气未定,戒之在色;及其壮也,血气方刚,戒之在斗;及其老也,血气既衰,戒之在得。"此"血气",指充沛于人之肉身的生命之气,是郭店楚简《性自命出》篇所言"喜怒哀悲之气,性也"的前期思想表现,包含了对人之肉身的审美肯定。孔子提倡"身正"。《论语·子路》云:"子曰:'其身正,不令而行;其身不正,虽令不从'。""子曰:'苟正其身矣,于从政乎何有?不能正其身,如正人何'?""身正",指人的行为举止端正不偏,确是从道德立说。而说道德行为又从"身"这一"根"上说起,证明先秦原始儒家的道德观,是不弃肉身的。这一道德观自当具有修身的目的论,而此修身的文化底蕴及修身之自觉过程,又洋溢着钟爱人的肉身的生命情调,它是无弃于审美的。孔子所言"身正",其浅在层次,体现道德人格的大气、庄严与神圣;其深在层次,则因其道德人格之升华而必通向审美。这种道德人格之完善,又必经过艰苦的修身历程。《孟子·告子下》云,对于一个具有"浩然之气"的"大丈夫"人格而言,"必先苦其心志,劳其筋骨,饿其体肤,空乏其身"。这里,所谓"苦其心志"问题暂且存而不论。而这打磨、锻造人格的艰难历练,表面看是主体对自我肉身的敌视与宣战,实际体现的是主体对肉体生命的充分自信,它包含着从悲剧性的生命之痛苦走向喜剧性的生命之欢愉的人格审美内容。当然,这种对肉身的肯定,绝对不是对人之生命的苟且。《论语·卫灵公》云:"子曰:'志士仁人,无求行以害仁,有杀身以成仁'。"为了理想的实现,个体肉身可以牺牲,却并不否定生命个体对善、美的追求与执著。

其三,悥的组字结构,不仅从身而且从心。这里再说心。正如《礼记》所云,践仁的意义是"澡身而浴德"。从仁字看,这意义叫人不很明白。从悥字去体会,就很清楚了。所谓"澡身而浴德",实用"澡身而浴心"。此心之人文意蕴涵盖了德的意义,又不限于德,它也是具有人格审美意义的。

从目前检索到的字符来看,甲骨卜辞有身字而无心字,可证关于"心"的意识比较后起。查《论语》有心字仅六处,它们主要是《为政篇》的"七十而从心所欲不逾矩",《雍也篇》的"回也,其心三月不违仁",等等,说明孔子的人性论思想尚未自觉地从心之角度说性。《孟子》一书,述"心"处竟达一百二十次。最著名的,如"心之官则思"以及"恻隐之心"、"羞恶之心"、"辞让之心"与"是非之心",依次释"仁之端"、"义之端"、"礼之端"与"智之端",等等。这使人感到自孔子到孟子心性说出现的突然。现在,历史年代处于孔、孟之际的郭店楚简以及上博馆楚竹书的发现,让人看到从孔子到孟子心性说的历史发展线索。在这两大先秦出土典籍中,出现了许多以悳字为代表的以心字为偏旁的文字。此可从《尊德义》、《缁衣》、《穷达以时》、《性自命出》、《语丛一》、《性情论》与《唐虞之道》等篇中见出。凡此,同类文字现象的出现,说明悳字从心,决非偶然,也说明从春秋末期孔子到战国孟子百余年间,先秦儒学以心释性、释仁之心学时代的到来,体现了这一伟大民族关于"心"的文化心灵的觉醒。除楚地这一地域文化之原因,悳字从心及其他从心字群的涌现,显示出先秦儒家仁学心学化的倾向。悳(仁)不是其他什么别的,它不仅是身心的统一与谐调,而且是不离肉身的心即精神的超越。生命个体之身心的和谐以及个体在群体社会组织中人伦和爱之秩序的确立,正是先秦原始儒学所执求的仁的人生善美境界。悳(仁)的境界,主要是个体生命之主体审美意识及主体审美人格的肯定。

仁学的美学精神,体现了春秋末期的时代文化精神。在中华美学史上,孔子第一次初步建构了伟大人格美的审美理想;第一次从"君子比德"角度,以"智者乐水,仁者乐山"这一著名命题,触及自然美这一重要美学问题;以"兴观群怨"这一理论结构,第一次提出"诗"的审美道德功能说。凡此,不再赘述。[①] 而有关悳的美学意义,又无疑是孔子仁学之美学意义的有机构成。

## 第五节 楚简《性自命出》的审美意识

《性自命出》,是1993年10月发掘于湖北荆门郭店村楚墓竹简的一个重要文本,先秦儒家心性之说的代表之作。"如果说,郭店楚简的发现,'补足了孔孟之间所曾失落的理论之环',那么,《性自命出》则展示了孔子之后、思孟之前的先秦儒家人性论发展的重要一环。"[②]《性自命出》,在中华美学史上的地位与意义同样重要,它也是先秦从孔子"前美学"到思孟"前美学"的一个中介,《性自命出》所体现的审美意识,实际是心性论意义的审美意识,"至情"的审美意识,值得加以研究、讨论。

### 一、在孔子与思孟之际

关于人之心性的美善,《郭店楚墓竹简·性自命出》首先提出了一个

---

① 请参阅拙著《中国美学的文脉历程》第191—203页。
② 庞朴:《古墓新知》,《中国哲学》第20辑,辽宁教育出版社,1999年,第9页。

"性自命出,命自天降"的文化、哲学命题,自"天"到"命"再到"性"是其逻辑序列,以揭示心性的文化本源及先秦心性之说的逻辑原点,为我们认识蕴含于先秦这一心性之说的审美意识问题,提供了一个带有神性理念的天学背景。

　　从原巫理念看,先秦儒家心性之说的思想与思维品格,是与天、天命等文化理念紧密联系在一起的。在中华文化史上,"帝"、"上帝"是殷代流行的至上神的称谓。卜辞有"天"字,多作"大"解,如"天邑商"(见罗振玉《殷虚书契前编》二、三、七)与"天戊五牢"(同前,四、十六)等。杨荣国说:"在卜辞中,对于上天的称呼,只称'帝'或称'上帝',尚未发现称'天'的。'天'字虽有,但'天'字是作'大'字用,不是指上天。"①说得有点绝对,却大致是正确的。商代早期关于神秘之"天"的理念,是以"帝"、"上帝"之辞来表述的。盘庚迁殷之后,表现于《商书·盘庚篇》的天学思想,开始"帝"、"天"兼称,具有神秘之"天"与祖宗神的双重意义。而西周时多以"天"、"天命"代替"帝"、"上帝"。《周书·酒诰》所言"在昔殷先哲王,迪畏天"的"天",实指"帝";《周书·召诰》所谓"我不敢知曰:有殷受天命"亦然。"天"、"天命"大致自周代开始才真正具有神秘至上神的神圣意味。"天命"是"天"的后续概念。甲骨卜辞命、令为同一字。令,《说文解字》云,"发号也"。发号施令者,命;谁发号施令,天。故曰:"天命"。

　　郭店楚简《性自命出》关于"性自命出,命自天降"的思想,真实地传达了一种源自殷周之"天""命"的宿命的意义。它将人之本性归于"天"赋,称人性的最终根源是"天",自"天"至"性"的中介是"命",而"命"实际是"天"的至上意志,人力不可违逆。在《性自命出》看来,人性之底蕴、本质与品格,源于"天"且为"天"所决定。故人性倘具美善,乃"天"生自成;"天"之神性的美善,决定人性的美善。这是在原巫理念的意义上,揭示了人性的先天性与文化原型。仅此而言,此时关于人性意义的人的审美意识,其实并未真正苏醒。因为仅从"性自命出,命自天降",我们看不到人性的初步解放。原始人性在理念上为"天"、"命"所系缚,是不自由的。或云,倘若将"天"、"命"假定为天生自成的最高的美善,那么人性之美善,仅为依存而已。这种为"天"、"命"所规定的人性的"依存美",隐没在作为偶像、权威与异己之"天"、"命"的巨大人文阴影之中。

　　与《论语》、《中庸》和《孟子》稍作比较,《性自命出》篇的心性论的审美

---

① 杨荣国:《中国古代思想史》,人民出版社,1954年,第4页。

意识,确实显现出思想中介的特点。《论语》保存了诸多春秋末年孔子有关"天"、"命"的言述,如"天丧予,天丧予"、"生死由命,富贵在天"以及"畏天命"等等。孔子的仁学作为那一时代的一面镜子,具有一个神性理念的天学背景,是不奇怪的。在相传为战国初年子思所撰的《中庸》里,称"天命之谓性,率性之谓道,修道之谓教"。孔子的"天命"思想,为《中庸》所继承。而后世《中庸》自"天命"角度阐述人性,自然是孔子语焉未详的。《孟子》一书,有"天"字81处,其义大略为三,一指"自然之天"如"天油然作云"之"天";二为略具"主宰"(意志)之义的"天",如"无敌于天下者,天吏也";三是"命运之天",如"若夫成功,则天也"。① 显然,《孟子》有"天"的思想,人学色彩渐强而神性意味趋于少弱,是与孔子有了不同的。《孟子》罕言"天命",这与《论语》、《中庸》形成了鲜明的反差,它清晰地显示出从孔子经子思到孟轲的时代人文履痕。《孟子》有"命"字21处,主要有"生命"、"寿命"、"使命"、"命令"与"辞令"等义,偶指"命运",如"命矣夫"然②,说明其心性论的神性色彩愈见淡薄。郭店楚简《性自命出》关于人性的"天"、"命"思想,显然由接承孔子而来,它将"天"、"命"观作为其心性说的一个一般的天学背景,又从这背景的阴影中努力挣出,去预设人性之本源,企图在理论上解释人性自成及其美善的起始。孔子有"畏天命"的思想(尽管他同时说"五十而知天命",即以为"天命"是可知的),体现了在"天"、"命"面前人的主体意识偏于委顿的特点,若论审美意识,自然是不够充分的。《性自命出》亦肯定天、命之生成人性的原始性与神秘性,的确说明其"天"、"命"思想的某些严厉与阴霾此时其实并未彻底消解,但不明言对天命的"畏",这说明人性理念的开始解放与思维的进步,从而接近于《中庸》的心性说。《性自命出》的思想处于孔子与思孟之际,成为从孔子的"畏天命"到孟子不畏天命之心性说的一个过渡与桥梁。厘清这一点,对于研究中华先秦儒家心性说的审美意识问题,无疑是必要的。

## 二、以"心"释"性"与"心"的发现

先秦儒家的人性论,实即心性之说。人性是人的自然性与人文性的统一。人性问题,本来应是生理学兼心理学、社会学等意义的问题,但先秦时生理科学远未成熟,要从生理学角度来谈论人性问题,自然是不可能的。于

---

① 参见杨荣国:《中国古代思想史》,人民出版社,1954年,第4页。
② 参见杨伯峻:《孟子译注》,中华书局,1960年,第249、250、358页。

是,便以人文意义上的心这一范畴来描述人性,构成心性之说。考性字,从心从生。此"心",实指人的意识、思虑、理念、意志与情感集成,说明性字创构之初,先人已从心之角度来看人性。心之存有,性之本体,无心焉得称为人性? 但"心"与"生"合释为"性",并不是上古文明起始便有的理念。性的本字是生。清代阮元云:"性字本从心从生,先有生字,后造性字。"① "生"在甲骨文中指生长于大地的草木(东汉许慎《说文解字》释"生"为"象草木生出地上之形"),说明殷商之时,中华先人人文意义上的人性意识尚未真正觉醒。

孔子仁学的心性思想并不显明。孔子倡言"性相近也,习相远也,唯上智与下愚不移"②。至于性是什么,性与心有无关系以及什么关系,孔子未作解答。子贡曰:"夫子之言性与天道,不可得而闻也。"③孔子罕言性与天道,亦很少从心的角度看性。《论语》有"心"字凡六处,如"七十而从心所欲,不踰矩",一般不以心释性。

然而孟子则说:"尽其心者,知其性也;知其性,则知天矣。存其心,养其性,所以事天也。"④又云:"恻隐之心,人皆有之;羞恶之心,人皆有之;恭敬之心,人皆有之;是非之心,人皆有之。恻隐之心,仁也;羞恶之心,义也;恭敬之心,礼也;是非之心,智也。"⑤孟子大谈此"心",他的人性论,是先秦典型而成熟的心性之说。显然,从孔圣到亚圣的心性说,有一个思想与思维方式的跳跃,在文脉联系上,似乎有些断裂。而年代处于孔、孟之际的郭店楚简儒家著作尤其《性自命出》篇的出土,的确让人见出心性之说的历史之链,发现先秦儒门心性美学之渐进文脉的历史进程,这是前文所说过的。《性自命出》有"心"字22处,如"心亡奠志"、"虽有性,心弗取不出"、"凡心有志也"、"其用心各异,教使然也"、"凡道,心术为主"、"其性相近也,是故其心不远"与"凡思之用,心为甚"等等,大凡都以"心"来说"性"。其中尤其"其性相近也,是故其心不远",显然是对孔子"性相近也,习相远也"前半句意义的解读与发挥,意思是:人性何以"相近",因为人心"不远"之故,说明"其心不远"是"性相近"的人文根因。故所谓人性之美善,确因人心之美善。又"凡思之用,心为甚",这是孟子所谓"心之官则思"这一名言的前期

---

① 阮元:《性命古训》,《揅经室一集》卷十。
② 《论语·阳货》。
③ 《论语·公冶长》。
④ 《孟子·尽心上》。
⑤ 同上。

文本表述而无疑。

正如前述,在《性自命出》里,有不少"心"偏旁结构的字,众多的以"心"为偏旁的汉字的涌现,自非偶然。除了楚地地域文化因素使然外,确实能够证明,这一伟大民族的审美意识与理念,曾经在先秦孔、孟之际,经历过一个文化心灵觉悟的以"心"释"性"的时代。这种以"心"释"性"的文字现象,正如前述,在郭店楚简的其他篇中,亦时有发现。如《缁衣》,逊字作上孙下心;《唐虞之道》,顺字作上川下心;《成之闻之》,爱字作上既下心;《尊德义》,逊字亦作上孙下心,以及在《老子》中,德字为上直下心;退字为上对下心;爱字为虫字左偏旁,右边为上无下心;嬉字为上矣下心;玩字为上元下心;喜字为上喜下心等。又如在其《缁衣》篇中,谋字为上母下心;作字为上者下心;仁字亦为上身下心等;可谓精彩纷呈,十分的有意思。

凡此,都有力地证明《性自命出》等文本的所谓人性论,实则为心性说、心论,其"前美学",实际是属"心"的。

第一,楚简中多见的从心之文字,是先秦文化及审美,发现人文之"心"的最有力的符号遗存。诸多从心之字符,往往体现出独特的人文理解与审美意识。正如前引,比如仁字的意义,孔子云"克己复礼曰仁"。仁指约束自己的意念与欲望以恢复礼这一规范的道德行为与心理境界,孔子将仁看做实践外在之礼规的内在主体依据,但并未强调仁的审美心理内蕴。《性自命出》篇的"仁",却在字符上以从身从心为其结构,传达出人之身、心一体和谐的意蕴。这种和谐便是伦理之善与生命从肉身到精神之美的合契。孔子以"仁"释"礼",实际已将人对外在之"礼"的遵守与践行,看做人性本然即人心的内在之需与内心之自觉,但未明晰地见之于文字。楚简《性自命出》却能在天命观的阴影中,显现了主体之心神的若干美丽的亮色,将作为践仁的内在依据即"心"在字符上突现出来。关于这一点,在《性自命出》的"惪"(勇)字结构上亦能见出。勇,从甬从力,而《性自命出》的"勇",却写作从甬从心,这是尤为精彩的。的确,人之勇敢与否,关键不在于"力"而取决于"心",力大无穷之人,可以萎颓不前;手无缚鸡之力者,倒可能英勇无比、赴汤蹈火。所以《性自命出》将"勇"写作"惪",是一个有审美深度的文字现象,体现于其间的关于人格的审美意识耐人寻味。

第二,《性自命出》称,"虽有性,心弗取不出",作为性、心之关系的一个命题,道出了心对性的主宰与决定的意义。心的人文功能,在于应物而"取"。《性自命出》云,虽"凡性为主"而"物取之也","物取"者,心。这是说,性是自在的,性倘无心,便不能应答于物(环境)。性如何从自在走向自为?须循心应物而然。性不能直接与外物"对话",必通过心来实现。因而,性之美善,如"金石之有声"而未能自鸣,须待心之叩击而后才得音声之美韵。人性之美善的现实实现,是由人心"取"物而完成的。楚简《性自命出》的这一见解,同样突出了人格层次上的不离人性的心的审美意义。从心体与性体之关系角度,强调了主体之心在审美过程中的决定性作用。

第三,《性自命出》又云:"道者,群物之道。凡道,心术为主",这是揭示了道与心术的一种审美关系。这里的道,有本原、本体的意义,所谓"群物之道"然。而道的本义,"道路"之谓。海德格尔指出:"它(道)的'真正的'(eigentlich,原本的)含义就是'道路'(weg)。"①说得准确。先秦道家所言道,多指事物的本原、本体且不舍其"道路"这一本义。先秦儒家强调"人道",侧重在从人际政教伦理角度言述与试图解决人生道路问题,即人格意义上的做怎样的人以及如何做人。可见先秦儒家的道论,比较宗于道的本义。作为楚简儒家代表作的《性自命出》,对于道的理解,亦基本宗于"道路"原旨,否则,其为什么要说"凡道,心术为主"呢?这里"心术"之"术",繁体为"術",《说文解字》云,"术,邑中道也,从行"。"术"亦有"行路"的意思。故所谓"心术"者,心行、心路之谓。人生道路如何走?决定于"心术"即心之所趋,这是一个重要的人生审美课题。主体之心想走怎样的人生道路,对主体而言具有决定性意义。在审美上,首先是主体如何自觉地"知""道"。先秦儒家所言此"道",基本指人道,且此"道"可"知"。此"知",必具一颗因执著于某一人生目标、走某一人生道路而别无他求、他顾与眷恋之心。此心,不同于道家所倡言的所谓无之心,亦不同于佛释空幻之心,而是有如战国末期荀子所说的"虚壹而静"之心。《荀子》云:"人何以'知''道'?曰:心。心何以'知'?曰:'虚壹而静'。"'虚壹而静',谓之大清明。"主体之"心"执著、停留于人生之"壹",将其他杂念、欲望等都"虚"掉了,那么,这也可以做到人心之静,进入审美境界,其实,这是以出世(虚静)之心干入世(实有)之事的一种心理境界。

总之,《性自命出》以心释性,意味着对心的发现,此已将人性之美善的问题拿到人格、人心层次上来加以认识与讨论,人格、人心之美善,是人性自由的现实展开与实现。

---

① 马丁·海德格尔:《语言的本质》,《在通向语言的道路上》,德文单行本,张祥龙编译,G·耐斯克出版社,1986年,第198页。

### 三、"美情"与审美意识

《论语》有"情"字仅两处。所谓"上好信,则民莫敢不用情"与"如得其情,则哀矜而勿喜"的"情",均作"情实"、"实际情况"解,都不是指审美情感。《孟子》一书,有"情"字四处。如"夫物之不齐,物之情也"的"情",亦指"实际情况"。"乃若其情,则可以为善矣"的"情",实指人的本性。可见,孔、孟对与审美相关的"情"的问题,都很少关注。

郭店楚简《性自命出》篇却大谈其"情",全篇篇幅不大,而有"情"字19处,大凡均与审美相关,这在先秦典籍中是罕见的,令人惊讶。

其一,该文云:"道始于情,情生于性。"这里值得注意的有两点,第一,所谓"情生于性",是将情的生命根因归之于性。的确,作为主体对外在环境、事物的情绪反应,情的本原是性。性之所以生情,是因为性中本具情素之故。《性自命出》说:"喜怒哀悲之气,性也。"气是人之生命的基因,它本具"喜怒哀悲"即情的质素,因而,称"情生于性",起码在逻辑上是成立的。性是生命之气,在气这一点上,情、性不能分拆。而既然说性气之中本含喜怒哀悲之情素,则等于承认此性、此气之中具有"心"的人文底蕴。因此又可以这样说,性是潜在之情、内在之情与静态之情;情是实现之性、外显之性与动态之性,性、情统一于气(心)。这里,《性自命出》关于情性、心气之关系的言述,之所以可能与审美具有不解之缘,是因为它一般地具备了哲思的深度。第二,所谓"道始于情"的道,指人道,类于郭店楚简的另一儒家著述《语丛二》所言"情生于性,礼生于情"的礼,并非本原、本体意义的道。这种"道(礼)生于情"的思想,一是承认道(礼)的文化原型,是情;二是承认情可通贯于道(礼),是道德伦理的人性化与人性的道德伦理化的两者兼备,体现了先秦原始儒家在情、道(礼)关系问题上一种颇为宽容的文化、审美态度,不同于后代比如《诗大序》所言的"发乎情,止乎礼义"。

其二,《性自命出》又说:"凡声,其出于情也信","凡人情为可悦也。苟以其情,虽过不恶;不以其情,虽难不贵。苟有其情,虽未之为,斯人信之矣。未言而信,有美情者也。"这是从心性、情的角度进一步阐述了实现审美的诸多必要条件:

第一,审美的实现,固然根因于心性,却有赖于声的表达。这里的"声",指音乐艺术,有如《论语·阳货》所谓"恶郑声之乱雅乐也"以及后世嵇康所言"声无哀乐"的"声"。古人云,"声成文谓之音",音乐意义上的声,是具有审美意义的"成文"之声。第二,此声之所以"成文",不仅因外显的音响、节奏与内在韵律,而且决定于心气与性气的情,并且其根本之点,是主体所投入与表达的情达到了信的程度。信者,诚实无欺之谓。信是音乐及其审美的真实、真诚境界与审美标准。无情不能实现为审美,然有情而无信,仍无审美可言,决不能"其入拨人之心也厚",此之所谓"未言而信,有美情者也"。第三,声之"美",因"其出于情也信",而且应是"可悦"的。"可悦"指什么?"可",适度;"悦",在《论语》里写为"说"("子曰:'学而时习之,不亦说乎?'"),由《论语》的"说"发展到《性自命出》的"悦",此乃后者更加重"心"之故。"可悦"指审美之适度的愉悦。此"可悦"之说,正可与先秦儒家所倡言的"中和"与"哀而不伤"的审美观相参照。然而,究竟什么才是真正适度的审美?《性自命出》贡献了既同又不同于孔子的深刻见解。孔子的音乐艺术的审美观,自然不排斥"可悦"之情,否则其为何闻韶乐三月而不知肉味?孔子因其"崇德"而反对"爱之欲其生,恶之欲其死"[①]的激烈的审美态度。而相比之下,《性自命出》所提倡的"可悦",则更富于生命原始的冲动之美感与野性的况味,其云:"喜斯陶,陶斯奋,奋斯咏,咏斯摇,摇斯舞。舞,喜之终也。"又说:"愠斯忧,忧斯戚,戚斯叹,叹斯抚,抚斯踊。踊,愠之终也。"这便是说,无论"喜"、"愠"或是"喜之终"、"愠之终"(喜怒、忧伤到极点),只要是人之心性、情感的真(信)的表达,无论这表达的情感平和抑或激烈,都是"可悦"的审美境界,审美的愉悦,既可以是喜剧性也可以是悲剧性的。而且,审美的愉乐与悲伤可以互转,关键在"凡至乐必悲,哭亦悲,皆至其情也"。乐极生悲也罢,由悲哭到喜笑也罢,只要"至其情",便是艺术审美的佳境。

总之,郭店楚简《性自命出》体现了建构于天命观文化阴影背景中儒家心性说基础上的重情而"可悦"的审美意识,是一个可用以重新认识先秦儒家"前美学"思想的重要文本。

## 第六节 孟子心性说与审美意识

在天、人关系问题上,孔子倡言"人为","罕言性与天道"。

"天道"之难言,使孔子的思想一定程度上停留在"天命"观上。与命运之"天"的理念相关,孔子思想中尚有某些命理思想,如"亡之,命矣夫"、"不知命,无以为君子也"等。与命理理念相关的,是"天命"思想,孔子说过"五

---

① 《论语·颜渊》。

十而知天命"、"君子有三畏：畏天命……"与"小人不知天命而不畏也"等话，这里，值得注意的是"命"字。"命"的本义是"令"，殷人与周人的所谓"帝"、"上帝"与"天"，都能对人发号施令，是谓人之"命"。"命"对人而言，是既定的外在的权威。但孔子所言"天命"，并非指绝对的外在权威与至上的力量，他在天、人关系问题上的处世态度，固然是听天命而尽人事，并且重在人事，而"天命"在孔子思想中，依然具有一定的崇高地位。确切地说，孔子对"天命"的文化态度，不是五体投地的崇拜，而是尊重。

孟子也讲"天命"与"天意"，不过，他更不把"天命"放在眼里，却也是事实。孟子曾说，比如禅让的事，由"天意"来决定，天子得天下，并非天子硬是这样做，是"天与之"而不得不为之。似乎是"天与贤、则与贤；天与子，则与子"，"天"的权威莫大焉。而实际上，其尊"天命"、"天意"，不过是其伸张人为、人事的一个幌子。

> 夫天未欲平治天下也；如欲平治天下，当今之世，舍我其谁也？①

"天"当然不会有"平治天下"的主观意志与理想，"平治天下"的欲望，离开人这一主体，试问"舍我其谁"？反诘十分有力。在"天"与"天命"面前，孟子已将人的主体地位与主体精神提高了。

孟子说过："莫之为而为者，天也；莫之致而至者，命也。"②他甚至说过"顺天者存，逆天者亡"③这样的话，但总体上孟子没有把"天"、"天命"看做主宰人的一种神秘力量，他基本上不是一个宿命论者。

孟子进一步消解了"天"与"天命"的权威意义，这里确有人学意义上的审美意识在。"天"一般不是崇拜对象，而是认识对象。孟子说：

> 尽其心者，知其性也；知其性，则知天矣。存其心，养其性，所以事天也。④

在"天"这一对象面前，人已经开始挺直腰杆。孟子的"知天"说，不可避免地具有道德伦理色彩，却包含了初起的对"天"这一对象认识层面上的追问。孟子甚至说，"君子有三乐"，其一是"仰不愧于天，俯不怍于人"⑤，

---

① 《孟子·公孙丑下》。
② 《孟子·万章上》。
③ 《孟子·离娄上》。
④ 《孟子·尽心上》。
⑤ 同上。

不仰仗"天"之鼻息,也不在旁人面前低声下气,这"人"就活得很有些"正气"。

　　孟子曰:"说大人,则藐之,勿视其巍巍然。"①

　　在《易传》,中,"大人"是与天地、阴阳、日月同其辉煌的人物,孟子却敢于说,"勿视其巍巍然",这是需要一些人格上的内在气概的,没有"浩然正气"的主体不能为之。因为他认识到:

　　故凡同类者,举相似也,何独至于人而疑之? 圣人,与我同类者。②

　　舜,人也;我,亦人也。③

　　这是拂去了圣人身上神圣的光环,将圣人请下了圣坛,还圣人以平常、平凡之人的历史真颜。正如"孔子登东山而小鲁,登泰山而小天下,故观于海者难为水"④,"尧舜与人同耳"⑤,而"万物皆备于我矣"⑥。孟子对"大人"、"圣人",取平视的态度。

　　既然"天"已不是绝对权威,人已经开始推开"天命"的樊篱,拒绝"天命"的精神关怀,那么,孟子所谓"人",在美学精神上,又有哪些文化特色呢?

　　一句话,孟子从"气"论来打磨"大丈夫"的人格之美。何谓"大丈夫"? 孟子说:

　　居天下之广居,立天下之正位,行天下之大道;得志,与民由之;不得志,独行其道。富贵不能淫,贫贱不能移,威武不能屈,此之谓大丈夫。⑦

　　"大丈夫"就是这样一个具有崇高人格的男子。以"天下"为己任,立身处世以"天下"为理想,无论"得志"还是"不得志",无论面对"富贵"、"贫贱"还是"威武",都不改其"大丈夫"本色。

　　"大丈夫"人格之所以如此伟美,不是"天命"使然,也并非"上帝"恩

---

① 《孟子·尽心上》。
② 《孟子·告子下》。
③ 《孟子·离娄上》。
④ 《孟子·尽心上》。
⑤ 《孟子·离娄下》。
⑥ 《孟子·尽心上》。
⑦ 《孟子·滕文公下》。

赐,而是人之胸中自有"浩然之气"。

"敢问何谓浩然之气"? 曰:"难言也。其为气也,至大至刚,以直养而无害,则塞于天地之间。其为气也,配义与道;无是,馁也……"①

关于"气",《易传》称为"精气",所谓"精气为物,游魂为变",所谓"天地缊,万物化醇。男女构精,万物化生"。"精气"或"精",是"气"的别称。所谓"男女构精",即男女合气。"气"是人之生命的原始物质及其功能。通行本《老子》说:"万物负阴而抱阳,冲气以为和。""冲气"者,运动之气、生命的阴气与阳气交和的一种状态。《管子·内业》进一步开拓了"气"的生命意蕴与思维空间:

凡物之精,化则为生。下生五谷,上为列星;流于天地之间,谓之鬼神;藏于胸中,谓之圣人,是故名气。

用《庄子·知北游》的话来说,这叫"通天下一气耳"。人之胸中郁勃,生气灌注,便是孟子所指"我善养吾浩然之气"。

然而孟子所言"气",仅指人之生命的阳刚之气,是一种恢宏、刚健而岿然的生命状态。这"浩然之气",并非仅仅是道德人格意义上的。孟子指出:

夫志,气之帅也;气,体之充也。②

道德意志(志)是"气"的主宰;但从人之生命的原型来说,"气"是生命本在,它是先于道德而存在的。因为人之生命的原型是"气",所以才能使道德有了凭依。这里,孟子把儒家道德人格学说建构在"气"的哲学基础之上,用生命的阳刚之"气"来证明儒家道德人格的伟大。"气"本来就是"至大至刚"、"塞于天地之间"的,而"志"是"气"的现实实现。这里,与其说孟子所首先肯定的是道德人格的善,倒不如说是肯定"气"这一生命本在的美。

这"气"的美,是"养"的结果:

故天将降大任于是人也,必先苦其心志,劳其筋骨,饿其体肤,空乏其身,行拂乱其所为,所以动心忍性,曾(增)益其所不能。③

---

① 《孟子·公孙丑上》。
② 同上。
③ 《孟子·告子下》。

这里"是人"的"是",代词。养气就是磨砺心志,实际指同时从身、心两方面加以打造,这也叫做"动心忍性",逃避对沉重之肉身的苦恋而崇心、气之高扬。从某种意义上说,修身养性就是养气,养气就是养心。养心以至于"我善养吾浩然之气"的境界,便是"充实之谓美"①。

　　孟子心性说的独到之处,是其第一次在中华思想史上提出并论述所谓"人性本善"这一命题,推进了先秦儒家关于人格美的思想进程。

　　心性、人性问题,孟子之前或其同时代的一些思想家也做出过一些富于思想与思维价值的思考。

　　《论语·阳货》记孔子之言:"性相近也,习相远也。"人性(心性)是善是恶,孔子未作解答。

　　战国世硕《世子》(已亡佚,东汉王充《论衡》辑录其有关内容)云:"人性有善有恶,举人之善性,养而致之则善长;性恶,养而致之则恶长。如此,则性各有阴阳善恶,在所养焉。"

　　战国告子说:"生之谓性","食色,性也"。"性无善无不善也"。"性,犹湍水也,决诸东方则东流,决诸西方则西流。人性之无分于善不善也,犹水之无于东西也"。②

　　孟子不同意告子的"性无善无不善"说。孟子指出:

　　　　乃若其情,则可以为善矣,乃所谓善也。③

　　程瑶田《通艺录·论学小记》云:"乃若者,转语也。"杨伯峻《孟子译注》说,"乃若",相当于"若夫"、"至于"。④ 这里的"情",戴震《孟子字义疏证》云:"情,犹素也,实也。"故"情"有"质情"⑤之义,就是说,人性本"为善"。

　　　　恻隐之心,人皆有之;羞恶之心,人皆有之;恭敬之心,人皆有之;是非之心,人皆有之。恻隐之心,仁也;羞恶之心,义也;恭敬之心,礼也;是非之心,智也。仁义礼智,非由外铄我也,我固有之也,弗思耳矣。⑥

　　孟子又说:

---

① 《孟子·尽心下》。
② 《孟子·告子上》。
③ 同上。
④ 杨伯峻:《孟子译注》,中华书局,1960年,第260页。
⑤ 同上。
⑥ 《孟子·告子上》。

  恻隐之心,仁之端也;羞恶之心,义之端也;辞让之心,礼之端也;是非之心,智之端也。人之有是四端也,犹其有四体也。①

从孟子关于人性本善的言说可以见出:

一、所谓人性本善之"善",指道德伦理意义上的仁义礼智。说明孟子人性本善的哲学,是从道德伦理出发,且为此道德主张所服务的,是为了证明其道德伦理思想的合理性而作哲学的建构。

二、这种"善"的道德行为与准则,本是外在的,甚至是由外力所强迫于人的。但孟子不这么认为。在他看来,人性之所以"为善",不是光凭外在环境因素的影响、培养与打磨可以成就的,它是"我"之"固有"的一种人性素质,称其人性之"原型"亦可。

三、人性本善这一命题具有普遍意义。本善者"人皆有之",无分贵贱、高下,是"人异于禽兽者"。孟子说,如果人性无"善",便是"非人"②了。

四、人性本善之"善"的内容,本指仁义礼智,指道德的行为与规范,却被孟子依次解释为"恻隐之心"、"羞恶之心"、"恭敬之心"与"是非之心",这无异于把人性及其本善问题,变成了人心"向善"的问题,在逻辑上,便是承认人性等同于人心。

五、孟子一边说:"恻隐之心,仁也;羞恶之心,义也;恭敬之心,礼也;是非之心,智也。"一边又说:"恻隐之心,仁之端也;羞恶之心,义之端也;辞让之心,礼之端也;是非之心,智之端也。"这显然有逻辑不周之嫌。关系到对"心"的理论假定,"心"到底是仁义礼智本身,还是仁义礼智之"端"?这在孟子关于人性本善的解说中,是说法不一的。《孟子·离娄下》所说的"人之所以异于禽兽者",不同于"人异于禽兽者",区别仁义礼智与仁义礼智之"端",是解读孟子人性本善说的关键。

孟子的人性本善说比孔子的人性论,显然更富于哲学意味,它向心性思想的美学建构更接近了一步。

孟子主张人性本善,无异于开拓了先秦儒家人格美学精神的心理空间。本善的人性是人的本质、一种固有的"善端",是人心向善的内在根据。所以后天的教育不是将道德规范强加于人,而是现实地实现人性的"善端"。仁义道德既然是人生而有之的本在的人性欲求,那么,道德之善美的实现,就是个体在群体域限中作为道德主体的人一定的本质力量的实现。人的本

---

① 《孟子·公孙丑上》。

② 同上。

质力量是历史性的。审美是人的本质的自由的实现及其过程。这不等于说,人作为现实的主体,须待人之本质的绝对自由(绝对自由其实不存在),人才能审美。因此,在道德实践的历史形态中,只要这一道德实践在其所在时代、民族的生活中具有某种合规律性与合目的性,成为那个时代、民族合理地调整、处理人际关系的文化形态,那么,这种道德及其理论建构,就可能与审美多少建立历史与人文的联系。

孟子的人性本善说,把伦理之善与审美意识组接起来,他第一次尝试将先秦儒家的人格美学精神安放在一个不太稳固的逻辑基点之上。

孟子将审美降格为伦理,同时试图把伦理提升到审美的高度。

自然人性无所谓善恶、真假与美丑。孟子人性本善这一哲学预设,只是为先秦的伦理学及其美学精神逻辑地预设一个哲学基础。

在人性本善的基础上,孟子首次提出"同美"说。

"同美"说有两重意义。一是美对所有审美主体来说,都是共同的。美的东西之所为美的那个"本质",对所有审美主体而言,只能是唯一的。二是审美主体面对各个不同的审美对象即个别、具体的美的东西而获得的美感,又可能是相通、相似与共同的。第一,虽然天下美的东西是个别而具体的,但一切美的东西之所以美的本质是同一的。第二,虽然审美主体,有种族、氏族、民族、阶级、阶层与时代等差别,即使是同一审美主体,不同环境、时空条件下的审美心态也会有不同,然而其作为主体的审美接受的生理基础即所谓"五官的感觉"是相对共同的。第三,审美主体感受审美对象的审美过程也有相对共同性。

孟子的"同美"说,实际上说的是美感的相对共同性。

> 是天下之口相似也,惟耳亦然。至于声,天下期于师旷,是天下之耳相似也。惟目亦然。至于子都,天下莫不知其姣也。不知子都之姣者,无目者也。故曰,口之于味也,有同耆(嗜)焉;耳之于声也,有同听焉;目之于色也,有同美焉。至于心,独无所同然乎?心之所同然者,何也?谓理也,义也。①

这里,尤其值得注意的是"心之所同然者何也?谓理也,义也"这一句。从审美主体共同的生理感官来谈美感的共同性,自是不谬。孟子已经猜测与触及了美感的共同生理基础即感官的共同自然性与某种社会性问题。可

---

① 《孟子·告子上》。

是再向前一步,便暴露出孟子思想的局限性。即以其预设的"理"、"义"这道德伦理的共同性,来解说"心"的共同性。"同耆"于味、"同听"于声、"同美"于色的根源是"同然"之"心"。而"心"何以"同然"?"理"同也,"义"同也。同一个孟子,曾讲过"心之官则思,思则得之"①的话,他很准确地指出,中华文化中的"心"这一范畴,不是指生理学、解剖学意义上的心脏。心脏如何能"思"?孟子又说:"耳目之官不思,而蔽于物。"②从这里出发,本来可以得出更精彩的结论,即共同美感的生理根源,主要还不是五官的相似、相同,根本的是"心"即头脑的相似、相同。但是,孟子并没有把"心之官则思"的见解贯彻在他对共同美感问题的理解之中,而是终于把它仅仅归之于道德、伦理之"心"即"理"、"义"的共同性。孟子的"同美"说,实际是其"人性本善"道德伦理思想的一个副产品。"人性本善",是孟子思想之美学精神的逻辑起点而不是历史起点。

## 第七节 庄子哲学的美学精神

### 一、庄、老比较

其一,通行本《老子》称"道之为物"、"惟恍惟惚"、"视之不见"、"听之不闻"、"搏之不得"。《老子》很少谈"气",因此,《老子》的哲学及其美学精神的文化素质,"气"的思想因素相对少弱。《庄子》不仅把"道"看做一种生天地生万物的"原物",而且视"道"为"气"。

> 人之生,气之聚也;聚则为生,散则为死。若死生为徒,吾又何患!故万物一也,是其所美者为神奇,其所恶者为臭腐,臭腐复化为神奇,神奇复化为臭腐。故曰:"通天下一气耳"。③

《庄子》以"气"代"物",在文化思维上,是比《老子》有进步的。

其二,通行本《老子》与《庄子》在人生准则与人生境界问题上存在差异。吕思勉说:"老子之主清虚,主卑弱,仍系为应事起见,所谈者多处事之术;庄周则在破执,专谈玄理。"④《老子》论"道",重"君子南面之术",倡言

---

① 《孟子·告子上》。
② 同上。
③ 《庄子·知北游》。
④ 吕思勉:《先秦学术概论》,中国大百科全书出版社,1985年,第35页。

"治大国,若烹小鲜",是为政事而作"道"的谋略。《庄子》则在这方面更看透了些。《庄子》所言人生准则与人生境界,有基于自然无为的人生政治与伦理内容,更多的却是自然无为的审美内容。

其三,通行本《老子》的哲学及其美学意蕴比较艰深而冷峻,表现出由于洞达真际而具精辟、阴郁的人文特点,有世人皆"醉"而吾独"醒"的哲思的孤独与痛苦。《庄子》的哲学及其美学精神,旷达、明丽、潇洒、神采飞扬,尤具诗的气质,想象丰富,天真烂漫。《老子》哲学及其美学意蕴尤为深沉,有时不免表现为肉身的沉重,《老子》的"致虚极,守静笃",似乎是苦着脸说的。《老子》的"道",固然是思想与情感的"高蹈",但"道"因为沾溉于"物",所谓"有物混成",不免有些拖泥带水的"尘累"。《老子》站在政事、伦理与种种不如意人生境遇的泥泞中,使思想与情感有如大鹏飞离多事的人间大地而直探云端,却在思虑的高扬中,仍难以断然割舍对人世俗事的一些眷顾。老子活得比庄周辛苦。《庄子》的哲学立场已处在《老子》到达的云端之上,它是站在哲学的云端俯瞰人生,是将悲患与痛苦掩藏在明达、潇洒与逍遥背后。《庄子》的大气是明摆着的,可以让人直观得到。《老子》的大气却隐藏在文字背后,不易让人觉察,然而经得住反复品味。闻一多说庄子"他那婴儿哭着要捉月亮似的天真,那神秘的帐惘,圣睿的憧憬,无边际的企慕,无涯岸的艳羡,便使他成为最真实的诗人"。"实在连他的哲学都不像寻常那一种矜严的、峻刻、料峭的一味皱眉头、绞脑子的东西,他的思想的本身便是一首绝妙的诗"[①],这实在是很精彩的。《庄子》的哲学及其美学精神,具有诗的气质。它将哲思与诗情相联姻,尤显一片美丽的审美风景。

其四,通行本《老子》一开头就说"道可道,非常道;名可名,非常名",是思想深度与思维价值很高的道家语言哲学。《老子》断言,道可以言说;而一旦言说,就不是那个本在的道。《老子》对语言文字抱着怀疑与不信任的文化态度。但《老子》五千言本身,不是字字句句在言说道吗?对。可是那个本在的道却不"在"。对于本在之道来说,言说是无法达于真际的。道在绝对意义上,是沉默即无可言说的。在语言观上,《庄子》(起码是《庄子》内篇)继承了《老子》坚持绝对之道无可言说的见解,但是有些不同于《老子》而别裁心曲。《庄子》又说:

---

[①] 闻一多:《古典新义·庄子》,《闻一多全集》第二册,三联书店,1982年,第281、208页。

>言而足,则终日言而尽道;言而不足,则终日言而尽物。道物之极,言默不足以载;非言非默,议有所极。①

这是属于杂篇的《庄子·则阳》里的话,可能并非庄周本人的思想。这是对通行本《老子》语言观的一个修正,值得注意。假设人之"言"有"足"与"不足"②两种情况,认为"言而足",可以"尽道"。问题是什么叫"言而足"?其实"言而足"是不可能的,也没有一个客观标准可供衡量。倒是"言而不足"是绝对的,人类文化无论怎样进步,总是处于"言而不足"的状态。因此,既然"言而不足",那么便只能"尽物"而不能"尽道",这是《庄子》继承了《老子》的。然而《庄子》认为,道既不可言说,也不是一种绝对沉默状态。既不是"言",也并非"默"(无言)。道在"非言非默"之际。这与后文所论《易传》所言"书不尽言,言不尽意",而"圣人立象以尽意"的思想相类。

## 二、《庄子》美学精神的时代新格

### (一)"浑沌"即"原美"

>南海之帝为儵,北海之帝为忽,中央之帝为浑沌。儵与忽时相与遇于浑沌之地,浑沌待之甚善。儵与忽谋报浑沌之德,曰:"人皆有七窍,以视听食息,此独无有,尝试凿之。"日凿一窍,七日而浑沌死。③

儵,《说文解字》称其本义为犬"疾行",转义指极短时间。《楚辞·九歌·少司命》:"儵而来兮忽而逝。"忽,本义指古代极小的长度单位。《孙子算经》:"度之所起,起于忽。欲知其忽,蚕吐丝为忽,十忽为一丝,十丝为一毫,十毫为一厘,十厘为一分。"转义指最小的空间。

儵忽,指最原始、最小度量的时空存在,而不是仅指时间意义上的突然、瞬间。浑沌,即混沌,指"气"原朴的状态。"气形质具而未相离,故曰浑沦"④。浑沌又称浑沦。

这一则寓言,以"浑沌"为原朴。原朴被开凿与分析便是人为、人文,便是"浑沌死"。"浑沌"有美,既不是人为、人文之美,也不是返璞归真之美,

---

① 《庄子·则阳》。
② 注:"足"与"不足",陈鼓应《庄子今注今译》解释为"周遍"与"不周遍"。
③ 《庄子·应帝王》。
④ 《列子·天瑞》。

而是无所谓美丑的"原美",即指在人为地进行审美创造之前所"存在"的那一种"原美"。"浑沌"是时、空未判,阴、阳未分,天、地未生之时的"气"的状态,是"未物"或曰"待物"的本始,是"无状之状"、"无象之象"、"无美之美",却包容着一切美的"种子"。当然,既然是"浑沌",那就是经得起开凿的。人为的开凿而"浑沌"不"死",这便是返璞归真之美了。

## (二) 天、人与"以天合天"

天人之辨,是关系中华先秦哲学及其审美意识的重要命题。这里的天,一指神秘的天帝、天神,一种超自然的力量;二指自然界即人们头顶上的天空、苍穹,与大地相对;三指整个自然界,包括整个天地宇宙;四指未经人为加工、无"文化"之本然;五指已经人为加工与改造却在人文境遇中对本然的回归。《庄子》所言天,与人相对应,指事物之本然、自然。

> 河伯曰:"何谓天?何谓人?"北海若曰:"牛马四足,是谓天;络马首,穿牛鼻,是谓人。"①

这里,天者,天生、本然;人者,人为、人工。

先秦儒家讲"天人合一",实际是主张"天"合于"人",以人为、人工的方式首先是道德伦理实践改造天,以达到人的目的,审美便在其中。先秦道家包括老庄所倡言的"天人合一",实际是"人"合于"天"。《庄子》认为,"吾在天地之间,犹小石小木之在大山也"。"此其比万物也,不似毫末之在于马体乎?"②这不是说,人在天地之间自感太嫌渺小,而是主张人须在天地宇宙之际摆正位置,不要妄为,而须循天则、尽人事,让人为合于天则。遵循客观规律的人为,实际是"无为"。"无为"的内在根据,是主体的心灵趋于自然,或曰"精神自然"。以出世之心做入世之事,使被遮蔽的心灵还其"本然"。这用《庄子》的话来说,叫做"以天合天"③。

"以天合天"是"天人合一"之最富于美学精神的一种境界,是心灵自然与外在自然的浑契无间。道家一贯倡言怡情于山水、坐忘在林泉,便是"以天合天",即以自然合自然的一种审美境界。

---

① 《庄子·秋水》。
② 同上。
③ 《庄子·达生》。

## (三) 无限时空与人格尊严

学界以为先秦老庄的美学精神在于主阴柔、尚玄虚、守静笃,似乎其审美是优柔的、静态的、格局不大的。这与《庄子》所推崇的审美尺度不合。在庄子心目中,其审美时空无比广阔、深远与灿烂。

> 北冥有鱼,其名为鲲。鲲之大,不知其几千里也。化而为鸟,其名为鹏。鹏之背,不知其几千里也,怒而飞,其翼若垂天之云①。
> 鹏之徙于南冥也,水击三千里,抟扶摇而上者九万里。去以六月息者也。野马也,尘埃也,生物之以息相吹也。②

不能将此看做仅仅是庄周想象的奇特丰富与文体、文笔的摇曳多姿,这是庄子气吞日月、动感强烈的审美心胸的自然袒露。此有楚简《老子》尚"大"之余韵,《庄子》受《老子》之影响是无疑的。对宇宙的浩茫无垠、瞬息万变与神秘莫测的内心体验竟如此真切与真诚,只有与道合契的心灵,才有生命之伟力得以轻挽鲲鹏这一巨大意象,奔驰在宇宙野马一般的游气之中。只有无系无累的心灵,才得感觉与领悟这伟大尺度的宇宙本在之美,进入冯友兰所说的天地境界。

庄子人格的高贵与矜持,可以从下面一则寓言中见出。惠施做了梁惠王宰相,便不安地猜忌庄子要来夺他的相位。庄子对此不屑一顾,对惠子这样说:

> 南方有鸟,其名为鹓鶵,子知之乎?夫鹓鶵,发于南海而飞于北海,非梧桐不止,非练实不食,非醴泉不饮。于是鸱得腐鼠,鹓鶵过之,仰而视之曰:"吓!"今子欲以子之梁国而吓我邪?③

惠子是"不知腐鼠成滋味,猜意鹓鶵竟未休",庄子在此树立了一个崇高的人格形象。不慕名利与人格的尊严,在庄子看来,是无比重要的。

## (四) "游心于淡"

关于"游"的思想,《庄子》一书有诸多论述。一曰"乘云气,御飞龙,而

---

① 《庄子·逍遥游》。
② 同上。
③ 《庄子·秋水》。

游乎四海之外"。① 所谓"四海之外",指离弃尘世与污浊之社会的自然宇宙,是一种精神拔离尘累的"自然"。二曰"而游心乎德之和"②。道本浑沌而内和,故庄子此处所言德,非儒家所倡言的德,而是根于道的德。庄子也具有其独异于儒的道德、伦理思想,并且认为可以在这"德之和"中"游心",即心灵获得自由。"德之和",即完善之德走向审美。三曰"吾游心于物之初"③,"物之初"者,非物,指形上之道。道是中性的、无声无味无臭,也无感情色彩,无需是非判断的。亦不是崇拜之对象,道是一种原朴的"淡"。"游心于淡,合气于漠。"④以主体心灵自然之气,和谐于对象自然之气,便是"淡"的境界。四曰"浮游,不知所求;猖狂,不知所往"⑤。"游"本身是一种审美过程,过程就是一切,目的是无须预设与达到的。"猖狂",成玄英疏:"无心妄行,无の当也。"桀骜不驯之谓。就儒家种种人生规矩而言,老、庄所倡言的"游",就是所谓不合礼俗、不循规矩的"猖狂"。"猖狂"是带点野性的、未经人文污染的自由。

"游"是人之心灵的自由状态,无拘无束,一种无偏执于心的自由。此"心"乃功利之心,认知之心、敬畏之心。破斥功利、认知与敬畏之心,便是审美。"游"是一种心灵的审美。

> 庄子与惠子游于濠梁之上。庄子曰:"鯈鱼出游从容,是鱼之乐也。"惠子曰:"子非鱼,安知鱼之乐?"庄子曰:"子非我,安知我不知鱼之乐?"惠子曰:"我非子,固不知子矣;子固非鱼也,子不知鱼之乐,全矣。"庄子曰:"请循其本。子曰:'汝安知鱼之乐'云者,既已知吾知之而问我,我知之濠上也。"⑥

这是一则非常精彩的论辩,称之为"千古之辩"可矣。庄周、惠施虽同在濠梁,所面对的是同一对象——水中游动之鱼,但庄子能体会到"鱼之乐"而惠子不能。前者的心灵是审美的,后者则是认知的、功利的。从审美角度来看,物我浑契,主客同一,鱼之乐即我之乐,此之为"游";从认知功利角度看,鱼之游动无所谓乐与不乐。

---

① 《庄子·逍遥游》。
② 《庄子·德充符》。
③ 《庄子·田子方》。
④ 《庄子·应帝王》。
⑤ 《庄子·在宥》。
⑥ 《庄子·秋水》。

## （五）"心斋"与"坐忘"

《庄子》执著于"心斋"、"坐忘"。何谓"心斋"？

> 回曰："敢问心斋。"仲尼曰："若一志，无听之以耳而听之以心，无听之以心而听之以气。耳止于听，心止于符。气也者，虚而待物者也。唯道，集虚。虚者，心斋也。"①

庄子所言"心斋"，指审美心灵的虚灵与静笃。"虚者，心斋也"。"虚"其"心"，谓俗念未染或是从俗念之中拔离；心气守于"一志"，一片澄明，从心猿意马、纷繁扰攘中退出，只剩下"心"的本来面目，便回归于"心"之"静"境与气的本始。"气"的本始即"虚"即"静"。

与"心斋"相应的，就是审美的"坐忘"工夫及其境界：

> 仲尼蹴然曰："何谓坐忘？"颜回曰："堕肢体，黜聪明，离形去知，同于大通，此谓坐忘。"②

所谓"坐忘"，为"守定于无心之境"。忘记己身在何处，忘记己心在何处，便是"堕肢体，黜聪明，离形去知"。无论身、心，都从形劳、心役之中解脱出来，从是非得失、宠辱纠缠与生死进退之中解放出来。庄子曰："鱼相忘乎江湖，人相忘乎道术。"③这境界，就是"坐忘"。

人类文化既提升了人的精神，也束缚了人的心灵。比如，赤足比穿鞋者更接近于人的本然状态。道家以赤足为自然、为自由，儒家则以穿鞋为自由。人不穿鞋，在儒家看来，是要不得、不可取的。而道的根本，是赤足以顺其自然。人一旦穿上鞋，倘要回归于精神故乡，有一个办法，便是"忘足，屦之适"④。袁枚这一见解，源自《庄子》：

> 忘足，屦（注：麻葛制成的单底鞋）之适也；忘要（注：腰），带之适也；忘是非，心之适也；不内变，不外从，事会之适也。始乎适而未尝不适者，忘适之适也。⑤

庄子的这一见解，本并不专意在美学，却实在是很"美学"的。审美便

---

① 《庄子·人间世》。
② 《庄子·大宗师》。
③ 同上。
④ 袁枚：《随园诗话》。
⑤ 《庄子·达生》。

是"忘己"、"无己"的"适"。"适"是物我没有矛盾与阻隔,是人之生命及其精神对环境没有摩擦,反之亦然。一旦达到"忘适之适",便是审美的最高境界。

要达到"心斋"、"坐忘"的境界,不是轻而易举的。必须"彻志之勃,解心之谬,去德之累,达道之塞"①。"勃",悖;"谬",误;"累",负;"塞",堵。陈鼓应解此云:"消解意志的错乱,拆开心灵的束缚,去除德性的负累,贯通大道的障碍"②,这便是精神的"去蔽"。"去蔽"就是从"黑暗"走向"光明"。去除"志之勃"、"心之谬"、"德之累"与"道之塞",便"胸中则正,正则静,静则明,明则虚,虚则无为而无不为也"③。

## (六)"养生"与"悬解"

《庄子》内篇有《养生主》。其文有云:

> 吾生也有涯,而知也无涯。以有涯随无涯,殆已。

> 缘督以为经,可以保身,可以全生,可以养亲,可以尽年。

这里,"缘督"有顺应自然之义,"缘督以为经",就是顺应"人生有限"这一"自然"并以此为人生正途。如果做到这一点,便能"保身"、"全生(性)"、"养亲"、"尽年"。此之谓"养生"。

这触及了一个严肃而深沉的文化主题,便是,人应当怎样对待自己的肉身?

人的生命包括肉身与精神两部分,没有精神的肉身或没有肉身的精神,都是不可思议的生命"残缺"。对人而言,灵与肉的矛盾甚至对立,是人之本在痛苦与欢乐、悲剧与喜剧的源泉。人之所以为人,是因为人比动物多了一种精神。人之个体的肉身生命是有限的,正因如此,才激励精神对肉身的超越。精神的不朽或曰可以不朽,是人对个体生命"有涯"的一份美丽的补偿。但是,精神一开始就很倒霉,再怎么高扬与超拔,它的双足却始终深陷在肉身这一万劫不复的泥淖之中。人一半是魔鬼,一半是天使;一半是兽性,一半是人性;一半是肉身的低俗,一半是精神的高雅。人命里注定要成为而且永远是这样一个二律背反、不能两全的尴尬角色。

---

① 《庄子·庚桑楚》。
② 陈鼓应:《庄子今注今译》,中华书局,1983年,第618页。
③ 《庄子·庚桑楚》。

在古希腊,人追求的是人之生命的美,是体魄强健与智慧超拔的本在统一。斯巴达城邦的人体竞技与雅典城邦的人文精神的出色建构,证明古希腊人对人之肉身与精神都充满了自信,这是一种不舍弃肉身而且恰恰必须有肉身"在场"的精神超越。基督教基本教义有一个逻辑原点,便是以人之肉身与感官的美为不真实、为虚妄。当亚当受了蛇的诱惑,与夏娃在伊甸园偷食禁果之后,人便因了他们自己与生俱来的沉重的肉身而堕落了,人的堕落起于自己的肉身,所谓"原罪"便是肉身的堕落。但基督教说,人除此之外,还可以有另一种生命的选择,就是通过"道成肉身"——基督——这一中介获得救赎,舍弃世俗肉身之暂时的美,去选择上帝的全真、全善与全美。上帝是一个"灵",他彻底拒绝肉身,所以他十全十美;基督是上帝树立在人面前的一个精神与肉身处于"休战"状态的光辉榜样。上帝与基督,实际是人之肉身的排拒者。圣·奥古斯丁《忏悔录》卷四第十节有云:"一个人的灵魂不论转向哪一面,除非投入你(注:上帝)的怀抱,否则即便倾心于你以外和身外美丽的事物,也只能陷入痛苦之中,而这些美好的事物,如不来自你(上帝),便不存在,它们有生有灭,由生而长,由长而灭,接着便趋向衰老而入于死亡。"肉身的短暂与美的诱惑被看做人服膺于上帝、精神进入天国的绊脚石。所以正如佛教一样,基督教不得不制订诸多宗教戒律,来约束人之肉身及其感官的"恣意横行"。

印度佛教也对人之肉身取极不信任的文化态度。这倒不是要从根本上消灭肉身,而是通过佛教教义与戒律来将人之肉身严格地管束起来。作为成佛的第一步,种种修持方式与规诫都是首先针对肉身的。印度佛教对人之肉身的否定,是将其与整个世俗世界看做同样虚妄不实。所谓无尽的人生烦恼,是虚妄不实的色身纠缠着精神使其难以遁入空门。佛的本生有"舍身饲虎",这种血淋淋的肉身生命的贡献,实际是将彻底摒弃肉身看做成佛的一大因缘。佛教的戒律多如牛毛,其中最关键的是戒色。佛教将"色"(此处主要指女性人体)看做"魔"。"魔女"者,依佛经所说,其"形体虽好,而心不端,譬如画瓶中盛臭毒,将以自坏,有何等奇",又说"淫恶不善,自亡其本,死则当堕三恶道(注:指'六道轮回'说中的畜生、饿鬼、地狱三恶趣)"。于是便劝诫佛徒"快脱女人之瑕秽,已离爱欲无所恋"[①]。佛教所谓"降魔",实际是灭色欲。但看《西游记》写唐僧西天取经,历尽九九八十一难,其中诸多劫难的消除,都是对女色的拒绝。

---

① 《普曜经·降魔》。

中华文化之顽强的生命意识,在于对人之肉身的钟爱以及认为可以通过对肉身的肯定达到精神的提升。且不说,先秦儒家的尊祖、祭祖,是对祖先肉身之生殖力的崇拜。孟子倡言孝,有"不孝有三,无后为大"的名言,其实这是对孔子"孝悌"思想的发挥。儒家有杀身成仁取义的思想,似乎是对人之肉身的拒绝。其实不然。其旨在舍弃一人、一家或一族之生命,以换取普天下群体生命的昌盛。黑格尔说:

> 东方(主要指中华——引者注)所强调和崇敬的往往是自然界的普遍的生命力,不是思想意识的精神性和威力,而是生殖方面的创造力。①

这句话只说对了一半。应该说,中华自古由于"强调和崇敬"包括"生殖方面的创造力"在内的肉身因素,才使得"思想意识的精神性和威力",总是建构于上。

庄子讲"养生",是就人的个体肉身与精神而言的。首先,庄子有感于"吾生也有涯",即人的个体肉身总是短暂这一点,所以要认识与顺应这一肉身的"自然",来"保身"、"尽年"。

尽可能延长人的个体肉身的生命,这是庄生所肯定的。庄生"养生"论的主旨,是通过顺任自然的"养生"达到顺任自然的"养神"。精神者,"养生主"。"养生"应从"怡养精神"入手,不为生死、荣辱、哀乐所困扰,这便达到了"养生"即身心兼养的双重目的。

人之个体肉身的短暂,是人之生命不可避免的悲剧,通过养身以求长寿,是庄子企图对这一人生悲剧的回避。没有人能够通过养身使人之个体的肉身得到永生。庄子在这一生命问题上的无奈,体现了人自身的无奈。人的精神固然可以进入天堂、彼岸,但肉身绝不是不朽的。然而,庄生倡言养身以尽可能延续人之肉身生命,不是没有积极意义的。生命的安养固然决定于人之生命的人文质量,肉身的延续一般并不与此相矛盾,而庄生要的是人之肉身与精神双兼的美、不离肉身即得解脱的灵魂之美,是人须活得"自然"、"安时而处顺"、以解除生命"倒悬"之苦的美。

## (七)"齐物"与"正色"

《庄子》主张"齐物":"物无非彼,物无非是。"②物无分彼此,其因在万

---

① 黑格尔:《美学》,商务印书馆,1982年,第三卷上册,第40页。
② 《庄子·齐物论》。

物都统归于道。在道这本根意义上,万物是"齐"的,故"是亦彼也,彼亦是也"。但未悟道之人的思想与思维,总受着是非观的纠缠,这在庄生看来是错失的。庄子以此为尘劳与痛苦。分判是非在庄生看来便是不"自然"。

庄生总结说,人只要体悟了道,这天下就显现它本然的澄明与玄虚,"天地一指也,万物一马也"①,这便是"齐物"。

齐物我、无是非、等生死,便是消解美丑。

美丑是人这一主体对事物、对象所作出的价值判断。在庄生看来,这判断由于沾溉了人这一主体的主观因素,所以是不可靠的。庄生说:

> 毛嫱西施,人之所美也;鱼见之深入,鸟见之高飞,麋鹿见之决骤。四者孰知天下之正色哉?自我观之,仁义之端,是非之涂,樊然殽乱,吾恶能知其辩?②

人以为美的人与物,其实是无所谓美、丑的。比如西施这样出众的美,也是就人这一审美主体而言的,鱼、鸟、麋、鹿这四者就不能认同。可见,人之审美以及心目中的美,其实并未扪摸到美的东西之所以美这"天下之正色"。在这一点上,人与动物一样,都处于同样狼狈而尴尬的境地。

庄子的这一见解,有三点颇可注意:其一,人的感官所感觉到的所谓美,其实无所谓美丑,美丑的判断是感性的。离开了人的感官,试问美在哪里呢?可见,一般人所见所闻的美,是一种美丽的虚构,人是被他自己的感官所欺骗了。其二,从"齐物"论出发,人与动物没有区别。假设人能够作为审美主体,那么动物为什么不能呢?从动物角度去审美,人以为美的东西,不仅可能变成丑,而且令动物感到可怕。可见,所谓美丑是相对的。其三,那么,庄子心目中有没有关于美的意识与理念呢?从"天下之正色"这一措辞看,答案是肯定的。通常所谓美比如西施之美,在庄子看来无所谓美还是不美,但庄子毕竟承认除此之外还有所谓"正色"之美。"正色"者,道之别称。

## (八)"游刃必有余地"

《庄子》中"庖丁解牛"这一则寓言,称庖丁为文惠君解牛,技术臻于圆熟,使得"方今之时,臣以神遇而不以目视,官知止而神欲行"。庖丁的一把

---

① 《庄子·齐物论》。
② 同上。

解剖刀用了19年,"所解数千牛矣",依然锋利无比,什么缘故呢?

> 彼节者有间,而刀刃者无厚,以无厚入有间,恢恢乎其于游刃必有余地矣。①

"游刃有余"者,是循道之技达到高超程度,遂使人工、技艺回归于道的境界。徐复观《中国艺术精神》一书指出,庖丁的境界,即是艺术及美的境界,建立在物我、心物之对立的消解之上。由于他"未尝见全牛",所以他与牛的对立解消了,即是心与物的对立解消了。由于他"以神遇而不以目视,官知止而神欲行",所以他的手与心的距离消解了,技术对心的制约性消解了。这种圆熟的技艺,作为智性人格力量之自由的体现,意味着人与世界的摩擦与距离消失了,在默默之中,人与世界都呈现其本来面目,这叫"天地有大美而不言"②,却是人之圆熟的技艺可与之进行静默"对话"的。因为"大美而不言",便是最有力量、品格最高的原美。它是自然呈现的或是由人工圆熟之技所触动而呈现出来的"自然",是人的本质力量与自然本真之合规律性的融和,它是最为素朴的,"素朴而天下莫能与之争美"。

## 第八节 《易传》思想的美学蕴涵

《周易》所体现的美学智慧与精神很是丰富与深刻③,此勿赘述。这里,仅就《周易》本经之最早、最权威的易学概论《易传》的思想简约言之。

《易传》美学蕴涵与审美意识的基本内核,是其所说的"象"。"象"这一范畴,早在郭店楚简《老子》中就已出现,所谓"天象亡形",在通行本《老子》里,也有"大象无形"、"其中有信,其中有象"之说,"象"说是《易传》对中华美学理论建构的重大贡献。虽然《易传》所说的"象"较《老子》为晚,成书于殷、周之际的《周易》本经,在理念、理论上尚来不及提出"象"这一范畴,然而,《周易》本经关于占筮的阴爻、阳爻、八卦与六十四卦等,其实都已渗融着原巫文化意义上的"象"意识。这种"象"意识,是原始审美意识的前期文化心理。原古的"数图形卦",揭示了与"数"意识相融的"象"意识的原始文化现实。原始符号的创造,与原始筮符是一致的。早在原始筮符创

---

① 《庄子·养生主》。
② 《庄子·知北游》。
③ 参见王振复:《巫术:周易的文化智慧》,浙江古籍出版社,1990年;《周易的美学智慧》,湖南出版社,1991年。

始的时代,中华先民已经是恩斯特·卡西尔所说的"符号的动物"。《周易》本经建构了一个用于占筮的符号(包括"象"、"数")"宇宙"。尽管卦、爻之象不同于艺术与审美之象,但是,从前者向后者的文化转型,是必然的。卦、爻之象与艺术、审美之象,构成了异质同构关系。恩斯特·卡西尔说,由于原始巫术占筮的兆象必然"可以定义为一种符号的语言",而"美必然地而且本质上是一种符号",所以,从原始巫术到审美、艺术之象的转递,绝不是人为的虚构,而是历史之必然。

在《易传》中,"象"已经从原始巫术兆象基本上转递为具有一定哲学与审美意识的符号。比如在《周易》本经中,晋卦的卦象为坤下离上,写作䷢,坤为大地,离为火,火即太阳。整个晋卦,是太阳冉冉升起之象。这一卦象的创构,体现了中华先民对太阳的崇拜与希冀。初升的朝阳,在先民心目中,是一个好兆头。而在《易传》中,晋卦这一卦象已被赋予了新的人文意义,包括审美意义。《易传》说:"晋,进也,明出地上。"明者,光明、阳光之谓。《易传》进而说,"明出地上,晋;君子以自昭明德"。君子以"明"自比,仁道显出光辉,这里已具人格的审美因素。晋卦的这一卦象,实际是初升之朝阳的符号表达。在甲骨文中,初升之朝阳称旦,写作𣇵,上象太阳,下象大地,其义为"晋"。"旦"即"晋"。与晋卦相反的一卦是明夷,卦象䷣为离下坤上之象。明夷者,光明之毁伤,这是太阳下山、黑夜降临之象。这一卦象,如用文字符号来表达,为旮,是昏的原字。

可见,《周易》本经的卦象与中国古文字的建构有大关系。两者所共同体现的是中国自古所特有的"象"思维,即融渗以"象"因素的思维方式,是表象的思维,象形与表意,是这一思维的基本特征。伊格尔顿说:"西方哲学是语音中心的,它集中于'活的声音',深刻地怀疑文字。"[①]中国哲学却根植于文字之创构的象形之中,这种象形及其表意,表现在《周易》本经的卦爻之象中。也只有卦爻之象,为"象"思维铺设了中华哲学及其审美意识之路,并深刻地影响了后代中华哲学、美学与艺术学的文化理念。

整个巫术占筮过程,从神秘之物象到前兆迷信即心灵虚象,到神秘的卦爻符号,到信众的心灵虚象,是原始巫术占筮意、象转递的四个层次;从审美物象,到作者审美心灵虚象,到作品即文本符号系统,到接受者的审美心灵虚象,是艺术审美意、象转递的四层次。两者具有异质同构关系。

艺术审美在结构上,与巫术占筮是相似、相通的。卢卡契《审美特性》

---

① 伊格尔顿:《文学理论导引》,陕西师范大学出版社,1987年,第144页。

第一卷指出:"在巫术的实践中包含着尚未分化的以后成为独立的科学态度和艺术的萌芽。"这好像是专门针对《周易》巫筮文化而言的。《周易》的"象"、"数",确是以后艺术审美与科学态度的萌芽。就"象"而言,孔颖达《周易正义》说得很对,"凡易者,象也。以物象而明人事,若诗之比喻也"。章学诚《文史通义》则说:"易象通于诗之比兴。"易与诗相通,盖因"象"之故也。

《易传》美学蕴涵的另一重要表现,是其辉煌与灿烂的生命意识。

所谓"生生之谓易",所谓"天地之大德曰生",都在阐说易理的根本。

苏渊雷《易学会通》指出:"综观古今中外之思想家,究心于宇宙本体之探讨、万有原理之发见者多矣。有言'有无'者;有言'终始'者;有言'一多'者;有言'同异'者;有言'心物'者,各以己见,钩玄阐秘,顾未有言'生'者,有之,自《周易》始。"苏氏又说:"故言'有无'、'终始'、'一多'、'同异'、'心物'而不言'生'则不明不备;言'生',则上述诸义足以兼赅。《易》不骋思于抽象之域,呈理论之游戏,独揭'生'为天地之大德、万有之本原,实已摆脱一切文字名相之网罗,而直探宇宙之本体矣。"

《易传》的哲学,确实是将"生"看做宇宙的本体的。在生殖崇拜文化的基础上,《易传》进行了关于"生生之谓易"的哲学思考,并歌颂人之生命的伟美,体现出一种中华所独具的生命美学精神。

且不说《易传》将《周易》本经的第一、第二卦即乾、坤释为天地、父母之卦,不说《易传》将《周易》本经之咸卦解读为男女相"感"之卦,《易传》在所谓"乾,阳物也;坤,阴物也"的基础上,直率而无邪地讲述男女两性的生殖之功,此即所谓"夫乾,其静也专,其动也直,是以大生焉;夫坤,其静也翕,其动也辟,是以广生焉"①。这是指阳物处静之时,其形团状;发动之际,直遂而不挠,其功能在于"大生"(原生);阴物静闭而动开,其功能在于"广生"。清人陈梦雷说:"乾坤各有动静。静体而动用,静别而动交也。直专翕辟,其德性功用如是。"②《易传》确是从两性之交合来阐说其生命意识与理念的。

《易传》在释贲卦卦义时,很鲜明地体现了关于"天文"与"人文"之美的生命美学精神。《易传》云:

---

① 《易传·系辞上》。"专",唐陆德明《经典释文》称其通"抟",为"团"。"翕",唐李鼎祚《周易集解》称其"犹闭也"。辟,开。

② 陈梦雷:《周易浅述》卷七。

> 贲亨。柔来而文刚,故亨。分刚上而文柔,故小利有攸往,天文也。文明以止,人文也。观乎天文,以察时变;观乎人文,以化成天下。①

这里,贲卦卦象为离下艮上,为☲☶,由三阴三阳对应穿插构成卦体,彼此文饰,故有阴阳往来亨通之义,所谓"贲亨"是也。"柔来而文刚"一句,意指贲卦下卦为离☲,离为火,火指太阳,太阳为天体之一,天为乾☰,因而离火的原型是乾,离卦的生成,是坤卦的一个柔爻来就于乾,促成乾卦"九二"变异为"六二"。离,又通"丽",美之谓。故离美无疑由乾坤(男女)相"感"即"柔来而文刚"所生成。又,所谓"分刚上而文柔",是指贲卦上卦即艮,艮为山,山属大地,地为坤,因而艮之原型为坤。艮的生成,是乾卦的一个刚爻来交于坤的结果,坤卦"上六"被乾卦的一个刚爻所替代而生艮。

由此可见,贲卦之下卦离的原型,是乾卦;贲卦之上卦艮的原型,是坤卦,这说明贲卦的原型,是乾下坤上之象,即泰卦。泰是什么?《易传》说:"天地交,泰。""天地交",实指男女相"感"。

这便是《易传》所说的"天文"。天者,自然;文者,通"美"。《易传》所认识与认同的自然之美或曰自然美,绝不是指眼睛所看到的人体外貌、衣饰之美,而是生命原始意义上的男女生殖之美。并且,这里《易传》是以人之生殖来比拟、界说天地自然的原生之美,特具人本意义上的生命意识与情调。

《易传》进而将"人文"界说为所谓"文明以止"。这仍可从贲卦得以阐明。

从贲卦的象征意义看,其下卦为离,离为火,火即光明,火的发现与运用,表示人类文明的真正开始,火即"文明"。因此,离具有文明之义;贲卦上卦为艮,艮为山,山体岿然静止,故艮有"止"义。整个贲卦象喻"文明以止"。

"文明以止"者,"人文"。这里的"人文",无疑具有包括伦理道德内容在内的"人为"、"人工"内容,又不限于此,可以看做人工美(社会美、艺术美)的代称。

至于《易传》论"时",亦具有丰富而深邃的美学内容,因论述复繁,问题复杂,这里从略。②

---

① 《易传·彖辞》。
② 可参阅拙作《周易时间问题的现象学探问》,《学术月刊》2007 年第 11 期。

《易传》思想的美学蕴涵还有一个重要内容,便是儒、道文化意识包括儒、道审美意识与美学精神之初起的融和。

正如前述,在老聃、孔丘时代,今日学界所说的"儒道对立"是不存在的,这可以从郭店楚简《老子》得到有力的证明。但表现在通行本《老子》与《庄子》中的诸多篇章,站在道的立场,对儒家的抨击已是相当剧烈与尖锐(有时甚至很尖刻)。另一方面,在《庄子》中,还借孔子之口来言说道家思想,似乎可以说庄生及其后学的有些成员并没有严重的门户之见。有一个情况值得我们注意,在《论语》里,孔子及其门徒没有很厉害地攻击过道家。在《中庸》里,也大致保持前辈儒家对道家比较宽容的文化态度。所谓儒、道的对立,主要是一些老聃后学单方面表现出来的与儒家的对立。可能不包括庄周本人。我们今天读《庄子》内篇(学界一般认为为庄周本人所撰),几乎未见庄周对孔子及其学说的攻击。倒是在《内篇》的《人间世》、《德充符》与《大宗师》中,反见庄周以及孔子与其弟子以对话的方式来阐说"心斋"、"坐忘"等道家思想。这当然不能看做《内篇》实录了孔子的原话,有些寓言式的虚构,亦在情理之中。然而这种文本现象起码可以说明,庄周本人对孔子并无恶感,甚至可以推见,庄周这样做,意在借孔子之大名来增强其文章的权威性与说服力。

《易传》自东汉郑玄开始,一直被历代儒家包含在被尊为"群经之首"的《易经》之中。今本即通行本《周易》的体例,是由魏王弼最后定下来的。因此,起码从郑玄、王弼时代至今,《易传》一直被认为是儒家经典,并由此把《易传》的整体思想,误读为纯粹的儒家思想。1987年底,陈鼓应在"济南国际《周易》学术讨论会"上,第一次提出《易传》是道家系统的作品而非古今学者所说的'儒家之作'"①这一见解。接着,陈氏撰写一系列论文,来论证这一学术见解,此后出版了《老庄新论》与《易传与道家思想》两著。笔者虽然难以苟同陈氏关于"《易传》为道家学派作品"的见解,但也不否认这一新见确实打开了进一步研究《易传》的学术思路。《易传》固然是儒家著作,却不影响它可以具有相当丰富而重要的道家思想。从整体看,《易传》七篇大文十个部分(古人所谓"十翼")由于不是一人一时所撰,其思想的多出甚至歧义,是正常的。儒家的道德伦理思想,道家的自然哲学,阴阳家的阴阳变异思想以及自上古传承而来的原始巫术占筮的思想余绪,构成了《易传》的基本内容。《易传》的《系辞》,比较集中地体现了道家的哲学天道观。

---

① 陈鼓应:《易传与道家思想》,生活·读书·新知三联书店,1996年,第2页。

《彖辞》的自然哲学,有早期道家的意蕴。所谓"一阴一阳之谓道",是通行本《老子》第42章"道生一,一生二,二生三,三生万物",以及"万物负阴而抱阳"说的概括与提炼。所谓"精气为物,游魂为变",与《管子·内篇》所载稷下道家"精气之极也"有承接关系。所谓"终则有始,天行也"、"反复其道,七日来复,天行也",与通行本《老子》"反者,道之动"联系起来看,前者是对后者的解说与展开。凡此不一而足。无疑,道家思想作为重要一支,参与了《易传》整体思想的建构。

美学不同于哲学却总是与哲学相关联的。《易传》的美学精神虽然不是一种理论形态之成熟的美学,但其中所体现的审美意识与理念,则无疑首先与道家、阴阳五行的思想攸关。比如所谓"一阴一阳之谓道"这一命题,不仅体现了阴阳中和的美学精神,而且为《易传》的阳刚、阴柔、刚柔相济之美学精神的启蒙,铺展了哲学思辨之路。又比如"精气"说,是《易传》将中国人的生命意识,凝结在这一范畴中,具有重要的理论建构意义,并严重影响魏曹丕"文以气为主"及之后中华美学理论的历史发展。再如《易传》关于"书不尽言,言不尽意"的思想,显然是通行本《老子》所谓"道可道,非常道"的时代新解,作为一个极富哲学品格与美学魅力的著名命题,在魏晋及此后引动了旷日持久的"言意之辨",激起思想与思维的不息的波澜。还有,《易传》所谓"天行健,君子以自强不息"、"地势坤,君子以厚德载物"这两个命题,你要说它们是儒家道德伦理思想与人格思想的表达,自无不可,但是在思维方式上,这种将具有哲学意味的"天"、"地"理念,融渗于道德人格之美的建构的做法,又可以看做是道家哲学的天地观对儒家伦理学的哲学渗透。

## 第九节 荀子思想的美学蕴涵

时至荀况所在的战国末期,先秦诸子文化渐趋综合。这依然是在彼此诘难的争鸣方式中进行的。在荀子之前,《庄子·天下篇》(属"杂篇")曾站在时代高度,纵论天下学术,指点"是非"。在荀子之后,也有韩非的种种问驳以自裁"刑法"之新说。作为儒门中人,被后人称为"儒家别宗"的荀子,具有批判传统的一面。除了孔子与子弓,荀子对孔子学生子张、子夏、子游以及子思与孟轲,都大为不满,称其为"贱儒"或有"罪"。荀子又批判墨子的"兼爱"、"节用"与"非乐"①,同时对早期法家的慎到、田骈、申不害与名家的惠施等人,也颇有微词。

荀子对前人与时贤的学术,是一百个不满意,《荀子·解蔽》云:

> 墨子蔽于用而不知文;宋子蔽于欲而不知得;慎子蔽于法而不知贤;申子蔽于势而不知知;惠子蔽于辞而不知实;庄子蔽于天而不知人。

荀子提出了"解蔽"的口号。荀子的批判,未必处处中肯,然而,他这样的问题意识与思维方式,却为他自己的新颖见解的产生,准备了必要的条件。与战国末期吕不韦编纂《吕氏春秋》兼容儒、道、墨、法、阴阳、纵横、兵、农与名诸说相对应,荀子在综合诸子之学方面也作了努力,荀学作为这一时代新学的出现,严重影响了汉代的审美理念。

荀学的美学精神因素,建构在他的"化性而起伪"的哲学基础之上。荀子哲学的主题,仍在于天人关系。

这一主题,包括两大方面:其一,人与自然的关系;其二,人性与人格的自然本性与人文属性的关系。就人与自然的关系而言,荀子摒弃了孔子"畏天命"的思想,不承认天有人格神的意义。荀子又把孔、孟的"天人合一"的思想推倒,提出与论证他自己的"天人之分"说。《荀子·天论》云:

> 天行有常,不为尧存,不为桀亡……故明于天人之分,则可谓圣人矣。②

天的运行有其自身常则,与人生社会中的"尧存"、"桀亡"不构成因果关系,因而天、人是相分的。《天论》篇还说,"治乱非天也"、"治乱非地也"。荀子的"天人之分"思想,是中华哲学史上认识论的真正起始,它在思维上将对象(天)与主体(人)分开,具有重大的思想与思维的双重价值。在孔、孟包括《易传》那里,圣人与大人的第一人格标准,是须明白"天人合一"的道理,而且这种圣人与大人本身,就是与"天"合"一"的。《易传》云:"夫大人者,与天地合其德,与日月合其明,与四时合其序,与鬼神合其吉凶。"这里人文思维的重点,无疑是"合"。《孟子》也说:"尽其心者,知其性也;知其性,则知天矣。"孟子把"知天"归结为"知性";又把"知其性"归结为"尽

---

① 先秦儒、墨并称,其"兼爱"、"节用"与"非乐"等美学思想,尤其是其名学理念,均很重要。但墨子思想作为下层民众与手工业者的思想,在先秦之后,几湮没无闻。为约简本书篇幅,恕不另述。

② 《荀子·天论》。

其心"。从孟子的这一心、性与天人学说分析,人来到这个世界,其实没有"知天"的任务,因为人只要了解自己的人性("知其性"),就算是"知天"了;而"知其性"的任务,其实也是虚设的,因为只要"尽其心",就算是"知其性"了。因此,孟子建立在"天人合一"哲学基点上的认识论,显然是不成熟的。同时,在孔、孟与《易传》那里,只要知道"天人合一"的道理,就能成为圣人或曰大人。而荀子却反其道而说之,认为"明于天人之分",才是真正的"圣人"。当然荀子认为,这个世界的美好,最终还是归于"天人合一"的。不过,为了达到这一崇高目标,首先必须人人"明于天人之分"。

荀子的"天人之分"说具有深远的历史影响。唐人柳宗元说:"生殖与灾荒,皆天也;法制与悖乱,皆人也。二之而已,其事各行不相预。"①刘禹锡称:"天之能,人固不能也;人之能,天亦有所不能。故余曰:'天与人交相胜耳。'"②天与人各有短长、交相优胜,这是把人的地位抬到与天平齐了。明人王廷相则进一步发挥了刘禹锡关于"天与人交相胜"的思想,指出"天有天之理,地有地之理,人有人之理,物有物之理",因此,"人定亦能胜天者"③,人只要把握天地之"理"与物之"理",即可胜天。

天人关系问题的出发点是"天人之分",终极才是"天人合一",这是荀子的天人之论。那么,与天相分的人,在荀子看来,又是如何呢?

荀子认为,人的自然本性,不是生来就"善",或无"善"无"恶",或无所谓"善恶",而是"人性本恶"。《荀子》说:"人之性恶。其善者,伪也。""不可学不可事而在人者,谓之性。可学而能可事而成之在人者,谓之伪,是性伪之分也。""性者,本始材朴也;伪者,文理隆盛也。""无性则伪之无所加;无伪则性不能自美。"荀子指明了四点:一、性是天生的、自然的,即"天之就"、"不事而自然"与"本始材朴"。二、性与伪是不同的,伪,非虚伪之伪,而是对本恶之性的改造,伪者,人为也;改"恶"从"善",即伪,是谓"性伪之分"。三、性与伪的关系,性是原型、基础;伪是基础、原型之上的人为。因而所谓伪亦具人文之义。四、作为儒家中人,荀子的立论基点,依然在儒家的道德伦理与社会秩序,所以,他把伪解说为"文理隆盛"是很正常的。值得注意的是,荀子认为,既然人的本性是恶,无善可言,那么,从美学精神看,恶的人性当然无"美"可言,这称为"性不能自美"。那么,人性与人格如何

---

① 柳宗元:《答刘禹锡〈天论〉书》。
② 刘禹锡:《刘宾客集·天论上》。
③ 王廷相:《雅述》上篇。

才能"美"呢？荀子认为只有一条路可走，即所谓"化性而起伪"。《荀子》说："凡所贵尧、舜、禹、君子者，能化性，能起伪，伪起而生礼义。"又说，"故圣人化性而起伪，伪起而生礼义，礼义生而制法度"。这里，有四点颇值得注意。

其一，荀子认为"天之就"的人性因其本恶，是道德伦理实践改造的对象，这种改造是人性本身的先天素质所决定的、必然的，没有哪一个人可以逃避的。荀子的"性恶"论，根本不承认人先天有什么道德向善的"原型"与"种子"。因此，道德伦理实践的效用，不是对内心、良知的启迪，而是对本恶之人性的改造，便是"化性而起伪"。

其二，从文化品格上分析，"化性而起伪"这一命题，是一伦理学而非美学命题，此所谓"伪起而生礼义"。不过，同样强调"礼义"之美，孔孟偏重于做"心"的工夫，把人性的改造，落实到人心的启迪上。所以，孔孟的道德心性之说，是偏重于"心"的。而荀子的学说，纵然不忽视"心"的意义，却倚重外在行为与行动的作用。"起伪"是"性"之"化"（改造），这"化"，颇有些外在强迫的意味，故"起伪"者，礼义。这礼义，自然不同于孔子所说的"周礼"，而是"礼治"、"法治"。荀子说："礼也者，贵者敬焉，老者孝焉，长者弟焉，幼者慈焉，贱者惠焉。"[①]"贵贵、尊尊、贤贤、老老、长长，义之伦也。"[②]又说："法者，治之端也。"[③]正如《管子》所言，"尺寸也，绳墨也，规矩也，衡石也，斗斛也，角量也，谓之法"[④]。

先秦儒家文化之先期文化形态的文脉，是先从原古巫术文化走向周礼的阶段；再由孔子对周礼加以改造，以"仁"释"礼"；进而在孟子那里，重在将孔学的修身养性（心）说加以发展，在其"仁义"、"仁政"与"王道"的思想中，尤为强调政治、道德准则的内心依据，推崇"我善养吾浩然之气"的治心理想，归结为"善"心的发现与对受污染之"善"心的重新加以洗涤；而荀子的学说，试图综合诸家之长，已具某些"法治"的内容，而从"礼（义）"到"法"，其实仅一步之遥。荀学，是由孔子仁学、孟子心学到韩非子法学的历史关捩点。

儒学的一个基本命题，是所谓"内圣外王"。从"内圣外王"角度看，孔

---

① 《荀子·大略》。
② 同上。
③ 《荀子·君道》。
④ 《管子·七法》。

子之前的周礼,偏于"外王";孔子的仁学,颇有"内圣"与"外王"兼具的初步特点;孟子则为了"外王"而尤重"内圣"之学;荀子却对孟子所言"内圣"的本在依据(人性本善)有了怀疑,他不相信人是天生向善的动物,实质在否定人生本具"内圣"这一预设,从相反角度预设"外王"的内在依据,即"人性本恶"。荀学的"内圣外王",是从逻辑上预设"人性本恶"始,通过"化性而起伪"的道德改造,而达到"外王"之目的。荀子不否认通过"化"性之"恶",打造一个"内圣"的人格,从而达到"外王"之境这一点。毋宁说,荀子的学说,是偏于"外王"的。这偏于"外王"的思想,经秦代而在汉代美学中得到极大发展。

其三,"化性而起伪",不是美学命题,本书前引荀子所谓"无伪则性不能自美"的"美",指的是道德的完善,而非审美的"美"。但是,尽管在审美关系、过程的瞬间,审美是一种移情,刹那达到物我同一的忘我、忘物境界,它把政治、伦理与认知诸因素作为历史、心理背景而推到审美之外去,审美确是无功利、无目的的一种纯粹的精神境界。而在历史领域,审美却总是与政治、伦理与认知诸因素结伴而行的,它注定要受到社会、文化因素的制约。并且,仅就审美与伦理之关系言,所谓人格之"美",就处于伦理与审美之际。儒家包括荀子一贯所推重的圣人人格,固然是道德的,却并不缺乏、并不拒绝与善相伴的审美的因素。因此,荀子所谓"无伪则性不能自美"这一命题,依然体现出一定的美学蕴涵。

其四,"化性而起伪"的逻辑依据,是"人性本恶"。"恶"在荀子看来,是人之天生的一种"情欲",它是人性中违礼、违善的生命冲动。

> 今人之性,生而有好利焉……生而有疾恶焉,生而有耳目之欲,好声色焉……用此观之,然则人之性恶,明矣。①

荀子将"本恶"的人性分为三个层次。《荀子·正名》说:"凡性者,天之就也;情者,性之质也;欲者,情之应也。"性、情、欲三者的关系:性为天生,情为"性之质",欲是情的恶性冲动。从情为"性之质"看,荀子所谓"性恶",实为"情恶",欲乃因情而起。人性不能无情,有情则必致于欲,欲是情的恶性衍生。

性、情、欲三者,都是人之生命的盲目"自然"。

恩格斯《路德维希·费尔巴哈与德国古典哲学的终结》引述黑格尔的

---

① 《荀子·性恶》。

话说:"人们以为,当他们说人的本性是善这句话时,他们就说出了一种很伟大的思想;但是他们忘记了,当人们说人本性是恶的这句话时,是说出了一种更伟大得多的思想。"①

荀子对人性之恶的发现与描述,与郭店楚简《性自命出》的重"情"思想有一致之处。不同于《荀子》称此情(欲)为恶,而《性自命出》说情是美善的。在中华哲学、美学史上,荀子第一次触及了恶这一重大课题。恶一般总是一种破坏性的精神力量,在道德层次上为人类正义、公正与向善所不齿。然而从历史与文化角度看,由于恶中也包含人之强烈的执著、追求的意志力与情欲冲动,在一定历史条件下,可能从反面成为一种激发社会变动的人的心理内驱力。在审美中,恶也与丑、悲剧与怪诞等相联系。"人性本恶"以及"化性而起伪"的思想,丰富了先秦儒家思想的美学意义。

同时,荀子作为先秦儒家的最后一位大思想家,批判地吸取诸如道家的一些思想精华以滋养自己,主张"心"的"解蔽",以求达到"虚壹而静"的"知道"的境界。

> 人何以知道?曰:心。心何以知?曰:虚壹而静。心未尝不藏也,然而有所谓虚;心未尝不两也,然而有所谓一;心未尝不动也,然而有所谓静。②

> 虚壹而静,谓之大清明③。

心"藏"为"虚";心"不两"为"壹"(一);心"不动"为"静"。简直有点老子所言"致虚极,守静笃"的意味。荀子说:"人生而有知,知而有志。志也者,藏也;然而有所谓虚,不以所已藏害所受,谓之虚。"④显然,荀子所言"虚",不是老、庄所谓"忘己"、"无己"、"丧我",而是以"知"、"志"作为其心理内核的。"知"者,了然;"志"者,信诚、意志、执著之谓。如果人之内心"藏"有这一份明了事理与信诚、意执之"心",那便是心之"虚"。荀子说:"心生而有知,知而有异",故"同时兼知之,两也","然而有所谓一,不以夫一害此一,谓之壹"。⑤ 在荀子看来,人之"知"有一个弊端,即有"知"必生歧义,即为分别。有分别,即为"两",而既为"两",便是背"道"而驰的"无

---

① 《马克思恩格斯选集》第四卷,人民出版社,1996年,第218页。
② 《荀子·解蔽》。
③ 同上。
④ 同上。
⑤ 同上。

知"了。所以,道是与"壹"在一起的,知"道"者,无它,弃"两"执"壹"而已。

荀子的"虚壹而静"说,意在推崇去情、去欲之后所留下那种性,称其为"知"亦可。中华哲学史、美学史上的性、情、欲与知、情、意之说,由此初显。袪除人性中的情欲与情意,只逻辑地留下性与知,荀子关于"人性本恶"的美学蕴涵,无疑具有葱郁的理性色彩。所谓"虚壹而静",不是如道家所主张的那样是一种心灵的澄明的"无"的境界,而是具有充实的心理内容的,这便是他自己所主张的"德治"、"礼治"与"法治"及其社会理想。执著、专注于这一理想,因去情、去欲而入于"静"的境界。因此,"虚壹而静"者,实乃"实壹而静"、"专壹而静"之谓,"君子知夫不全不粹之不足以为美也"[1]。显然,在思维方式上,荀子"虚壹而静"说,受了老庄的影响。

《荀子》思想之美学蕴涵的又一表现,在于发展了孔子所谓"仁者乐山,智者乐水"的"比德"之见,并影响了中华后代的美学建构。荀子说:

> 夫玉,君子比德焉。温润而泽,仁也;栗而理,知也;坚刚不屈,义也;廉而不刿,行也;折而不挠,勇也;瑕适并见,情也;扣之,其声清扬而远闻,其止辍然,辞也。[2]

自然之所以美、善,决定于主体观照自然物作为对象的自然素质与主体在对象中实现为人格的真实。玉的"温润而泽"、"栗而理"、"坚刚不屈"、"廉而不刿"与"折而不挠"等等,是玉的自然素质在主体的观照中所产生的价值判断,而"仁"、"知"、"义"、"行"、"情"与"勇"等等,是由玉作为自然对象而从对象中所观照、领悟到的君子的道德人格之美、善。在"比德"过程中,对象与主体心灵是相互建构的。主体心灵一旦从道德进入,则此玉的自然素质,就变成激发"人格比拟"之道德符号。什么样的主体的文化眼光,便建构什么样的、相应的对象特点。荀子不是美学家,他的"君子比德"思想,包括《宥坐》篇关于以水"比德"的思想,都将玉与大水之类的自然对象道德化、人格化了,是一种具有一定美学意蕴而非纯粹自然美之审美的人格论。

## 第十节 值得注意的美学范畴与命题

尽管先秦子学时期,作为理论系统意义上的中华美学范畴群落尚未诞

---

[1] 《荀子·劝学》。
[2] 《荀子·法行》。

生,但这不等于说,这一历史时期没有出现任何美学范畴与命题。

其一,关于"美"。笔者在拙著《中国美学的文脉历程》中说过,"在先秦孔子之前,在意识与观念上,美、善已经分离而相互独立"[①]。《国语·楚语上》云,"灵王为章华之台,与伍举升焉。曰:'台美夫'!对曰:'臣闻国君服宠以为美,安民以为乐,听德以为聪,致远以为明,不闻其以土木之崇高、雕镂为美……夫美也者,上下、内外、小大、远近皆无害焉,故曰美。若于目观则美,缩于财用则匮,是聚民利以自封而瘠民也,胡美之为?'"这里,伍举以"无害"与否即功利的目光来审观"台之美"问题,作为其所使用的范畴、概念,则无疑属于美学。

据笔者统计,《论语》一书说到"美"的地方共13处。

有子曰:"礼之用,和为贵,先王之道,斯为美。"("学而"篇)

子夏问曰:"'巧笑倩兮,美目盼兮,素以为绚兮',何谓也?"子曰:"绘事后素。"("八佾"篇)

子谓《韶》:"尽美矣,又尽善也。"《武》,"尽美矣,未尽善也。"("八佾"篇)

子曰:"里仁为美,择不处仁,焉得知?"("里仁"篇)

子曰:"如有周公之才之美,使骄且吝,其余不足观也已。"("泰伯"篇)

子曰:"……菲饮食而致孝乎鬼神,恶衣服而致美乎黻冕,卑宫室而尽力乎沟洫。禹,吾无间然矣。"("泰伯"篇)

子贡曰:"有美玉于斯,韫椟而藏诸?求善贾而沽诸?"("子罕"篇)

子曰:"君子成人之美,不成人之恶。小人反是。"("颜渊"篇)

子谓卫公子荆,"善居室。始有,曰:'苟合矣'。少有,曰:'苟完矣'。富有,曰:'苟美矣。'"("子张"篇)

子贡曰:"……夫子之墙数仞,不得其门而入,不见宗庙之美、百官之富。"("子张"篇)

子曰:"尊五美,屏四恶,斯可以从政矣。"子张曰:"何谓五美"?子曰:"君子惠而不费,劳而不怨,欲而不贪,泰而不骄,威而不猛。"("尧曰"篇)

---

① 王振复:《中国美学的文脉历程》,四川人民出版社,2002年,第187页。

这13个"美"字的意义,一指道德之善,如"先王之道,斯为美"、"里仁为美"与"君子成人之美"等;二指道德意义的人格美、人品美,如"周公之才之美"与"尊五美"等;三指服饰、宫室之美,如"美乎黻冕"、"宗庙之美"等;四指艺术美,如"子谓《韶》:'尽美矣,又尽善也。'"

在孔子(公元前551至公元前479)幼年之时,《左传·襄公二十九年》(公元前544年)记吴公子季札在鲁观乐之情状,称:"请观于周乐。使工为之歌《周南》、《召南》",季札曰:"美哉!始基之矣,犹未也。然勤而不怨矣"。又依次"为之歌"《邶》、《鄘》、《卫》、《王》、《郑》、《齐》、《魏》与《小雅》等以及见舞《大武》、《大夏》等,季札又一连发出11次赞叹:"美哉。"这"美",是美学范畴。

可见,中华先民的"美"意识发蒙很早,而且作为一个重要艺术审美范畴的实际使用,起码早在孔子幼年之时,就已开始。学界一直有所谓"美"并非中华美学史之主要范畴的看法,并且似乎已成定论。如果不是故意无视这些确凿的史料记载,那么,再要坚持旧说,是困难的。

其二,关于"和"。《国语·郑语》云,"夫和实生物,同则不继。以它平它谓之和,故能丰长而物归之。若以同裨同,尽乃弃矣"。又说,"是以和五味以调口"。《左传·昭公二十年》也说,"和如羹焉。水、火、醯、醢、盐、梅,以烹鱼肉,燀之以薪,宰夫和之,齐之以味,济其不及,以泄其过"。又称,"先王之济五味,和五声也,以平其心,成其政也。声亦如味。一气、二体、三类、四物、五声、六律、七音、八风、九歌,以相成也。清浊、小大、短长、疾徐、哀乐、刚柔、迟速、高下、出入、周疏,以相济也"。这里所言"和",一是指口味适于身心。和字从禾从口。许慎《说文解字》:"禾,嘉谷也。"二指与"同"相反的一种"生物"状态。所谓"以它平它",指相异者,可能相"和",而相"同"者,必非"和"。三是以"和"的理念、目光审视艺术审美,如"和五声也"、"声亦如味","以相成也"、"以相济也",都是相异因素的美的中和之境。

在先人看来,艺术、文学之类的审美之"和"的人文根因,在于"神人以和"。《周易》本经巫筮的所谓感应,所谓灵验,是神、人之际的一种和谐状态。《尚书·舜典》云:"诗言志,歌永言,声依永,律和声。八音克谐,无相夺伦,神人以和。"[①]这是将歌、诗的和美,包括音、律之和谐的文化之根,归

---

① 引者注:这一引文,据《今文尚书》,属《尧典》;据伪《古文尚书》,由于将《尧典》下半篇分出,添28字为《舜典》。故《尚书》通行本中的这一引文,又属于《舜典》。

之于神与人的相"和"。

其三,关于"乐"。《甲骨文合集》三三一五三写作🌱,罗振玉《殷虚书契考释》:"此字从绦附木上,琴瑟之象也。"虽可备一说,究竟须由中华古代音乐史料来作证明。甲骨文时代,罗氏所说的"琴瑟"是否已经发明,是一大问题。通行本《老子》有"大音希声"这一命题(后详),虽未明言"乐",到底蕴含"乐"的意义。"大音"者,乐之根本,"至乐"也。《论语》记孔子言,"兴于诗,立于礼,成于乐"。说明"乐"在先秦是与"诗"、"礼"相辅相成的。《墨子》有"非乐"之言,其所非者,"身知其安也,口知其甘也,目知其美也,耳知其乐也"。《荀子·乐论》是先秦系统音乐美学思想的一篇专论,属儒家诗乐思想的总结之文。其著名而重要的言说,是"乐合同,礼别异"(引者注:后之《礼记·乐记》改为"乐统同,礼别异")。这是与《国语》、《左传》关于"和"的思想有所不同的。其实,无论《乐论》还是《乐记》,这一命题,应改为"乐合和,礼别异"、"乐统和,礼别异",才合于经典之说。在先秦,"乐"有三义,一为音乐,二为艺术;三为美感。《乐论》云,"夫乐者,乐也。人情之所以不免也。故人不能无乐,乐则必发于音声,形于动静"。墨子"非乐",从功利出发。而老庄"非乐",是抨击儒家礼乐文化之故。通行本《老子》第12章云,"五色令人目盲,五音令人耳聋,五味令人口爽,驰骋田猎令人心发狂"。《老子》所推崇的,实乃"天乐"、"大乐",即"道"。先秦时期,音乐是很发达的,因而"乐"成为一个重要的美学范畴,是必然的。

其四,关于"文"。甲骨文写作🧍(一期"乙"六八二〇),🧍(五期"合"三六五三四)等。徐中舒主编《甲骨文字典》称,"象正立之人形,胸部有刻画之纹饰,故以文身之纹为文。金文写法略似,如🧍(史善鼎)、🧍(利鼎)。均象人之文身"。这文身,并非纯然之审美,而是蕴涵原始意识的图腾、巫术符号。《说文解字》云,"错画也,像交文"。在美学上,"文"意识、理念的人文源头,固然在于原始图腾、巫术文化,作为渐趋自觉的审美意识的表达,又在于原始口头文学。刘若愚《中国文学理论·导论》有云:"在古代汉语中,最近于 Literature 的相当词是'文'。这个字最早出现于甲骨文以及殷商(约纪元前一三〇〇——前一一〇〇)后期的一些青铜器上。"这一论述及其引用,应是妥帖而中肯的。

《国语·郑语》记史伯之言,称"声一无听,物一无文",与《易传》所谓"物相杂,故曰文"相通。《易传》有"文言"篇,此"文",文饰之义。《论语》记孔子论"文"之处甚多:"郁郁乎文哉!吾从周";"文王既殁,文不在兹乎";"文质彬彬,然后君子";"行有余力,则也学文",以及"子以四教,文、行、忠、信",等等。凡此之"文",分别有典章制度、善德善行之完美的外在表现,以及文学之美等意义。孔子还有"焕乎其有文章"之说,章太炎《国故论衡·文学总略》解析云,"孔子称尧舜焕乎有文章,盖君臣、朝野、尊卑、贵贱之序,车舆、衣服、宫室、饮食、嫁娶、丧祭之分,谓之文"。此言善也。《国语·周语下》云:

  能文则得天地,天地所胙,小而后国。夫敬,文之恭也;忠,文之实也;信,文之孚也;仁,文之爱也;义,文之制也;知,文之舆也;勇,文之帅也;教,文之施也;孝,文之本也;惠,文之慈也;让,文之材也。
  经之以天,纬之以地,经纬不爽,文之象也。

这是将"文"提到与"天地"平齐的高度来审视"文"。有如《左传·昭公二十九年》所言,"经纬天地曰文"。"经纬天地"者,改造自然与社会以及人自身。故此"文",即《易传》所言"人文"。先秦儒家所倡言的"敬"、"忠"、"信"、"仁"、"义"、"知"、"勇"、"教"、"孝"、"惠"以及"让"等道德规范与践行,都是与"天地"平齐的"文"这一原则的体现。作为美学范畴,虽然隐显于道德人文的历史阴影之中,然而其美学意义是葱郁的。这是因为,该"文"已具有哲思品格的缘故。

在先秦,还出现诸多美学命题,此择要而简约言之。

其一,道法自然。

通行本《老子》第 25 章云,"故道大、天大、地大、人亦大。域中有四大,而人居其一焉。人法地,地法天,天法道,道法自然"。

这一段《老子》名言,上承"有物混成,先天地生"、"吾不知其名、强字之曰道,强为之名,曰大。大曰逝,逝曰远,远曰反"之言而来。这里关键是一"大"字,正如前述,其义并非大小之"大",而是"太"的本字。太(大),原始、原朴、本原之谓。

问题是,所谓"道大、天大、地大、人亦大",难道道、天、地与人各是其"大"吗?如果各是其"大",等于说各有其本原、本体。中华哲学及其美学的本体、本原论,不同于古希腊柏拉图或 18 世纪德国黑格尔的哲学本体论。柏拉图以理式(idea)为万物之本原、本体,万物由理式派生,并"分享"其真善美,理式作为本体的美不同于万物之各别属性。由于万物之属性由理式所派生,因此,理式派生的过程及其结果,或曰万物"分享"理式及其结果,是理式的真善美不断被消解的过程与结果。从理式世界到现实世界再到艺术世界,体现了理式被消解的逻辑历程。

在通行本《老子》中，被勉强命名为"道"与"大"的本原、本体，自然是万物之唯一且最高的本原、本体。但是，道与大作为本原、本体贯彻到万物中，与万物并不是派生与分享的关系，而是如宋明理学所言"月印万川"、"理一分殊"。世间之月确是唯一，除高悬于夜空的那一轮明月，世间别无他月。然而世间"万川"（万物）却各具一"月"，此乃月之影子。朱熹说，"太极"者，理。而"物物有一太极"、"人人各一太极"。万物的本原与本体是道（大），道（大）犹如皓月当空，万物沐浴在清辉里，它只有一个，却在天下无数川流之中留下明丽的倩影，使万物个个显现光辉。因此，万物之美，总源于道之美、大之美，却不是美的分享与消解。如果说万物之美是圆融而具足的，那么，这是源于美的本根即道（大）的圆融具足，这用《老子》独特的话语来说，叫做"道大、天大、地大、人亦大"。

这里有一个预设的何者"法"何者的逻辑关系。

第一，道虽然作为元范畴，具有形上性，但道不是异己的存在，不是权威与偶像，它是人可以效仿的。道不离世间，与人具有亲和之力。道不是对人的强迫，而是本于自然的人文尺度。道的人间性体现在道对人心的"安顿"。有如徐复观所言道，"以作为人生安顿之地"。[①]

这里，如果说，道作为本然如此（自然）的宇宙、世界本体，是本在之美，那么，人生之美乃"法"道之故。道既是形上的，也必然贯彻于形下，道的本义指人生道路。追问形上之道，是为了从哲学高度彻底追问形下的人生道路这一生存难题，来"安顿"人心。

第二，尽管道可供效仿，是人生道路的最高尺度与唯一原则，道不异于人，然这种效仿是有过程、有阶段的。按《老子》的逻辑，人不能直接去效仿道及其美，永远无法达到道之美的顶点。人即使经过"人法地"、"地法天"、"天法道"这几个阶段，也难以证成"法道"的"正果"。这里，所谓"法道"，包括对道的观照与审美。根据《老子》"道可道，非常道"的哲学箴言，可以让人体会到关于道之观照与审美的艰巨性，人对道的观照与审美，必然具有许多苛刻的条件。同时，这里所描述的阶段与过程，可以从双向来分析。从人出发，"人道"乃"法""地道"之故，是谓"人法地"，为初步阶段。人无"地"不立，道的"分殊"显现，最亲于人的是"地道"。用《易传》的话来说，叫做"地势坤，君子以厚德载物"，也有所谓"归藏易"以坤为首卦而尊地的人文意味。然后是"地法天"。尽管"地道""厚德载物"，却也难以自持，

---

① 徐复观：《中国人性论史·先秦篇》，上海三联书店，2001年，第287—288页。

"地道"须以"天道"为楷模。用《易传》的话来说,叫做"天行健,君子以自强不息"。从"法地"到"法天",说明人终于在思想与思维上,摆脱"载物"的"厚德"(道德)之"地",使人的精神向"行健"的哲学与审美之"天"提升。而"天道"与"法天",还不是《老子》哲学及其审美意识的终极。因为"天"在这里还不是彻底形上、纯粹哲学的,须待"天法道",又推进了一步。"天道"与"天"的理念,在中华哲学与美学史上,曾经是道这一范畴的"前理解"。在比通行本《老子》资格更老的楚简《老子》中,"天道"一词出现较多,如"天道圆圆,各复其根"(此处,通行本为"夫物芸芸,各复归其根"。帛书甲、乙本作"夫物芸芸,各复归于其根")等。在通行本《老子》这里,"天道"与"天"已经失去了神性与权威性,但它们不是独立自足的,在其上还有道的高悬。道比"天道"与"天"高一层次。而自然即道,"道法自然"者,即道自己效仿自己。经过这几个阶段,人才可能接近于道。这"阶段"说,体现了《老子》对其道论的建构还存有经验与伦理等级观念的思维印痕。其思维模式,显然与《易传》关于"天道"、"地道"与"人道"之"三才"(三极)说相通。"道法自然"这一具有一定美学意义的重要命题,成为其思想的"高地"。道者,本然如此,无待无碍,自法未法,没有比道更原本、更原美的了。

其二,"致虚极,守静笃"。

《老子》第 16 章云:"致虚极,守静笃。万物并作,吾以观复。夫物芸芸,各复归其根,归根曰静,静曰复命。"

第一,通行本《老子》与楚简《老子》的重要不同,正如前述,首先表现为通行本把道看做"物"("有物混成"),楚简把道看做"状"("有状混成")。通行本所言"道"作为一种"元物",灌注生气于万物,是谓"芸芸"之"物"的"根"。万物以道为本根,道原本(本性)是"静"的。但道在生天、生地、生万物的过程中,作为"生生"之道的"动"的过程,也即道之展开,是本根意义上的道的第二形态,它积聚了一种属道的力量,又必然回复到道的原本状态,是对第二形态的否定。其轨迹,因"静"而趋"动",由"动"而复"静"。道不能不生天地万物,这是对"本静"的消解;也不能不由天地万物回归于"本静",否则便是非道。这也便是《老子》所谓"大曰逝,逝曰远,远曰反"。

第二,不仅道原本为"静",而且是"虚"的。实际是因"虚"而"静",因"静"而"虚"。"虚极"者,道,也便是"无状之状"、"大象无形"。"虚"是一种道的什么状态呢?"虚"者,"无",即《老子》所谓"是故天下万物生于有,有生于无"的"无"。"无"不是"虚空",不是"空","无"不等于"空"。"空"在本体意义上是佛学范畴,老子包括庄子均言"无"不言"空"。关于"无",《老子》第 14 章的描述是:"视之不见,名曰夷;听之不闻,名曰希;搏之不得,名曰微。此三者不可致诘,故混而为一。""是谓无状之状,无物之象,是谓惚恍。""无"是"存在"。

第三,道的本性既"静"且"虚",而"复"乃道之"本能"。"静"、"虚"为体,"复"、"动"为"用",体用不二,"复"是"静"、"虚"的本在状态。这便是"归根曰静,静曰复命"。这里所谓"归根",回归于本原;"复命",释德清《老子道德经解》:"命,人之自性。"这是将"命"作了狭隘的理解。《老子》所言"命",指包括"人之自性"在内的道的必然、本然,指人力、人为不可违逆的本然如此。《周易》有复卦,卦象震下坤上,为☷。复卦为"一阳息生",与剥卦☷相互构成"反易"。剥是"一阳将消",复乃"一阳来复"。正如本书前引,"反复其道,七日来复,天行也"。"天行"者,自然规律,即道。

第四,《老子》论道,不仅指"静",指"虚",指"复",而且更关键的,是为了解答、追问人生道路问题。道本无目的,而论"道"是有指归的。因此,这里所谓"致虚极,守静笃"与"归根曰静"的"致"、"守"与"归"等等,显然是对人而言的。在《老子》看来,道本然地树立了一个人生理想。要达到"素朴而天下莫能与之争美"的社会与人格,要紧的,是人能不能"致"道、"守"道与"归"道。

就人而言,"致虚极"然后才能"守静笃"达到"归根曰静"的人生境界。问题是,这人生境界往往总是难以达到,难以"守"住,人难以回到他本然的精神故乡。人是这样的一种"文化的动物",他创造文化、告别原朴,既是人性与人格的现实肯定,又是人性、人格的现实否定。人在其本质力量对象化的同时,也在异化自己的本质。就人而言,审美与反审美因为是背反的,所以是同时进行、同时实现的。在现实中,不同历史层次的超越与堕落,是人的宿命。这种宿命,人能够逃避吗?这便是老子的追问。

牟宗三指出,《老子》(还有《庄子》)的"致虚极,守静笃"与"归根曰静"的思想指向,实际是提倡"无为",反对"有为"。"有为就是造作"(artificial)。他说:

> 照道家看,一有造作就不自然、不自由,就有虚伪。
> 
> 道家一眼看到把我们的生命落在虚伪造作上是个最大的不自在,人天天疲于奔命,疲于虚伪形式的空架子中,非常的痛苦。基督教首出的观念是原罪 original sin;佛教首出的观念是业识(karma),是无明;道

家首出的观念,不必讲得那么远,只讲眼前就可以,它首出的观念就是"造作"。①

"造作"及其所导致的"痛苦",有三个层次上的问题:"最低层的是自然生命的纷驰使得人不自由不自在。人都有现实上的自然生命,纷驰就是向四面八方流散出去。这是第一层人生的痛苦。"②追求感官刺激、满足感官之欲无有穷尽,生命便"纷驰"而"流散",因而《老子》便说:"五色令人目盲,五音令人耳聋,五味令人口爽。驰骋田猎令人心发狂。"③"再上一层,是心理的情绪,喜怒无常等都是心理情绪,落在这个层次上也很麻烦。"④喜怒哀乐,人之常情,也被《老子》贬得一无是处。所谓"致虚极,守静笃",就是对喜怒哀乐的消解,它体现在人格上,就是后人所谓"不以物喜,不以己悲","宠辱不惊";体现于艺术审美,就是晋人嵇康所提出的著名美学命题"声无哀乐"。"再往上一层属于思想,是意念的造作。现在这个世界的灾害,主要是意念的灾害,完全是 ideology(意底牢结,或译意识形态)所造成的。意念的造作最麻烦,一套套的思想系统,扩大说都是意念的造作。"⑤那么,这里对"意底牢结"的破除,是否就是反对思想本身呢? 当然不尽然。思想起码可分"自然"与"造作"两大类。所谓"意念的灾害",指思想的"牢结"与"造作","意念造作、观念系统只代表一些意见(opinion)、偏见(prejudice),说得客气些就是代表一孔之见的一些知识"⑥。

牟宗三的这些见解,当然是不错的。但这三种"造作"实际是一种"造作",即人心之"造作"。意念与思想的"牢结"固不必言,第一层次"自然生命的纷驰",也源自人的心猿意马。所以,去除这一切"造作"的良药,就是本体论意义上的审美的"无欲"。人一旦"无欲",便达于心的"虚"、"静"之境。

假如把这里《老子》所言"致虚极,守静笃"与其"道可道,非常道"之论联系起来加以讨论,便知牟宗三的"造作"说似与《老子》道论的原意有所不合。实际上,《老子》不仅对那种"意底牢结"投以轻蔑的一瞥,因为它背道而驰,而且,它对人类的思想(无论是"意底牢结",还是自由的思想)都是不

---

① 牟宗三:《中国哲学十九讲》,上海古籍出版社,1997年,第87—88页。
② 同上。
③ 通行本《老子》第12章。
④ 牟宗三:《中国哲学十九讲》,1997年,第88页。
⑤ 同上。
⑥ 同上。

信任的。尽管《老子》道论包括"致虚极,守静笃"的命题都是伟大而深刻的思想,但是在老子那里,却都毫无例外地遭到了怀疑。老子对这个世界以及对他自己,实在是很"无情"的。

其三,"大音希声"、"大象无形"。

《老子》第41章这样展开对"道"的描述:

> 大白若辱,大方无隅,大器晚成,大音希声,大象无形,道隐无名。①

将通行本与楚简本、帛书本《老子》相比较,可以发现,这一段描述道的词句,在文本与意义上大同小异。文辞上除了"大白若辱"的"辱"比较难解外②,一般都是好懂的。而正确理解"大"的本义最为关键。正如本书在分析楚简《老子》时指出的,这里的"大",指原朴、原始。"大白"、"大方"、"大器"、"大音"与"大象",乃"原白"、"原方"、"原器"、"原音"与"原象"之谓。大意为,根本而原朴的白,好像黑一样。因为既然是原朴的道,则无所谓白还是黑。原朴之道,无所谓方圆。原朴的"器",因为是根本意义上的"器",总是有待于完成(晚成)的,实际指有待于成"器"的原朴的道。原朴之"音"当然是无声的。有声的,还能是原朴之"音"么?而原朴之"象",同样是一种"无"的状态。总之,道是"隐"的存在,无以名之。

"大音希声",是一个著名的美学命题,正如"大象无形"一样,都是指原朴的"美"。"大象无形"的"大象",在楚简本与帛书乙本《老子》那里,都写作"天象"。从"天"、"大"二字分别与"象"字构成复合词来看,显然是"天象"在先而"大象"在后,这便是楚简本、帛书乙本《老子》称"天象"而不称"大象"之故。"大象"趋于形上,"天象"趋于形下。"天象",原始巫学范畴,"大象"已进入哲学之门。

"大象"者,原朴之象,根本之象,无象之谓,是先民关于道的一种体悟。王弼《老子指略》说:"夫物之所以生,功之所以成,必生乎无形,由乎无名。无形无名者,万物之宗也。"可谓深得"大象"之奥。"大象"是自然、生命的混沌状态,即"惟恍惟惚"的原朴状态,因而是"无形"的,北宋张载说"象见而未形也"③。

---

① 此句楚简《老子》为:"大白如辱,广德如不足,建德如[偷],[质]真如愉,大方亡隅,大器曼成,大音儣声,天象无形,道[隐无名]。"帛书乙本《老子》作:"上德如浴(谷),大白如辱,广德如不足,建德如[偷],质[真如渝],大方无禺(隅),大器免(晚)成,大音希声,天象无刑(形),道襃无名。"

② 范应元:《老子道德经古本集注》释"大白若辱"的"辱"为"黰":"黰,黑垢也。古本如此。"

③ 张载:《正蒙·神化》。

象,往往与美、审美相联系,"大象",也便可能与美、审美攸关。"大象"与道的关系,学界一般认为"大象"即道,汉河上公注:"象,道也。"陈鼓应《老子注译及评价》据此称:"大象,大道。"但是,荣格以为,"原始意象"是"原型"的美的"显现"。把荣格的"原型"理论拿来理解《老子》的道与"大象"的关系,也可以把"大象"看做道的"显现","大象"不等于道,这正如《老子》所言,道者,"其中有象"。

正因如此,《老子》关于"执大象,天下往"这一命题才可以成立。"大象"可被执持而道不可执持。人执持"大象",天下都来归依(天下往),这是一种缘"象"而尽可能接近于道、却不能把握绝对之道的主体审美境界,有类于"虽不能至,心向往之"的美的境界。

其四,"美之为美"。

通行本《老子》说:

> 天下皆知美之为美,斯恶已;皆知善之为善,斯不善已。①

照一般理解,这里以"美"与"恶"对,"善"与"不善"对,可见老子所言"美",非道德意义上的"善",接近于今日美学所说的"美",而"恶",因与"美"相对应,实指"丑"。正如陈懿典《老子道德经精解》所言:"但知美之为美,便有不美者在。"陈鼓应将此句解读为:"天下都知道美之所以为美,丑的观念也就产生了;都知道善之所以为善,不善的观念也就产生了。"②这样解读,是有根据的。因为《老子》斯言,是将"美"、"恶"与"善"、"不善"对照起来说的,在思维方式上,恰与紧接其后的"有无相生,难易相成,长短相形,高下相盈,音声相和,前后相随"相一致。

然而,既然《老子》已经认识到美与丑的理念是相对、相应而相随的,又为什么不直接说"丑"而要说"恶"呢?难道这里的"恶"真的就是"丑"吗?

其实,从《老子》的哲学怀疑主义思想,从"道可道,非常道"来分析,《老子》斯言,当释为:如果天下之人都知道美之所以为美、善之所以为善,那么,这就很糟糕了。为什么呢?因为美之所以为美、善之所以为善即"原美(大美)"、"原善"(大善)在《老子》看来,是不可"知"的,岂有"皆知"之理?老子对"知"是怀疑而不信任的,因而才提出"绝圣弃知"这一命题,"弃知"是必然的。企望通过"知"来达道,不免背道而驰,南辕北辙。因此,"不仅

---

① 通行本《老子》第二章。
② 陈鼓应:《老子注译及评价》,第68页。

'知美'、'知善'之'知'本身就是'恶',就是'知恶'也还是'恶';不知不识才不恶,才合于大道"①。另一方面,如果知道美之所以为美、善之所以为善,就等于知道(认识到)美、善的本体。就美之所以为美而言,正如《柏拉图文艺对话集·大希庇阿斯篇》所指出的那样:"它应该是一切美的事物,有了它就成其为美的那个品质,不管它们在外表上怎样,我们所寻求的就是这种美"。美与"美的事物"是两回事。美之所以为美,在于追问美的本体,这本体便是道。道是绝对的真、绝对的善、绝对的美,不可能为"天下"所"皆知"。这里,《老子》所体现的深邃的哲学及其美之本体的智慧,可用一句话来概括,即"知道自己不知道"即"自知其无知"。这是一种用怀疑的目光冷峻地审视人类认识能力之局限的哲学理性,是清醒而残酷地反视人类自身本性之局限的理性。

《老子》能够提出"美之为美"这一命题,证明战国时人已经能够开始将美的本体问题,放在哲学之道的意义上来进行思考。但在《老子》中,美这一范畴是从属于道的,仅仅是在对道的深刻思考中涉及美(与此相关的,还有善等)而已。

---

① 萧兵、叶舒宪:《老子的文化解读》,湖北人民出版社,1994年,第1083页。

## 第三章
## 秦汉经学与"前美学"

时至秦汉,时代造就了空前辉煌的"大一统"的封建帝国和宏阔、磅礴的文化格局,表现出包举宇内的伟大气度。"独尊儒术"及经学的兴盛,是汉代巨大的精神事件。汉代审美意识的酝酿,一般处于经学主流意识形态的文化阴影之下,初步奠定了中华民族此后两千年以儒文化为主干与背景的审美素质。从先秦的心性说,到秦汉的宇宙论,中华民族的文化、哲学思维的空间,有了转移并且空前扩大了,它从人"心"(性)的专注于社会(儒)与人"心"(性)的向往自然(道),发展到抬头仰望苍穹,试图将人间的种种规范与典则的合理性,拿到"天"上去加以证明。原始意义上史前、先秦的审美晨曦,变成汉代浑朴而辉煌的日出,有时却不免飘浮几朵乌云。时代变了。汉代审美意识与理念的发展,意义何其深远。而岁月忽忽而逝的秦代,却历史地成为大汉美学的一个人文序幕。

### 第一节 黄老之学的美学理念

正如前述,战国末期的思想界,从思想之纷争走向综合的趋势,已初显端倪。荀学体现了趋于"总方略,齐言行,一统类"①的时代要求,即在儒的基础上试图达到"总"、"齐"与"一"的格局。荀学影响深远,下启秦代的政治与哲学,此陈寅恪所谓"李斯受荀卿之学佐成秦治"也,远接秦以后中华两千年的思想与政治策略。谭嗣同《仁学》说:"二千年之政,秦政也","二千年之学,荀学也"。李泽厚说:"我还是那个'没有荀子,便没有汉儒;没有汉儒,就很难想象中国文化会是什么样子'(《中国古代思想史论·荀易庸

---
① 《荀子·非十二子》。

纪要》)的老看法。"①

　　与《荀子》相应的,是秦相吕不韦召集门客所撰编的《吕氏春秋》。徐复观说,《吕氏春秋》"是对先秦经典及诸子百家的大综合"②。该书提出"故一则治,异则乱;一则安,异则危"③的"天下一统"思想。《吕氏春秋》的思想特色,是"杂",而主旨在"儒",为秦汉"天下归一"准备了人文舆论。

　　从《荀子》到《吕氏春秋》,是秦汉文化、哲学及其审美意识、理念与思想趋于综合的先声。由于西汉当时特定的时代文化背景,《淮南子》的主旨,不是传统意义上的儒,而是黄老之学。

　　黄老之学,始于战国中期,以传说中的黄帝与老子相配,同尊为新道学的创始者,所谓"托名黄帝,渊于老子"。《淮南子》一书思想繁富,"牢笼天地,博极古今"④。其论道发扬老庄之说,所谓"夫道者,复天载地。廓四方,柝八极,高不可际,深不可测。包裹天地,禀授无形。原流泉浡,冲而徐盈。混混滑滑,浊而徐清。故植之而塞于天地,横之而弥于四海"⑤。因而古人有云:"学者不论《淮南》,则不知大道之深也。"⑥道,无处不在、无时不存,道为天地万物之本原,但它已不是玄虚、恍惚的东西。《淮南子》将它描述得很沛然、很明丽、很磅礴:

　　　　夫无形者,物之大祖也。无音者,声之大宗也。⑦

　　　　所谓无形者,一之谓也。所谓一者,无匹合于天下者也。⑧

　　　　道者,一立而万物生矣。是故一之理,施四海;一之解,际天地。⑨

　　这是从通行本《老子》"道生一"发展出来的思想。道既然能生"一",则道不等于"一",道者,"零"。"零"既不属正、也不属负,道是一种"存在"的中性状态。《淮南子》说道乃"物之大祖"(太祖),以数字来表达为"一"。从先秦原始道家称道为"零"到《淮南子》以道为"一",这是一个思想、思维

---

① 李泽厚:《世纪新梦》,安徽文艺出版社,1998年,第111页。
② 徐复观:《两汉思想史》,台北学生书局,1976年,第2页。
③ 《吕氏春秋·不二》。
④ 刘知幾:《史通》。
⑤ 《淮南子·原道训》。
⑥ 《淮南子·叙目》高诱注。
⑦ 《淮南子·原道训》。
⑧ 同上。
⑨ 同上。

的发展。

黄老之学的实质,在于将道家的清虚无为思想,作为一种治术,纳入儒家思想规范,进入政治伦理领域。

西汉初年,距战乱连年、民不聊生的春秋战国与秦代未远,从天下大乱到天下初定,无论国力、民力还是文化心态,都极感疲惫。故民心、军心、政治之心与审美之心,都体现出思"静"的时代要求。顺应这一时代要求,便有所谓"汉兴,扫除烦苛,与民休息"[1]的政治与文化政策。汉初曹参与陈平理政,为汉高祖推行"贵清静,而民自定"[2]的所谓"无为政治"。陆贾的思想,也是兼道于儒的,主无为而不舍仁义,他看清了"君臣俱欲休息于无为"[3]的时代趋势。司马迁之父司马谈,更是"论大道则先黄老而后六经"[4]。他的名篇《论六家之要旨》,归纳先秦诸子为阴阳、儒、墨、法、名与道"六要",以为阴阳家的思想,多拘缠而令人忌畏;儒家笃于仁义,虽深博却寡要;墨家囿于"节用"而少通则;法家酷严又缺恩惠;名家专注于"名辨"且失人情;惟道家似乎十全十美,"因阴阳之大顺,采儒墨之善,撮名法之要"。其评判"六家"功过,未必皆中肯綮,但扬道而抑其余五家之心可见。

《淮南子》及黄老思想的出现,并非偶然。《淮南子》说:

> 故言道而不言事,则无以与世浮沉;言事而不言道,则无以与化游息。[5]

《淮南子》论道,已不是老庄那般偏于"致虚"、"守静"、"心斋"、"坐忘"那一套,而是兼言"人事"的。天下"人事"多如牛毛,首推政事。治理天下必先"言道",但如果"言道而不言事,则无以与世浮沉",如果"言事而不言道,则无以与化游息",故道、事双兼,道、儒合契,是黄老本色。这便是以道治心,使民心松弛;以儒治世,使天下安定。又必以"安心"为要。"安心"者,"安人"之本也,心安然后天下定。

> 所谓无为者,不先物为也;所谓无不为者,因物之所为。所谓无治者,不易自然也;所谓无不治者,因物之相然也。[6]

---

[1] 《汉书·景帝纪赞》。
[2] 司马迁:《史记·曹相国世家》。
[3] 司马迁:《史记·吕后本纪》。
[4] 班固:《汉书·司马迁传》。
[5] 《淮南子·要略》。
[6] 《淮南子·原道训》。

原先老庄的"无为而无不为",在这里实际变成了"无治而无不治"。"无不治"是目的,其政治策略是"无治",关键是"不易自然",即不人为地违背自然规律及其社会规律。这一政治智慧里面,有一个"无为而无不为"的美学智慧的文化内核。而"无治而无不治",则是老庄"无为而无不为"美学智慧的政治体现。

中华美学史发展到西汉,关于生命问题,仍是一个重要话题与关注对象。从一般意义而言,人之生命的审美,关乎形与神。《易传》曾说:"在天成象,在地成形,变化见矣。"以"形"与"象"对;又说"知几其神乎"、"阴阳不测之谓神"、"神也者,妙万物而为诸也"。《易传》并未出现"形神"这一复合词。《庄子》则说:"抱神以静,形将自正"、"神将守形,形乃长生",其思想与思维已经构成了生命之"神"与"形"的对应。《淮南子》有"神制则形从,形胜则神伤"、"神贵于形"①的见解,且由此论及绘画艺术的形、神关系:"画西施之面,美而不可说(悦);规孟贲之目,大而不可畏;君形者亡焉。"②又说:"使但(注:人名)吹竽,使氏(注:人名)压窍,虽中节而不可听,无其君形者也。"③这里所言"君形者",指神。可见神之重要。此后的中国画论所谓形似、神似、重神似轻形似以及形神兼备诸说,都由此发展而来。

《淮南子》有一个更重要的生命思想,一直为学人所忽视。该书云:

> 故形者,生之舍也;气者,生之充也;神者,生之制也。一失位则三者伤矣。④

形、气、神,构成了生命的一个三维结构,它们各自对于人之生命而言都是重要的。拙著《周易的美学智慧》为此曾经指出:

> 人的外在形体(形)、内在精神气质才识智慧(神)与人的生命底蕴(气)三者统一构成一个完美的人的形象,缺一则其美自损或无美可言。但三者的关系不是对等的,分别呈现人"生"进而是人生之美的三层次、三境界:外在形体之美是"气"(精气)的完满的物质性外化;内在精神气质之美是"气"的心灵升华;"气"则是外在形体、内在精神(形、

---

① 《淮南子·诠言训》。
② 《淮南子·说山训》。
③ 《淮南子·说林训》。
④ 《淮南子·原道训》。

神)两美的根元,这是人的本质之美。如果说,古希腊所推崇的完美的"人",是由柏拉图所谓的"理式"之"上帝"所创造(生命底蕴),体魄强健(形)而且智慧超拔(神),那么,东方中华所倾羡的"人",则是以"气"为本始,生气勃勃、神采奕奕、形神兼备的祖先生殖力的"杰作"。①

笔者至今依然坚持这近20年前的见解。谈论人及其艺术的生命之美,如果仅说形、神而不言气,是舍本求末,说不清楚的。

当然,《淮南子》作为黄老之学的典型文本,在这一人学与美学问题上,有时会将人之生命的三维说成四维,这便是所谓"形神气志"说。"形神气志,各居其宜,以随天地之所为。"②这里,志,理性、意志之谓;天地,可释为自然。在"形神气"三者之后加一"志",显示出《淮南子》"旨近老子"而不同于老子的思辨特点,它在人学与美学问题上,渗融着属"儒"的生命意识,这是应当加以注意的。

## 第二节 "独尊儒术"的美学理念

汉代儒学,有一个"儒学经学化、经学谶纬化"的演变过程。章太炎《国故论衡·文学总略》称"经"为"编丝缀属之称"。刘申叔《经学教科书》指出,"盖经之义,取象治丝。纵丝为经,横丝为纬"。"经"的称谓,始于"墨经","经"不是儒家著作的专称。"经学"一词,首见于《汉书·兒宽传》:"(宽)见上,语经学,上从之。""'经',是指由中国封建专制政治'法定'的以孔子为代表的儒家所编著书籍的通称。作为儒家编著书籍通称的'经'这一名词的出现,应在战国以后。而'经'的正式被中国封建专制政府'法定'为'经典',则应在汉武帝罢黜百家、独尊儒术以后。"③皮锡瑞说:"经学至汉武始昌明,而汉武时之经学为最纯正。"④

在汉代思想史乃至中华文化史上,公羊学大师董仲舒向武帝以贤良(武帝时选拔的官职)对策(所谓"天人三策")是一个重大的政治、文化与

---

① 王振复:《周易的美学智慧》,第245—246页。
② 《淮南子·原道训》。
③ 《周予同经学史论著选集》,上海人民出版社,1983年,第650页。
④ 皮锡瑞:《经学历史》,中华书局,1959年,第67页。

精神事件①。董子在第三策中说:

> 《春秋》大一统者,天地之常经,古今之通谊也。今师异道,人异论,百家殊方,指意不同;是以上无以持一统,法制数变,下不知所守。臣愚以为,诸不在六艺之科、孔子之术者,皆绝其道,勿使并进。邪辟之说灭息。然后统纪可一而法度可明,民知所从矣。②

这便是董仲舒上奏汉武的所谓"罢黜百家、独尊儒术"的政治主张与文化策略。它在政治上适应天下"大一统"中央集权的需要;在文化上是民族大融合的表现;在思想上,是"舆论一律"、思想专制的开始;在审美上,体现了经学化了的儒学作为主流意识形态,对历代审美理念与思潮导引兼制约的开始。

在哲学及其美学理念上,董仲舒《春秋繁露》为了证明"君权神授",尤为强调"天人合一"、"天人感应",甚至将天与人作了牵强的比附:

> 人有三百六十节,偶天之数也;形体骨肉,偶地之厚也;上有耳目聪明,日月之象也;体有空窍理脉,川谷之象也;心有哀乐喜怒,神气之类也;观人之体,一何高物之甚而类于天也。③

> 人之身,首妢而员,象天容也。发,象星辰也。耳目戾戾,象日月也。鼻口呼吸,象风气也。胸中达和,象神明也。腹胞实虚,象百物也……颈以上者,精神尊严明,天类之状也。颈以下者,丰厚卑辱,土壤之比也。足布而方,地形之象也……故小节三百六十六,副日数也。大节十二分,副月数也。内有五脏,副五行数也。外有四肢,副四时数也。乍视乍暝,副昼夜也。乍刚乍柔,副冬夏也。乍哀乍乐,副阴阳也。心有计虑,副度数也。行有伦理,副天地也。④

在董仲舒看来,"以类合之,天人一也"⑤。天与人,不是"异质同构",而是"同质同构",岂有"天人"不相"感应"的?"国家将有失道之败,而天乃先出灾害以谴告之;不知自省,又出怪异以警惧之;尚不知变,而伤败乃

---

① 关于董仲舒上书"天人三策"的时间,《汉书·武帝纪》记为汉元光元年(公元前134年),《资治通鉴·汉纪》则记为汉建元元年(公元前140年)。
② 《汉书·董仲舒传》。
③ 董仲舒:《春秋繁露·人副天数》。
④ 同上。
⑤ 董仲舒:《春秋繁露·阴阳义》。

至。"①因而,人须祭山川,祈祖灵,以种种祭神的仪式与诚心来祭告于天。这种文化思想与思维,是原始巫术文化理念的时代遗响,无非是《易传》所谓"天垂象,见吉凶"那一套。

董仲舒将儒家的政治伦理、治国牧民的方略规范尤其是人的肉与灵,都提升到了"天"的高度,他神秘兮兮地谈天说地,说"天地之行,美也"②,进而肯定由经学所一再强调的人世间政治清明、仁被中华的"美"。他说:

> 察于天之意,无穷极之,仁也。③

> 仁之美者,在于天。天,仁也。④

这里的"仁",作为经学的基本文化主题、人伦标准与人文之极,被天则化了。而天,被仁格化、神格化了。归根结蒂,"天地之美"是由于"仁之美"的缘故,"天地之美"是人格意义上"仁之美"的自然感应与外在折光。

"天地之美",美在何处?美在"四时和也",美在于"中":

> 中者,天下之所终始也;和者,天地之所生成也。夫德莫大于和,而道莫正于中。中者,天地之美达理也,圣人之所保守也。⑤

> 中者,天之用也,和者,天之功也,举天地之道而美于和。⑥

虽然说,"和"乃"天地之所生成",但人间之"德莫大于和";虽然称,"中者,天地之美达理也",但是归根结蒂,"中者,天下之所终始也"。总之,"中者,天之用也",而非天之本;"和者,天之功也",而非天之原。

因此,天地的"中"、"和"或"美",实际是人世间的政治、伦理与家国、社稷之命运显现于天、地的种种先兆。这称之为"人气调和,而天地之化美"⑦。

由于相信"天人感应"说,认为天人是同一个生命体,所以在预设天具有意志情感的前提下,董仲舒建构起他那神秘的天"心"(情)与人心(情)的相感、互"答"之说,其逻辑基点,是天人"一贯"的"气"。

---

① 《汉书·董仲舒传》。
② 董仲舒:《春秋繁露·天地之行》。
③ 董仲舒:《春秋繁露·王道通天》。
④ 同上。
⑤ 董仲舒:《春秋繁露·循天之道》。
⑥ 同上。
⑦ 董仲舒:《春秋繁露·如天之为》。

> 天亦有喜怒之气、哀乐之心,与人相副,以类合之,天人一也。①

"天人"之所以为"一",是因为天、人都"有喜怒之气,哀乐之心"。

> 夫喜怒哀乐之发,与清暖寒暑,其实一贯也。喜气为暖而当春,怒气为清而当秋,乐气为太阳而当夏,哀气为太阴而当冬。②

> 人生有喜怒哀乐之答,春秋冬夏之类也。喜,春之答也;怒,秋之答也;乐,夏之答也;哀,冬之答也。天之副在乎人,人之性情有由天者矣。③

天人之际的情感应答关系,建立在天(有意志者)具有生"气"与"心"情的假设基础上,自然是不科学的,无疑具有某种神秘色彩。董仲舒的这一人文思想与思维,没有真正地进入审美的视域,残留着某些承自古代巫学的文化因子。不过,也应看到董子的这些言论,已在无意之中旁及了自然界变化与审美心态的关系问题。自然界有潮汐现象,心亦然。所谓"生物钟"这一生命的旋律,可以被看做某些自然规律在人之生理层次所引起的一种回响。人的生命包括人的情绪与情感的变化,是有节奏的,这节奏,不像董仲舒所言与四季之变有如此刻板的应答关系,但天气的阴晴、气候的冷暖与环境的变迁等等,确实可能在一定程度上影响个人或人群的情绪的高涨或低落、疏放或压抑、亢奋或平静以及审美心态与心境的改变。

董仲舒的本意并非在于审美,但他在谈论"天人合一"、"天人感应"时,在树立"天"这一权威的同时,有可能以"天"为哲学之魂,使审美从神秘的"天"的阴影下,从经学的严网中旁枝逸出。此其一。

其二,"罢黜百家,独尊儒术"的汉代经学体系,在表现为思想与政治、道德之权威、甚至专制与僵化的模式的同时,仍拥有它那得天独厚的一种文化潜质,而与这一伟大时代壮阔而恢宏的文化尺度、富于生气的浑朴的审美心态相对应。

如果说,先秦的文化、哲学表现为中华民族文化心智的"早熟",那么,以经学为代表的汉代文化(即使具有一定的神学倾向)所显示的文化潜质与文化气概,则绝对不能说是这一民族"暮年的心态"而有如黄昏夕照般只剩一抹余晖,它朝曦喷涌,云蒸霞蔚。当然,其不足之处是"少不更事",情

---

① 董仲舒:《春秋繁露·阴阳义》。
② 董仲舒:《春秋繁露·阴阳尊卑》。
③ 董仲舒:《春秋繁露·为人者天》。

感之冲动多于沉思静虑,而且到东汉便愈趋僵化与神秘化。

经过先秦文化"祛魅"之后的中华民族,至汉代真正奠定它那伟大的文化格局。早在短暂的秦王朝时期,正如贾谊《过秦论》所言,秦"有席卷天下包举宇内囊括四海之意、并吞八荒之心",实际已经开始显现出这一民族豪迈的文化心态以及舍我其谁的民族精神,它使战国以来所谓田畴异亩、车途异轨、律令异则、衣冠异制、言语异声与文字异形的混乱世界一下子成为过去。随着地同域而来的,是行同伦、度同制、书同文与车同轨的大一统局面。秦作为汉的序幕,使天下"一律"、四海威震。汉承秦制。汉高祖刘邦平定天下未久还故乡沛地,与故里父老酒酣之际,有《大风歌》气吞山河:"大风起兮云飞扬。威加海内兮归故乡。安得猛士兮守四方。"这是一种典型的郁勃而大度的汉人胸襟。项羽在四面楚歌的困境中,也有"力拔山兮气盖世"的悲壮啸吟,这是时代的末路英雄背负着历史而发出的沉重叹息,作"残阳如血"般的人生告别。这个时代的人心意绪,确是昂扬而坚执的。家国社稷、立业建功、血染疆场或是驰骋文坛,成为这个时代文人、武将特具魅力的人格话题。张骞通西、苏武持节以及霍去病"匈奴未灭,何以家为"的壮语,与汉筑长城的巍然雄姿、长安未央宫阙的大汉风范、"马踏匈奴"的雕塑杰构,同其崇高。"其宫室也,体象乎天地,经纬乎阴阳,据坤灵之正位,仿太紫之圆方"①,这是徘徊于东方大地汉代巨人之伟岸的侧影。一股不息的英迈之气,在汉人的胸中升腾,他们指点江山、激扬文字,谈天说地,别看有时是神经兮兮、颠三倒四的,然而其气质与气度,是其他时代的人所学不来的。

在此意义上,我们才能理解汉代经学体系及其经学精神的建立,是不可避免的。从汉代文化、思想建设来看,经学文化成就最高。经学文化尤以易学为主。汉人治易尤重象数(这不同于后代宋人治易偏于义理),象数问题的复杂与烦难,直到今天,仍困惑着诸多治易者。汉人宗于《易传》又重新阐释《易传》以发明《易经》的微言大义。卦气说、纳甲说、八宫说、互体说、五行说、爻辰说、飞伏说、阴阳升降说以及十二消息卦说等等,铺天盖地而来,充塞于汉代易学家富于奇构异想的心灵及其所撰文本中。仿佛大家都想各自建立一个体系,把握天则,以就人事。从孟喜、焦延寿、京房、马融、荀爽、郑玄、费直到虞翻,无论今文易还是古文易,或者今文、古文易兼治,都体现出《易传》"天行健,君子以自强不息"、"地势坤,君子以厚德载物"的人

---

① 班固:《两都赋》。

格精神与《论语》"博学而笃志,切问而近思"①的学问指归。

汉人做学问尤在浩繁的故纸堆皓首穷经,虽不一定斩获真理,却不舍对真理的追索与对信仰的仰羡。如东汉郑玄遍注群经,兼综诸学,集文字、训诂、考据与校勘于一身,所谓"括囊大典,网落众家,删裁繁芜,刊改漏失"②,真可谓"大哉郑康成,探赜靡不举。六艺既该通,百家亦兼取","其学非小补"矣。③ 郑学,典型地体现了汉学本色。我们今天研读汉代经学,可能被那种庞杂、繁琐甚至不着边际的理论建构弄得目迷神疲,在汉人原本的文化心态中,是冷峻的理性与崇神的感性意绪相纠缠,使人体会到一种奇异的"诗情"。在学问与人格的对接中,则分明蕴涵一股勃勃的刚健之气与沉雄之力,其思虑虽欠缜密、深刻,却是神采飞扬的。汉人在经学中,同样体现了他们的自信以及民族精神的高扬。他们对"天人合一"、"天人感应"的哲学认同,尽管有些少不更事的幼稚,然而在经学沾染以神性理念的思考中,不仅以神秘之"天"为尺度与终极,而且正因为这一点,才自信自己是富于生气与力量的。这里,一种美学精神沉潜其间。

其三,与经学相呼应的,是汉赋崇尚伟大的外在事功,它发现与创造了伟大人工的意象美,追求与肯定繁丽的审美风格。

以往学界研究汉赋,往往离开经学这一汉代的巨大精神事件来谈,似乎有些欠周。汉赋是空前绝后的一种文体,繁荣于汉决非偶然,其独异的美及其精神气韵只能生成于汉代。

赋这一称谓,最早出现在一般认为写于战国的《周礼》④中。"大师教六诗:曰风,曰赋,曰比,曰兴,曰雅,曰颂。以六德为之本,以六律为之音"⑤。赋为"六诗"之一。相传为西汉初毛亨、毛苌所传的《毛诗序》指出:"诗有六义焉:一曰风,二曰赋,三曰比,四曰兴,五曰雅,六曰颂。"这里所言"赋",已变为诗之"六义"之一。由此可见,赋本为诗体之一种,具有道德教化之义。但赋与诗相比,在节律上,不如诗严格,它是处于诗与散文之间的一种文体。班固《两都赋序》认为:"赋者,古诗之流也。"《汉书·艺文志》又称:

---

① 《论语·子张》。
② 《后汉书·郑玄传》。
③ 顾炎武:《述古》,《亭林诗文全集》卷四。
④ 近人认为,周秦青铜器铭文中,已载有关官制,与《周礼》所言政治、礼制与经济制度、学术思想相应,故定《周礼》大部分内容为战国时所撰,其《冬官·司空》一篇早佚,西汉初补以《考工记》。
⑤ 《周礼·春官》。

"不歌而诵,谓之赋。"赋体之作,一般以战国末年荀况的《赋篇》为首出,现存《礼》、《知》、《云》、《蚕》、《箴》五篇与《佹诗》一篇,《汉书·艺文志》的《诗赋略》著录《孙卿赋》十篇,可参考。

刘勰说:"赋也者,受命于《诗》,拓宇于《楚辞》者也。"①这指明汉赋在文体上,宗于楚骚,有浪漫情调;在精神气质上,又承《诗》现实主义之文脉。但笔者认为,汉赋在"受命于《诗》,拓宇于《楚辞》"的同时,在文化思维上,显然深受汉代经学的影响。或者说,赋与经这两种文本,都宗于同一种文化思维模式,在精神气候上,是相通的。

在美学品格上,赋铺陈其事、笔墨袒露,重外在形貌、气象的描摹与渲染,其中的大赋,几乎不直接描写人物内心及作者的心理,而是不厌其烦地铺陈城市的繁华、商贸的发达、物产的丰饶、宫殿的崔嵬、服饰的奢丽、逐猎的声势喧天与歌吹的欢畅淋漓等,重在外在人工美、自然美的浓墨重彩,抛却了孔子"绘事后素"的古训,用惊奇的眼光、夸张的言辞兼现实的精神,宣说人工、物产巨伟的、令人惊羡的空间意象之美。在汉赋中,作者们好像总是以其耳目到处在听、在看,来不及用脑子好好地想一想就以直率而强烈的感性,和盘托出其感官所拥抱的外在世界。汉赋的美,是大尺度的天地之美、空间之美。但汉赋又不是无"心"之作。司马相如说:

> 赋家之心,苞括宇宙,总揽人物,斯乃得之于内,不可得而传也。②

"赋家之心,苞括宇宙,总揽人物",这"心",主要不是沉思默想之"心",而是偏于感觉之"心",外在世界的无比绚烂与壮阔,主要不是思考的对象,而是以"心"去观照的对象。这"心",是随世界的万千意象一起飞翔的"心",实际是浑契于物我、主客之际的"气","气"贯于天地宇宙与人心物事。为人则乐观向上、心气沛然,为文则笔势振荡,文魄洋溢,酣畅淋漓,此乃汉赋审美之本色也。

经学也不乏这一股"气",仅表现方式不同于赋罢了。汉赋是中华民族的大块文章、形容之作;经学也是中华民族的大块文章,却是思虑之作。两者都底气十足,都用"铺陈"这一表现手法。不同在一则以诗,一则以思。

汉代经学分今文、古文两派。今文经学持"六经注我"的理念与方法,

---

① 刘勰:《文心雕龙·诠赋》。
② 《全汉文》卷二二。

将儒家经典作为托古改言的工具,认为"无一字无精义"。于是遍注群经,所谓"《诗》以道志,《书》以道事,《礼》以道行,《乐》以道和,《易》以道阴阳,《春秋》以道名分"①,搜尽枯肠以发明经典的奥义深意。由于恣意发挥,遂使笺注愈繁,"一经说至百万余言",以至"因陋就寡,分文析字,烦言碎辞,学者罢老且不能究其一艺"②。如儒生秦恭释《尚书·尧典》第一句"曰若稽古"四字,竟繁言三万。班固说,时"博学者又不思多闻阙疑之义,而务碎义逃难,便辞巧说,破坏形体,说四字之文至于二、三万言,后进弥以驰逐。故幼童而守一艺,白首而后能言"。"此学者之大患也。"③古文经学持"我注六经"的理念与方法,认为"六经皆史",故以《周易》为"群经之首",致力于名物训诂、考据与笺注,其治学信条是"无一字无来历"。于是穷搜古典,愈遵祖训,尤重师法与家法,以先祖、先王与先圣为学问与人生之准的,也是烦言无厌琐思不尽。今、古文经学的烦琐,让人不敢恭维,然而两者眼中的学问与世界,则毕竟是丰富的。老子所谓"道可道,非常道;名可名,非常名"的语言哲学思想,对汉代经学而言,是不可理喻的;它们对表现于《易传》借托孔子所言的"书不尽言,言不尽意"不加理睬,阐"精义",释"来历",其做学问的路数,是以虔诚之心、严肃之思、正襟危坐,说不尽千言万语,竭力以语言文字来传达经学的宏博与庞繁。

这种不厌其烦的言说,是对经学之"真理"的绝对信任,也是对语言文字的绝对信任。经学相信,语言文字,是能够穷尽真理的。而表现于经学的汉人的审美心态,是不甘于静默,"心"所体会的,是喧闹、宏富而不是一个沉默的世界。这种心态,也同样是汉赋的审美心态。经学烦琐,夸饰学者有学问;汉赋繁丽,炫耀诗人有才情。两者的思维与情感方式,是同构的,都对它们所处的世界充满自信与豪迈之情,充满爱的审美。

## 第三节 人文时间与人文初祖的美学意义

司马迁在谈到自己撰写《史记》的动机时说:

> 夫《诗》、《书》隐约者,欲遂其志之思也。昔西伯拘羑里,演《周易》;孔子厄陈蔡,作《春秋》;屈原放逐,著《离骚》;左丘失明,厥有《国

---

① 《汉书·儒林传赞》。
② 《汉书·刘歆传》。
③ 班固:《汉书·艺文志》。

语》;孙子膑脚,而论兵法;不韦迁蜀,世传《吕览》;韩非囚秦,《说难》、《孤愤》;《诗》三百篇,大抵贤圣发愤之所为作也。此人皆意有所郁结,不得通其道也,故述往事,思来者。①

"意有所郁结",故"退而论书策,以舒其愤"②,这很符合司马迁的身世、抱负与心境,司马迁本人及其体现在巨著《史记》中的伟大人格,具有重要的审美意义,的确体现出"舒其愤"与"其文直,其事赅,不虚美,不隐恶"的审美特征。

然而笔者以为,论司马迁及其《史记》的美学意义,如仅注意其"舒其愤"这一点,似乎还不够。③ 从司马迁"述往事,思来者"这一自述来看,其美学意义之最可称道者,是其自觉的历史人文意识,这是一种从自身悲剧、忧患身世与意味的人格中所体悟到的中华民族的人文时间意识,显得自觉、葱郁而深沉。

《史记》的撰写,是汉代一大精神事件。在《报任安书》中,司马迁自述其撰写《史记》的宗旨时说:

> 究天人之际,通古今之变,成一家之言。

从空间来看,"究天人之际"是汉代哲学、经学文化的一大基本主题。从时间而言,是"通古今之变",其思想宗于《易传》的"与时偕行"、"与时消息",体现出自觉的人文与时代意识。所谓"成一家之言",是在时空两维意义上,提出与回答"历史是什么"与"历史究竟如何"这类问题。历史是曾经存在于一定时空的文化进程。"究天人之际,通古今之变",自然便成"一家之言"。这是以自然宇宙与社会人文为伟大空间的对时间的审美,这种审美,是建立在宏大胸襟与对民族历史的理性思考的基础上的。儒家向来有"立德、立功、立言"的"三不朽"的信条,司马迁的"立言",要表达、体现于"言"中的关于这个民族的人文理念、历史责任与时间意识,则是空前而未有的。以天人、古今为尺度,以如椽之笔追述往事,期待来者,则是萌生于司马迁文化意识深处而体现中华民族历史与时间意识之真正的觉醒。这便是在天人、古今之际建构其"言"的美,一种朴素却与漂亮美丽之类无关、"以

---

① 司马迁:《太史公自序》。
② 司马迁:《报任安书》。
③ 李泽厚、刘纲纪《中国美学史》第一卷说:"(舒其愤)正是司马迁美学思想的核心和实质所在。"中国社会科学出版社,1984年,第504页。

神遇而不以目视"的美。

中华文化自古就是生命文化,建构在崇拜生殖的原始巫术、图腾与神话基础之上。崇拜人的生殖之功,必导致崇拜祖先。因为历史是祖先创造的,故崇拜祖先,必崇拜历史。而崇拜历史,是汉代经学尤其古文经学的基本文化主题。总体上,《史记》及其作者的历史、时间意识的审美意义,与汉代的经学文化相通。在《史记》中,司马迁塑造与记录了中华民族之伟大的群体人格。

在中华文化史、哲学史与美学史上,时间问题自古就受到关注。上古的晷景,固然是一原始巫术仪式,却包含着先民对日影移动之时间历程的初步认知。天文问题,实际是时间问题。天象的变幻、天学的真原是时间。因此,中华自古关于"天"的理念,无论是神性之"天"、自然之"天"还是义理之"天",其实都与"时"的理念纠结在一起。《易经》重"时"尤为明显。《易传》中几乎到处都有关于"时"的阐说:

> 大哉乾元,万物资始,乃统天。云行雨施,品物流行。大明终始,六位时成,时乘六龙以御天。
> 
> "潜龙勿用",阳气潜藏,"见龙在田",天下文明;"终日乾乾",与时偕行;"或跃在渊",乾道乃革;"飞龙在天",乃位乎天德;"亢龙有悔",与时偕极。

再如《易传》云:"广大配天地,变通配四时","变通者,趣(趋)时者也";"与四时合其序","承天而时行","其德刚健而文明,应乎天而时行","而天下随时,随时之义大矣哉","观天之神道,而四时不忒","观乎天文,以察时变"以及"动静不失其时","天地盈虚,与时消息"等等,不胜枚举。正如王弼所言:"夫卦者,时也。爻者,趣(趋)时之变者也。"① 易理的灵魂在"时",在于与天偕行的生命时间、人文时间。《易经》卦爻符号之"变",首先显示了生命时间的大化流行。《易经》讲"三才"即"三极"之道,所谓天时、地利、人和,以天时为首。而"仰观俯察",则是首"观"天文(天时)、次"察"地理,进而决定人事。

这雄辩地证明,中华民族对于时间具有敏锐的文化感知与强烈的体会执著,甚至可以说是崇拜。降及汉代,这种人文时间意识并未削弱。同时,汉人的空间意识也在进一步地觉醒,他们发现外在世界无比广阔,惊讶于这

---

① 王弼:《周易略例》。

个世界的阔大丰饶之美。早在《淮南子》里,就有文字大力描述与歌颂这种美。

> 东方之美者,有医毋闾之珣玗琪焉。东南方之美者,有会稽之竹箭焉。南方之美者,有梁山之犀象焉。西南方之美者,有华山之金石焉。西方之美者,有霍山之珠玉焉。西北方之美者,有昆仑之球、琳、琅、玕焉。北方之美者,有幽都之筋角焉,东北之美者,有斥山之文皮焉。中央之美者,有岱岳以生五谷桑麻、鱼盐出焉。①

然而,这种空前觉醒的空间意识及其审美,归根结蒂是依附于时间意识的。这里,东、东南、南、西南、西、西北、北、东北与中,是《周易》八卦九宫方位,看似所表达的是空间意识,实际是以这空间方位来表示时间的演替。如西汉易学家孟喜的"卦气"说,特点在以卦象解读一年节气之变,以六十四卦配四时(春夏秋冬)、十二消息、二十四节气与七十二候。又如"十二消息卦"说,以十二卦序列之变象征一年四季十二月之变。又如西汉京房的"纳甲"说,以八宫卦各配以十干,甲为十干之首,故称"纳甲"。天干地支,天干十,地支十二。天干者,时序;地支者,空间。首以时间配空间,此为"纳甲"之本质。京房说"纳甲"云:

> 分天地乾坤之象,益之以甲乙壬癸。震巽之象配庚辛,坎离之象戊己,艮兑之象配丙丁。八卦分阴阳,六位配五行,光明四通,变易立节。②

值得注意的是,汉人这种以"易"所阐说的携带着空间意识的时间意识,绝不是纯粹的关于自然时间的意识,而是一种人文时间,是以"自然"释"人文"。人文时间相通于历史。司马迁的历史意识,既得益于自古承传而来、于汉代初期发达的自然时间意识,又以人文时间意识、历史意识站在那个时代之文化的前列。他的巨著《史记》③塑造与记录了中华民族时间型的伟大人格,体现出在时间、历史问题上中华民族空前"早慧"的民族人文意识与对民族生命的领悟。

正因尊重时间与机运,尊重历史,故必尊祖,报本追远,寻根问祖。汉人

---

① 《淮南子·坠形训》。
② 京房:《易传》。
③ 《史记》大约撰成于武帝太初元年至征和二年间(公元前104—公元前91)。元帝、成帝间褚少孙补撰《武帝纪》、《三王家》、《龟策列传》与《日者列传》诸篇,附缀武帝天汉之后史事。

为求"大一统"之中华文化共同体(主要表现为汉文化共同体)的巩固与发展,便重新发现与肯定人文初祖黄帝的人格之美。

早在战国后期,黄帝的形象被正式树立,塑造为中华民族(当时实际指中原地域的华夏)的人文初祖,代替《易传》以伏羲为人文初祖的文化立场和理念。到了汉代,司马迁首先为黄帝立"本纪",称其为"五帝"之一。司马迁说:"黄帝者,少典之子,姓公孙,名曰轩辕。生而神灵,弱而能言,幼而徇齐,长而敦敏,成而聪明。"①黄帝成为华夏文明的源头、中华民族的祖先,相传养蚕、舟车、文字、音律、医学与算数等,都始创于黄帝,他是中华文化的伟大"共名"。

本书不讨论黄帝是否是一位历史人物这一问题。战国末年,阴阳家、齐人邹衍(约公元前305—公元前240)"深观阴阳消息",始创"五德终始"之说,认为朝代更替,依"五行"循环转移,非人力所为。时至汉代,人们重新发现了"五德终始"说与黄帝。那么在汉代,黄帝作为人文初祖,是如何建构起来的呢?

按"五德终始"即以"五行相生相克(胜)"说来建构。

相生:水生木、木生火、火生土、土生金、金生水。

相克:水克火、火克金、金克木、木克土、土克水。

这种相生相克之说,体现了古人朴素的生活、生产经验。

相生:水生木,水为木生之源泉;木生火,木可燃烧;火生土,火燃物为灰烬;土生金,金属埋于土下;金生水,金属被冶而为液体。

相克:水克火,水能灭火;火克金,火能冶金;金克木,金属比如铁、铜之类所制工具能削木、砍木、制造木器;木克土,古代木制农具比如耒能用以掘土;土克水,土能掩水、阻断水流。

汉人不仅沿着邹衍的思路阐说五行相生相克之说,而且从《吕氏春秋》找到了人文、理论依据。

> 凡帝王者之将兴也,天必先见祥乎下民。黄帝之时,天先见大螾大蝼。黄帝曰:土气胜。土气胜,故其色尚黄,其事则土。及禹之时,天先见草木,秋冬不杀。禹曰:木气胜。木气胜,故其色尚青,其事则木。及汤之时,天先见金刃生于水。汤曰:金气胜。金气胜,故其色尚白,其事则金。及文王之时,天先见火,赤乌衔丹书,集于周社。文王曰:火气

---

① 司马迁:《史记·五帝本纪》。

胜。火气胜,故其色尚赤,其事则火。代火者必将水,天且先见水气胜。水气胜,故其色尚黑,其事则水。水气至而不知数,备将徙于土。①

依《吕氏春秋》这一言述,可排出五行相克的朝代兴替历程:

黄帝时代(黄帝)→夏代(禹)→商代(汤)→周代(文王)
土德(木克土)　　　木德(金克木)　金德(火克金)　火德(水克火)
秦代(始皇)→汉代(高祖)
水德(土克水)　土德

这便是说,自黄帝时代到汉代,恰好经历了一个具"巫"之理念的"五德终始"的循环。按五行相克之说,大汉时代与黄帝时代同为土德。因此,这以华夏族为主、融合各民族的汉族的汉代,便理所当然、理直气壮、无可逃避地认黄帝为"人文初祖"了。在审美上,黄帝作为先祖,成为崇高、伟大之汉民族与汉代群体人格的伟美象征。

## 第四节　谶纬神学与审美

谶纬神学盛于东汉,作为经学的必然发展与末流,是汉代文化、思想的一大景观。它由于重新承认外在的绝对权威与偶像,无异于开始摧残这个民族的自由意识,使审美遭受挫折。

谶纬,固然可以称之为神学,却不同于真正的宗教神学。无论就其作为权威、偶像的神性之"天",还是被神化的孔子而言,都还不够宗教主神的资格。谶纬是一种源自原始巫术文化的、粗陋的迷信。尽管有诸多谶语与纬书,却没有成熟的理论体系;尽管有不少儒生、官僚甚至帝王热衷于谶纬,却不成教团,而且,也没有种种宗教戒律可供恪守。

谶,"诡为隐语,预决吉凶"②。谶是大至天下国政,小到家事与人物命运的预言。《说文解字》云:"谶,验也。有徵验之书,河洛所出书,曰谶。"《易传》有"河出图,洛出书,圣人则之"而创卦的话,因而,谶亦称为图谶。

纬,与经相应,是对经义作神秘迷信的解读。纬书较谶为晚。《汉书·李寻传》有所谓"五经六纬"说,称孔子虽然作五经,而恐后人未解经典奥义,于是又撰六种纬书加以阐说。这种伪托孔子的做法,目的在于树立孔子与纬书的权威。

---

① 《吕氏春秋·名类》。
② 《四库全书总目提要·易类六》。

谶之迷信起源悠古,其文化基质在灾异(凶)与符瑞(吉)之说,而在汉代横行,其推波者正是被称为汉"儒者宗"的董仲舒。董氏云:

> 天地之物,有不常之变者谓之异,小者谓之灾。灾常先至而异乃随之。灾者天之谴也;异者天之威也。谴之而不知,乃畏之以威。凡灾异之本,尽生于家国之失。家国之失乃始萌芽,而天出灾异以谴告之。谴告之而不知变,乃见怪异以惊骇之。惊骇之尚不知畏恐,其殃咎乃至。以此见天意之仁,而不欲害人也。①

谶纬神学或曰迷信作为一股文化思潮,从两汉之际到东汉,有愈演愈烈之势,成为改朝换代的舆论工具。西汉末年王莽改制,就是从制造大量符谶着手的。《汉书·王莽传》称其依"白雉之瑞"而被册封为"安汉公";又靠所谓"白石丹书",成了权倾天下的"摄政王";最后,竟以"天帝行玺金匮图"与"赤帝行玺某传予黄帝金策书"这图谶符命,登上皇位。东汉光武帝刘秀未做皇帝先发谶语:"刘秀发兵捕不道,卯金修德为天子。"②刘字,繁体为劉从卯从金。接着又于汉中元元年(公元56年),宣布"图谶于天下"。光武帝迷恋谶纬,遂使其风靡于天下。从此,言五经者,皆凭谶为说,纬书被尊为"秘经",一时地位反在经书之上。东汉建初四年(公元79年),汉章帝集群臣于白虎观,以讲议五经异同为名,行谶、纬之说与宣述"君权神授"之实。纬书空前地神化孔子,说孔圣人乃孔母梦中与黑帝交媾而生,故为"黑帝之子",称"玄圣","长十尺,大九围"③,其荒诞不经竟至于此,可谓妖言惑众矣。

问题是,如此恶劣的造神运动所形成的漫漫迷雾,竟能迷惑无数的"思想"。这个民族的头脑,真的是一时被弄糊涂了。在非理性甚至迷狂文化意绪的围逼中,理性与审美在经受考验。作为自由意识,审美体现了人类在一定历史时期内社会实践所能达到的广度与深度。而人类包括民族的每一次精神解放,总是在把握世界的四种基本方式即崇拜、实用、认知与审美这四维及其合力与冲突中进行的。汉代经学及其恶性形态即谶纬文化的基质,是原古巫文化及儒家的所谓"实用理性",它基本上处于道德、政治这一实用层次。以实用为文化方式的道德、政治与审美有背反的一面。

再说审美与崇拜的关系。审美自然不等于崇拜,如果审美是人在实践

---

① 董仲舒:《春秋繁露·必仁且知》。
② 《后汉书·光武帝纪》。
③ 《春秋纬·演孔图》。

中所实现的精神的自由,那么,崇拜则是对象的被神化与主体意识的迷失的同时建构。崇拜可以让人在迷氛之中感觉到虚妄之美,但崇拜的文化本质,是将"我知道什么"这一属于认知的文化主题放逐出去,它残酷地斩断了审美与认识都必须达到真理性程度的亲缘关系,从而实现"我能希望什么"这一崇拜的文化主题。不错,崇拜具有"理想"与"终极"的品格,它与审美相比邻。然而,由于崇拜无情地剥夺了人的主体意识,它实际上首先是人的本质力量的异化而非自由的实现,它是被夸大的、颠倒的审美。

就此意义而言,汉代谶纬迷信作为对一定道德、政治的一种崇拜方式,它是反审美的,或者起码是有碍于审美的。

第一,这种思潮影响到文学创作,使诸多作品带有"经"甚至"纬"的思想特征。自西汉末期到东汉前期,从扬雄、刘向、刘歆到班彪、班固与傅毅的辞赋来看,由于这些作者多是朝廷命官兼学者,他们自幼通习儒家经典,所以其思想与精神以儒家教条化、天则化了的伦理纲常为最高准则,以歌颂王权的绝对权威为其创作的最高理想。从迷信"天之谴告"出发,颂天、崇天以达到歌功颂德的目的;或是以"天"之权威,来劝诫、讽喻"天子"。刘向曾说"为善者天报以福,为不善者天报以祸"①,人之祸福,定于天命,"天命信可畏也"②。据《汉书·艺文志》,刘向作赋凡三十三篇,现存仿骚体《九叹》一篇与若干篇残文,我们已难知晓其赋的思想全貌,然而,刘向的"天命"思想,在当时却具有典型意义。班固的《两都赋》诚然是汉赋名篇,文笔铺陈,用墨淋漓,却在字句严谨与音节铿锵之际,少了司马相如之赋那般的激情扬励与纵横气度。而其赋之"文心",在于通过对长安、洛阳的比较,歌赞洛阳所体现出来的东汉政治与道德的辉煌,粉饰太平盛世,所谓"红尘四合,烟云相连。于是既庶且富,娱乐无疆",这是由天命、王权所实现的人间美景。班固另有《答宾戏》一篇,也是竭力夸饰时世与汉室之安和怎样地令人生羡,要求天下之士遵天命、循王道、守礼制。班固、傅毅与崔骃之辈作为大将军窦宪的幕僚,出于对被神化王权的崇拜,竟撰《窦将军北征赋》与《西征赋》等,对权臣行吹捧之能事,使辞赋之作入于庸俗一路。还有的作品写得神神鬼鬼,妖氛四起,被王充斥之为"虚妄",理固然也。深受谶纬思潮浸润的文学创作尤其是宫廷文人的创作,已经消解西汉初、中期文学的豪迈与浑朴风度。较之西汉,东汉辞赋在总体上总使人觉得差了一口气。

---

① 刘向:《说苑·敬慎》。
② 《汉书·刘向传》。

第二,在艺术思维上,深受谶纬神学思潮严重影响的文学,把经学之烦琐以及显示学问之宏博推向极点,不少辞赋大量用典。辞赋作者在《易经》、《书经》与《诗经》等儒家经典中寻寻觅觅、摄字摘句,以显示宗经本色与学问涵养工夫。如扬雄《逐贫赋》,采《诗经》"陟彼高冈"、"泛彼柏舟"、"终窭且贫"与"翰飞戾天"等字句入赋,崔篆《慰志赋》,也以儒家经典的文辞入赋,不厌其烦。扬雄说:"大哉,圣人言之至也。"①"圣人言"者,经。故"舍舟航而济乎渎者,末矣;舍五经而济乎道者,末矣"②,"书不经,非书也;言不经,非言也"③。虽然就文辞而言,可以显得很丰富,"深者入黄泉,高者出苍天,大者含元气,纤者入无伦"④,但"经"即"圣人之言,天也"⑤,天与天命难违。"经"作为"天",自然高深莫测,神秘之至。因此扬雄在文之审美问题上,提出了"文必艰深"说,认为天下文章之美,尽集于经。经之美,在其艰深。艰深之美,有"约"、"要"、"浑"、"沈"四大因素:"不约,则其旨不详;不要,则其应不博;不浑,则其事不散;不沈,则其意不见。"⑥扬雄从不讳言他自己的《太玄》、《法言》的艰奇难解,且对此自视很高,大有不顾众议、一意孤行的劲头。他说:"彼岂好为艰难哉?势不得已也。"⑦在如此汹涌的文化思潮里,扬雄深感"势不得已",只好逐流而随波了。"是以声之眇者不可同于众人之耳,形之美者不可混于世俗之目,辞之衍者不可齐于庸人之听。"⑧其思维受经、纬思维模式影响之深,由此可见一斑。

与扬雄相似的,还有班固。在其《汉书·艺文志》与《地理志》中,时有所谓"依经立义",将文学审美理解为替经学作注与解读的言述。在其看来,《诗三百》不过是演绎经义的一种文本,审美是手段,宗经是目的。班固说:

> 夫民有血气心知之性,而无哀乐喜怒之常。⑨

"哀乐喜怒"者,情。情为审美之心源。既然人"无哀乐喜怒之常",那

---

① 扬雄:《法言·问道》。
② 扬雄:《法言·吾子》。
③ 扬雄:《法言·问神》
④ 扬雄:《解嘲》。
⑤ 扬雄:《法言·五百》。
⑥ 扬雄:《太玄·玄莹》。
⑦ 扬雄:《解难》。
⑧ 同上。
⑨ 班固:《汉书·礼乐志》。

么,所谓审美便是靠不住的。

> 音声足以动耳,诗语足以感心,故闻其音而德和,省其诗而志正①。

虽然"音声"、"诗语"能够"动耳"、"感心",但这些都仅仅是一种手段与方式,关键在人生目的即"德和"与"志正"。

班固称汉赋为"大汉之文章,炳焉与三代同风"②,却借作赋之际,宣说自汉武以来儒学经学化、经学谶纬化的所谓"是以众庶悦豫,福应尤盛"的局面,称颂与肯定"《白麟》、《赤雁》、《芝房》、《宝鼎》之歌,荐于郊庙;神雀、五凤、甘露、黄龙之瑞,以为纪年"③。这是祥瑞之说,谶纬之言,符命之思,是审美的异化。

## 第五节 唯"物"而"疾虚妄"的审美

秦汉是中华民族的非理性曾经泛滥的时代,也是朴素理性成长的时代。当西汉末到东汉初谶纬神学始盛之时,也出现了逆反的文化与哲学思潮,对谶纬进行了有力的批判。于是,这一历史时期的审美,也有拨开神秘主义的历史迷雾、显示理性的一面。

两汉之际,作为古文经学家的桓谭(公元前23年—公元前56年),是力斥谶纬的第一人。"当王莽居摄篡弑之际,天下之士,莫不竞相褒称美德,作符命以求容媚。谭独自守,默然无言"④,表示出对谶纬最大的轻蔑。面对东汉光武帝刘秀"宣布图谶于天下",桓谭数度犯颜直谏,称:"巧慧小才伎数之人,增益图书,矫称谶记,以欺惑贪邪,诖误人主,焉可不抑远之哉!"⑤说光武"乃欲纳听谶记,又何误也"⑥。刘秀遂以"非圣无法"治以死罪,最后逐出朝廷,贬到六安去做一名小官,致使桓谭年近八旬死于赴任途中。桓谭撰《新论》,首倡"神灭"之说,其文云:"精神居形体,犹火之燃烛矣⋯⋯烛无,火亦不能独行于虚空。"⑦桓谭又说:人"生之有长,长之有老,老

---

① 班固:《汉书·礼乐志》。
② 班固:《两都赋序》。
③ 同上。
④ 《后汉书·桓谭传》。
⑤ 同上。
⑥ 同上。
⑦ 桓谭:《新论·祛蔽》,见严可均:《全后汉文》。

之有死,若四时之代谢矣","则气索而死,如火烛之俱尽矣"①。

如此清醒地看待人之生命的形、神关系与人的生死问题,在当时实属难得。桓谭在中华思想史与美学史上,首先反对灵魂不死的有神论,虽然没有触及精神如何超越的问题,而且他对董仲舒的"天人感应"说依然保持一定的神学信仰②,但是,桓谭关于人之生命灵、肉"如火烛之俱尽"说,却鲜明地驳斥了"灵魂不死"的思想,为汉民族的文化思维及其审美意识在人的生死与形神问题上,树起一面朴素唯"物"的旗帜,成为此后王充与南朝杰出的范缜无神论的思想先驱。

在桓谭之后批判谶纬神学、倡言无神论最力者,是汉代最著名的朴素唯"物"论者王充(公元27年—约97年)。其出身于"细族孤门",少读洛阳太学而问学不守章句,博览群书尤重桓谭《新论》,身处谶纬嚣尘之中却独能冷对而排拒之。所著《论衡》③,虽有《骨相》、《命禄》诸篇内容与思想颇具命理色彩,总体却是批判谶纬神学的煌煌檄文。

王充身在儒门,却"祖宗无淑懿之基,文墨无篇籍之遗"④,其学说往往不为儒家传统所累。在文化、哲学思维上,颇具反叛、异端倾向,有《问孔》、《刺孟》、《非韩》诸篇,提出对儒的怀疑。其思想武器,是王充自称"虽违儒家之说"、但合乎"黄老之义"⑤的"气之自然"说,实际是宗于先秦庄子"通天下一气耳"的道论。王充说:

天覆于上,地偃于下,下气蒸上,上气降下,万物自生其中间矣。⑥

天地,含气之自然也。⑦

天地万物在"气"这一点上,是同质的:"气"是一种"自然",是万物之原型,当然也是美的原型。王充又说:"夫天地合气,人偶自生也。""天地合气,物偶自生矣。"⑧这是以天地、人、物"自生"的见解,来否定"天人感应"论所谓天地故意生物、生人的神学目的论。在王充看来,天无"感"、无"情"

---

① 桓谭:《新论·形神》,见《弘明集》卷五五。
② 据《群书治要》引桓谭《新论》,以为对灾异应"内自省视,畏天威",才得"祸转为福"。可见,桓谭尚有"天威"决定人之"祸福"的思想。
③ 《论衡》原85篇,其中《招致》篇亡佚,现存84篇。
④ 王充:《论衡·自纪》。
⑤ 同上。
⑥ 王充:《论衡·自然》。
⑦ 王充:《论衡·谈天》。
⑧ 王充:《论衡·物势》。

亦无"仁"、无"义",这是因为天乃"气之自然"的缘故。因此,所谓天"谴告"于人,乃"虚妄"之说。"夫人不能以行感天,天亦不随行以应人。"①天与人是"同气"的关系,而不是相互"感应"的关系,王充说:

> 天道自然也,无为;如谴告人,是有为,非自然也。②

这里,王充将道家的"自然无为"说及其拒斥神学虚妄之见,运用得很是娴熟。

中华自先秦至汉代的宇宙论,大凡经历了三个阶段,即神的宇宙、气的宇宙与物的宇宙。在神的宇宙时代,《尚书》称"神人以和",而神与人讲"和"的中介是巫,其方式是巫术。巫之所以通于神、人,乃因神秘之"气"的感应。在"气"的宇宙时代,经过文化、思想的"祛魅","气"不再具有巫术文化品格,而嬗变为一个哲学范畴,如庄子所言之"气",此时,人们已承认"气"是一种生命的原始物质及其功能,生死系于"气"之聚散,此《易传》所谓"精气为物,游魂为变"。但此时,人们所认同的"气"是看不见、摸不着、听不到的物,实际上并未彻底扫除玄虚莫测的思想迷氛。在物的宇宙时代,王充的"气之自然"论,虽依然从"气"入手来解释宇宙的生成与本质,但其哲学注意的中心,是"物",即"实在"(实际存在的东西),包括天地、万物与人,亦即其所说的"真"。王充是以"实事"来面对谶纬神学的。因此,王充的思想,并没有从"物"进而走向人的宇宙时代,即承认人为宇宙主体的时代。

王充的思想、学说,代表了汉代唯"物"审美精神的最高水平。

其一,提出"疾虚妄"、求"真美"这一审美命题。

王充《论衡》云:

> 起众书并失实,虚妄之言胜真美也。故虚妄之语不黜,则华文不见息;华文放流,则实事不见用。故《论衡》者,所以铨轻重之言,立真伪之平,非苟调文饰辞为奇伟之观也。其本旨起于人间有非,故尽思极心以讥世俗。世俗之性,好奇怪之语,说虚妄之文。何则?实事不能快意,而华虚惊耳动心也。③

《论衡》的本旨在"疾虚妄"。此"疾"者,有痛恨之义。此即所谓"《论

---

① 王充:《论衡·明雩》。
② 王充:《论衡·谴告》。
③ 王充:《论衡·对作》。

衡》篇以十数,亦一言也,曰:'疾虚妄。'"①"疾虚妄"者,"起于人间有非"。人间"有非"在何处?在"好奇怪之语,说虚妄之文"的谶纬。谶纬"失实",混淆视听,荒诞不经,"华文放流",反"胜真美"。可见,谶纬不仅"有非",而且作为一种"华文",是丑的。这里王充所言"真美"的"真",指"实事",而非事物本质规律意义上的真实,不是指哲学意义上所能达到的真理性程度,而是历史事件意义上的实在、事实。因此,王充所谓"真美",是那种拒绝谶纬迷信、还事物以本来面目的朴素的"美",这说明其美学精神执著于"实事"之"美"而尚未真正进入"求是"的境界。在美学界,有的学者以为王充讲"真美",与先秦道家以"真"为"美"的见解,具有历史渊源,这一点可待商榷。王充受先秦道家思想的影响是事实,但王充的学说与思想之最高范畴是"气",且这"气"可以落实到可闻可见可触的天、地与人等"物"上。他心目中的"真"与"美"的世界,是物的世界。所谓"气之自然",其实是"物之自然"。"真美"系于"物体",离开物与"实事",这世界便是"华伪","华伪之文"无"真美"。因此王充的"真美"观,并非指因主体把握真理而入于"美"的境界,而是指由"气"生成的天下"实事"以及主体感知"实事"所达到的一种"自然"状态。相对于汉代谶纬神学而言,王充"疾虚妄"而倡言"真美",无疑体现出一种属"人"而非属"神"的清醒的理性,而相对于先秦道家以"真"为"美"的见解来说,又体现出经验感性的思想水平与思维特征,可以看做一种"准理性"的美学见解。"准理性"向前发展,可以进入科学理性层次,也可以倒退到实用理性。这就可以理解,为什么王充在"疾"谶纬之"虚妄"的同时,又对"骨相"、"占验"之类命理与巫兆表示有所肯定甚至迷信的事实了。

其二,与"真美"观相联系,王充主张"华实"相副的审美观。相对于谶纬神学而言,王充断然拒绝谶纬这"华伪之文",拒斥神学迷信的花言巧语、鼓舌如簧。这并不等于说,这位东汉朴素唯"物"论者会走向极端,否定一切"实事"之"华"的"美"。王充的意思是说,谶纬因"伪"而"华",这"华"不值一哂;而人、物与"实事"之"华",是值得肯定的。这便是为什么王充《论衡·言毒》篇肯定那种"色美貌丽"的人体之美的缘故;也不难理解其《佚文》篇称"刘子骏章尤美"与"文辞美恶,足以观才"等肯定文之形式美的看法了。关于这一点,学界有王充美学专执于"朴素"之说。其实这须作进一步分析。朴者,原木、未析之木,析是以斧砍木的意思;素者,原丝,未组

---

① 王充:《论衡·佚文》。

之丝。组,编丝之谓。朴素,就是未加以人工、人为的"本始材朴"即"自然"。王充所谓"朴素",指拒斥谶纬迷信而显其本来面目的"实事",也就是说,面对谶纬的"华伪之文",王充所言"实事"是"朴素"的。然而就"实事"本身包括在"实事"基础上的撰述、文章等等,又应当是"华实"相副的,即其形式美与内容善达到统一。王充说:"夫人有文质乃成。"①这是重提先秦孔子所谓"文质彬彬,然后君子"的老话题。又称文章之美,如"有根株于下,有叶荣于上;有实核于内,有皮壳于外"②,此美在于华与实的相依相生。

> 人之有文也,犹禽之有毛也。毛有五色,皆生于体。苟有文无实,是则五色之禽,毛妄生也。③

此类比喻,不免有些生硬,意思却是明白的。

那么,怎么才能做到人格与文章之美各自文、质相副呢?王充从先秦《易传》所谓"修辞立其诚"采一"诚"字,倡言"实诚"、"精诚"之说。

> 实诚在胸臆,文墨著竹帛。外内表里,自相副称。意奋而笔纵,故文见而实露也。④

> 精诚由中,故其文语感动人深。⑤

"诚"是人格美与文章美的内在心理依据与外在行为准的,无论为人还是为文,都须以"诚"为上。就表现人格之美的文章而言,王充说:"天文人文文,岂徒调墨弄笔,为美丽之观焉?载人之行,传人之名也。善人愿载,思勉为善;邪人恶载,力自禁裁。然则文人之笔,劝善惩恶也。"⑥

可见,"诚"即"善"。王充关于"华实"相副的审美见解,从"气"出发,经由"实"(物)这一中介,最后落实在儒家美学的"劝善惩恶"观上。

其三,王充的"气之自然"说,作为生命哲学,具有批判"神不灭"的思想倾向,说明其在关于人之灵与肉的美学思考中,具有重形(生命肉体)而轻神(所谓人死而为鬼神)的思想特征。

---

① 王充:《论衡·书解》。
② 王充:《论衡·超奇》。
③ 同上。
④ 同上。
⑤ 同上。
⑥ 王充:《论衡·佚文》。按:此引文"天文人文文"一句,顾易生、蒋凡《先秦两汉文学批评史》认为,据黄晖《校释》引朱校本,可改为"夫文人文章"。上海古籍出版社,1990年,第583页。此可待进一步讨论。

王充继承《淮南子》关于人之生命的"气"、"形"、"神"三维之说,以气为本,来阐说他关于人的肉体("形")与灵魂("神")之关系的美学见解。

首先,王充虽然认为天地万物与人的生命之本原是"气",并且以为"阴阳之气,凝而为人"①,"阴气生为骨肉,阳气生为精神"②,但是,他的思考并未到此为止,而是再把"气"分为"无知之气"与"有知之气"两种。所谓"无知之气",生天生地生万物包括人死后离开人之生命骨肉的"气";"有知之气",专指与人之生命骨肉共存的"气",可以称之为"血气"。"血气"的概念最早见于《国语·周语》:"夫戎、狄冒没轻儳,贪而不让,其血气不治,若禽兽焉。"这等于说,西戎、北狄这类所谓"蛮族"的"血气",有如"禽兽"。这是以"血气"这一概念,把动物、人与其余一切事物区别开来。王充所谓"能为精气者,血脉也"③的看法,包含着对"血气"说的认同。不过,这种"血脉"之"气",并未将动物生命的"无知之气"包括在内。王充改造了《国语·周语》的"血气"说,相当于《管子·禁藏》所言"食饮足以和血气"、《左传·昭公十年》"凡有血气,皆有争心"的"血气"观。

其次,在王充之前,中华思想史、哲学史与美学史上,都持"气"之"一元二用"的见解,即承认人之生命的形体与精神统一于"气"("血气")。然而,或认为人死而无知,乃失"血气"之故;或认为人死而"血气"变为鬼魂,仍可有知。《管子》说:"凡物之精,此则为生。下生五谷,上为列星,流于天地之间,谓之鬼神,藏于胸中,谓之圣人,是故名气。"④这告别了"生"、"流于天地之间,谓之鬼神"的"气",却是可以离开人之形体而独存的"有知(有灵)之气"。《庄子》则称:"人之生,气之聚也。聚则为生,散则为死。"⑤"气"散后又如何?似乎庄周未作解答,然而从其所言"通天下一气耳"这一点分析,其实庄生起码默认人死后的"散""气"是有知的,因为在庄子看来,天下之"气",无论生前、死后,都是相通的。

王充的理论贡献,在于他断然肯定人死后,既是肉体的死亡,同时也是精神(灵魂)的死亡。

> 能为精气者,血脉也。人死血脉竭,竭而精气灭。⑥

---

① 王充:《论衡·论死》
② 王充:《论衡·订鬼》。
③ 王充:《论衡·论死》。
④ 《管子·内业》。
⑤ 《庄子·知北游》。
⑥ 王充:《论衡·论死》。

王充改造了桓谭的烛光之喻,他说:

> 火灭光消而烛在,人死精亡而形(指人的遗体)存。谓人死有知,是谓火灭复有光也。①

王充给了"神不灭"与鬼魂说以迎头一击。他认为,所谓"有知之气",是以生命之形体的"活"着而"有知",死了便是"无知"。故人间不存在什么因果报应的"无体独知之精"。

人的灵魂(精神)是依存于人的生命之肉身的,生命之肉身是起决定作用的。从美学角度看,这无异于承认,人的生命之肉身是原生美,而人的精神,是依存美。这里,仍然鲜明地体现了王充审视人之生命问题的唯"物"而有所偏颇的文化眼光,他在唯"物"而"疾虚妄"的同时,忽视了精神超越的美。

## 第六节　美学范畴、命题俯瞰

时至秦尤其大汉时代,美学意义上的天人关系,依然是自先秦以来所一直关注与研究的第一大问题。先秦儒家,重在人性、人心的社会规范与道德践行;先秦道家,重在人性、人心的本然回归与向往。前者尚规矩之善美;后者崇精神本然之自由。两者均以天(道)作为其终极关怀,从而体现各自的审美理想。前者在崇尚伟大人格之美的同时,一般地以天为敬畏之对象。这里孟子的人格美学思想,对神性之天的否定,相对比较彻底,这在本书前文早就论证过。孟子的"浩然正气"人格论,依然以非神性之天为其终极。后者在一般地推赞隐逸、静虚、无为之人格美时,实际已将天这一范畴的神性意味荡涤干净,并将其提炼成哲学、美学本原、本体意义的道范畴,从而夯实了中华美学史自先秦至清末的逻辑原点,并提升其形上的思辨性与精神品格。

相比之下,由于秦尤其汉之总体上是由先秦荀子承传而来的儒学走上了经学化、谶纬化的历史之途,除汉初六十余年黄老之学的暂时流行之外,这是一个儒家思想及其学说、规范大行其道的时代。"天"这一在先秦曾经被老庄舍弃而提升的范畴,重新成为汉儒敬畏的对象。秦末《吕氏春秋》所谓"凡人物者,阴阳之化也。阴阳者,造乎天而成者也"这一说法,是接续先

---

① 王充:《论衡·论死》。

秦《性自命出》所言"性自命出,命自天降"的理念。董仲舒《春秋繁露》倡言"以人随君,以君随天",并且将神性之天本原、本体化,《春秋繁露》所谓"人之受命于天","仁之美者,在于天。天,仁也",与"天地之行,美也",等等言述,将"天"与"美"联系在一起,而且是对"天"的重新肯定。

至于人,《吕氏春秋·论人》云:

凡论人,通则观其所礼,贵则观其所进,富则观其所养,听则观其所行,止则观其所好,习则观其所言,穷则观其所不受,贱则观其所不为。喜之以验其守,乐之以验其僻,怒之以验其节,惧之以验其特,哀之以验其人,苦之以验其志。八观六验,此贤主之所以论人也。论人者,又必以六戚四隐。何谓六戚?父母、兄弟、妻子。何谓四隐?交友、故旧、邑里、门郭。内则用六戚四隐,外则用八观六验,人之情伪、贪鄙、美恶,无所失矣。

而《淮南子》从"气"、"形"、"神"三者统一说人之美这一问题,是前文已经说过的。《淮南子》还有所谓"形神气志"说:"形神气志,各居其宜,以随天地之所为。"可见,这是董子《春秋繁露》关于人随命于天的前期文本表达。

那么人之"心"又当如何呢?《吕氏春秋·适音》提出"夫乐有适,心亦有适"这一命题,称"人之情,欲寿而恶夭,欲安而恶危,欲荣而恶辱,欲逸而恶劳。四欲得,四恶除,则心适矣"。"心适"者,包含"四欲得"这样的人格内容,已经很不同于先秦《庄子·达生》所谓"忘是非,心之适也"的意思了。

那么人又应当怎样安顿自己的"情"呢?这用汉初《毛诗序》的话来说,叫做诗者,"吟咏情性,以风其上","故变风发乎情,止乎礼义"。因此,"礼义"并非无"情",仅是"情"须以"礼义"来规范,不使滥"情",这是说,"礼义"规范与"情"之审美之间应有一个适度的张力。《淮南子》又说到人"文"与人"情"的关系问题,所谓"以文灭情,则失情;以情灭文,则失文"。这是南朝梁代刘勰《文心雕龙》反对"为文而造情",主张"为情而造文"说的历史、人文先河。《春秋繁露》又说,"夫礼,体情而防乱者也"。"目视正色,耳听正声,口食正味,身行正道,非夺之情也,所以安其情也"。在儒家的美学辞典里,"礼"并非与审美之"情"绝然对立,"正色"、"正声"、"正味"与"正道",包含"正"的审美。"正"是一种美。值得注意的是,学界一般认为撰述于西汉的《乐记》,又提出所谓"人化物也者,灭天理而穷人欲者也"这一命题,这是说,"人化物"者,人为物役,故导致"灭天理而穷人欲",为汉人所反对,是后世宋明理学"存天理,灭人欲"的先在命题。

**一、关于"气"范畴。秦汉时人说"气",具有其时代新特点。**

其一,提出"动气"之说。《吕氏春秋·尽数》云,"流水不腐,户枢不蝼,动也。形气亦然"。反之则"气郁":"形不动则精不流,精不流则气郁"。《淮南子·达郁》也说,"病之留,恶之生也,精气郁也"。

其二,汉代《黄帝内经·素问》论人之生命之气与环境的关系,有"天气"、"地气"、"清气"、"浊气"、"风气"、"雷气"、"夏气"、"秋气"、"谷气"、"雨气"、"冬气"、"春气"、"土气"与"血气"等提法,似乎世上有多少事物、现象,便有多少"气"。这是先秦"气"这一范畴丰富化了,也形下化了。

其三,《黄帝内经·素问》称"阳为气,阴为味。味归形,形归气,气归精,精归化",描述出一个人的生命链。而在逻辑上,阳气、阴味并列,打破了先秦关于阴阳均为生命之气的说法。董仲舒《春秋繁露》又说,"阳气暖而阴气寒,阳气予而阴气夺,阳气仁而阴气戾,阳气宽而阴气急,阳气爱而阴气恶,阳气生而阴气杀",打破了先秦关于阴阳无分高下、正反与贵贱的说法。在美学上,从《易传》的"崇阳恋阴"到《春秋繁露》的"崇阳抑阴",时代意绪变了。

其四,《淮南子·天文训》说:"道始于虚郭,虚郭生宇宙,宇宙生气。"这"宇宙生气",当然不是"气生宇宙","气"的形上素质相当稀淡,这不是作为哲学之"元"的"气"。关于"元气"问题,《吕氏春秋·应同》称"与元同气",《淮南子·缪称训》说"与玄同气";《淮南子·泰族训》又重复说:"黄帝曰:'芒芒昧昧,因天之威,与元同气。'"考"元气"这一范畴,始见于战国末期《鹖冠子·泰录》:"故天地成于元气,万物乘于天地。"汉董仲舒《春秋繁露·王道》有"元气"说。这不过在逻辑、理念上,将"元气"隶属于"王"之下:"王者,人之始也。王正则元气和顺。""元气"固然可以是本根,而"元气"是否"和顺"(美),却决定于"王正"与否,这正是汉人的想法。

其五,关于"气"与"美"的关系,董仲舒时而引入"中"、"和"范畴来加以解析。其《春秋繁露·循天之道》云,"举天地之道而美于和,是故物生,皆贵气而迎养之"。"和"即"美","贵气"使然。"贵气"者"王正"使然。又说,"夫德莫大于和,而道莫正于中。中者,天地之美达理也,圣人之所保守也"。德"和"、道"中",便成"天地之美",乃"圣人"、"王"者之"贵气"所"保守"。所以"贵气"成"天地之美"。这是"王"与"气"、"王"与"中"、"王"与"和"之汉代儒味十足的美学对话。

班固《汉书·儒林传》则说:"气,依于天地,则有上下之分;依于男女性别,则有刚柔;依于色泽,则有五色;依于味,则有五味;依于声,则有五声;依于人体性情,则有动静。"《太平经·三合相通诀》有云:"气者,乃言天气悦喜下生,地气顺喜上养。气之法行于天下地上,阴阳相得,交而为和,兴中和气三合,共养万物。三气相爱相通,无复有害者。太者,大也。平者,正也。气者,主养以通和也。得此以治,太平而和,且大正也,故言太平气至也。"这里,所谓"上下"、"刚柔"、"五色"、"五味"、"五声"与"动静"以及"悦喜"、"顺喜"等等,大致均属于人之感觉与意绪,所论之本意并非在于审美,却与审美相通。以"气"说天地、万物与男女之"和",倡言"太平而和"之"气",实际是将审美问题放在哲学之根上来说,此即《太平经·修一却邪法》所谓"天地开辟贵本根,乃气之元也。欲致太平,念本根也"。"天地开辟",混沌未分,包括美之起源即"美"与"气"在始原意义上的关系,是秦代尤其两汉文化的题中应有之义。至于东汉末期魏曹丕《典论·论文》始倡"文以气为主"这一著名美学命题,证明关于"气"的哲学、美学思想,已经开始渗透于中华文论之中。

其六,汉刘向《说苑·修文》称,"夫民有血气心知之性,而无哀乐喜怒之常",因此"民"之审美,便随性而振荡,喜怒、哀乐、刚柔、爱恶无度。但先王、圣人不同,"是故先王本之情性,稽之度数,制之礼义,含生气之和,道五常之行"。"民"虽具"血气心知之性",却并非"先王"那般的"生气之和",这是贬"民"之"血气"而扬"王"之"生气",是典型的汉人政治教化理念使然,使汉人在讨论艺术与审美问题时,言辞之间不乏官方哲学、美学的人文气息,此《说苑·修文》所谓"故古者天子诸侯听钟声,未尝离于庭,卿大夫听琴瑟,未尝离于前,所以养正心而灭淫气也"。"淫气"之谓"民"之"血气"也,与"天子诸侯"的所谓"血气"不同。

其七,"气"范畴在东汉纬书那里,有了一些逻辑性的展开。《易纬·孝经钩命诀》云:

> 天地未分之前,有太易、有太初、有太始、有太素、有太极,是为五运。形象未分,谓之太易;元气始萌,谓之太初;气形之端,谓之太始;形变有质,谓之太素;质形已具,谓之太极。五气渐变,谓之五运。

这是以"气"范畴来说天地、包括美之生成的逻辑历程。从太易、太初、太始、太素到太极,是"五气"即"五运"的逻辑运化。以"太易"为天地与美之生成的逻辑原点,说明该说深受易学影响。"太易""形象未分"类于原始混沌;"太初"才"元气始萌",可见"太易"之时,倘无"元气"。因而这里的"元气",并非逻辑原点,不如"太易"这一范畴形上,也不同于王符《潜夫论笺·本训》所言"太素之时,元气窈冥"与张衡关于"太素始萌"而具"元气"的说法。《易纬·乾凿度》又说,"夫有形者生于无形,则乾坤安从生?故曰:有太易,有太初,有太始,有太素也"。这里没有第五阶段的"太极"。关于太极,始见于先秦战国《易传》所谓"是故易有太极"之说,称其为"是生两仪"(天地),是天地之本原,然而在东汉纬书这里,太极已被降格为天地生成及美之生起的第五阶段,比较形而下。

纬书还载录了汉代易学卦气说,以为《周易》八卦方位无论先天、后天之图,均象示"气"之时空流行。《易纬·是类谋》有"一曰震气"、"二曰离气"、"三曰坤气"、"四曰兑气"、"五曰坎气"、"六曰巽气"、"七曰艮气"、"八曰乾气"。这八"气",是由八卦方位所象喻的生命之气,而且是大化流行的。故《易传》所谓"生生之谓易",实乃"生生之谓气"。

**二、关于"精神"这一范畴。是秦汉时"气"思想的又一逻辑展开。**
**"精"属身"神"属心,"精神"是身心的统一,也称"精气神"。**

"精神"范畴,大约始见于秦末《吕氏春秋·尽数》:"圣人察阴阳之宜,辨万物之利以生,故精神安乎形,而年寿得长焉。""精神"范畴的前期文本表述,是《淮南子》之前的贾谊《新书》所言"神气",其文云,"性,神气之所会也"。枚乘《七发》全文乃"起(启)发太子"的劝善之言,称"邪气袭逆","精神越渫",便病体不支。所谓"精神越渫",即"纵耳目之欲,恣支(肢)体之安者,伤血脉之和"。

《淮南子》有"精神训"篇。其文有云,"是故精神,天之有也,而骨骸者,地之有也";"夫精神者,所受于天也";"夫孔窍者,精神之户牖也";"精神驰骋于外而不守,则祸福之至";"精神澹然无极,不与物散而天下自服"以及"魂魄处其宅,而精神守其根",等等。据笔者阅览全书,粗略统计,《淮南子》有18次谈到"精神"问题,大凡与美学、审美有关。尤其"精神澹然无极"以及"俶真训"篇关于"而游于精神之和"与"本经训"所谓"精神反于本真"等,直接具有美、审美之旨。此"精神",以人之"性情"的"无"为本原,似乎完全是道家口吻。其实《淮南子》作为汉初黄老之学的代表之作,既说"精神澹然无极"之类,又言仁义治术,是将先秦老庄的"无为而无不为",变成了"无治而无不治"。因而该"精神"范畴,在美学上具有兼备儒道的人文特点。

在中华美学史上,"精神"范畴,与一系列美学范畴如精气、神气、清气、逸气、气韵、神韵与神会等血肉相联。如《子华子》有云,"精气之合,是生十物:精、神、魂、魄、心、意、志、思、智、虑是也",等等。

**三、关于秦汉时人的"气"范畴。又与那一时代的"阴阳"之思具有密切的文脉联系。**

其一,《吕氏春秋·尽数》有"天生阴阳、寒暑、燥湿"之说,这里以"阴阳"与"寒暑、燥湿"并列,可见其思虑有欠周之处,一般未具哲学、美学品格,偏于经验层次。这是先秦"天有六气"即"阴阳、风雨、晦明"说的秦代翻版。西汉扬雄《太玄》改为"阴阳、纵横、晦明",而其人文思维方式未改。

其二,《黄帝内经·素问》云,"阴阳者,血气之男女也"。作为重要的中医学著述,具有养生美学的人文意蕴。又云,"阴阳者,天地之道也。万物之纲纪,变化之父母,生杀之本始,神明之府也"。"故曰:阴在内,阳之守也;阳在外,阴之使也"。就人之养生而言,肉身与精神相对相应,以阴阳为本原,而以"阴"为本原之"内"、"阳之守"为条件;以"阳在外"为本原之外显,"阴之使"为本因。这种阴阳养生观,具有重"阴"的人文思维特点。

其三,《黄老帛书·称》云,"凡论必以阴阳大义。天阳地阴,春阳秋阴,夏阳冬阴,昼阳夜阴。大国阳小国阴,重国阳轻国阴,有事阳而无事阴,信者阳而屈者阴。君阳臣阴,上阳下阴,男阳女阴,父阳子阴,兄阳弟阴,制人者阳制于人者阴,客阳主阴,师阳役阴,言阳黑(默)阴,予阳受阴"。这样的阴阳对偶之例,举不胜举,生动地体现出汉人说"道",喜欢喋喋不休,有滔滔不绝的劲头。实似西人"语言乃精神家园"之信仰也。其实,以《易传》的说法,叫做"一阴一阳之谓道"一句话而已。

其四,《淮南子·天文训》有"太阴"说,所谓"太阴之始,建于甲寅"、"太阴治春,则欲行柔惠温凉。太阴治夏,则欲布施宣明。太阴治秋,则欲修备缮兵。太阴治冬,则欲猛毅刚强"。这是以"太阴"为逻辑原点来说事、说理,"太阴"者,本阴也,阴之为本也。这无异于从"气"之阴性角变来看待世界、人及其审美问题。

其五,《论衡·道虚》云,"天地不生,故不死;阴阳不生,故不死"。这是东汉王充站在唯"物"的人文立场来说阴阳。实际是天地有生有死,有始有终,何得"不死"?阴阳是天地从生成到毁灭之际,万事万物对立对待、对应对转的双兼属性与运化态势,在此时空条件中,我们可以说,阴阳是"不生"、"不死"的。然天地生成之前,或毁灭之后,试向阴阳又在何处呢?故阴阳并非绝对的"不生"、"不死"。

其六,《吕氏春秋·大乐》云,"音乐之所由来者,远矣。生于度量,本于太一。太一出两仪,两仪出阴阳。阴阳变化,一上一下,合而成章"。这是以"气"之阴阳说来讨论音乐及其美(大乐)的重要论述。"度量",指音乐及其美的原型。《尚书·舜典》:"同律度量衡。"郑玄注:"阴吕阳律也",即六律六吕。太一,太极,通于气。而此"阴阳变化,一上一下,合而成章",是中华音乐史上较早从阴阳说音乐美问题的言述。《吕氏春秋·大乐》又说,"凡乐,天地之和,阴阳之调也"。这是以阴阳扩而论一切"乐"(艺术)之美。进而,《淮南子·天文训》重申"阴阳相德"、"阴阳合和而万物生"的美学思想。但是就审美而言,倘说"美"在于"合和",那么,我们立刻可用"美"在于非"合和"这一命题来加以否定。这两个命题因为背悖,所以同时成立,其逻辑:A = —A,是一悖论。而西汉扬雄《太玄》以阴阳观来解读文、质关系:"文,阴敛其质,阳散其文。文质班班,万物粲然。"文、质之敛、散,是阴、阳的合契。又,蔡邕《九势》以阴阳说书法艺术之美,云:"夫书肇于自然。自然既立,阴阳生焉。阴阳既生,形势出矣,藏头护尾,力在字中。下笔用力,肌肤之丽。故曰:势来不可止,势去不可遏,惟笔软则奇怪生焉。"这是说,"书"者,法于自然(本然)。阴阳,"自然"之本有;"自然",阴阳之本色。"自然"又是"元气"之谓。因而,阴阳是元气之内在矛盾的对待与动势。此"形势",本义指风水。形,指地理地形;势,指地理、地形及其气象、走向,这里借以描述法书字形之构造、气势与力度。故所谓"形势"之美,"势来不可止,势去不可遏",其阴阳之生气沛然,骨力风神,神韵灌注。

**四、关于"象"范畴。汉人的象思维、象思想尤为葱郁。**

西汉易象之说十分繁丽。所谓卦气说、纳甲说、八宫说、互体说、爻辰说、飞伏说、阴阳说、五行说与十二消息卦说等,运用且发展了这种象思维、象思想。这些易说,并非与美学无涉。比如卦气说,是以《周易》六十四卦配一年、四时、十二月、二十四节气、七十二候,来说"气"之大化流行,保存于唐一行《卦议》之中。其关键是以四正卦之运化来言述一年之十二月二十四节气七十二候自然之象的规律性变化。四正卦,即文王八卦方位说中的坎(居于北)、震(居于东)、离(居于南)与兑(居于西)卦。以每卦六爻,共二十四爻,配一年十二月二十四节气,且每一节气又分初、次、末三候。此之谓"气候"。如坎(居于北)卦,以坎卦初六对应于冬至(十一月中),初候"蚯蚓结"、次候"麋角解"、末候"水泉动";以坎卦九二对应于小寒(十二月节),初候"雁北乡(向)"、次候"鹊始巢"、末候"野鸡始鸲";以坎卦六三对应于大寒(十二月中),初候"鸡始乳"、次候"鸷鸟厉疾"、末候"水泽腹坚";以坎卦六四对应于立春(正月节),初候"东风解冻"、次候"蛰虫始振"、末候"鱼上冰";以坎卦九五对应于雨水(正月中),初候"獭祭鱼"、次候"鸿雁来"、末候"草木萌动";以坎卦上六对应于惊蛰(二月节),初候"桃始华"、次候"仓庚鸣"、末候"鹰化为鸠"。余皆以此类推。虽则此七十二候所指有些自然景象令人感到神秘、奇怪,如"鹰化为鸠"然,但卦气说以四正卦的思维模式,揭示一年四时十二月二十四节气七十二候的运行规律,总结古人天文、农时的经验知识。由于七十二候是以典型的七十二种自然现象来象喻的,便体现了中华古人以一年四时十二月二十四节气七十二种自然景象为审美对象,无意之际,开拓了关于自然美的审美意识与理念。七十二候即七十二象,其说源于《吕氏春秋·十二纪》与《礼记·月令》,起源尚古。

东汉之时,易象说得到进一步推进。《易纬·乾凿度》有关于《周易》上经三十、下经三十四之所谓"象阴阳也"之思想,为首次提出。《易传》仅有"仰观"、"俯察"之说,《易纬·乾凿度》又加上"中观万物之宜"一说。在思维上,它是将"一分为二"变为"一分为三"。东汉易象说,又将易神秘化、谶纬化,是由上古承传而来的原巫人文思维与思想在"象"问题上的复辟,但较之先秦,其人文思维趋于精致。

两汉经学大行于天下,而经学的建构,尤关涉于自先秦传承而来的易学。《周易》重象数,这刺激了汉人象思维,象思想与象情感的历史性开展。

其一,关于"形象"、"意象"这两范畴的提出。先秦战国郭店楚简《老子》有"天象无形"这一命题,通行本《老子》称"大象无形",《易传》有"在天成象,在地成形,变化见矣"之说,《孟子·梁惠王上》称"不为者与不能者之形何以异?"《荀子·非相》:"故相形不如论心",而《战国策·秦策三》则云,"岂齐不欲地哉?形弗能有也"。可见在先秦,"形"、"象"这两个范畴的提出是很早的,但是两者分开的,并未构成"形象"这一复合词。

据笔者所见,"形象"不是一个外来词。这一范畴,首见于汉初《淮南子·原道训》:

  大道坦坦,去身不远。求之近者,往而复反。迫则能应,感则能动。物穆无穷,变无形象。优游委纵,如响之与景。

这是说,"大道"本在于"复反",人虽可"应"、"感",却是其"变"无有"形象"。通行本《老子》曾称"道""其中有象",同时又说"大象无形",不免有些矛盾,《易传》有"形而下者谓之器,形而上者谓之道"这一命题,这里《淮南子》是顺着这一哲学、美学思路往下说。

笔者发现,在东汉王充《论衡·乱龙篇》中,"形象"一词再度出现:"金翁叔,休屠王之太子也,与父俱来降汉。父道死,与母俱来,拜为骑都尉。母死,武帝图其母于甘泉殿上",而金翁叔"拜谒起立,向之泣涕沾襟,久乃去。夫图画,非母之宝身也,因见形象,泣涕辄下"。

与"形象"相关的"意象"这一范畴,亦首见于王充《论衡·乱龙篇》:"天子射熊,诸侯射麋,卿大夫射虎豹,士射鹿豕,示服猛也。名布为侯,示射无道诸侯也。夫画布为熊麋之象,名布为侯,礼贵意象,示义取名也。"此指古代"射侯"中布侯上所绘熊麋之形在心灵的映象,即"意象",因天子、诸侯、卿大夫与士的"射侯"品类与等级不同,故称"礼贵意象"。而既然"画布为熊麋之象",正如前引金翁叔由武帝"图其母于甘泉殿上"而非"母之宝身",可见这里所言"意象"、"形象"作为范畴,在人文思维上,都处于从政治教化向艺术审美的转嬗之中。

其二,与"象"、"形象"、"意象"相谐的一个美学范畴,是"乐"。本书前文在说气、阴阳与音乐美之关系时,已经稍有涉及。这里再作补充。作为音乐、艺术与美感三义兼具的"乐"范畴,根植于先秦诗乐舞三位一体的文化、艺术实践。孔子之前,《左传》有"请观于周乐"之记。孔子有"兴于诗,立于礼,成于乐"之言。作为西汉中期之前儒家说"乐"的代表性著述,《礼记·乐记》继承发展先秦荀子《乐论》的音乐、美学思想,且旁采于《易传》与《吕氏春秋》等,主要从音乐之生起、本质、功用及创作心理诸方面说"乐"。首先,《乐记》云,"凡音之起,由人心生也","比音而乐之,及干戚羽旄,谓之乐"。又说,"乐者,音所生也"。其次,《乐记》称,"礼节民心,乐和民声","乐者为同(和),礼者为异","乐胜则流,礼胜则离。合情饰貌者,礼乐之事也","礼义立,则贵贱等矣;乐文同,则上下和矣"。又次,《乐记》曰,"乐者,所以象德也","德者,性之端也;乐者,德之华也"。这是《乐记》论述"乐"义的三层次说。一、"乐"与心;二、"乐"与礼;三、"乐"与德。"乐"的美学本质在于和。

其三,与"象"、"形象"、"意象"相契的范畴,是秦汉时的"美"、"丑"。《吕氏春秋·论人》云,所谓"一"者,"则应物变化,渊大渊深,不可测也;德行昭美,比于日月,不可息也"。此"美",由崇高而壮阔的"德行"所升华,类于先秦《孟子》所谓"充实之谓美"的"美";其次,《吕氏春秋·去尤》:"彼以至美不如至恶,尤乎爱也。故知美之恶,知恶之美,然后能知美恶矣。"此

"美恶"犹言"善恶"。值得注意的,是"尤乎爱也"的"爱"(与此相关者,为恨),乃"美恶"之心灵内因。《吕氏春秋·本味》有"肉之美者"、"鱼之美者"、"菜之美者"、"饭之美者"、"水之美者"、"果之美者"、"马之美者"以及"和之美者"等言述。此"美",是纯粹审美意义上的,而且很"实际"。的确,此时的古人,在美学问题上比先秦儒、道尤其道家论美要"现实"得多。贾谊《新书·道德说》提出"六理六美"这一命题。"六理":"道、德、性、神、明、命";"六美":"有道、有仁、有义、有忠、有信、有密,此六者,德之美也"。《淮南子·说山训》云,"求美则不得美,不求美则美矣;求丑则不得丑,求不丑则有丑矣;不求美,又不求丑,则无美无丑矣,是谓玄同"。"玄同",道也,无所谓美丑,却是美丑之根。美丑不是"求""不求"的问题,而是本在的。《淮南子·说山训》又说,"嫫母有所美,西施有所丑"。美、丑不是绝对的、僵死的,而是可以互转的、动态而相对的。这等于是说,美是时间性的。《淮南子·缪称训》从本原、本体意义上说美:"君根本也,臣枝叶也。根本不美,枝叶茂者,未之闻也。"董仲舒《春秋繁露·循天之道》说"天地之美":"春秋杂物其和,而冬夏代服其宜,则当得天地之美,四时和矣。"又说,"然则天地之美恶,在两和之间","中者,天地之美达理也"。又称"天地之美"缘自于"命"。《春秋繁露·同类相动》云,"美恶皆有从来,以为命"。又说"化美"这一范畴。《春秋繁露·如天之为》,"故人气谓和,而天地之化美",此有"天人感应"的思想痕迹。汉宣帝(公元前73—前48在位)时的桓宽《盐铁论》提出"至美"这一范畴。"至美素璞,物莫能饰也",这是接续了先秦老庄的话头。刘向《说苑·修文》论人的"衣服容貌"之美,是魏晋人物品藻之美学的时代先声(注:因引文尤长,恕勿引)。西汉末期扬雄《解难》提出"形之美者,不可混于世俗之目"这一命题,以为"美"是艰深而内在的,值得注意。最后,东汉王充《论衡·须颂篇》反对"古有虚美,诚心然之。信久远之伪,忽近今之实"的不良倾向,提倡"实事"而个性不同的"美",所谓"美色不同面,皆佳于目"。而蔡邕《女诫》也反对"而今之务在奢丽,志好美饰"的不良风尚。

其四,与"象"、"形象"、"意象"相容的范畴,有"文"、"观"。陆贾《新语·资质》:"质美者以通为贵",要求"舒其文采";《淮南子·缪称训》:"锦绣登庙,贵文也;圭璋在前,尚质也,文不胜质,谓之君子。"《淮南子》重"质"而轻"文"。此有如刘向《说苑》所言"德不至,则不能文"。《说苑》又以"天"、"地"说"文",所谓"质主天"、"文主地"。扬雄《太玄》有"文质班班,万物粲然"说。至于"观",先秦孔子有"兴观群怨"之"观"的见解。卜辞

"观"字,鸟隼之象形,观的本字为𨽙,象鸟隼之目炯炯有神。《周易》有观卦,《易传》称"大观在上"。"大观"者,本观也。魏王弼《周易略例》称,"观之为义,心所见为美者也"。刘向《说苑·杂言》云,"子贡问曰:'君子见大水必观焉,何也?'孔子曰:'夫水者,君子比德焉。'"虽然,水是道德仁美的象征,但体现了对自然美之观美意识的觉醒。

**五、关于"道"范畴,也体现了新的时代特征。**

汉初《淮南子·原道训》以"旨近老子"的人文思维与思想,推重"原道"说,所谓"夫道者,复天载地"、"包裹天地,禀受无形"。《淮南子·俶真训》又说,"道者,一立而万物生矣"。道为一。又称,"是故至道无为",是老庄口吻。司马迁《屈原贾生列传》,重申贾谊《鹏鸟赋》的"尊道"说,称"真人淡漠兮,独与消息"。王充以气说道,且站在唯"物"立场以采老庄之言。《论衡·谴告篇》:"夫天道(注:类于"道"),自然也。无为。"其"初禀篇"又说"自然无为,天之道也"。这里值得注意的,是属于中华佛学典籍的牟融《理惑论》的"道"说。"问曰:何谓之为道,道何类也?牟子曰:道之言导也,导人致于无为。牵之无前,引之无后,举之无上,抑之无下,视之无形,听之无声,四表无大,绵绵其外,毫厘为细,间关其内,故谓之道"。又说"佛道""无为澹泊"。虽说是佛学典籍中言,实际说的是老庄之"道"。佛学于两汉之际传入中土。《理惑论》作为中华佛学的初期之作,以"无"说"空"、以道家之"道"来说佛家之"道",是不奇怪的,可以看做魏晋佛学"格义"的前期表现。至于道教《太平经》称"夫道,何等也。万物之元首,不可得名者,六极之中,无道不能变化,元气行道,以生万物。天地大小,无不由道而生者也"。又称"夫道者,乃大化之根,大化之师长也"。道教始于东汉张道陵,以老子为教祖,其哲学,宗于《老子》是必然的。

在先秦,原始儒学所谓"道",基本指人道。《论语》云,"先王之道,斯为美",以及"朝闻道,夕死可矣"等等,大凡如是。时至秦汉,儒学之"道"(人道)仍基本被规范于政治教化领域。其宗于原儒而直接接续于《中庸》,所谓"道也者,不可须臾离也;可离,非道也",以及《礼运》所谓"大道之行也,天下为公"的思想,其本身作为仁学、伦理学的基本范畴而不是美学的,这可以肯定。然而,如果说道家的"道",是在本原、本体、规律性诸意义上来立论的话,那么儒家包括汉代经学之"道"作为人文范畴,却建构于人与人、人与社会之际,并且以天人合一为其思想域限。西汉初年,陆贾《新语·道基》提出"天人合策,原道悉备"之见,要求"承天统地,穷事察微,原情立本,以绪人伦"。虽然《新语》上下卷凡十二篇其中不乏诸如"虚无寂寞,通动无量"、"行合天地,德配阴阳"之论,显然并非纯粹儒家之论,但总体仍屡陈儒说。《新语·道基》说,"是以君子握道而治,握德而行,席仁而坐,仗义而强"。此"道"确实为审美及美学的酝酿与奠基,准备了一个经学背景。西汉初年,贾谊《新书·道术》云:"曰:'数闻道之名矣,而未知其实也,请问道者何谓也?'""对曰:'道者,所以接物也,其本者谓之虚,其末者谓之术'。"此以本、末言"道",认为"道"者,"所以接物",并非绝对形上或形下。从"本"言,"道"为"虚",已旁采道家之见;从"末"说,"道"是"术",指人生道路,此已染儒说。而总体上说,"道"在本末之际,其思维、思想显然不同于先秦原始儒学。然而,《新书·道术》用了很多篇幅,来论述、回答儒家所谓"道术"何为的问题:"请问品善之体何如?"以为"道术"者,"善"也,进而不厌其详地阐发所谓"道术"的五十六对矛盾,即慈嚚、孝孽、忠倍、惠困、友虐、悌傲、恭媟、敬嫚、贞伪、信慢、端跛、平险、清浊、廉贪、公私、正邪、实妄、恕荒、慈忍、洁汰、德怨、行污、退伐、让冒、仁戾、义愳、和乖、调戾、宽阨、裕褊、熅鸷、良啗、轨易、道辟、俭侈、节靡、慎怠、戒傲、知愚、慧蒙、礼滥、仪诡、顺逆、比错、佪野、雅陋、辩讷、察旄、威图、严辰、任欺、节罢、勇怯、敢撵,诚殆与忽恒,极言人之道德践行的正反与善恶。以笔者读书之极有限,未知典籍说儒家道德之善者,比此贾谊更为详尽者,但文字有所重复。正如本书前述,贾谊有"六理六美"之"道"论,并非"美学"之见而与美学相关,或曰蕴涵以合理的、时代的、人文的审美质素。

董仲舒《春秋繁露》的儒家"道"说,具有四大特点。其一,称"道者,所由适于治之路也,仁义礼乐皆其具也"。既然该"道"包括"乐"之内容,自然与美字相涉;其二,"道,王道也"。"王道"这一范畴,源于先秦《孟子》,指治平之道,与"霸道"异。其三,"人道"、"王道",是"天道"的现实实现。"天之道,有序有时"、"天道之常,一阴一阳"、"天之道,一阴一阳"、"常一而不灭,天之道"、"天不变,道亦不变"。其四,此"道""美"于"和"。"夫德莫大于和,而道莫正于中。中者,天地之美达理也,圣人之所保守也。""举天之道,而美于和"。

《史记·太史公自序》有"王道之大者也"之说,以为作为"大者"之"王道",人生须臾不可离。孔安国《尚书序》则称"故礼以道其志"。"道"者,礼乐也。此《乐记》所谓"大乐与天地同和,大礼与天地同节"。从天、地角度论证儒学、经学之"道"(人道)合理、合情,这正是汉代以伦理之"手"来叩响审美之"门"的一种人文现象。

# 第四章
# 魏晋南北朝玄、佛、儒的趋于融合如何促成美学建构

时至魏晋南北朝,玄、佛、儒三学的趋于融合,促成中华美学进入真正建构的时代。魏晋玄学,以其纯思的哲学素质,促成"人的自觉"与"文的自觉"。政治哲学意义上的名教、自然之辨;语言哲学意义上的言、意之辨;本原、本体论哲学意义上的有、无之辨;生命哲学意义上的才、性之辨,展现了魏晋南北朝以玄(道)为基质、以佛为灵枢、以儒为潜因的中华美学的历史性建构和思想深度。

## 第一节 自然、名教之辨

首先,魏晋玄学的美学思想基干虽然是属道的,但其每前进一步,都与儒处于冲突、调和的语境(文脉,Context)之中,它主要是一种被儒学化了的新道学的美学。吕思勉曾经指出:

> 世皆称魏晋南北朝为佛老盛行、儒学衰微之世,其实不然。是时之言玄学者,率以易、老并称,即可知其兼通于儒,非专于道。①。

魏晋玄学之美学的核心辩题之一,是政治哲学意义上的自然与名教之辨。

名教与自然之关系问题的哲思历程,大致经历何晏、王弼的"名教本于自然"说,嵇康、阮籍的"越名教而任自然"说,裴頠"崇有"、维护名教说与向秀、郭象"名教即自然"说诸阶段。

---

① 吕思勉:《两晋南北朝史》,上海古籍出版社,1983年,第1371页。

## 一、"名教本于自然"

魏晋玄学,始于曹魏正始(公元 240 年—公元 249 年)年间,由何晏、王弼所创立。"魏正始中,何晏、王弼等祖述老子,立论以'天地万物,皆以无为本'。"①。这简洁而准确地概括了正始玄学两位代表人物的思想。

何晏、王弼在名教与自然关系问题上的见解是相近的,两人都推重道家自然之说。扬自然而不抑名教,是何、王与先秦通行本《老子》、《庄子》自然说的根本区别。何晏对正始名士夏侯玄关于"天地以自然运,圣人以自然用"的见解深表赞同,王弼则认为名教虽属政事、制度与伦理之范畴,而其根、其本、其原却是自然(道)。自然为本,名教为末。自然是名教的原生依据;名教是自然的人文派生。自然、名教都根始于"朴",两者仅在"朴"之散、聚之际方显差别。"朴"散为"器"(名教),"朴"聚为"道"(自然)。"朴"者,一之谓。既然能"散"而为"器",又何不能重"聚"为"朴"?王弼吸收老子返璞归真的思想,用以疏通名教与自然的逻辑联系。王弼云:"朴,真也。真散则百行出。殊类生,若器也。圣人因其分散,故为之立官长。以善为师,不善为资,移风易俗,复使归于一也。"②

王弼关于名教本于自然的美学观,无疑具有儒学的文化因子,他要解决的现实课题是名教。只是其独特与高明处,在于以自然这一哲学观来为名教奠一哲学之基,在改造传统道家自然说的同时,也改造儒家名教论。王弼把名教本于自然的见解,精炼地概括在他的"崇本举末"这一哲学命题之中。本与末的并崇与并举,并不是王弼在逻辑上不分名教(末)与自然(本),而是强调名教虽然为末,却是自然(本)之必然的历史性展开。而任何名教只有达到自然境界,才是善美的。因此,当王弼说名教本于自然时,既是将自然降格为名教,同时又把名教提升到自然的高度。这位哲学智者实际并非一般地否定儒家名教,而是为理想的名教寻找一个哲学基础,并试图建构那种本于自然的、理想的名教,从自然哲学角度来论证名教的合理性与美善的人文性。王弼说:"竭圣智以治巧伪,未若见质素以静民欲;兴仁义以敦薄俗,未若抱朴(拙,疑此脱一拙字)以全笃实;多巧利以兴事用,未若寡私欲以息华竞。"③在王弼看来,传统的"竭圣智"、"兴仁义"、"多巧利"

---

① 《晋书·王衍传》。
② 王弼:《老子注》,《四部丛刊》本。
③ 王弼:《老子指略》

是名教之弊,祛弊别无他途,只有"见质素"、"抱朴(拙)"、"寡私欲"才能疗救名教的弊病,以显自然之本美。

作为玄学之祖,王弼的学识,不可避免地吸收、熔铸了自先秦承传而来的儒学思想,其治学的理念与方法也在一定程度上受启于儒学。王弼出身于礼教世家,幼诵儒书,也接受过名家、法家之术的教育,他在笺注《老子》(王弼未注《庄子》,但庄生的思想影响也可从其论著中见出)的同时,尤其用力于注《易》。王弼对《周易》的钟爱有两大原因,一是看重《易传》所包含的道家宇宙论、自然观;二是《易传》在试图以道家自然思想阐释儒家政治伦理说方面,已先于王弼做了拓荒的工作,从而可以得到借鉴。王弼确实把易学玄学化了,他尽扫象数以阐扬义理,他的万物始原说、伏羲重卦说,他对汉代卦气说的改造以及对《易传》所谓"书不尽言,言不尽意"的重新发明等,都在高举义理之旗、作哲学文章而着眼于社会人生的政治伦理问题。王弼的自然哲学,为名教预设了一个自然依据,显然不是自然、名教两者的调和,更非理论上的拼凑与混合,而是从哲学高度,将人性自然本体化,是一种新时代的关于名教出于人性自然的哲学本体论与美学观。这种美学观,在中华美学史上,首次在真正的哲学意义上,展开了名教(儒)、自然(道)的时代"对话"。不是把儒的名教拿到巫文化意义的"天"上去加以证明,而是从自然本体的哲学高度来加以论证。

## 二、"越名教而任自然"

魏末,公元249年(嘉平元年)到公元265年(西晋泰始元年)这一时期,司马氏为夺取政权,倚儒术而要挟天下。其大畅"孝"风,以"大逆不孝"的罪名铲除曹魏势力,其中包括剪灭那些曾依附于曹魏的文人儒士。这正如史书所言,"魏、晋之际,天下多故,名士少有全者"。与曹爽一起被司马氏诛杀和夷族者众。其中公元249年何晏被诛,251年扬州刺史王凌与楚王曹彪被诛,260年魏主曹髦被诛,包括阮籍好友嵇康,亦在阮籍去世前一年被诛。正如嵇康《与山巨源绝交书》所说"至人不存,大道陵迟"。学人名士多遁入山林,满怀悲郁之情抨击司马氏所推行之礼教的虚伪与政治的残暴。

特定的时代背景,使嵇康、阮籍"越名教而任自然"的思想成为这一时代著名的玄学命题与美学呐喊。

"越名教而任自然"的口号确乎有些狂狷意味。从思想角度分析,它承何、王"名教本于自然"说而来,似乎有弃名教而独举自然的意思。嵇康反对学习六经,称"以六经为芜秽,以仁义为臭腐",认为"向之不学未必为长夜,六经未必为太阳也"。这些表述在《与山巨源绝交书》《难自然好学论》等文中的思想,是典型的玄学人格、人性的解放之论。嵇康甚至喊出"非汤武而薄周孔"的口号,真正痛快淋漓之至。阮籍《大人先生传》也说,"天下残贼、乱危、死亡之术"者,由六经所定之典章、名教也。矛头指向六经。嵇康《难自然好学论》指出:"六经以抑引为主,人性以从欲为欢。抑引则违其愿,从欲则得自然。"所以"游心于寂寞,以无为为贵"可以说是嵇、阮二人共同的哲学主张与精神归路。嵇康在《释私论》中将这思想的主旨,归结为"越名教而任自然",是相当精彩的,有一股挥斥名教而追崇自然之美的劲头。

这并不等于嵇、阮在思想深处已彻底摒弃了儒学理念。须知大凡人生,不外进退二途。进者,儒;退者,道。人生在进、退之际。人的生命原本总是执著于进的,这是生命冲动、生命的原驱力使然。因进不得故退;退又眷念于进,此乃人性使然。人生总在儒与道、进与退、入世与出世之际忙碌、挣扎与浮沉。人生全部的烦恼与解脱、欢乐与痛苦、躁动与平静大抵存在、发生在这里。儒家重于政治伦理这一套,有些伪善的政治伦理是残害人性与人格的,然而儒学所主张的入世、进取之类,却包含人性正常展开的合理因素,也就是说,包含着一种基于人性的入世、进取精神。道家主自然之说,致虚守静,要求人活得自在,是一种合于审美的人生。然则谦退而至于消极,却是人性之惰怠的表现。当然,如果对进、退之人生一旦看透,那便是遁入佛之空门了。

如果我们从如此角度来看待、审视嵇、阮的"越名教而任自然",那么笔者以为,这所谓对名教的"逾越",其实并不是否定那种符合于人性自然或回归于人性自然的名教,而是否定荼毒于人性自然、使其遭致异化的名教。如果笔者的这一看法能够成立,那么,所谓嵇、阮著述中存在的既抨击名教,又赞扬名教的矛盾,大约可以作另一种解释了。嵇康一方面高唱"老子、庄周,吾之师也",所谓"大朴未亏,君无文于上,民无竞于下,物全顺理,莫不自得",这显然是对名教的否定,对自然的肯定;可另一方面又说:"人无志,非人也。但君子用心,有所准行,自当量其善者,必拟议而后动。"[①]显然,这里又强调立志、守志即循名教之准则而修身养性的重要,充满了儒家积极入世的精神。所谓凡人必有"准行",不就是提倡名教吗?其实在嵇康看来,

---

① 《全三国文》卷五一。

名教有合乎或违逆人性自然的区别,所以对那种违逆人性自然的名教须加以否定;对合乎人性自然的名教,则其原来就是自然的社会人文体现,又何"越"之有呢?同样,阮籍在《大人先生传》中历数儒生那种"心若怀冰,战战栗栗"、"唯法是修、唯礼是克"的人格状态之后,讥笑那些人格卑下的儒生不过是"大人"裤裆中的"虱子":"且汝独不见夫虱之处于裈之中乎?逃于深缝,匿乎坏絮,自以为宅者也",这种对腐儒、名教的讽刺辛辣无比;可是另一方面同是这位阮籍,却在其《咏怀诗》中对儒者、名教大加褒扬:"儒者通六艺,立志不可干。违礼不为动,非法不肯言。渴饮清泉流,饥食甘一箪。"这又说明了对儒之名教的留恋。

在美学上,"越名教而任自然"这一命题,固然尚未全盘否定儒之名教,然而其美学意义,却是基于"道法自然"的。它固然以儒为人文潜因,但其所高扬的,毕竟仍是出世之道(玄)的境界,并且显得有些"猖狂"。

### 三、"崇有"与"名教"

西晋元康(291—299)年间,由嵇康、阮籍所倡言的"越名教而任自然"的激烈玄风,狂放过甚,大批士子口尚虚诞,身则放荡无羁,于是便有裴頠"深患时俗放荡、不尊儒术"而撰《崇有论》"论释其蔽"①。

裴頠《崇有论》的现实批评对象,是何、王"名教本于自然"说与嵇、阮"越名教而任自然"说。正如前述,"贵无"这一基本哲学思想,由何晏、王弼奠其基,嵇康、阮籍步其后尘。何晏说:"天地万物,皆为无为本。无也者,开物成务,无往而不存者也。阴阳恃以化生,万物恃以成形。"②王弼也说:"夫物之所以生,功之所以成,必生乎无形,由乎无名。无形无名者,万物之宗也。"③这"贵无"之论,直接承继与发挥了老子的道论。王弼《老子注》又云:"天下之物,皆以有为生。有之所始,以无为本。将欲全有,必反于无也。"显然重申与阐发了老子关于"是故天下万物生于有,有生于无"的思想。裴頠则反其道而说之。他认为道家与何、王之流关于万物"无"中生"有"的思想不合逻辑,万物既为"群有",必生于"有"而非"无",则万物都是"自生"的,其生断不自外在于"有"的"无"。在裴頠看来,所谓"无中生有",是不可设想的。《崇有论》说:"夫至无者,无以能生。故始生者,自生

---

① 《晋书·裴頠传》。
② 《晋书·王衍传》。
③ 王弼:《老子指略》。

也。自生而必体有,则有遗而生亏矣。生以有为己分,则虚无乃有之所谓遗者也。"显然,裴𬱟哲学的逻辑原点,在"虚无"(无)乃"有之所谓遗者","无"即"没有"。裴𬱟始终不能理解"无"指形上"存在",不能理解"无"不等于"没有"的道理,其思想、思维囿于经验哲学而达不到玄思的深度。

裴𬱟的崇有思想,确是有感而发。《崇有论》说:"虚无之言,日以广衍,众家扇起,各列其说。上及造化,下被万事,莫不贵无。"因"贵无"而目无纲纪,造成"狂玄"时弊;以为名教之所以陷入困境、世风日下,盖"贵无"之误。裴𬱟《崇有论》说:"贵无"而必"贱有","悠悠之徒","遂阐贵无之义,而建贱有之论。贱有则必外形,外形则必遗制,遗制则必忽防,忽防则必忘礼。礼制弗存,则无以为政矣。"这体现出裴𬱟对名教礼制的自觉维护。其政治伦理理念无疑是崇儒的,而其切入这一名教社会现实课题的思想方法与方式,又具有玄学的一般特点。裴𬱟并非像传统儒家那样就名教谈名教,而是自觉地从哲学角度论证名教的合理性。在美学上,裴𬱟以"有"为本体,作为"崇有"说的代表人物,与"贵无"论相对应,实际是把老子"是故天下万物生于有,有生于无"这一命题的前半句作为其逻辑预设,并将这"有"认定为名教的自然本性,等于是把审美视野局限于名教领域。

### 四、"名教即自然"

西晋元康时期,是玄学思潮相当活跃的时期。除了前述"崇有"思想振扬于一时之外,向秀、郭象的"名教即自然"说,也大致产生、流播于这一时期。向秀(227—272)生年较郭象(253—312)为早。向秀的玄学思想因郭象之故而流渐于元康前后,故本书将两者放在一起来叙说。

向秀《难养生论》云:"同是形色之物,未足以相先。以相先者,唯自然耳。"那么何谓自然?向秀说:"有生则有情,称情则自然。""且夫嗜欲、好荣、恶辱、好逸、恶劳,皆生于自然。"又说:"夫人含五行而生,口思五味,目思五色,感而思室,饥而求食,自然之理也。但当节之以礼耳。"这里,向秀把人的生命、生存本能(注:包括恶的本能)释为"自然",且对嵇康《养生论》所阐述的所谓"修性以保神,安心以全身"、"清虚静泰,少思寡欲"的自然观不以为意,认为这有悖于自然之理。因为这种自然境界须修持而得,不若"率性而自然"。但是向秀在肯定人的这种本能自然时,又认为这自然"当节之以礼",人的本能自然与人伦是合一的,所谓"天理(自然)人伦,燕婉娱志","此天理自然,人之所宜"。认为人伦不是外加的,人伦如果是善美的,它一定是出于人之本能自然的。"天理人伦"契合于自然,否则,便是

"有道而无事,犹有雌无雄耳"①。向秀的这种"名教即自然"的见解,被谢灵运《辨宗论》恰当地概括为"向子期以儒道为一"。

在向说的基础上,郭象进一步阐发说,"凡所谓天,皆日月不为而自然。言自然则自然矣。人安能故有此自然哉?自然者,故曰性"。这是说,天理与人性合于"自然",圣人居"在庙堂之上",仍可"心无异于山林之中",圣人"常游外以弘内",做到"终日挥形而神气无变",是何缘故?"夫游外者依内,离人者合俗","夫神人即今所谓圣人"②耳。在郭象看来,庙堂无异于山林,圣人等同于神人,系缚即解脱,名教与自然,了无差别。

可见在郭象的哲学与美学中,天则(自然)与人事(名教)是和谐统一的。比如牛马,不系缰绳时"率性自然","穿牛鼻"、"络马首"则违背其自然本性,这原是《庄子》的观点,岂料郭象《庄子注》对此作了这样的发挥:"人之生也,可不服牛乘马乎?服牛乘马,可不穿络之乎?牛马不辞穿络者,天命之固当也。"他认为"穿络"是牛马的自然本性使然,否则何以为真牛马?牛马之外无所谓"穿络";离开"穿络"也无所谓牛马。由此郭象指明,名教与自然如"穿络"与牛马,本无二分,此乃"天命之固当"。这就等于说美在于自然,固然是矣;美在于名教,也是矣。而且,这种自然之美注定须落实于名教才是"真"美。同时,如以名教为有,自然为无,名教与自然即为有、无之关系。但郭象《庄子·齐物论》注说:"无则无矣,则不能生有。"此说近于裴𬱟的"崇有";又称"有也,则不足以物众形",这又显然有别于裴说。那么名教与自然的关系究竟如何呢?郭象说,既非有生于无,也非有生于有,而是"块然而自生"、"独化于玄冥之境"。从这"自生"说看,郭象的"名教即自然"与裴𬱟所谓"如生者自生"具有文脉联系。而"玄冥"者,这里并非指"无",更非指"有",它是意指离开有、无两边,具有某些"天命"色彩之神秘的精神本原。郭象的"名教即自然"说,处于既属儒、又属道之本然的历史性冲突的两难之境,称美之本原与本体,"块然而自生"于"玄冥之境"。

## 第二节 言、意之辨

语言哲学意义上的言、意之辨,肇始于通行本《老子》的"道可道,非常

---

① 张湛:《列子注》引向秀语。
② 郭象:《庄子注》。

道;名可名,非常名"。《老子》首先提出了这一具有思想深度与思辨价值的美学命题。大约成篇于战国中后期的《易传》对这一命题加以展开:"子曰:'书不尽言,言不尽意'。然则圣人之意,其不可见乎?子曰:'圣人立象以尽意。'"《易传》既持"书不尽言,言不尽意"、又持"立象以尽意"的见解,是对《老子》言、意之辨思想的一种修正,建立在崇拜"圣人"与"易象"的思想基础之上,与庄子后学所言"非言非默"的思想基本一致。

从老子到庄子的言述,实际提出了所谓无限之"道"的"美",能否以言、象符号加以表达的问题,即所谓"言不尽意"呢,还是言能"尽意"。

一个完整的艺术审美过程,包含客观物象、作者审美心理虚象、艺术作品的审美符号系统与接受者审美心理虚象这彼此连接的四环节所构成的系统。如果言(立象)能够"尽意",则意味着这四个环节之间能够相互绝对传真,即从客观物象到作者审美心理储存、从作者审美心理储存到作品的艺术表达、从作品艺术表达到接受者的审美接受、从接受者的审美接受又回到客观物象之间,都应该是同构对应、同态对应、绝对传真的关系,否则,便必然是"书不尽言,言不尽意"、"立象"难以"尽意"。

显然,在人类文化史与审美历程中,这种言能"尽意"、"立象"能"尽意"的事从来没有、以后也不会发生。"立象"以"尽意",是违背人类文化发展与审美规律的。

任何客观物象、客观物象的主体心理储存、主体心理储存的艺术符号表达、艺术符号表达的接受以及从艺术符号接受到客观物象之间的动态转递,都只能是相互之间的简化同态关系而不是绝对传真的信息传递。主体的审美心理模型不等于客观物象原型;作品的艺术意象模型不等于主体(作者)的审美心理模型;接受者的审美心理模型又不等于作品的艺术意象模型;而在客观物象原型与接受者审美心理模型之间,也同样不能划等号。其中每一环节的审美信息量与信息的质素,相互之间,都必然不同。

不仅艺术审美过程的这四环节之间普遍而必然地存在"言不尽意"即"立象"不能"尽意"的规律,而且扩而言之,人类一切文化及其产品的创造、欣赏与相互转嬗,也都具有"言不尽意"的规律。因为,从前一环节到后一环节,必然存在信息的简约、丰富、抽象、增值、遗漏或是虚构等因素,在人类的文化创造包括艺术审美活动中,人想要"立象"以"尽意"是绝对做不到的。"立象"如能"尽意",则意味着人类可以通过"立象"(立言)方式,把握绝对真理。

在这一文化审美问题上,王弼说:

> 夫象者，出意者也。言者，明象者也。尽意莫若象，尽象莫若言。言生于象，故可寻言以观象；象生于意，故可寻象以观意。意以象尽，象以言著。①

这里，王弼重复了《易传》所言"立象以尽意"的观点，所谓"意以象尽，象以言著"，这并没有什么创造性。

然而，王弼接着又说：

> 故言者所以明象，得象而忘言。象者所以存意，得意而忘象。犹蹄者所以在兔，得兔而忘蹄。筌者所以在鱼，得鱼而忘筌也……是故存言者，非得象者也。存象者，非得意者也。象生于意而存象焉，则所存者乃非其象也。言生于象而存言焉，则所存者乃非其言也。然则，忘象者，乃得意者也。忘言者，乃得象者也。得意在忘象，得象在忘言。②

虽然言能"明象"、象可"存意"，但是如果"存言"，便不能"得象"；"存象"亦难以"得意"。因为，要是"存象"即主体执滞于象，"所存者乃非其象"；要是"存言"即主体执滞于言，"所存者乃非其言"。因此，唯有"忘象"，才能"得意"；唯有"忘言"，才能"得象"。结论是"得意在忘象，得象在忘言"。

这里，王弼的意、象观之关键，是主体为什么要"忘言"、"忘象"。王弼所谓言、象，文化与审美之符号。用索绪尔语言学的概念来说，即所谓能指。能指必有所指。但所指与能指并不一一对应，或称之为并非对应同构、绝对传真。

王弼关于言、象与意之关系的哲学与美学思考是建立在对事物本质（即所谓意。此意是自我意识到的事物本质）充分信任与肯定的基础上的。在王弼看来，言、象这文化与审美符号（能指）能够指向（达到）事物的本质是毫无疑问的，王弼对"立象"以达意有充分的信心。同时又认为，言、象一旦"明意"，如果主体滞累于言、象，那么便是只见"手指"（能指）而不见"月"（所指）。

这说明，言、象这能指具有背反的两重性：既能"明意"，又能遮蔽"意"即事物本质的显现。因此，"忘言"、"忘象"是祛蔽。在王弼看来，事物的本质本可穷尽，否则，他为什么要说"尽意莫若象"、"意以象尽"之类的话呢？

---

① 《周易略例·明象》，楼宇烈：《王弼集校释》，下册，中华书局，1980年，第609页。
② 同上。

可是,他立刻同时指明,之所以有所谓"尽意莫若象"、"意以象尽"的情况,恰恰是主体滞碍于能指(言、象)所决定的。因此,必须"忘象"、"忘言",即主体摆脱言、象的纠缠才得澄明之境。

王弼这一言、意之辨的美学意义是深邃的。第一,言、象在人类文化及其审美中的地位是重要的,言、象即符号(能指),是人类文化及其审美的丰富表征。没有符号,便是没有文化,也谈不上审美,因为它阻断了人的认识与情感进入事物的美之本质层次的可能。好比没有指月的"手"(能指),便不知"月"(所指)在何处与何者为"月"。言、象所呈示的,首先是丰富、感性的经验世界。

第二,言、象作为人类文化及其审美符号,是有限的,而且它之所以有"在场"的意义,是因为它具有能指这一功能,它是因意义(所指)而"存在"的。假如它无意义,它便不"存在"。"存在"即意义。因此,言、象这符号系统始终具有指向性,一旦离弃意义,便不能独立。同时,言、象具有一定的局限性,人类对言、象的创造与选定,是随机的。同样一种意义,可以由多种言、象来表达。所以,在感性层次上,言、象又无疑是丰富的。

第三,言、象具有表意的功能。但如果执累于言、象,由于言、象是个别的、有限的,必然使人的认识、审美停滞在经验感性层次,无缘进入认识的理性层次,不能实现深度的审美,所以,王弼倡言"得意在忘象,得象在忘言"。

第四,"得意在忘象,得象在忘言",体现出王弼本质主义、理性主义的哲学与美学观,是王弼玄学"尽扫象数"在美学上的真实体现,在中华美学之文化历程中开所谓"言外"、"象外"说之先河。明人彭辂《诗集自序》说:"盖诗之所以为诗者,其神在象外,其象在言外,其言在意外。"宋代苏东坡《宝绘堂记》说过:"君子可以寓意于物,而不可以留意于物。""留意于物"者,拘于言、象之谓。王弼倡言审美不离言、象,又不拘于言、象,这深得文化创造及其艺术审美之三昧。"忘言"、"忘象"者,关键是一个"忘"字,使事物本质之美显得空灵而纯粹。

第五,王弼言、意之辨的美学观,具有深厚的思想与思维背景,它推进了中华文化与哲学的历史与人文进程。言、意之辨,实即体、用与本、末之辨。作为玄学的中心与基本命题,体现了自先秦老庄语言哲学承传、发展的一种新气象。汤用彤说得好:

> 忘象忘言不但为解释经籍之要法,亦且深契合于玄学之宗旨。玄贵虚无,虚者无象,无者无名。超言绝象,道之体也。因此,本体论所谓

有、无之辨亦即方法上所称言、意之别。①

这里的重意而轻言、象,无异于崇本抑末、贵无贱有,体现出中华美学因玄学之哲思的"关怀",由王弼首倡而走上了一条贵无、重神的理论建构之路。《老子》通行本曾说:"是故天下万物生于有,有生于无。"这里从万物发生角度来看有、无。虽然其逻辑最终归于无,却并不贱有。魏晋玄学分贵无、崇有两派。在王弼的玄学中,虽然并未彻底剥夺有(言、象)的逻辑地位,但其贱有即将哲学、美学思考的重点放在"无"上,则是显然的。王弼的贵无,表明中华美学发展到魏晋而更尚形上、超越了,这是美学精神得到进一步解放的表现。"无"是什么?"无"是一种有待于美之创造的无限可能性。人类世界首先是物质、经验的存在,假设将这世界物质、经验的一切都"拿走,"试问这世界还存在什么?答曰:还存在着"无"。所以"无"是"存在"。"无"是拿不走的。"无"之哲学、美学本体理念的预设,体现人之哲学、美学精神的空灵与高蹈。虽然在王弼之后未久,有自称"违众先生"的欧阳建撰《言尽意论》与王弼唱反调,申言"理得于心,非言不畅;物定于彼,非言不辩"②,似乎说得在理,然而究其思想与思维水平,并未超越汉人。其美学思考,大约仍停滞在汉人执物的思维阴影之中。比较而言,汉人朴茂,晋人超脱。朴茂者尚实际,超脱者主精神。汉人拘于文辞,甚至甘愿死在章句之下,他们对语言、符号抱有充分、绝对的信心,甚至达到了信仰的程度,以为语言、符号是真理与审美的绝对表征,这便是汉代烦琐经学与丰繁辞赋盛行的人文思维之因。可以这样说,汉代文化及其审美,一定程度上具有"言尽意"的品格。汉人眼中所看到的,是物,所体会到的,是气。但魏晋时人已不满足于这一点,尽管他们依然眼中有物,口中或笔下有言,心中有象,也体会到气,然而,魏晋的文化、哲学及其美学思潮,却基本是舍言、象、执意而直探本原、本体的。汉人不善于沉思,他们仰首望"天",发现了宇宙,他们的思想,大凡关乎宇宙如何生成这一主题。其文化性格,是外向的、好动的、尚大的。但魏晋及其此后的南北朝时期,虽然从物质层面上看,从社会、时代环境言,是嘈杂无序、变化剧烈的,但魏晋这一时代的思想与审美,却趋于内敛、宁静、深致、玄远、本体之境。其美学兴趣,不仅关乎宇宙,而且关乎人生之究竟。总而言之,魏晋"已不复拘于宇宙运行之外用,进而论天地万物之本体。汉代寓天道于物理。魏晋黜天道而究本体,以寡御众,而归于玄

---

① 汤用彤:《言意之辨》,《汤用彤学术论文集》,中华书局,1983年,第218页。
② 欧阳建:《言尽意论》,《艺文类聚》一九,《全晋文》卷一〇九。

极;忘象得意,而游于物外。于是脱离汉代宇宙之论(Cosmology or Cosmogony)而留连于存存本本之真(Ontology or theory of being)"。①

## 第三节 有、无之辨

如果从有、无之角度来言述先秦儒、道两家,那么,孔孟基本执著于经验世界,其思想与思维尤关涉于道德伦理之有;老庄把道看做无与有的统一,而归宗于无。这便是通行本所谓"是故天下万物生于有,有生于无"。可见老庄崇无而越有,孔孟执有而弃无。前者的审美意识,具有从有入无的空灵性与思辨的深致性;后者的审美意识,具有弃无而执有的实在性与经验性。至于汉代黄老之学,蹈虚守静,"旨近老子",崇无而越有的原始道家思想,被改造为崇无而兼有的政治统治术,且以有为宗旨,无为手段。整个汉代儒学(经学)所体现的审美意识,以执有、弃无为文化特色。

在哲学与美学本原、本体上,魏晋玄学仍以有、无之关系为基本命题之一,玄学内部分贵无、崇有两派且以贵无为思想主流。何晏、王弼的贵无与裴頠的崇有之辨以及郭象对有、无的调和,体现出道与儒、自然与名教,形上与形下的哲学、美学分野及其复杂联系。

以何、王为代表的贵无思想,对老庄有所依承,又具有自己的特点。首先,在于祛除通行本《老子》道论"惟恍惟惚"的玄虚与神秘色彩,认为事物与美之本体的道,是明丽而灿烂的。其次,老庄论道,固然具本原、本体意义,但这种意义,首先是在其阐述宇宙生成论时得以展开的。玄学贵无思想,则未将宇宙生成这一问题放在其哲学、美学的文化视野之内而直探事物与美的本体。在王弼看来,宇宙生成这一哲学命题是无须加以论证的,"天下之物,皆以有为生。有之所始,以无为本",此乃理所当然。这里的"皆以有为生",是"生"者为"有",即万物的现实"生"存状态为"有",而不是《老子》所说的"万物生于有"。这里的有,不是一种根由而是指万物的现实世界的经验性存在。当然,王弼承认这种有即万物(天下之物)是有始的,并且指出,万物始于无。但是,对于为什么万物始于无的问题,并未探其究竟。王弼贵无思想之要旨,在于阐说"无形无名者,万物之宗也"②这一方面。再次,那么"无"何以可能? 王弼认为无即道,即美之根,这不同于通行本《老

---

① 《汤用彤学术论文集》,中华书局,1983 年,第 233 页。
② 楼宇烈:《王弼集校释》上册,中华书局,1980 年,第 110、195 页。

子》将道看做无与有之统一的并归宗于无见解。王弼固然也谈有说无,但总在努力地摒弃有而专执于无。王弼接承了通行本《老子》关于"有物混成"而当然不是楚简本《老子》"有状混成"的思想(注:楚简本《老子》发掘于1993年10月),将道看做是一种"物"(原物),却又不同于通行本《老子》。《老子》"有物混成"的"物",作为道,是无与有的统一而归宗于无,王弼则直接称这种"物"是"无",他在论道之时,执无而遗落了有。

  无之为物,水火不能害,金石不能残。用之于心,则虎兕无所投其爪角,兵戈无所容其锋刃,何危殆之有乎。①

从通行本《老子》以"混成"之"物"论道,以无、有统一论道,到王弼同样以"物"论道,却将这种"物"说成仅仅是一种无,体现了王弼贵无美学思想的基本特色。

同时,先秦老子的审美意识,就通行本《老子》这一文本看,具有贵柔、守雌的特性,所谓"致虚极,守静笃"。王弼所说的"以无为本"的道,正如前引,其"水火不能害,金石不能残。用之于心,则虎兕无所投其爪角,兵戈无所容其锋刃",说明其审美意识中所意识到的道之美,是阳刚气十足的。由此可见其对南朝梁代刘勰《文心雕龙》关于"风骨"这一美学范畴之历史、人文性建构的影响。

最后,在贵无哲学与美学中,本原、本体意义的有、无之辨与语言哲学意义的言、意之辨,是相辅相成的。

这问题的实质在于,既然贵无说"以无为本",那么,王弼又如何在逻辑上安顿与"相对的有呢?

从语言哲学角度分析,有、无问题,即言、意问题。有即言,无即意。有、无的矛盾即言、意的矛盾。

贵无说"以无为本"。为求其本,必须"忘象"(忘言)而专执于意。但是,"忘象"这一命题的提出本身,已经包含对象的前提肯定。因为,先得有"象",才谈得上"忘",倘若本是无"象"焉得言"忘"?因此,王弼"忘象"之论,实际上在舍象、弃象的同时,依然保留了象的一点应有的美学地位。这等于是说,贵无说力主"以无为本",然而这无,却注定与有不无关系。好比莲华之美,美在"不染",然而,倘无淤泥,则何来莲华"出淤泥而不染"之美?莲华之美,固然是对淤泥的消解与否定,所谓"出"者,超越、提升之谓,然而

---

① 楼宇烈:《王弼集校释》上册,中华书局,1980年,第37页。

这莲华之美的"双足",依然深陷于"淤泥"之中。这叫体用不二、崇本举末、言意互应、有无一如、非言非默。

钱锺书谈到易象(言)与易理(意)以及诗象与诗境之辩证关系时说:

> 易之有象,取譬明理也。"所以喻道,而非道也"(引者注:语出《淮南子·说山训》),求道之能喻而理之能明,初不拘泥于某象,变其象也可;及道之既喻而理之既明,亦不恋眷于象,舍象也可。到岸舍筏,见月忽指,获鱼兔而弃筌蹄,胥得意忘言之谓也。词章之拟象比喻则异乎是。诗也者,有象之言,依象以成言。舍象忘言,是无诗矣。变相易言,是别为一诗甚且非诗矣。故易之拟象不即,指示意义之符(Sign)也;诗之比喻不离,体示意义之迹(Icon)也。不即者可以取代,不离者勿容更张。①

钱锺书将易象与诗象加以比较,认为同一易理,可以用不同卦符与爻符来表达,所谓"变其象也可"。而"词章之拟象比喻则异乎是",理由是"诗也者,有象之言,依象以成言,舍象忘言,是无诗矣。变相易言,是别为一诗甚且非诗矣"。这种将易象与易理、诗象与诗境加以区别、从而见出两者有所不同的见解,诚然益人神智。但依笔者愚见,易象与易理、诗象与诗境之对应关系,其实都是语言哲学的能指与所指关系。能指是有限而随机的,而所指则无限而难以说尽。既然同一易理可以用不同的易符、易象来表达,那么,同一诗境,也应该同样可以用不同的诗句、诗象来加以表达。故无论易还是诗,都须循言、缘象而入易理、诗境。既舍象(言),又立象(言),这是二律背反。但舍象(言)以明意的前提,是先立其象(言)。象者,言,有;理、境之类者,意,无。故言、意之辨的哲学、美学本涵,实乃有、无之辨。古人云:"夫无不可以无明,必因于有,故常于有物之极,而必明其所由之宗也。"②无不可以自明,犹所指难以独存,无"必因于有",即所指缘依于能指。尽管言作为有,难以尽意即难以穷尽无,但趋无必有赖于有也。

可见,有、无之辨这一哲学、美学命题,是魏晋南北朝关于形神、有限无限等中华文论、画论与书论之类的哲学、美学理论表述。

关于形神问题,正如前述,在汉《淮南子》中是与气一起提出来的,即所谓"形、神、气"人之生命完美形态的三层次说。在东汉王充那里,形神问题

---

① 钱锺书:《管锥编》第一册,中华书局,1979 年,第 12 页。
② 韩康伯:《周易》注引《大衍义》。

主要指人之形体(肉身)与精神(灵魂)的关系问题。王充从气论角度,认为人之肉身、精神是气之生化,"阴气生为骨肉,阳气生为精神"①,"人死形亡而精存",犹"火灭光消而烛在"②之不可能,是对当时"神不灭"说的批判。王充的唯"物"思想沉重地打击了神学迷信,却把人的精神问题仅仅看做是一个迷信问题。从批判神学角度看,精神(灵魂)是随人之肉体生命的消亡而消亡的。然而,从哲学、美学角度分析,人的精神,却可以"活"在人的群体生命之中,并且代代相承。

精神是种族、民族与时代的人之群体生命的人文积淀。人类文化是由物质、制度、精神与传播即物、心物、心及其动态四大层次所构成的。人之肉体生命是有限的,但其所创造的精神产品并负载之精神(心)可能传之永远。这种人类文化的物质与精神的关系,以哲学、美学之简化方式来表述,便可以说是有、无-形、神-有限、无限的关系问题。

魏晋南北朝时期,人们固然未能彻底走出"神不灭"的神学迷氛,但就时代文化的总体而言,已经从王充与仲长统等唯"物"思想所到达的终点出发,将形神问题推演到一种真正纯粹而成熟的哲学、美学之境,并且体现在这一时代的艺术审美之中。人们认识到,艺术形态是生命意识的重要载体。它是人之生命存在的象征,从而以形神进而以有限无限这样的对应范畴来描述、评判与解说艺术审美课题,并标举神似与神韵等审美之境。

## 第四节　才、性之辨

除了"文的解放",魏晋南北朝突出的审美现象之一,还有所谓"人的解放"。这便是魏晋士人的人格审美与人格美的建构,基于生命哲学意义上的才、性之辨。

才、性之辨,是魏晋南北朝哲学与美学文化的一个重要命题。

才、性之辨,魏晋清谈命题之一。魏王弼指出,圣人有性且有"情","不性其情,焉能久行其正。此是情之正也。若心流荡失真,此是情之邪也。若以情近性,故云性其情"③。这里,作为哲学家的王弼,似乎并未像刘劭《人物志》那样直接谈论人格审美须从外貌到内在气质的问题,而是从玄学角

---

① 王充:《论衡·论死》。
② 同上。
③ 楼宇烈:《王弼集校释》下册,中华书局,1980年,第631至632页。

度,将"圣人"完美人格的审美问题纳入其关于情、性的哲学、美学思辨之中。在刘劭那里,以为"情发于目",所谓仪、容、声、色都是情的表征,此所谓情动于外。在王弼看来,"圣人"自然也是有情的,这与普通人没有区别。但是"圣人""性其情",即以性为本,可以做到本在之性与显现于外的情的统一。无论情、性,都本于自然,在"应物而无累于物"这一点上,人之情、性,无善无恶,原本为一。然而"不性其情",是"情之邪"。正如古书所载王弼语:"圣人茂于人者,神明也,同于人者,五情也。神明茂,故能体冲和以通无;五情同,故不能无哀乐以应物。然则圣人之情,应物而无累于物者也。"①外在之"体"之所以见"冲和"之形相,是因为人之情、性"通无"之故。一种人格之所以完美,是因为其"应物而无累于物",是从"物"(有)通向生命之"玄"(无),从外到内达于"无累"。郭象《庄子注》则以其"独化"说来释才、性,认为万物发生,"幽冥独化"而"自生"。"生生者谁哉?块然而自生耳。""天性所受,各有本分,不可逃,亦不可加。"万物非生于有,也不生于无,万物者"自生"。因此人之才、性,也是天然"自生"的,"任物之自为"的,"任其自为,则性命全矣","性命"之"全","全"于自然无为,即成完美人性与人格。

才、性之辨与人格审美的重要文本,主要是南朝宋刘义庆(公元403年—公元444年)所撰《世说新语》一书。才、性的审美问题,已入名士的文化视野。该书实际将自汉末魏初到东晋名士的才、性审美问题作为主题,大张魏晋风度。所谓魏晋风度,审容神、任放达、重才智、尚思辨是矣。这是笔者的概括。魏晋名士生于乱世,命运、前途未卜,故以清谈为尚,不为学究式的皓首穷经,而是灵机一动,机锋迭出,所谓"谈言微中"。牟宗三说:"谈言微中,是指用简单的几句话就能说得很中肯、很漂亮。"②名士清谈姿态潇洒,大多执一麈尾,机智应对,四座耸听,默然会心,气氛葱郁而谈吐优雅。

**魏晋风度之一,审容神。**

> 时人目王右军:"飘如游云,矫若惊龙。"
> 有人叹王恭形茂者云:"濯濯如春月柳。"
> 庾子嵩长不满七尺,腰带十围,颓然自放。
> 王右军见杜弘治,叹曰:"面如凝脂,眼如点漆……"③

---

① 《三国志·魏书·钟会传》注引。
② 牟宗三:《中国哲学十九讲》,上海古籍出版社,1997年,第214页。
③ 刘义庆:《世说新语·容止》。

所谓容神,并非一定是容貌漂亮,而是美在"容"之有"神"。漂亮可以是一种美,却往往是外在的、肤浅的美,甚至是不美的。如庾子嵩实为一个矮胖子(注:其身高"不满七尺",按当时古制一尺约等于 0.23 米计算,庾氏身高大约不到 1.61 米),然"颓然自放"者,就不是一般可以用眼睛看到的美,而是须以心感悟、默契的深层次的"容神"之美。

> 魏武将见匈奴使,自以形陋,不足雄远国,使崔季珪代。帝自捉刀立床头。既毕,令间谍问曰:"魏王何如?"匈奴使答曰:"魏王雅望非常。然床头捉刀人,此乃英雄也。"①

"雅望"虽美,尚不敌"形陋"而凛然、威武的"容神"之美。

**魏晋风度之二,兴之所至、率性而为。**

> 王子猷居山阴。夜大雪。眠觉,开室,命酌酒。四望皎然。因起彷徨。咏左思《招隐诗》。忽忆戴安道。时戴在剡。即便夜乘小船就之。经宿方至,造门不前而返。人问其故。王曰:"吾本乘兴而行,兴尽而返,何必见戴?"②

这种凡做事由兴致而来、不具任何功利目的而重过程的生活态度,体现出在后人看来是"任诞"的审美心胸,一种视生命为过程而非执求于目的的生命精神。

**魏晋风度之三,自然、诚笃、重情。**

> 潘岳妙有姿容好神情。少时挟弹出洛阳道,妇人遇者,莫不连手共萦之。左太冲绝丑,亦复效岳游遨。于是,群妪齐共乱唾之,委顿而返。③

无论是"群妪"的"连手共萦"、"齐共乱唾",还是左思的"效岳游遨"直至"委顿而返",都是率性真实、无遮无拦。

> 王仲宣好驴鸣。既葬。文帝临其丧,顾语同游:"王好驴鸣,可各作一声以送之。"赴客一作驴鸣。④

人间真情难得,不染一点尘累,真诚到如此地步,令人感慨之至。

---

① 刘义庆:《世说新语·容止》。
② 刘义庆:《世说新语·任诞》。
③ 刘义庆:《世说新语·容止》。
④ 刘义庆:《世说新语·伤逝》。

**魏晋风度之四,巧辞灵思、智慧俊拔。**

孔文举年十岁,随父到洛。时李元礼有盛名,为司隶校尉。诣门者,皆儁才清称及中表亲戚,乃通。文举至门,谓吏曰:"我乃李府君亲。"既通,前坐。元礼问曰:"君与仆有何亲?"对曰:"昔先君仲尼与君先人伯阳李聃有师资之尊,是仆与君奕世为通好也。"元礼及宾客莫不奇之。太中大夫陈韪后至,人以其语语之。韪曰:"小时了了,大未必佳。"文举曰:"想君小时,必当了了。"韪大踧踖。①

钟毓、钟会少有令誉。年十三,魏文帝闻之,语其父钟繇曰:"可令二子来。"于是敕见。毓面有汗,帝曰:"卿面何以汗?"毓对曰:"战战惶惶,汗出如浆。"复问会:"卿何以不汗?"对曰:"战战栗栗,汗不敢出。"②

少年才俊,敏思巧慧,言辞锐利,机锋迭出,真正内秀之极。

**魏晋风度之五,雅量、无私。**

郭林宗至汝南,造袁奉高,车不停轨,鸾不辍轭。诣黄叔度,乃弥日信宿。人问其故,林宗曰:"叔度汪汪如万顷之波,澄之不清,扰之不浊,其器深广,难测量也。"③

阮光禄在剡,会有好车,借者无不皆给。有人葬母,意欲借而不敢言。阮后闻之,叹曰:"吾有车而使人不敢借,何以车为?"遂焚之。④

俗话说,"心底无私天地宽",这"心"的"宇宙",确是"难测量也"。

**魏晋风度之六,生命的悲慨。**

《诗经》有云:"知我者,谓我心忧;不知我者,谓我何求?""忧"是《诗经》所传达的主要审美意绪之一。尽管如此,汉末魏初之前的人们,似乎对生命本在的"悲",并未作过多少认真、深致的哲学与美学思辨。人生悲邪?喜邪?或且悲且喜邪?孔夫子对此好像并未认真留意过。《论语》曾记述孔子"饭蔬食饮水,曲肱而枕之,乐亦在其中矣"以及"发愤忘食,乐以忘忧"之类的名言。《周易》强调"生生之谓易",即生生之谓乐。《周易》多次讲

---

① 刘义庆:《世说新语·言语》。
② 同上。
③ 刘义庆:《世说新语·德行》。
④ 同上。

生命之快乐,如"乐天知命,故不忧"等。全书仅一处说到一个"死"字,所谓"原始反终,故知死生之说",仅将"死"及其悲哀轻轻带过。《周易》说"忧患"①,如文王被拘于羑里而演易那样的家国社稷之"忧",如屈子那般的"伤时忧国"之"忧",而不是人之生命本在的"忧",《周易》所强调的人生信条确实是"乐天知命,故不忧。"②

然而时至汉末魏初,中华古人的群体意绪起了变化。《古诗十九首》里的那些诗句,便让人不能不深切地感到,处于乱世的人们尤其是作为时代和社会良心的文人士大夫,似乎一下子懂得生命本在的"痛苦"了。读曹操的《短歌行》③,加深了这一感受。曹丕《与吴质书》忆往日之游,写得甚为悲切:"清风夜起,悲笳微吟。乐往哀来,凄然伤怀。"面对不幸的个人遭际,陈思王曹植在《赠白马王彪》末章写道:"苦辛何虑思?天命信可疑。虚无求列仙,松子久吾欺。变故在斯须,百年谁能持?"不仅悲从中来,而且由叹生命之速逝、人生之无常而疑"天命"之安在。蔡文姬《悲愤诗》忧愤地唱道:"旦则号泣行,夜则悲吟坐。欲死不能得,欲生无一可。彼苍者何辜,乃遭此厄祸!"阮籍《咏怀诗》中,充满了"对酒不能言,凄怆怀苦辛"、"终身履薄冰,谁知我心焦"与"孤鸿号外野,翔鸟鸣北林。徘徊将何见,忧思独伤心"一类的诗句。这是一个"泪如泉涌"、"悲不自胜"的时代。钟嵘《诗品》称曹操"曹公古直,甚有悲凉之句",言王粲"发愁怆之词",所谓"悲凉"、"愁怆",亦是整个魏晋时代的人文意绪基调与文脉、文心。"观其时文,雅好慷慨,良由世积乱离,风衰俗怨,并志深而笔长,故梗概而多气。"④这种慷慨悲郁之气,构成魏晋风度、人格的深层依据之一,是对人生及其生命的一种感悟,也是对生命沉潜之力的观照与反思。

人之生命的悲慨之美,成为魏晋风度中极富深度的一种文化,它可以表现为外在的意绪,而其底蕴是沉重的。它是朗照之下生命的"阴影",夜暗之中生命的"亮色",美丽而富于力度。

魏晋风度充满了关于生命的悲剧感。其中所体现的悲,已经不是少年式的"为赋新辞强说愁"那样的"假性痛苦",而是这一时代与民族的"良知"所感受到的人之生命作为"美丽的悲剧"的切肤之痛。悲慨精神之所以

---

① 《易传·系辞》:"易之兴也,其于中古乎?作易者,其有忧患乎?"
② 《易传·系辞》。
③ 曹操《短歌行》:"对酒当歌,人生几何?譬如朝露,去日苦多。慨当以慷,忧思难忘。何以解忧,惟有杜康。"
④ 刘勰:《文心雕龙·时序》。

出现于魏晋,有三个原因:其一,时代的离乱与人生苦难;其二,由印度东渐以人生苦空及解脱为教义之佛学的深入影响;其三,时至魏晋,中华民族犹如一个人的成长那样,他告别了童年、少年而跨入了思虑趋于沉潜的青壮时代,从而感叹生命的深沉底蕴。

魏晋风度有恃才傲性的一面,有无才、性,是品人也是品文的标准。有才有性,具有个性,率性而自然,从汉儒传统的礼法束缚之中解脱出来,完成"以天合天"的人格上的自然主义与个性主义,遂使"晋人以虚灵的胸襟,玄学的意味体会自然,乃能表里澄澈,一片空明,建立最高的晶莹的美的意境"①;有一种"空潭泻春,古镜照神"、"疏瀹五脏,澡雪精神"、物我浑契、人天互答的审美心胸。魏晋人如此钟情于审美,真令后人惊羡不已。然而,我们不能误以为,魏晋人只是一味地"目送归鸿,手挥五弦。俯仰自得,游心太玄",似乎生来就是如此不食人间烟火似的。其实,他们作为名士,也生活得很实际、很艰难,有时也不免俗气。比如竹林名士中不乏饮酒的好手,以嵇、阮为尤。刘伶曾作过一篇《酒德颂》,想是喝酒喝得很有体会与心得的。无论真的喝得烂醉似泥,还是佯醉而发酒疯,都是内心极度痛苦的表现。

> 刘伶病酒,渴甚。从妇求酒。妇捐酒毁器,涕泣谏曰:"君饮太过,非摄生之道,必宜断之。"伶曰:"甚善。我不能自禁,唯当祝鬼神自誓断之耳。便可具酒肉。"妇曰:"敬闻命。"供酒肉于神前,请伶祝誓。伶跪而祝曰:"天生刘伶,以酒为名。一饮一斛,五斗解酲。妇人之言,慎不可听!"便引酒进肉,隗然已醉矣。②

> 刘伶恒纵酒放达,或脱衣裸形在屋中。人见讥之。伶曰:"我以天地为栋宇,屋宇为裈衣,诸君何为入我裈中?"③

> 诸阮皆能饮酒。仲容至宗人间共集,不复用常杯斟酌,以大瓮盛酒,围坐相向大酌。时有群猪来饮,直接去上,便共饮之。④

这种"任诞"行为,宣泄了"难得糊涂"的心态,以人欲(食欲)的放纵,求精神的解脱,不舍肉身而欲使灵肉共舞,实在可以说是一种很世俗的生命

---

① 宗白华:《美学散步》,上海人民出版社,1981年,第179页。
② 刘义庆:《世说新语·任诞》。
③ 僧肇:《不真空论》。
④ 刘义庆:《世说新语·任诞》。

痛苦的挣扎。

除了狂饮,一些魏晋名士还钟情于药石。服药,也是恃才、任性的魏晋风度的世俗表现之一。在这个人们笃信"酒正使人人自远"①的特定时代里,服药也成了一种风度、时髦。以服药养生、炼形与炼神的理念,源自先秦老庄"养生"思想与汉魏以来道教"炼丹"思想在魏晋的时代综合。玄学贵无派领军人物之一的何晏,不仅尚清谈,而且"是吃药的祖师"②。王弼与夏侯玄是他的"同志"。何晏所服药石,称五石散,大概由石钟乳、石硫黄、白石英、紫石英与赤石脂这五味药石所构成,有毒。因为何晏是名流,他吃开了头,时人便多效仿。服药之余,人便发寒发热,故必须不停地走路,称"行散"。又须冷水淋浴,吃寒性食物,故五石散又称寒食散。由于浑身发热,故裸形者有之,衣服也渐见宽大起来。鲁迅说:"现在有许多人以为,晋人轻裘缓带,宽衣,在当时是人们高逸的表现,其实不知他们是吃药的缘故。一班名人都吃药,穿的衣服都宽大,于是不吃药的也跟着名人,把衣服宽大起来了。"又说:"吃药之后,因皮肤易于磨破,穿鞋也不方便,故不穿鞋袜而穿屐。所以我们看晋人的画像或那时的文章,见他衣服宽大、不鞋而履,以为他一定是很舒服、很飘逸的了,其实他心里都是很苦的。"③这真是说得入木三分。又因服药中毒、穿宽大破衣又不常沐浴,身上难免多虱,偏又侃侃而娓娓,滔滔不绝,于是"扪虱而谈"成了一种"风度"。这在今人看来真是独具神韵、清通、放达、潇洒得很,其实是一副随意、邋遢、脏兮兮的样子。并且,由于嗜酒与滥服药石,身体便欠佳,精神意绪多焦虑甚至狂躁,"晋朝人多是脾气很坏,高傲,发狂,性暴如火的,大约便是服药的缘故。比方有苍蝇扰他,竟致拔剑追赶"④。服药是钟爱生命的表现,原在享受生命的快乐,结果却往往是对生命的戕害,但魏晋时人对这种生命的沉重付出,总是忽略不计,毫不在意,一意孤行,这便是魏晋风度在如何对待生命问题上的朴质、可爱与大度。魏晋风度在才、性层面上的表现,如此有血有肉,它的永恒的美的魅力,并非因其"美",而是因其今人怎么也学不来的"不美"甚至"丑"的缘故。

---

① 刘义庆:《世说新语·任诞》。这句话大意是说,酒正可以使人人无有俗思、俗情,达到精神的解脱。
② 鲁迅:《魏晋风度及文章与药及酒之关系》,《而已集》,人民文学出版社,1973 年,第 86 页。
③ 同上。
④ 同上。

## 第五节　以"无"说"空"

魏晋玄学的文化基质是老庄,儒学潜行其间,而作为其灵枢的佛学亦来相会。

在美学上,玄佛儒相会的意义是具有哲学与人文深度的,且影响深巨。

这里值得注意的,是玄佛儒相会的佛,主要指由印度入渐的佛教般若之学。自汉末到刘宋初年,中华佛学的主要流派,是般若学。这一历史时期,《般若经》译本甚多,最早是支娄迦谶的《道行》十卷,同为《大品般若》的《放光》行世于西晋,而《光赞》则流播于东晋道安时代。自鸠摩罗什入长安,又重译般若经典。汤用彤称,这一时期,"盛弘性空(引者注:指《般若》教义)典籍,此学遂如日中天。然《般若》之始盛,远在什公以前。而其所以盛之故,则在当时以《老》、《庄》、《般若》并谈。玄理既盛于正始之后,《般若》乃附之以光大"[①]。

"当时以《老》、《庄》、《般若》并谈",这话说得十分中肯。印度佛教自西汉末年入渐中土,其教义有一个不断被中国化即中华本土化的解读过程。魏晋之时,中华佛教史上曾经经历过一个所谓"格义"时期,"乃以本国之义理,拟配外来思想。此晋初所以有格义方法之兴起也"[②]。"格义者何? 格,量也。盖以中国思想比拟配合,以使人易于了解佛书之方法也。"[③]经过"格义",印度佛学的教义逐渐被改造为中国佛教信徒易于接受的东西。这"格义",内容便是"以《老》、《庄》、《般若》并谈"。

老庄思想与佛教般若之学的"对话",实际是魏晋玄学与般若学的对接,是魏晋玄、佛之际所发生的一个值得重视的精神事件。以涵蕴于玄学的老庄的"无",来并谈佛教般若学的"空",是这一场佛教"格义"的精神实质。以老庄之"无"来"误读"般若性空之学,于是便产生中华本土化了的般若性空说及其流派。于是东晋之时,便有所谓"六家七宗"。它们是:道安的本无宗;竺法深的本无异宗;支道林的即色宗;于法开的识含宗;道壹的幻化宗;支愍度的心无宗;于道邃的缘会宗。其中本无宗与本无异宗同宗异派,故为"六家七宗"。

---

[①] 汤用彤:《汉魏两晋南北朝佛教史》上册,中华书局,1983年,第164页。
[②] 同上书,第168页。
[③] 同上。

唐元康《肇论疏》云："论有六家，分成七宗。""第一家，以理实无有为空，凡夫谓有为有，空则真谛，有则俗谛。第二家，以色性是空为空，色体是有为有。第三家，以离缘无心为空，合缘有心为有。第四家，以心从缘生为空，离缘别有心体为有。第五家，以邪见所计心空为空，不空因缘所生之心为有。第六家，以色色所依之物实空为空。世流布中假名为有。"各家各宗义各有别，都是在以"无"说"空"之大前提下所存在的差别。如关于本无宗，慧达《肇论序》说："本无之所无者，谓之本无。"以"本无"说般若性空，故"本无与法性同实而异名也"。因而正如汤用彤所言："释家性空之说，适有似于《老》、《庄》之虚无。佛之涅槃寂灭，又可比于《老》、《庄》之无为。"①吉藏《中观论疏》在谈到道安本无宗时也说："安公明本无者，一切诸法，本性空寂，故云本无。"显然，这里所言"本无"，实即"本空"。又如心无宗，僧肇《不真空论》称："心无者，无心于万物，万物未尝无。"又说："此得在于神静，失在于物虚。"物本实在而不虚。不虚者，有。所以元康《肇论疏》云："然物是有，不曾无也。"但是，物虽有，却可以做到主体于物无所执著、无所滞累，即"但于物上不起执心，故言其空"。于是，佛教所谓般若性空，可以用"般若心空"来加以描述，性空者，心空。心若空诸一切，便是一切的物性空幻。而心空者，则"无心于万物"也。故，心空者，又可以用"心无"来言说。

以"无"说"空"，谈"空"论"无"，进出方便，往来无碍，这便是魏晋时期中华哲学、美学在玄学笼罩下的玄、佛、儒之际的所谓"格义"，它既改造了印度入渐的般若之学，又熔铸了具有学理精神的魏晋玄学与儒学，一种新的美学精神酝酿其间。

印度佛教般若经典译介于魏晋，玄学有主要的接引之功。在印度佛教中，般若性空之学与涅槃佛性之论属于不尽相同的两个佛学思想体系。般若性空思想之远端，是印度原始佛学所倡言的"诸行无常，诸法无我，因缘而起"说。万法即一切事物、现象因缘而起，念念无住，故无自性，故曰"性空"。"性空缘起"论的思想主旨，为"四大皆空"，不仅万事万物皆空，就连这"空"也是"空"的。以"空"来不断消解事物的本体，永不停留地"否定"，这便是般若之智。般若者，智慧之谓。如能默照于此，便悟入般若之境。佛经云，因缘所生之法，究竟而无实有曰空。《维摩经·弟子品》说："诸法究竟无所有，是空义。"龙树《中论》则说："众因缘生法，我说即是空。亦为是

---

① 汤用彤：《汉魏两晋南北朝佛教史》上册，中华书局，1983年，第172页。

假名,亦是中道义。"中者,不二之义,双非双照之目,绝待之称。这里的"二"与"双",指"空"与"有"。离开"空"、"有"两边,是谓中道。既破斥性空,又破斥假有,进而更破斥执"中"之见,是究竟无实有而毕竟空,乃无上智慧。这是大乘空宗般若性空之学的根本义之一。

般若性空之学,说"空"而永不执著于"空"。比较而言,涅槃佛性说却以"空"为"有",即在承认"四大皆空"的前提下,将这"空"看做是一种"存在"。般若学以万法为"空",终无自性,不仅"空"现象,而且"空"本质,就连这本质之"空"也是"空"的。佛性论虽然承认一切事物现象虚妄不实("空"),一切事物本质也是"空"的,但是又承认这本质之"空"是一"存在",认为佛性是"存在",真如是"存在",亦称为"妙有"。两者的区别在于,般若性空之学彻底破斥它根本不承认的一切事物现象的"自性",且"空诸一切",就连"空"本身亦无"存有"的地位与可能;涅槃佛性论却在承认万法皆空的同时,去执著地追求这作为事物本质的"空"。这"空",其实就是涅槃,就是佛性。

般若性空之学以无尽的破斥与否定,以无所执著为精神上的"终极关情"(实质上,般若性空之学以消解"空"即消解"终极"为"终极关怀")。涅槃佛性论以执著于"空"(佛性)为终极关怀。在本体意义上,涅槃佛性论其实并非绝对地空诸一切,而是以"空"为实相的,即以"空"为真实、为"存在"。正如《涅槃经》所强调的:"佛性常住,无变易故","惟有如来、法、僧、佛性,不在二空(引者注:指内空、外空)。何以故?如是四法,常乐我净,是故四法不名为空"。

般若之学与佛性之论在关于事物本质之"空"的无所执著还是有所执著这一点上见出了分野。而印度般若性空之学对"空"的无所执著所体现出来的终极观与思维习惯,不是魏晋时人所能够立即领会与适应的。于是便有以魏晋玄学关于事物本体"无"的先入之见即"前理解"来"误读"般若性空之学。如前所述,中华佛教的般若性空之学,肇始于高僧鸠摩罗什在中土对印度般若佛学经典的译传,成就于中华僧人僧肇。在罗什与僧肇之前,以"六家七宗"为前奏。僧肇作为罗什弟子,他的《不真空论》、《物不迁论》、《般若无知论》与《涅槃无名论》等,虽主要论述了般若学所谓"不真"故"空"的思想,而此时恰逢晋、宋二代"以无为本"之玄学思潮盛行,玄学之哲学理性上的返本摄宗意识、谈有说无的魏晋名士兼名僧的清谈风度,构成了当时玄、佛与儒趋于合流的时代人文氛围。玄学"以无为本"的本体论,有力地影响了大乘空宗般若学佛典及其思想的译介、流播与重构。汤用彤

《汉魏两晋南北朝佛教史》说:"惟僧肇特点在能取庄生之说,独有会心,而纯粹运用之于本体论。"①追摄本体是什么以及执著于本体的哲学与美学旨趣,是自魏晋"六家七宗"到罗什、僧肇之般若之学的共同思想与思维特点。玄学哲学与美学理念的必然渗入,推动了印度入渐的般若性空之学中华本土化的历史进程。由于执著于事物本体(无)及其美的魏晋玄学观的渗融,便使无所执著于事物本体之"空"的印度般若性空之学,嬗变成易为中国人所接受的中华佛教的般若性空之学,这种中华的般若学,在有所执著于事物本体"空"及其美这一点上,已与佛教涅槃佛性论无甚区别。这是印度大乘般若学教义的中土化与玄学化,实际开启了中华般若性空之学向涅槃佛性论转递的"方便"之门。然而这"方便"之门的开启,又是以儒学为潜因的。

这一特点,在慧远佛学思想中也同样表现出来。据《高僧传·释慧远传》,慧远曾撰《法性论》云:"至极以不变不性,得性以体极为宗。"这里,"至极",即中华佛教所追寻的涅槃佛性、真如本体,它固然原本不"空"不"有"、"空"、"有"双离,其性却是"不变"的,而且是一个可被体悟、默照与追执的对象。慧远的这一佛学名言,本意是在谈论大乘空宗的般若之学,而其思想归趣,却已跨入主张以佛性("空")为"妙有"的涅槃之境。这一点,其实早被元康《肇论疏》所看破:"问云:性空是法性乎?答曰:非。"这里,慧远的"法性"论,其实已经不是本来意义的般若性空之见。赖永海《中国佛性论》一书指出:"慧远的'法性'与般若性空不是一回事,性空是由空得名,把'性'空掉了;而'法性'之'性'为实有,是法真性(引者注:妙有、真如、佛性)。实际上,慧远的'法性论'更接近于魏晋的'本无'说,即都承认有一个形而上学的实体。"可谓中肯之见。而一旦承认事物实体(空)为"妙有",可以被执著,成为精神上的一种"终极性存在",那么,这种名义上的般若性空之见,其实已经趋入涅槃佛性境界。

魏晋这一以儒为潜因的玄、佛相会精神事件的美学意义,值得重视。

其一,自何晏、王弼初倡玄学"贵无"之说,经阮籍、嵇康发扬光大,到向秀、郭象标榜"玄冥"、"独化"的玄学本体论,魏晋玄学之美学的"贵无"一支,取以"无"为"原美"的本体论立场。这一立场,为魏晋玄学的美学,奠定了一种哲学本体论的形上基础。由于以王弼为代表的"以无为本"说,倡言"扫象"、"忘象",使得这种美学思想不滞累于象,更不滞累、拘泥于物,因此

---

① 汤用彤:《汉魏两晋南北朝佛教史》上册,中华书局,1983年,第240页。

可以说，中华美学发展到魏晋以王弼为代表的"贵无"的美论阶段，其思辨的形上性，已达到中华传统文化哲学之思维的顶峰。它为伴随以情感的审美思辨、冥会与领悟美的空灵的境界，提供了无限的契机。当然，这种"无限"的思辨与向往，仍然局限于世间即此岸。而自西汉末年印度佛教东渐、尤其在魏晋由印度佛教般若之学日渐流播，本来可为历史与时代提供一个机会，促使中华文化及其美学的思维从世间、此岸向出世间、彼岸迈越，然而，中华本土文化及其审美意识最终还是用"以无为本"来消解般若性空之学"以空为空"的思想，让思维框架依然基本建构在世间与此岸。魏晋玄学名士与名僧往往相互交往、应答，以"无"为美或是以"无"说"空"，可是虽言"空幻"，实际上仍执著于"无"的境界，从而证明中华美学生就葱郁勃发之气，坚守它的本土立场。这里"本土"可以被改造、丰富与发展，却没有"缺席"，更不会"失语"。"本土"的存在，是潜在而无所不至的。任何无视、忽视"本土"的美学建构，都是不会成功的。

其二，尽管魏晋以儒为潜因的玄、佛相会的美学，是以"无"说"空"，基本执著于世间、此岸，且维护了中华本土文化的立场，但这不等于说，这玄、佛相会的美学比起以往的中华美学来，没有历史与人文的推进。从文脉看，魏晋玄、佛相会的美学对于整个中华美学而言，是一次重要的精神的锻炼。这锻炼，虽然基本立足在世间、此岸，而其美学思想意绪，却已时时趋向于出世间，即佛教的彼岸。从此，中华美学思维与思想的时空域限，已经不在"有"（物）、"无"（本体）之际而是在于"无"（此岸）、"空"（彼岸）之际。出入、隐显于世间与出世间，使精神在"无"、"空"之际往来无碍，成为魏晋之后中华美学文脉的基本走向之一。这一特点，发展到唐代的禅宗美学，已经是很典型的了。

魏晋的玄、佛相会，同样集中地体现在以"无"说"空"的僧肇的美学思想之中。

僧肇的高明处，是站在中华传统文化的立场，尽可能地融合、贯通由印度入传的大乘空宗的般若之学。僧肇精勤于"解空"，而不是简单地以"无"解"空"，他是在批判地对待印度佛学的同时，对中华传统文化尤其当下的玄学持批判的文化态度。他以玄学之见去观照般若空义，又以般若空义来审视老庄无义。从《涅槃无名论》看，僧肇在这里采用了一系列老庄术语，如无为、无名、无言、谷神、绝智、抱一与自然等，重申"高下相倾，有无相生，此乃自然之教"等玄学思想，而对"六家七宗"中本无、心无与即色三家的思想表示了不满。如对本无宗，僧肇说：

> 本无者,情尚于无多。触言以宾无,故非有,有即无;非无,无即无。寻夫立文之本旨者,直以非有非真有,非无非真无耳,何必非有无此有,非无无彼无?此直好无之谈,岂顺通事实,即物之情哉?①

"好无"是先秦道家的思想与思维旨趣,玄学也是基本"好无"的。僧肇对这"好无之谈"表示了异议。在他看来,本无宗的缺失,在"情尚于无多",即往往执著、滞累于"无",这不符佛教般若空义。在中华佛学史上号称"解空第一"的僧肇,其名作《不真空论》在批判地继承印度佛教般若空宗学说的前提下,提出与阐述其"不真"故"空"的见解。在僧肇看来,首先,一切事物现象因缘而起、刹那生灭,故无自性。无自性即性空。性空即不有。"物从因缘故不有"②。其次,一切事物现象的名称,都是世俗经验层次上的一种预设,是对"假有"的假定。"假定"的预设,是"假名"。"假名"者,"不真"。"以名求物,物无当名之实。"③一切均"名"不副"实","名"与"真"毫无联系。再次,世俗意义上的"有",是"假有","无",亦是"假无";"假有"、"假无"者,"不真"。"不真"即"空"。同时更重要的是,执"有"者,执"假"也;执"无"者,亦执"假"也。而所谓执"空",又如何呢?由于执"空"本身即意味着,要么将"空"作为"有",要么作为"无"来执著,那么这执"空",反倒成为又一种精神滞累。而且,"空"(正如"真")作为一种事物现象本体的名称,也无非是关于事物本体的一个"假名"而已,如何可被执著?故而在僧肇看来,如一味执"空",则有类于执"有"、执"无";执"空",便落入"有"(假有)、"无"(假无)之泥淖与烦恼之中,不能进入所谓"乘千化而不变,履万惑而常能"④的精神境界。但是,根据中观义,承认万物本"空",其实已是落入"假有"、"假无"的语境之中。作为本体的"空",即言万物(色)无自性,又承认其本身直接体于万物的"假有"、"假无"之中。此即无染无净,亦染亦净。因此,"不真空"的意思,从真谛看,非有非无非空。这非空,指以空为空,真空,亦即罗什所谓"毕竟空"。从俗谛看,亦有亦无亦空。僧肇所谓"有","有非真有"(注:世界本非"真有";"非真有","假有"也);所谓"无",并非佛家言,道家、玄学之言。佛禅讲"缘起",一旦承认"缘起"说,则万物本原、本体必非"无"而是"空"。所以僧肇说:"万物若无,则不应

---

① 僧肇:《不真空论》。
② 同上。
③ 同上。
④ 同上。

起,起则非无。以明缘起故不无也。"①

可见,中华佛教发展到僧肇时期,其思虑的深致性,表现为从"六家七宗"以"无"说"空",向僧肇的以"真空"("毕竟空")破斥"有"、"无"的方向转递。僧肇(384—414,一说374—414)生活于玄学盛期已过的时代,在僧肇的全部著述中,虽然有时仍在申言玄论,如其《答刘遗民书》所言"玄心默照,理极同无",可见玄学"以无为本"的本体论对其思想的有力影响,然而,僧肇在中华佛学史上的贡献,主要是在理论上努力澄清不合佛学本义的思想,他的佛学理论一方面依然受到玄学的影响,另一方面则将般若性空之义从对玄学的依附状态中"解放"出来。在美学上,僧肇的"真空"("毕竟空")说拓展了思考美之本原、本体的思路,其思想与思维的触须伸向出世间而又不离世间,遂成为唐代禅宗美学的时代先声,同时也为唐代佛禅思想在人生与艺术审美意义上所建构的空灵意境说,准备了思想与思维资料。

## 第六节 "唯务折衷":《文心雕龙》美学的文化素质

中华美学史上,自先秦至南朝梁代最具思想与理论深度的美论,非刘勰《文心雕龙》莫属。是书学界一向研讨尤多,著述林立,成果丰硕,在此勿赘。但有一大重要理论问题,看来尚有进一步讨论的必要,即《文心雕龙》的美学、理论系统,究竟是在什么文化、哲学思想的影响下建构起来的?亦即其思想、理论系统的文化素质与哲学本色,到底是属儒、属道(玄)、属佛,还是儒、道、佛思想的三栖"折衷"? 厘清这一问题,对于进一步推动《文心雕龙》美学思想的深入研究,无疑具有重要的理论意义。

### 一、亦儒非儒

多年以来,学界多将《文心雕龙》美学的文化基质与哲学本色归之于儒。李泽厚、刘纲纪指出:"从《原道》及《文心雕龙》全书可以清楚地看出,儒家的重要经典《易传》的基本思想是《文心雕龙》的根本的理论基础。"②王元化也说:"《文心雕龙》的基本观点是'宗经'","《文心雕龙》书中所表

---

① 僧肇:《不真空论》。
② 李泽厚、刘纲纪:《中国美学史》第二卷,中国社会科学院出版社,1987年,第623页。

现的基本观点是儒家思想,而不是佛学或玄学思想。"①《文心雕龙》一书对《易传》儒家之论的采用,确实在在皆是。如其《原道》篇所谓"仰观吐曜,俯察含章,高卑定位,故两仪既生矣"。所谓"人文之元,肇自太极,幽赞神明,易象惟先。庖牺画其始,仲尼翼其终。而乾坤两卦,独制文言"等等言述,直接源自先秦儒家著作《易传》。又如《宗经》篇直言:"经也者,恒久之至道,不刊之鸿教也。故象天地,效鬼神,参物序,制人纪,洞性灵之奥区,极文章之骨髓者也。"再如《序志》篇云:"盖《文心》之作也,本乎道,师乎圣,体乎经,酌乎纬,辨乎骚,文之枢纽,亦云极矣。"凡此,亦是富于儒味的言论。

可是,《文心雕龙》不仅宗儒,而且非儒。

第一,正如前引,尽管《文心雕龙》有所谓"盖《文心》之作也,本乎道,师乎圣,体乎经"之偏于儒的言说以及文中几乎到处可见儒家著作《易传》之类的文辞及其思想,但如果将"原道"、"征圣"与"宗经"篇的主旨统归于儒,则是失之公允的。比如关于"原道"的道,究竟指儒家所倡言的政治伦理、齐家治国平天下的道,还是道家作为哲学本原、本体的"道"?这是关系到《文心雕龙》"文之枢纽"即其"本"属儒抑或属道的根本问题,不可不辨也。

显然,《文心雕龙》所言"原道"的"道",指道家(玄学)哲学的本原、本体意义上的"自然之道"。该书一开头就明确指出:"文之为德也大矣,与天地并生者何哉?夫玄黄色杂,方圆体分,日月叠璧,以垂丽天之象,山川焕绮,以铺理地之形。此盖道之文也。"这里,刘勰把"文"与天地万象看做并列、并生的一种东西,指出它们都是作为本原、本体之道的美的显现,道是显现文章之美与自然万类之美的本在。就美"文"而言,自当为"心"所造,这"心",决非计较功利、是非之心,而是契道、悟道之心。这道,即《原道》所言"心生而言立,言立而文明,自然之道也"。自然者,文之本原。文之美,不是用美丽的辞藻外饰于伦理道德思想情感之故,而是自然即道本身,就是"文"及其美的内在根据,或云自然本身就是美的。《原道》云:"云霞雕色,有逾画工之妙;草木贲华,无待锦匠之奇。夫岂外饰?盖自然耳。"这里,刘勰无疑接受了自先秦道家到魏晋玄学关于道(自然)为本原、本体的文化、哲学思想,是对自然美的大力肯定。刘勰所谓"原道",是"原"(回归)于道家之道的意思。尽管他将道(本乎道)与"师乎圣,体乎经,酌乎纬,辨乎骚"

---

① 王元化:《文心雕龙讲疏》,上海古籍出版社,1992年,第10、15页。

并提,但刘勰的美学思想首先是"本乎"此道的。

这种以道为本又不弃儒说,即将道与圣、经、纬、骚并述的思维方式,类于汉初《淮南子》。《淮南子》"原道训"篇称"夫道者,覆天载地。廓四方,柝八极。高不可际,深不可测。包裹天地禀受无形",指道为万物及人文之本原、本体。高诱注云:"原,本也。本道根真,包裹天地,以历万物,故曰原道。"《淮南子》"旨近老子"兼取儒家之说的思维模式,为刘勰《文心雕龙》所承接,此《原道》篇所谓"故知'道'沿'圣'以垂'文','圣'因'文'而明'道'",取一种偏于道家(玄学)又不舍儒说的美论立场。这正如范文澜所言,《文心雕龙》的高明处,在于"识其本乃不逐其末",其"文以载道,明其当然;文原于道,明其本然"。[①] 在标举道家"文原于道"之"本然"论的前提下,来称说儒家"文以载道"的"当然"论,这是刘勰的美学之思受到魏晋玄(道)学所谓"崇本以息末"思想影响的缘故。

第二,《文心雕龙·序志》云:"予(刘勰)生七龄,乃梦彩云若锦,则攀而采之。齿在踰立,则尝夜梦执丹漆之礼器,随仲尼而南行。"确为刘勰自幼尊孔、尊儒的一大实据,我们没有任何理由加以怀疑。但问题还有另一面,即刘勰在尊崇孔儒的人生经历中,又同时有崇佛的思想经历。据《梁书·刘勰传》:"勰早孤,笃志好学,家贫不婚娶,依沙门僧祐,与之居处积十余年。"王元化《刘勰身世与士庶区别问题》一文,考刘氏"并不是出身于士族,而是出身于家道中落的贫寒庶族"[②],可谓中肯。刘勰出生、生活于这样一个家庭,自幼追崇儒门且于此用心甚为急迫是很自然的。其少时又"依沙门僧祐",始终以"白衣"身份"寄居"于定林寺,当时并未正式出家也是可以理解的。所以一遇机会,便舍佛门之清静而登仕去了。可是,刘勰最后还是走上了出家的人生归途。刘勰终于遁入空门,固然有"家贫"与出仕受挫这两个外在原因,而其根本之因,应是由于当时时代生活方式、习俗、思潮与氛围所造成的出家之途以及刘勰自少时依傍寺庙所培育、积淀而成的从佛人生观,否则,便难以理解其为何终身"不婚娶"。"不婚娶"者,固然有"家贫"这个原因,但如果刘勰心灵深处不具备相当牢结的从佛、崇佛的人生理念,即使"家贫",也不至于"终身不婚娶"。《梁书·刘勰传》称其"遂启求出家,先燔鬓发以自誓",从其态度之如此决绝可以证明,热衷于入世的儒家思想,在此时的刘勰心目中其实已经轰然倒塌。崇佛是一个曲折而漫长

---

[①] 范文澜:《文心雕龙注》上册,人民文学出版社,1978年,第4页。
[②] 王元化:《文心雕龙讲疏》,上海古籍出版社,1992年,第26页。

的人生过程,也成为奠定《文心雕龙》美学思想亦儒非儒的一个坚实的人格基础。

二、亦道非道

正如前述,《文心雕龙》既然以"道"(自然之道)为文章、文思之"本然",那么,由于魏晋玄学的哲学本原、本体论本源于先秦道家的道论,道在魏晋玄学贵无派那里,被解说为"玄"、"无",所以,《文心雕龙》的美学本旨有从玄、尊无、体道的品格是必然的。自魏初何晏、王弼倡言玄学贵无之论,到南朝梁代刘勰所生活、活动的这一时代,玄学的盛期已过。虽然如此,但玄学广泛深远的思想影响依然存在。刘勰生当此时,其思想受到玄学贵无论的濡染也是很自然的。仅从其"原道"之说的推崇自然之道来看,就已证明其思想有入于道家一路的特点。道家实为玄学的精神祖先,刘勰对此褒扬有加。《文心雕龙·诸子》云,"李实孔师,圣贤并世,而经子异流矣"。其《情采》篇又称:"老子疾伪,故称'美言不信',而五千精妙,则非弃美矣。"对老子及其美学思想无疑持肯定的态度。《文心雕龙》又说,"庄周述道以翱翔","庄周齐物,以论为名","列御寇之书,气伟而采奇",亦抓住庄了子等辈的思想要旨。《文心雕龙·神思》更是鲜明地以道家思想为其理论特色。其一有云,"暨乎篇成,半折心始",十分简练、准确地解读了通行本《老子》所谓"道可道,非常道"的思想精髓。其二又云:"枢机方通,则物无隐貌;关键将塞,则神有遁心。是以陶钧文思,贵在虚静,疏瀹五藏,澡雪精神。"这是通行本《老子》所言"致虚极,守静笃"的南朝梁代版,也是《庄子》"心斋"、"坐忘"说的传承与阐解。

无疑,刘勰是老庄知音,《文心雕龙》的美学与玄(道)学相契是顺理成章的事。刘勰对一些玄学家及其玄论也很是推崇,对傅嘏的才、性之辨、王粲的玄伐之说、嵇康的声无哀乐论、夏侯玄的本无之见、王弼的《老子注》与《周易略例》以及何晏的"无为"、"无名"观,评价很高,其《论说》篇称它们都是"师心独见,锋颖精密,盖人伦之英也"。又称宋岱、郭象与裴頠诸玄学家"并独步当时,流声后代"。其《明诗》篇又对嵇康、阮籍的诗、文尤为称赞,说"唯嵇志清峻,阮旨遥深,故能标焉"。在思维方式与方法论上,《文心雕龙》受玄学影响亦很明显。其《章句》篇所谓"振本而从末,知一而毕万矣",其《总术》篇所谓"务先大体;鉴必穷源。乘一总万,举要治繁",等等,与玄学"崇本以息末"论相比较,则显然《文心雕龙》之论是传承于玄学的。所以,确实有足够的理由证明,《文心雕龙》一书的美学,濡染于玄思、玄辨。

可是,这仅是问题的一个方面。实际上,刘勰对玄学的文化立场与态度,并非仅执著于此而没有任何保留与批判。比如他一方面称何晏等辈"盖人伦之英也",另一方面其《明诗》篇却直言不讳地讥评"何晏之徒,率多浮浅"。又称"江左篇制,溺乎玄风。嗤笑徇务之志,崇盛忘机之谈",显然表达了对当时玄风独扇的不满。对"诗必柱下之旨归,赋乃漆园之义疏"的诗坛现状,也多有微词。且在《论说》篇里将那玄学崇有、贵无两派一笔抹煞:"然滞有者,全系于形用;贵无者,专守于寂寥。徒锐偏解,莫诣正理。"正如前述,刘勰一方面称颂"庄周述道以翱翔",另一方面,其《情采》篇又说:"详览《庄》、《韩》,则见华实过乎淫侈。"一方面称玄学天才少年"王弼之解《易》,要约明畅,可为式矣",这是对王弼注《易》尽扫象数、专重义理之学的肯定,另一方面在同一篇《论说》中,又称颂儒家"毛公之训《诗》,安国之传《书》,郑君之释《礼》",说毛苌、孔安国与郑玄的儒家言论,与王弼注《易》一样,都具有"通人恶烦,羞学章句"的特点。一方面对"非汤武而薄周孔"的阮籍、嵇康大加褒扬,另一方面,其《原道》篇又歌赞"文王患忧,繇辞炳曜,符采复隐,精义坚深",而"至夫子继圣,独秀前哲,熔钧六经,必金声而玉振",此对以政治教化为目的的儒家美学观一再肯定。同样,刘勰一方面肯定道(玄)、儒,另一方面又不弃佛说,称玄思虽然幽微,到底不及"动极神源"的"般若之绝境",此《论说》篇所言"绝境"云云,范文澜称之为"用思至深之地"①。可见,《文心雕龙》美学的文化、哲学立场,确是亦道(玄)非道的。

### 三、亦佛非佛

那么,《文心雕龙》关于佛学又到底采取怎样的文化态度与哲学立场呢?答曰:亦佛非佛。

首先,《文心雕龙》一书采用佛教言辞与概念之处并不鲜见。如《明诗》篇所言"随性适分,鲜能通圆"、《指瑕》篇所言"言虑动难圆,鲜无瑕病"与《杂文》篇所言"足使义明而词净,事圆而音泽"的"圆";《论说》篇所谓"故其义圆通,辞忌枝碎"的"圆通";《比兴》篇所说"诗人比兴,触物圆览"的"圆览";《神思》篇关于"研阅以穷照,驯致以怿辞"的"穷照"以及"独照之匠,窥意象而运斤"的"独照";又如前引《论说》篇"动极神源,其般若之绝境乎"的"般若",等等,都与佛学理念有关。

---

① 范文澜:《文心雕龙注》上册,第346页。

其次,从刘勰现存著述看,除《文心雕龙》之外,另有《灭惑论》(见于《弘明集》卷八)与《梁建安王造剡山石城寺石像碑》(《会稽掇英总集》卷十六)两文存世,均为佛学著述。其中《灭惑论》尤值得重视。其文有云:"妙法真境,本固无二。佛之至也,则空玄无形,而万象并应,寂灭无心,而玄智弥照。"又言:"大乘圆极,穷理尽妙。故明二谛以遣有,辨三空以标天。四等弘其胜心,六度振其苦业。"虽则刘勰撰《灭惑论》一文,当在其入梁之后任记室之时,而《文心》之作,约始撰于齐明帝建武三、四年(公元496、公元497),撰就于齐和帝中兴二年(公元501),写成年代有先后,但两著在崇佛这一点上,无疑是前后相通而一贯的。

正如前述,刘勰具有佛学的学术素养。《梁书·刘勰传》称其"笃志好学"、"博通经论","因区别部类,录而序之。今定林寺经藏,勰所定也","勰为文长于佛理,京师寺塔及名僧碑志,必请勰制文"。《梁书》为唐姚思廉所撰,唐贞观三年(公元629)奉命始撰,在其父姚察旧稿基础上历时七载而成。其去南朝齐梁未远,故所记勰"长于佛理"之说应当可靠。范文澜说:"彦和精湛佛理。《文心雕龙》之作,科条分明,往古所无。自《书记》篇以上,即所谓界品也;《神思》篇以下,即所谓问论也。盖采取释书法式而为之,故能辐理明晰若此。"①所言甚是。

尤其值得注意的是,虽然以往学界多认为《文心雕龙》体例与思维结构即"法式"受印度佛教因明学影响的见解难以成立②,但是,从《文心》一书现存体例看,其深受佛教成实论思想的影响,则是肯定的。齐梁之世,"成实"蜂起,论师云集。《高僧传》称北朝与南朝,共有成实师七十余人。南朝"成实"思潮,始倡于僧导。僧导参与罗什译经,著《成实义疏》等。南朝齐代的成实论师,以僧柔、慧次为著名。其中僧柔法师就在刘勰依僧祐所居的定林寺弘法。《出三藏记集》有关于"文宣王(引者注:萧子良)招集京师硕学名僧五百余人,请定林僧柔法师"宣讲"成实"的记载。而据《高僧传》,僧

---

① 范文澜:《文心雕龙注》下册,第728页。
② 笔者注:因为其一,最早于北魏孝文帝延兴二年(472)译出的因明学著作《方便心论》,其实并未引起当时学界的注意。刘勰生卒年约在公元465至532年,《方便心论》译出时,刘勰大约七八岁。其撰成《文心雕龙》一书约在35至36岁之时(501)。译于北魏的《方便心论》是否此时已传入南朝以及该书的因明之学是否对刘勰具有实际思想影响,均不可考。其二,印度因明学的另外二著《回诤论》与《如实论》,前者译成于东魏孝静帝兴和三年(541),后者译成于梁简文帝大宝元年(550),都是刘勰谢世之后的事,当然更谈不上因明学对《文心雕龙》的实际影响。

祐与僧柔为同辈友好，称"沙门释僧祐与柔少长山栖，同止岁久，亟挹道心"。五百余人的宣讲集会，僧祐不仅是参与者，而且是记录者，并参与《成实论》略本的删节工作，撰成一篇《略成实论序》。可见，刘勰所依从的僧祐亦精通"成实"论。至于刘勰本人是否亦精通成实之说，虽并无直接证据，但据《梁书·刘勰传》，僧柔圆寂，曾由僧祐制碑，刘勰撰写碑文。可见刘勰与两位大师过从甚密，刘勰受到僧柔、僧祐"成实"思想的深刻影响，应该是可能的。

从《文心雕龙》的体例看，其借鉴《成实论》的法式结构则是很显然的。《文心雕龙》一书内容，分五大部分，即文原论、文体论、文术论、文评论与绪论，《成实论》内容，亦分五大部分，称为"五聚"，即发聚、苦谛聚、集谛聚、灭谛聚与道谛聚。可见，《文心雕龙》的总体框架与思维模式，受启于《成实论》。而《文心雕龙》五部分之内部结构，也与《成实论》"五聚"之每一"聚"基本类似。如《文心雕龙》文原论包括原道论、征圣论与宗经论，以正纬论、辨骚论为"余论"；《成实论》的"发聚"也包括佛宝论、法宝论与僧宝论，以十论为"余论"。又如《文心雕龙》文术论，分"剖情析采，笼圈条贯"与"摛神性、图风势，苞会通，阅声字"两部分，偏偏《成实论》"五聚"相应位置的"集谛聚"，也分"业论"与"烦恼论"两部分。

不难看出，《文心雕龙》全书的体例、结构与思维方式，的确受到佛教《成实论》思维结构的深刻影响。

可是，笔者在研读《文心雕龙》时又发现，该书的法式、结构，不仅受佛教"成实"思维的影响，而且也打上了儒家《周易》占筮理念的烙印。

《文心雕龙·序志》有云，全书"论文叙笔"，"选文以定篇，敷理以举统"，在总体结构上，具有"纲领明矣"、"毛目显矣"的鲜明特点。而"位理定名，彰乎大易之数，其为文用，四十九篇而已。"刘勰这一关于全书总体结构的"夫子自道"，可以说一直为诸多《文心雕龙》研究者所忽视。

显然，《文心雕龙》全书凡五十篇即"程器"篇及其前共四十九篇加上第五十"序志"篇这一总篇目数，决非刘勰随意为之，而是精心设计的。它是《周易》所载古筮法"大衍之数"即《文心雕龙》所说的"大易之数"的借用。《易传·系辞上》说："大衍之数（引者注：即"大易之数"）五十，共用四十有九。"是说古人进行易筮活动时，取筮策五十，任取其中一策不用，以象征太极，用余下的四十九策进行占筮。显然，《文心雕龙》全书凡五十篇，得启于儒家经典《周易》的"大衍之数五十"的"五十"。五十篇为一加四十九，即"序志"篇加四十九篇。可见"序志"篇在全书地位的重要。在结构上，刘勰特以"一加四十九共五十"这一模式经营全书,说明其对《周易》的熟悉与钟爱。刘勰采用"大易之数"来结构全书,安排篇目,可谓用心良苦,证明《文心雕龙》又确有宗儒的一面而并非独取佛教"成实"的结构法,故具有亦佛非佛的人文素质与思维特点。

**四、"唯务折衷"**

要之,《文心雕龙》美学的文化选择,绝不是单打一的,说其宗儒,抑或宗道(玄),抑或宗佛,均不符其文本实际,而是道(玄)、儒、佛的三栖相会,是亦儒亦道亦佛又非儒非道非佛,鲜明地呈现出复杂、宏博的精神面貌与人文内涵。《文心雕龙》是中华文化史上巨大、复繁、矛盾而深邃的一个美学思想与文论系统,其基本的人文与思维素质,可用刘勰自述的"唯务折衷"来加以概括。其"序志"篇云,大凡为文,"弥纶群言为难,及其品列成文,有同乎旧谈者,非雷同也,势自不可异也。有异乎前论者,非苟异也。理自不可同也。同之与异,不屑古今,擘肌分理,唯务折衷"。这里值得注意的是:

第一,为文"唯务折衷",在刘勰看来,并非其个人有意为之,无论"同乎旧谈"还是"异乎前论",非主观可定,乃"势"、"理"之必然。换言之,是由为学的时代潮流、时代精神所决定的。刘勰生当南朝齐梁之世,此前,以道为文化、哲学基质,以佛为灵枢,以儒为潜因的玄学曾大盛于魏晋。晋代重要而影响深远的思想、思维之学术事件当推"格义","乃以本国之义理(引者注:道儒之学),拟配外来思想(引者注:佛学)。此晋初所以有格义方法之兴起也"①。正如前述,"格义"的内容,在于老庄(道)、般若(佛)并谈,且不舍儒术。魏晋佛学史上的所谓"六家七宗"之基本教义,是以道(玄)学的"无"来说佛学的"空",并以潜在的"儒"("有")作为其文化、思想背景;这遗响于南北朝,造成道(玄)佛儒三学相会、并谈的为文与学术格局。因此,当时道儒佛三学并陈,是时风所趋,并非刘勰一人倡言之故。刘勰治美学、文论有"弥纶群言"之特色,确为时代风气使然,是这一伟大民族、时代之"势"、"理"的必然产物。

第二,"唯务折衷"的"折衷",亦言"折中",有判断、处理问题、事物取中正无偏之义。刘勰所谓为文之"折衷",首先是理念意义上的,同时具有方法论意义。1.从理念上分析,刘勰的美学思想兼取三学而力求态度公允而中正,他采取了一种"鱼亦吾所欲也,熊掌亦吾所欲也"的治学态度,兼蓄

---

① 汤用彤:《汉魏两晋南北朝佛教史》上册,第168页。

并收,又不无犀利、挑剔与批判的眼光。他对道、儒、佛的美学与文论各有褒贬,不盲从前贤与时论,而是"同之于异,不屑古今",总不愿滞累于一家一派与古今。不是站在某一家某一派的单一立场,而是站在道、儒、佛三家之上来评判是非、功过与得失。因此,《文心雕龙》美学思想的视点很高,有一种俯瞰道、儒、佛三学与高蹈古今的思想与学术气度。2. 从方法上分析,在将宏观意义上的道、儒、佛三学的美学看做一个有机的生命整体的同时,在微观意义的方法论上做了"擘肌分理"的工作。《文心雕龙》体现了朴素辩证的学术思路。虽然对道、儒、佛三学的取舍角度各有所不同,如关于道(玄),肯定其作为本体的"自然之道";关于儒,肯定其作为道德伦理的"人道";关于佛,主要是作为道、儒的对立兼补充而提出来的。然而,其总体的观照、分析问题的方法,总在同时兼顾两面,是亦非是,非是亦是,从而使其学术见解大致停留在兼取两边、又离开两边的"中"点上,总不愿在或道、或儒、或佛这一棵树上吊死,而是认同其"中"点可能是真理之所在,却不是骑墙。这种"折衷"有利于探掘中华美学复杂、丰富的思想广度与深度,是刘勰较其同时代学者的高明之处,也是刘勰在方法论上努力坚持的"圆该"即"圆融"的为文、治学方法。虽然《文心雕龙》所体现的三学、古今互答的方法有些地方难免生硬,这体现了宋明之前儒、道、佛三学尚未真正圆融的时代特点,但总体上确是成功的。

第三,"唯务折衷"是《文心雕龙》的精神内核,并未简单重复儒之古训。传统儒家文论有"诗六义"说。《诗大序》称:"故诗有六义焉:一曰风、二曰赋、三曰比、四曰兴、五曰雅、六曰颂。"刘勰却竟自独标他自己的"六义"说,称"故能宗经,全有六义:一则情深而不诡,二则风清而不杂,三则事信而不诞,四则义直而不回,五则体约而不芜,六则文丽而不淫"。标举"情深"、"风清"、"事信"、"义直"、"体约"与"文丽",提出文须情致深笃、风格清纯、叙事真实、意义直正、体式简约、文辞和丽的审美六标准说,反对文情诡浅、风格俗杂、叙说荒诞、用意僵涩、体势芜漫、文字淫烂。刘勰首倡"性灵"之说。其文云:"仰观吐曜,俯察含章,高卑定位,故两仪既生矣。惟人参之,性灵所钟,是谓三才,为五行之秀,实天地之心。"从《易传》"三才"出发,落实于人的"性灵"之上,将"三才"说中的"人"这一道德主体,变成了美学意义的"性灵"主体,进而将"性灵"解读"为五行之秀,实天地之心"。这将"性灵"提升到天地本体的崇高地位。总之,"唯务折衷",是《文心雕龙》美学独具思想深度与思维优势的文化品格,蕴含了刘勰试图融会道、儒、佛三学的哲学沉思与功力。学界一直有人认为《文心雕龙》"体大虑周",固是矣。"体大"者,广采儒、释三学也;"虑周"云云,力融三学而"唯务折衷"也,这便是结论。

## 第七节 美学范畴、命题择要

作为"人的解放"与"文的解放"之中华美学理论的建构期,魏晋南北朝美学范畴与命题的建构,走上了一条玄学、佛学与儒学渐趋综合的历史、人文之路。其文论、画论、乐论与书论等,以道、气、象为基本范畴群落与命题群落,体现出这一历史、人文时期中华美学独异的理论风范。兹择要疏理如次:

**一、道:魏晋南北朝美学的哲学关怀**

道仍是魏晋南北朝美学的本原、本体范畴。由先秦老庄经汉初黄老之学所言之道接续而来。魏王弼《老子注》第四十章云:"天下之物,皆以有为生。有之所始,以无为本。""以无为本"这一命题,将通行本《老子》"是故天下万物生于有,有生于无"加以简约概括,在美学上无异于说,天下之美的事物,其本原、本体是"无"。"无"是什么?指世界一切经验性事物被"悬置"之后的那个"存在",指万物万事之所以"存在"的那种无限可能性。通行本《老子》曾云,"道生一,一生二,二生三,三生万物"。既然"道生一",那么道即零耳。可是,王弼《老子注》第四十二章却说,"万物万形归于一也。何由致一?由于无也。由无乃一,一可谓无"。这立刻使人联想到《淮南子·原道训》关于"道者,一立而万物生矣"这一个"道"的定义。"无"既然为"一"或云以"一"称"无",哪还能是《老子》本来意义上的道吗?道即零与道即一,其哲学与美学思想的内蕴是不一样的。通行本《老子》又称道乃"玄之又玄,众妙之门",王弼《老子注》也称,"言道以无形无名始成万物,以始以成而不知其所以,玄之又玄也"。《老子》所言玄,作为道之描述,为无、为零、为虚、为静;王弼所言玄,作为道之描述,为无,为一。可见两者所言不一。那么王弼所谓道,究竟是否为虚,为静呢?《老子注》说:"是以天地虽广,以无为心。圣王虽大,以虚为主。"可见以王弼、何晏为代表的魏晋玄学贵无派所谓"以无为心"、"以虚为主",又显然不同于通行本《老子》的"致虚极,守静笃"。尤其"以无为心"这一命题,为《老子》所无,显然是王弼哲学、美学本原、本体说吸纳儒家心性说之"心"范畴的思维产物。须知《老子》原本罕言"心","心"范畴在《孟子》那里倒是十分多见的。

因此可以这样说,魏晋玄学美学的道,作为形上的本原、本体范畴,在人文思维与思想之高度上,并未从先秦《老子》、《庄子》处下落;其所包含的人文意义,倒是相对地少玄虚而尚实在的,它沾溉了些传统儒说与黄老之学的思想因子。

在魏晋,伴随以玄学盛行,"自然"这一哲学、美学范畴也很活跃。由于玄学贵无派见解支立,他们关于"自然"的理解,也有区别。同样宗于《老子》"道法自然"、"我自然"的思想,何晏说:"自然者,道也。"① 王弼《老子注》称,"天地任自然,无为无造,万物自相治理,故不仁也"。郭象《庄子注》云,"无既无矣,则不能生有;有之未生,又不能为生,然则生生者谁哉?块然而自生耳。自生者,非我生也。我既不能生物,物亦不能生我,则我自然矣。自己而然,谓之天然"。这里,王弼言"道"因其"任自然"而"不仁",此"不仁"之"不",即"否"也。因而此王弼之言,仍宗于通行本《老子》攻抨儒家仁学之见。《老子注》云:"仁者必造立施化,有恩有为。造立施化,则物失其真;有恩有为,则物不具存;物不具存,则不足以备载矣。"可见郭象斯言,已离《老子》甚远。劳思光说,郭象所谓"天然"(自然),"与《老子》及王注之说皆不合。'无'不能生'有',则不成为一形上学观念,尤不能看作万物之根源。于是,在郭注中,'无'乃成为与'有'对立之逻辑概念"。② 此言是。因此,以"块然而自生"来说"天然"(自然),这是将道、自然在逻辑上孤立起来的见解,也便是郭象所坚持的"玄冥"、"独化"与"无待"说。郭象《庄子注》又说,"各当其能,则天理自然,非有为也"。犹如牛马的本性在于"穿络"(即"穿"牛鼻、"络"马首),非"穿络"何言为"真牛马"?这是将人之后天所"为",也包含在天理自然之中,是郭象将"自然"本义作了儒学意义的发挥。这也无异于承认,道之美并非自然(天然、本然)之美,而是包括本然如此之自然,以及合于本然的后天之"为"。在此,郭象以"自为"将"天理自然"与后天非妄为的"有为",在逻辑上组接起来,站在道的立场,综合儒的"有为"来解释世界及其美学问题。嵇康《声无哀乐论》说:"默然从道,怀忠抱义而不觉其所以然也。和心足于内,和气见于外,故歌以叙志,舞以宣情,然后文之以采章,照之以风雅,播之以八音,感之以太和,导其神气,养而就之,迎其情性,致而明之,使心与理相顺,和与声相应,合于会通以济其美。"可见,即使在标榜"越名教而任自然"的嵇康那里,也已经具有某些郭

---

① 《列子》卷四"仲尼篇"注引何晏《无名论》。
② 劳思光:《新编中国哲学史》第二卷,广西师范大学出版社,2005 年,第 144 页。

象"名教即自然"观的美学表述。而"道"作为这一历史时期之重要的美学范畴,其意义也已经不是原始道家所坚持的那般纯粹了。

**二、气:以风骨为中心范畴的美学范畴群落**

诚如前述,气是中华生命文化及其艺术审美的基本范畴。时至魏晋南北朝,气范畴站在哲思的高地,从汉末哲学与美学承传而来,作为人物品藻的标准。刘劭《人物志·九征第一》有云,"盖人物之本,出于情性","情性"者,源自于"血气"。"凡有血气者,莫不含元一以为质,禀阴阳以立性,体五行而著形"。此所谓"血气",犹言"血性";所谓"元一",气也。《人物志·九征第一》又云:

> 平陂之质在于神,明暗之实在于精,勇怯之势在于筋,强弱之植在于骨,躁静之决在于气,惨怿之情在于色,衰正之形在于仪,态度之动在于容,缓急之状在于言。

此之所谓人物"九征",其中所言"神"、"精"、"筋"、"骨"与"气"等范畴,在逻辑上为同一系列。而"色"、"仪"、"容"与"言"等,是人物内在生命之气等的外在表现。比如"容",《人物志·九征第一》说:"夫容之动作,发乎心气。心气之征,则声变是也。夫气合成声,声应律吕,有和平之声,有清畅之声,有回衍之声。夫声畅于气,则实存貌色。故诚仁必有温柔之色,诚勇必有矜奋之色,诚智必有明达之色"。"心气"与"血气"都是同一个"气"。不过从人的"情性"分析,"心气"偏于"情"而"血气"偏于"性"。

《人物志》以气言"人物""情性",发展到魏曹丕《典论·论文》(注:该书全文大致亡佚于宋,严可均《全三国文》辑录佚文一卷)有云:"文以气为主。气之清浊有体,不可力强而致。譬诸音乐,曲度虽均,节奏同检,至于引气不齐,巧拙有素,虽在父兄,不能以移子弟。"这是开了中华美学史"文气"说的先河。从以气论人到以气说文,气哲学,气美学的人文视野从此扩大了,是以人之生命的眼光,将文即一切文学艺术的审美问题,看做犹如人之生命。且将气分出"清浊",犹言阳气阴气。这是对汉末三国时期以种种气论来论人的一个发挥。《三国志·魏书·徐邈传》有"才博气猛"之记,《后汉书·申屠蟠传》称"申屠蟠禀气玄妙";曹丕《周成汉昭论》云"周成王体上圣之休气";嵇康《明胆论》称"霍光怀沉勇之气",等等,史载不乏其例。故从评人到评文,理之自然也。所谓徐干"时有齐气",孔融"体气高妙,有过人处",以及"公干有逸气,但未遒耳"之类,不一而足。

魏晋以气论人、论文与论美的重点，是建构了"风骨"这一美学范畴及其群落。南朝梁刘勰《文心雕龙》尤重风骨，特辟"风骨"篇以言之：

> 结言端直，则文骨成焉；意气骏爽，则文风清焉。
> 故练于骨者，析辞必精；深乎风者，述情必显。
> 若能确乎正式，使文明以健，则风清骨峻，篇体光华。

风骨是"文风"、"文骨"的合称。分别而言，风者，文之"意气"骏、爽、清、显；骨者，文之"结言"端、直、精、练。风骨乃文之"正式"，所谓明、健、光、华，"风清骨峻"。

在写作年代上稍后于刘勰《文心雕龙》的钟嵘《诗品》，也重视风骨这一美学范畴，不过屡以"风力"、"骨气"、"贞骨"（注：又作"真骨"）与"风流"、"高风"等范畴称之，组成以风骨为中心的范畴群落。如《诗品序》有"干之以风力，润之以丹采"的说法。《诗品》称，陶潜诗"其源出于应璩，又协左思风力"。评曹植"其源出于国风，骨气奇高"。而刘桢、王粲"仗气爱奇，动多振绝。贞骨凌霜，高风跨俗"。又评张协"风流调达，实旷代之高手"。所谓"建安风力"，是对建安文学的总体评价。

以风骨这一范畴品诗、品文之外，亦用以品评绘画等艺术之美。早在东晋顾恺之的画论中，已有"奇骨"、"骨趣"等评语。稍早于刘勰的南朝齐谢赫《古画品录》云，曹不兴所绘之龙有"风骨"，称"观其风骨，名岂虚哉"。又，东晋卫夫人《笔阵图》说，"善笔力者多骨，不善笔力者多肉。多骨微肉者谓之筋书；多肉微骨者谓之墨猪。多力丰筋者圣；无力无筋者病"。

在中华美学上，风骨，指人物、艺术之美的风神骨力，指刚健而飘逸的生命力度。所谓"曹衣出水，吴带当风"，就是用以形容有"风骨"的。风骨这一范畴的文化之原，源于古代骨相之学。所谓骨相，即从人的骨骼、身材、长相来推断人的命运与道德人格，汉末甚至用来作为举荐人物的一个标准。所谓魏晋风度，亦包括为人、为文的有风骨。《世说新语》云，"时人目王右军：'飘如游云，矫若惊龙'"，这是指王羲之有风骨气度，有如其《兰亭序帖》。又称"庾子嵩长不满七尺，腰带十围，颓然自放"，这是有风度神韵，不是一般意义的美。又说"旧目韩康伯将肘无风骨"，指一种生命的委靡状态。

### 三、以"清"为中心的范畴群落

与风骨之"风"相谐的，是美学范畴"清"。汉末魏晋有清议、清谈风气，所谓名士风流。清议之不能因招致两度"党祸",因而有清谈。汤用彤指出:"魏初清谈,上接汉代之清议其性质相差不远。其后乃演变而为玄学之清谈。"①故此清谈之"清",有"玄"义,玄虚之谓,一种超然于世的人生态度。魏晋名士手执拂尘,谈言微中,风神飘举,志清而骨峻。所以"清"也是一种风度,包括辞藻。《文心雕龙·章表》说,"陈思之表,独冠群才。观其体赡而律调,辞清而志显,应物制巧,随变生趣"。此"辞清"之"清",与"志清"之"清"同一人格本原。正如前引,《文心雕龙·宗经》云:

> 故文能宗经,体有六义:一则情深而不诡;二则风清而不杂;三则事信而不诞;四则义直而不回;五则体约而不芜;六则文丽而不淫。

六义者,"情深"、"风清"、"事信"、"义直"、"体约"与"文丽"。其中所谓"风清",指文的风神清逸、清朗、清峻,因其与其余五义为相应、并列范畴,因而"风清"之谓,除指文义、文风、文格"不杂"而有条理之外,兼具"清"而"深"、"信"、"直"、"约"与"丽"的风格特征。

与"风清"相谐,刘勰有"清峻"、"清绮"与"清越"等美学范畴的运用。《文心雕龙·明诗》云:"及正始明道,诗杂仙心。何晏之徒,率多浮浅。唯嵇志清峻,阮旨遥深,故能标焉。"此指嵇康清隽有骨力。其《才略》篇又评曹丕、曹植二人之短长,称"魏文之才,洋洋清绮。旧谈抑之,谓去植千里。然子建思捷而才儁,诗丽而表逸;子桓虑详而力缓,故不竞于先鸣,而乐府清越,《典论》辩要,迭用短长,亦无懵焉"。这是对"旧谈"的纠偏之言。以为虽则曹植才气非凡,但曹丕有"洋洋清绮"之才,且其"乐府清越",不仅仅是"虑详而力缓"、"不竞于先鸣",同时"《典论》辩要"。所谓"无懵",实在是评价很高的了。这里以"清绮"、"清越"二词论曹丕,描述与揭示了其诗、其论的清空、绮丽、有才情而不乏思辨的特点。

《文心雕龙·体性》又说文之"八体",称其中之一,"是以贾生俊发,故文洁而体清",此所谓"清"、"俊"之美也。又称"文洁而体清""肇自血气。气以实志,志以定言,吐纳英华,莫非情性"。

正如前述,气有清、浊之分,此所谓"气之清浊有体,不可力强而致"。葛洪《抱朴子》也有"清浊参差,所禀有主,朗昧不同科,强弱各殊气"之说。钟嵘《诗品序》又以清、浊论声律,"但令清浊通流,口吻调利,斯为足矣"。至于《诗品》所谓"令晖歌诗,往往崭绝清巧"、"所以不闲于经纶,而

---

① 《汤用彤学术论文集》,中华书局,第 205 页,1983 年。

长于清怨"、"范诗清便宛转,如风流回雪"云云,都在在证明,钟嵘是刘勰同调。

《世说新语》也时以"清"为美学范畴,其"赏誉"篇云:"殷中军道右军'贵鉴清要'"。"抚军问孙兴公:'刘真长如何?'曰:'清蔚简令'。""武元夏目裴,王曰:'戎尚约,楷清通'。""清要"、"清蔚"与"清通"等等,在此运用得很贴切。至于陆机《文赋》所言"譬偏弦之独张,含清唱而靡应"、"或清虚以宛约,每除繁而去滥"以及"阙大羹之遗味,同朱玄之清汜"等等,亦当注意。

**四、"韵"范畴的创构与运用**

先秦是否有"韵"字,待考。甲骨卜辞至今未检索到此字,是可以肯定的。汉蔡邕《琴赋》有"清声发兮五音举,韵宫商兮动徵羽"、"于是繁弦既抑,雅韵乃扬,仲尼思归"之语,可见汉时已将"韵"作为一审美术语而创构、使用。尽管清人朱骏声《说文通训定声》疑"韵"为《说文解字》所"不录",但是许慎该书曾明言"韵"者,"和也,从音从员",这正是繁体"韻"字。当然,在先秦、两汉典籍中,"韵"字孤见,确是事实。

时至魏晋南北朝,随生命美学思想与艺术审美实践的发展、深入,"韵"作为一个美学范畴,渐渐体现其活跃而经得起品味的理性生命力。曹植《白鹤赋》有"聆雅琴之清韵,记六翮之未流"的吟唱,嵇康《琴赋》称琴曲高逸优渐,曲之将阑,"众音将歇",于是"改韵易调,奇弄(筝)及发"。此一"韵"字,亦在于言说乐音之美。谢赫《古画品录》独标"六法",其一云,"气韵,生动是也";又评陆绥"体韵遒举,风彩飘然。一点一拂,动笔皆奇"。在艺术审美境界中,韵,指健康而节奏和美的生命氛围。韵必蕴于气,气乃生命之底蕴。曹魏之时,名士忘情于山水,应璩《与从弟苗君胄书》云,"逍遥陂圹之上,吟咏菀柳之下。结春芳以崇佩,折若华以翳日。弋下高云之鸟,饵出深渊之鱼","何其乐哉!虽仲尼忘味于虞韵,楚人流遁于京台,无以过也"。韵,是一种赏园的美感,其审美心理在于"忘"去功利得失而任其"逍遥"。《陶潜传》云,渊明"不解音声,而蓄素琴一张,无弦。每有酒适,辄抚琴以寄其意"。是何意境?韵也。陆机《文赋》说,为文"或托言于短韵","因既雅而不艳"。刘勰《文心雕龙·声律》论"韵"尤多。

  凡声有飞沉,响有双叠;双声隔字而每舛,叠韵杂向而必睽。
  是以声画妍蚩,寄在吟咏。吟咏滋味,流于字句。气力穷于和韵。异音相从谓之和,同声相应谓之韵。韵气一定,故余声易遣;和体抑扬,故遗响难契。属笔易巧,选和至难;缀文难精,而作韵甚易。

又诗人综韵,率多清切;楚辞辞楚,故讹韵实繁。及张华论韵,谓士衡多楚,文赋亦称知楚不易,可谓衡灵均之声余,失黄钟之正响也。凡切韵之动,势若转圆。

这里所谓"异音相从谓之和",范文澜注:"指句内双声叠韵及平仄之和调";所谓"同声相应谓之韵","指句末所用之韵。韵气一定,故余声易遣,谓择韵既定,则余韵从之"。①

《文心雕龙·章句》又云:

若乃改韵从调,所以节文辞气:贾谊枚乘,两韵辄易。

昔魏武论赋,嫌于积韵,而善于资代。

然两韵辄易,则声韵微躁。

这里,刘勰称自己未尽同于贾、枚。贾谊的《吊屈原》与《鵩赋》,为"两韵辄易"之作,而其《惜誓》与枚乘《七发》未尽然。范文澜进而解说,诗、赋每两句就换韵,尤为速骤,以致"声韵微躁"。"盖以四句一转则太骤,百句不迁则太繁,因其适变,随时迁移,使口吻调利,声调均停,斯则至精之论也。若夫声有宫商,句中虽不必尽调,至于转韵,宜令平侧(仄)相间,则声音参错,易于入耳。魏武嫌于积韵,善于贸代(引者注:引文"资代"的"资",作"贸",变之义)。所谓善于贸代,即工于换韵耳。"②诗、赋倘无韵押,韵味未足;韵押过频,甚至"两韵辄易",或是"积韵"过甚,以至于百句不迁,这是损"韵"之作,均为刘勰所不取。

在美学上,刘勰从"声律"、"章句"论证"韵"的美学特质,抓住了"韵"这一范畴的人文根因。

**五、以"空"为中心范畴的佛学美学范畴群落**

魏晋尤其南北朝,东渐之印度佛学逐渐深入中土、人心,随诸如'六家七宗'"格义"、"误读"而走上中华本土化的道路。在这一漫长的文脉历程中,体现出空与无、空与有、崇拜与审美、佛性与心性以及般若与性空诸说及相关范畴的对立与调和态势。

印度原始佛学有三法印说,是为诸行无常,诸行皆苦,诸法无我。又以

---

① 范文澜《文心雕龙注》下,人民文学出版社,1978年,第559页。
② 同上书,第585—586页。

苦集灭道为四谛说。苦:生命皆苦;集:苦必有因;灭:苦必解脱;道:解脱之途。佛学又有六道轮回、八正道与十二因缘说以及大乘中观之学,等等,其教义宏富而深邃,可以一个"空"字来加以概括。"以有空义故,一切法得成;若无空义者,一切皆不成"。① 一切事物、现象因缘而起,念念无住,故无自性;无自性,故空。此"空"义,大乘教义以"般若性空"、"涅槃佛性"说为双华映对;以"中观"、"唯识"为两翼。"般若"者,性空。空"但是假名"。《中论》云:"众因缘生法,我说即是空。亦为是假名,亦是中道义。"离弃空、有两边,不取中道,故就连"中"(空)也是"空"的,此之为"不生亦不灭,不常亦不断,不一亦不异,不来亦不去",②称"八不中道"说。而般若即智慧,智慧即解脱,解脱即成佛,成佛即涅槃。《中论·观涅槃品第二十五》关于"涅槃"有两个定义。一曰:"受诸因缘故,轮转生死中。不受诸因缘,是名为涅槃"。跳出生死轮回,即涅槃之境;二曰:"无得亦无至,不断亦不常,不生亦不灭,是说名涅槃"。包括不悲亦不喜,不染亦不净,此所谓"名涅槃"者,涅槃亦"假名"耳。

凡此佛学概念、范畴,似与美学无涉。然而,其一,佛学所言空(涅槃、真如、佛性、般若、解脱等),彻底地消解功利、分别与是非,显然与审美同道;其二,佛教偶像、西方极乐与佛,颠倒而夸大地体现了人的审美理想;其三,佛学基本教义固然持彻底的"四大皆空"之说,然而法轮未转,"食轮"先转。法轮消解"食轮",而法轮常转,却实际是靠"食轮"来推动的。因而,所谓崇拜与审美的二律背反,因背谬而同一;其四,本土化的魏晋六朝的佛学基本教义,通过"格义"这人文陶冶过程,基本上是以无说空。因而,此本土化的佛学空观,显然与以无为心灵本因的审美,有不解之缘。

要之,以"空"为中心范畴的中华佛学范畴群落,所共同体现的一个美学主题,是"元审美"。就佛学而言,"涅槃是显其果德,般若是明其因行。显果则以常住佛性为本,明因则以无生中道为宗,以世谛言说,是涅槃,是般若;以第一义谛言说,岂可复得谈其优劣?"③就美学而言,这"元审美"尽管不同于世俗意义的审美,却是人文根本意义的审美、人之心灵"种子"意义的审美。此正如《大般涅槃经·师子吼菩萨品》所言,"佛性者,即是一切诸佛阿耨多罗三藐三菩提中道种子"。僧肇《涅槃无名论》云:"若欲止于心,

---

① 《中论·观四谛品第二十四》。
② 《中论·破因缘品第一》。
③ 萧衍:《注解大品序》。

即无复于生死。既无生死,潜神玄默,与虚空合其德,是名涅槃矣。既曰涅槃,复何容有名于其间哉?斯乃穷微言之美,极象外之谈者也。""欲止于心",便"无生死",即超越于生死。"虚空",空幻;"潜神玄默",静虑之谓,通于审美意义的"凝神观照"。如此便"穷微言之美"、"极象外之谈者"。刘勰《文心雕龙·神思》云,"文之思也,其神远矣。故寂然凝虚,思接千载;悄然动容,视通万里;吟咏之间,吐纳珠玉之声;眉睫之前,卷舒风云之色:其思理之致乎!"在陆机"精骛八极,心游万仞"说的基础上,刘勰的"寂然凝虚",显然由僧肇"与虚空合其德"(引者注:德,性也)的"潜神玄默"对应、接续而来。刘勰《文心雕龙》"论说"篇有关于玄学"然滞'有',者全系于形用,贵'无'者专守于寂寥,徒锐偏解,莫诣正理,动极神源,其般若之绝境乎"的批评,此"寂寥"、"般若"云云,意在极言玄学贵"无"的玄虚过甚。

**六、若干美学命题简述**

魏晋南北朝时期,若干美学命题,也在玄学、佛学与儒学的历史与人文之陶冶中,登上文论、画论、乐论与书论等文化舞台。这里,且不再赘述曹丕《典论·论文》所言"文以气为主"这一著名美学命题。比如嵇康《声无哀乐论》,标举"声无哀乐"之说,申言"音声有自然之和,而无系于人情"矣。此"声"者,音乐艺术之代称。"人情"云云,泛指传统儒学的政治人伦教化及其思想意绪。传统儒学以为音乐之美与伦理之善同构,并表达政治教化的"哀乐"意绪。先秦儒家一贯持所谓"治世之音安以乐,其政和;乱世之言怨以怒,其政乖;亡国之音哀以思,其民困"的观点,实际是坚持"声有哀乐"说。所以嵇康此命题,代表了使"声"回归于审美本原、本体、本性以及从政治教化"哀乐"之中解放的要求,是其"越名教而任自然"总体美学思想的体现。

刘勰《文心雕龙·神思》提出"神与物游"这一命题。其文曰:"夫神思方运,万途竞萌,规矩虚位,刻镂无形,登山则情满于山,观海则意溢于海,我才之多少,将与风云而并驱矣";"故思理为妙,神与物游。神居胸臆,而志气统其关键;物沿耳目,而辞令管其枢机"。所谓"神与物游",这里指艺术创作主体的审美移情,包含丰富、奇特、夸张的艺术想象甚至直觉。作者此时运思有"神"、情意葱郁、所谓"神居胸臆"也。此"神",还包括无意识、灵感与顿悟等等,是一种天人、物我、主客之合一、合契的境界。然则,其"志气"作为融渗于"胸臆"的理性,仍"统其关键"。正如前述,"神与物游"这一命题,与"潜神玄默"具有深层的文脉联系。王羲之《书论》云:"夫欲书者,先乎研墨。凝神静思,预想字形大小,偃仰、平直……令筋脉相连。意要笔前,然后作字。"此"凝神静思",与"潜神玄默"一样,指"神与物游"并与之相连、相应的一种"默照"心灵。其《兰亭集序》有"仰观宇宙之大,俯察品类之盛,所以游目骋怀,足以极视听之娱,信可乐也"。所谓"游目骋怀",正如"神与物游"一样,其范畴的思想、思维之本原,在于先秦《庄子》的"逍遥游"思想。

"澄怀味象"这一命题,由南朝宋代宗炳《画山水序》所提出。此所谓"身所盘桓,目所绸缪"、"以目会心"而"目亦同应,心亦俱会,应会感神,神超理得"。"澄怀"者,正如刘勰《文心雕龙·神思》有云,"是以陶钧文思,贵在虚静;疏瀹五藏,澡雪精神"。这是以儒为潜因的玄(道)、佛相兼的一种"精神",远承于老庄的虚静,近接佛境之空幻,是无与空的对接与互融。"澄怀味象"的"味",源自先秦《老子》的"味无味";"味象"之"象",原于先秦《周易》,此指意象。《文心雕龙·神思》有云,"积学以储宝,酌理以富才。研阅以穷照,驯致以怿辞,然后使玄解之宰,寻声律而定墨;独照之匠,窥意象而运斤"。此"意象",是中华美学史真正的美学基本范畴之一。而"味象",是关于审美意象的内视、观照、玄默、沉思与领悟,所谓"窥",以"澄怀"为心灵条件。

最后,顾恺之画人物,据《晋书·顾恺之传》所载:"每画人成,或数年不点睛。人问其故。答曰:四体妍蚩,本无关于妙处,传神写照,正在阿堵(注:眸子)中。""传神写照"作为美学命题,其意指绘画以"写照"来达到"传神"的艺术审美效果。此"传神"之"神",作为审美理想,须以"写照"的方式来传达。"写照"之"写",以线条,笔墨描摹之;"照",并非仅指以写实方法点睛,而更体现对人物之神的观照、默会。又并非仅仅指"以形写神",而是抓住人物"阿堵"这传神之妙处。"神"者,灵也。有如王羲之《书论》所言,"书者,转深点画之间皆有意,自有言所不尽得其妙者"。而"神"含"气",是谓"神气",是谓"神韵",正如南朝梁慧皎《高僧传》所说,"而志韵清远,雅有渊致"。

# 第五章
# 隋唐佛学与美学

隋唐时期，迎来值得自豪的人文季节，古典意义上的思想的自由，达到空前的程度。以佛学中土化为代表的文化综合、积淀、发展与陶冶，使得这一伟大时代的中华美学，独具神韵与魅力。唐代美学丰富而复杂，其美丽的诗兴与诗情，尤为难得，而"意境"说的建构，是唐代美学的主要标志，它推动中华美学走向深入。

## 第一节 隋唐美学的人文品格

从公元581年建国，公元589年灭陈而一统天下，到公元618年为李唐所覆灭，仅37年历史，隋短祚而亡。其经济、文化的高度繁荣自谈不上，而南北大运河的开掘以及大兴城（后之唐长安）的营建，却为唐帝国南北交通与经济的发展以及国都长安的建设，准备了条件。自隋始，科举考试制度的设立，使得王朝的官僚制度，开始代替始自汉末的"九品中正制"，对唐及唐之后各封建王朝科考制度的实行，造成深远影响。在文化方面，隋不是一个思虑深沉、业绩辉煌的时代。虽然有些诗人如杨素（544—606）后期的五言，曾被清刘熙载《艺概》推为"雄深雅健"之作，有悲凉苍郁之气，而隋诗在总体上并未走出六朝绮靡诗风的阴影。隋统治者以为"文章误国"，要求革新文体、弃绝华饰。李谔《上隋高祖革文华书》指斥六朝"竞骋文华"而遂成恶习，请以推行文字狱。开皇四年，文帝下诏，以文辞绮靡为罪，将泗洲刺史司马幼交付问罪。在文论上，王通《中说》称周公"其道则一，而经制大备，后之为政有所持循"，以为"诗者"，须"上明三纲，下达五常"，必"征存亡，辨得失"，大有汉儒诗教遗风。显然，此时的美学精神与这一伟大民族的灵魂深处，要求摆脱魏晋六朝以来之自由、散漫风气的呼声日渐强烈，有一股趋于天下一统而大治的民族、时代力量与激情在积聚、运行与升腾。

大唐历经近三个世纪（618—907），作为中华古代最强盛的朝代，其疆域广阔，经济、文化繁荣，其综合国力，前所未有。此时所形成的中华文化圈，影响及于日本、朝鲜、越南与印尼等，与西方基督教、东正教、回教以及印度文化圈鼎足而立。

### 一、有容乃大，唐代文化的基本素质

唐代的民族大融合，继魏晋南北朝大融合而达到新水平。魏晋南北朝，冲突多于融合。当时属于"胡族"的匈奴、鲜卑、羌、羯与氐等入驻于中原、内地，以其所谓赫赫战功以及民族的傲气、蛮气，蔑视汉人。《北齐书》等古籍有"汉小儿"、"无赖汉"、"恶汉"、"痴汉"与"贼汉"等等贬称的记载。《宋书·索虏传》又有"狗汉大不可耐，惟须杀却"之记。又具有恐汉文化心态，对汉族比较优秀、先进的典章制度、文化艺术且惧且恨。是"用夷变夏"，还是"用夏变夷"，心中茫然无定。然汉、胡之文化交往乃历史之必然。胡因汉而吸收先进文化及其生活方式；汉由胡而长雄武、慓悍之气与吃苦耐劳精神。

时至唐代，这一民族大融合得到了进一步的推进，且融合多于冲突。

其一，因战争迁移人口，造成南北、东西胡汉杂处。在隋唐，汉人有胡族血统因素的，不令人称奇。据称隋炀帝杨广之母，李唐高祖之母，出自鲜卑纥豆陵氏。王桐龄《中国民族史》（文化学社，1934年第二版），长孙皇后之父系、母系，均有鲜卑血缘。这在一定程度上，因隋唐胡族的汉化而改造了汉人的血缘、秉性与气质。胡、汉交融，大约使汉人学得些慓悍之气。

其二，影响了唐统治者的某些治国方略与文化政策。在唐人看来，夷夏无别，一视同仁。文成公主远嫁藏王松赞干布，太宗被尊称为西北"胡族"的"天可汗"，有如汉代明妃和亲，是一显例。唐人穿胡服、食胡食、奏胡乐、跳胡舞，一时竟为风尚。《旧唐书·舆服志》云，开元以降，"太常乐尚胡曲，贵人御馔尽供胡食，士女皆竞衣胡服"。在盛唐，所谓西凉乐、高昌乐、龟兹乐、疏勒乐、安国乐、天竺乐、扶南乐与高丽乐等，都相当流行。这种尚"胡"的文化倾向，并非缺乏民族自信力的表现，而有兼收并蓄、包举宇内之慨。

其三，空前的对外文化交流，具有开放心态。据《大唐西域求法高僧传》、《续高僧传》，天竺高僧那提三藏、罽宾国般若三藏在长安传教、译经；则天朝译经最著名的，为来自于阗的实叉难陀，其在洛阳大遍空寺译《八十华严》；菩提流志，译《大宝积经》120卷；中印度沙门日照即地婆诃罗，在长安、洛阳译《大乘显识经》与《大乘五蕴经》等凡18部；玄宗朝印度僧龙树之

弟子善无畏、金刚智与不空相继来华,其中不空一人译经108部。贞观三年(629),玄奘西天求法,历17载于贞观十九年(645)携印度佛经650部东归,此后由太宗支持、房玄龄相监护,与其弟子道宣等,译经凡74部1338卷。唐时日僧来华者众,日本佛教真言宗创始者空海,曾居长安青龙寺求问于名僧惠果。日本当时多批遣唐史来华,他们回国时被赐予诸多文物、典籍。鉴真东渡,为日本文化、经济与佛教的发展作出了重大贡献。仅就当时长安人口组成而言,其百万人口中,侨民与外籍居者占百分之二。"加上突厥后裔,其数当在百分之五左右。"①唐代还允许来自中亚、西亚、东亚诸国商人在长安等地开设店铺,从事商贸活动。曾先后有三万余外国"留学生"就学于唐国子监与太学,其中以日籍为多。长安外交机构鸿胪寺曾接纳来自世界七十多国家的外交使团。唐统治者还择优让日本、朝鲜等"贤者"在朝廷任职,体现出"有容乃大"的政治、文化胸襟、气度。

**二、"诗"的时代:空前敏锐的艺术审美感觉**

感觉问题,是诗的问题。诗的空前敏锐的文化感觉,是唐文化素质表现于文化心理深处的又一特征。作为一个诗的国度,唐代士族之诗的感觉尤为丰富、浪漫而深邃。

此所言感觉是现象学的一个基本范畴,始于感性而积淀、显现于心灵深处。在"当下"即"是"意义上,感觉是缘"象"的感悟。因而,感觉总是与诗、悟同在。感觉是理性的象化。而一旦其心理能量积累过甚,又具有冲决理性、趋于非理性的心理矢势。感觉总是与情感、想象、幻想与判断联系在一起,而将意志、道德之类作为心灵背景与精神底色。任何感觉,都是在"前情感"、"前理解"、"前感觉"的基础上发生的。作为民族、时代之共同的诗的感觉,依荣格"原型"说,其"集体无意识",积淀着一种"不知道自己知道"的"种族记忆"。诗的感觉,无疑不仅在"集体有意识"、而且是在"集体无意识"的酝酿、陶冶之中发生与运化的。

唐代诗之感觉如此葱郁、美丽,是历史、人文的"向人生成"。"天人合一"的文化传统,铸就这一伟大民族尤为敏感的"诗感"。

> 不记得哪位哲人曾经这样说过,这个民族似乎在其连续不断的记忆里,一直保留着它那孩提时代的经验,中华古人似乎把他们最早与自

---

① 沈福伟:《中西文化交流史》,上海人民出版社,1985年,第156页。

然界的友善关系,从最遥远的上古一直带到了《周易》所在的殷周之际的文明时代。并且用马克思的话来说,中华民族似乎直到如今还没有完全脱掉与自然所发生的"共同体的脐带"。①

中华民族自古因与自然相亲和、相友善而历史地优先培育了"诗的器官",至唐代而实现了诗之审美感觉与激情的喷涌。

唐诗之美,作为一个巨大的文化现象,美在"感觉",这感觉,新鲜炽热、苍翠欲滴、葱郁辉煌、生气灌注、彻心彻肺、当下立见、不可重复,却时时显露出那孩提般难得的天真与幸福的"微笑",一个伟大民族的时代歌唱,美到极致的感觉体验。尤其唐诗所展现的自然、田园之美,是令人心醉之全息而原汁原味的感觉。有如明胡应麟《诗薮》所言,"盛唐句如海日生残夜,江春入旧年;中唐句如风兼残雪起,河带断冰流"。如盛唐诗,正如郑振铎所言,"在这里,有着飘逸若仙的诗篇,有着风致淡远的韵文,又有着壮健悲疗的作风。有着醉人的谵语,有着壮士的浩歌,有着隐逸者的闲咏,也有着寒士的若吟。有着田园的闲逸,有着异国的情调,有着浓艳的闺情,也有着豪放的意绪"②。而闻一多《说唐诗》一文说,"一般人爱说唐诗,我却要讲'诗唐'。诗唐者,诗的唐朝也"。

唐诗之丰产,冠绝古今。现知有诗作约 53000 余首,诗人 3500 多家。唐人高仲武《中兴间气集·序》曾云:"起自至德之首,终于大历暮年,作者数千"。此指公元 756(至德元年)到 780(大历十四年)年仅 24 年间的诗人人数,而大唐历经近三百载,诗作、诗家之如此众多,便不足为奇了。《四库全书总目》云:"诗至唐,无体不备,亦无派不有。撰录总集者,或得其性情之所近,或因风气之所趋,随所撰录,无不可各成一家。"③唐诗是中华"诗感"的井喷现象。

唐诗的审美"感觉",一曰想象奇特,神天鬼地;二曰自然亲和,灵趣横溢;三曰意象飘逸,气韵生动;四曰诗境壮阔,大气磅礴;五曰诗风奇崛,汉魏风骨;六曰意境深邃,沉虑默照;七曰意绪幽怨,情谊互答;八曰悼亡悲死,寄慨遥深;九曰悟性高远,童心未泯;十曰诗格正雅,声律奇丽。

然而唐代文化亦有其欠缺之处。除比如陈子昂《登幽州台歌》以及王维的一些禅诗之外,唐诗一般地缺乏深沉的思性与宇宙意识,这说明整个唐

---

① 王振复:《周易的美学智慧》,第 424 页。
② 郑振铎:《插图本中国文学史》,作家出版社,1957 年,第 310 页。
③ 《四库全书总目》卷一九〇《御选唐诗》下。

代,也许还不是一个思虑尤为深沉的时代。除天台、华严与禅宗等中华佛教教义深含其深刻的哲学、美学思想之外,唐代文化土壤,似乎注定适于大批才华横溢之诗人群体的诞生,却少哲人的问世。这种诗情优于哲思的人文格局,成就了唐代美学之独异的文化品格。而诗之感觉的强烈激发与有关佛教教义对诗心的深度涵泳,使一些美学范畴如"意境"等的诞生,成为可能。

### 三、佛学的中华本土化

自从西汉末年印度佛教传入中土①,佛学就开始走上曲折的中华本土化的道路。东汉初年,楚王刘英"诵黄老之微言,尚浮屠之仁祠",又"洁斋三月,与神为誓"②,此将浮屠、黄老并提,可见刘英奉佛,已有以"黄老"解读"浮屠"即以中国人的口味理解印度佛教教义的意思。东汉末年之前,佛教虽已传入中华内地,而发展极为缓慢。除了至今编译者难明的《四十二章经》与中土佛家最早论著《理惑论》等之外,没有其他更多的佛经传译与中土佛学论述。东汉桓、灵二帝时代(147—189),有西域佛教学者安世高自安息来华与支娄迦谶、支曜自月氏来。天竺僧人竺佛朔与康居僧人康孟祥等,也来到中土洛阳,开始大量传译佛经。这种传译,"误读"佛经原义,其结果是逐渐将异域的经义改造为可以被中土道俗理会与接受的东西。今天读安世高所译小乘佛典《安般守意经》,不免要惊讶于其中所用道家著述与言辞之多,如"安谓清,般为净,守为无,意为名,是清净无为也",将佛教的"安般守意",等同于道家的"清净无为",这是佛学原始初起的本土化。东汉末年,大乘佛教性空之学传入中土,而其传播流行却在魏晋玄学兴起之后。其本土化历程,起于以玄释佛、以"本无"说"空幻"。如支译《般若道行经》以"本无"释"真如"义。当今天读到该经《本无品》所言"诸法本无碍,一本无等,无异本无,无有作者,一切皆本无"时,仿佛在面对魏晋玄学"贵无"论的思想。东晋释道安时代,般若学者蜂起而各抒其义,遂有"六家七宗",却试图以"无"说"空",这种"以本国之义,拟配外来思想,此晋初所以有格义方法之兴起也"③,一定程度上推动了佛学本土化的历史进程。汤

---

① 注:三国时魏国鱼豢《魏略·西戎传》(《三国志·魏书·东夷传》注引)云:"昔汉哀帝元寿元年(注:公元前2年),博士弟子景庐(《魏书·释老志》作:"秦景宪")受大月氏王使伊存口授浮屠经。"学界一般以此为印度佛教经大月氏入渐中土之始。
② 《后汉书·楚王英传》。
③ 汤用彤:《汉魏两晋南北朝佛教史》上册,第168页。

用彤说:"窃思性空本无义之发达,盖与当时玄学清淡有关。实亦佛教之所以大盛之一重要原因也。盖自汉代以本无译真如,其义原取之于道家。"①诚其然也。这种以"无"说"空",实际是低水平的佛学中华本土化的情况,受到僧肇的批评。僧肇颖悟而学博,早会庄、老而晚从罗什,终以融契印中之义理,自成一格,成为佛学本土化的重要代表。僧肇为学以缘起自性(实相)、立处皆真为主旨,谈体用、动静之义,既不偏执于"贵无贱有",又不偏执于"崇有贱无",主旨在非无非有、即静即动、体用一如。他大致澄清了中华佛教中一些明显不合印度佛教本义的名相、概念与义理。为学路向,先以"我注六经"进入,继以"六经注我"出来,努力地做中印会通之文章。僧肇在佛学本土化这一点上,是有理论贡献的。

在唐之前佛学本土化历程中,值得一提的,还有东晋士族奉佛之代表人物孙绰(320—377)及其《喻道论》。孙绰努力凿通佛、儒之障壁,以所谓"周孔即佛,佛即周孔"之言名世。《喻道论》称:

> 周孔即佛,佛即周孔,盖内外名之耳。故在皇为皇,在王为王。佛者,梵语,晋训觉也。觉之为义,悟物之谓,犹孟轲以圣人为先觉,其旨一也。应世轨物,盖亦随时。
>
> 周孔救极弊,佛教明其本耳。共为首尾,其致不殊……②

同时,南朝梁武帝既一心归佛,又认为佛、道、儒三教同源,推行三教并用政策。他说:"少时学周孔","中复观道书","晚年开释卷",以此概括其一生三教的并崇与并学,认为"穷源无二圣,测善非三英"③。南朝宗炳(375—443)有《明佛论》,正如梁武帝以崇佛为先主张三教融合那样,宗炳也认为"虽三训殊路,而习善共辙",称"今依周孔以养民,味佛法以养神"。这些言说,实则主张以"周孔"(儒)来"化"佛,在推动佛学本土化的进程中不是没有作用的。

至于前述《文心雕龙》,作为佛道儒思想三栖而"折衷"的美学文本,是唐代文化之佛学本土化的前期文化铺垫。

唐代佛学的中华本土化,具有两个基本特点:

其一,唐最高统治者推行儒道释三教、三学并行、融合的政治、文化政策,为佛学的中华本土化准备了一种自由、宽松的政治、文化条件。

---

① 汤用彤:《汉魏两晋南北朝佛教史》上册,第 171 页。
② 《弘明集·喻道论》卷三。
③ 《广弘明集》卷三〇。

因当时道教、道家以李聃（老聃）为教祖与精神领袖，道教自然深得李唐王朝的青睐，以为尊崇道教与道家，就是尊崇"先祖"。唐宗室自称李聃后裔，唐高祖以老子降显谶言而于羊角山首建太上老君庙。僧人法琳因言唐宗室为拓跋氏之后、非老子后裔而获罪致死。但唐初高祖、太宗二帝的崇道是有限度的，政治上推行"崇道"政策，思想上却未必有牢固的道教信仰。而唐玄宗对道教的崇奉，是真诚、有力而空前的，他继位后，一改中宗、睿宗的佛、道并重政策，大有独尊道教的劲头。唐玄宗说，道教教祖"玄元皇帝"即老子乃"万教之祖，号曰玄元。东训尼父，西化金仙"①，推行崇道抑佛抑儒的政策。唐玄宗称《老子》"其要在理身理国"②、"道德者百家之首，清静者万化之源，务本者立极之要，无为者太和之门"③。他数度封赐老子，如"大圣祖玄元皇帝"（天宝二年，743）、"圣祖大道玄元皇帝"（天宝八年，749）、"大圣祖高上金阙玄元天皇大帝"（天宝十三年，754）等，又在长安道观太清宫老子塑像左右，侍立高祖、太宗、高宗、中宗、睿宗与玄宗等诸帝塑像。及至武宗灭佛、"会昌法难"时期，道教一度深得朝野推崇。

然而，无论高祖还是太宗的文化目光，并不专注于道。即使"崇道"的玄宗其封赐这一行为方式，也是儒味十足。玄宗曾自称每晚必向老子像顶礼膜拜。这种崇奉仪式，类于佛教拜佛。而在太清宫里以教祖老子像居中、以六帝之像侍立其左右，这种格局，类于佛教寺庙大雄宝殿的"一佛六菩萨"。从李姓宗室自认李聃为苗裔这一点看，太清宫里的这一造像序列，又像是李唐的家庙秩序。玄宗的佞道行为本身，实际已包含了儒、佛的文化内容。难怪唐玄宗在注释《道德经》的同时，竟还能虔诚、恭肃地注释《孝经》与《金刚经》，这是三教、三学并行与融合的一种象征。

同样有意思的事，还发生在唐太宗身上。大唐伊始，天下一统，政权日趋巩固，因而，属儒之国家政治制度与道德律令等的颁行，必然使儒风重新振扬。唐太宗对道、佛都有好感，都能容受与默许，却同时"锐意经术"。他对侍臣云："朕之所好者，惟在尧舜之道、周孔之教，以为如鸟有翼，如鱼有水，失之必死，不可暂无耳。"④当然，当唐太宗强调儒术的政治、道德功能时，对道、释便颇有微词，他批评道教说"神仙事本虚妄，空有其名"，"神仙

---

① 《玄元皇帝赞》，《混元圣纪》卷八。
② 《混元圣纪》卷六。
③ 《道藏》洞神部《唐玄宗御制道德真经疏·释题》。
④ 《贞观政要》卷六。

不烦妄求也"①。又在与道的比较中,认为佛不如道,《犹龙传》卷五记述其言云,"其道士女冠宜在僧尼之前",这是继承了高祖所谓"道先、儒次、佛末"的部分思路。唐太宗对玄奘西行求法开始并不大力支持,而当玄奘于贞观十九年取经回到长安时,又转而积极支持其译经事业。并且,在亲佛、重道的同时,令国子祭酒孔颖达等撰编《五经正义》,以其为儒生科考"课本"。并下诏翻历史陈年老账,以左丘明、公羊高、谷梁赤等塑像配享于孔庙。

唐太宗关于儒、道、释的这种文化态度与文化抉择,一是为达到最高政治目的而采取了实用态度,所以可以今天这么说,明天又那么说;二是为求达到一定的政治目的,尽量推行三教、三学并行的文化政策,结果推进了三教、三学的趋于融合。日本高濑武次郎《支那哲学史》云,太宗"令以《五经正义》为登第科目,故经说一定,争端以绝。或惟有以暗诵《五经正义》而自足,不再务求新说,亦为人性所难免也"②。其实,唐太宗既不废佛、道,又以儒为"主流意识形态",并非说明"不再务求新说"、"人情难免",而是一种用以垄断文化、学术与思想的霸权。不过,结果并没有在思想意识与时代精神上惟儒独尊,不同于汉武帝纳董子"天人三策"以"罢黜百家、独尊儒术"。唐代关于儒、道、释之际的论争其实并未平息,如德宗贞元年间,三教论辩曾开展于长安麟德殿;文宗太和元年,三教又争说于御前。如唐初有道士李仲卿作《十异九迷论》,道士刘进喜撰《显正论》以驳斥佛教,僧徒法琳等作《辩正论》以批驳道教,最有趣的是,孔颖达奉旨撰《五经正义》,又在三教论争中偏袒道教,凡此却并未加深三教、三学之裂痕,而是证明有唐一代文化思想与思维的自由与活跃。

由此,佛学的中华本土化才真正成为可能。佛学本土化并非始于唐代,而本土化的唐代佛学,具有以往时代所未有的相对思想深度与广阔的文化背景,此其一。

其二,唐代三教、三学并行(当然,有尤其重道与毁佛的时候),在总体思想、文化历程中真正有所推进的,除了起自中唐的韩愈、李翱的古文运动"复兴儒学"之外,最重要的宗教及其思想事件,是起自隋代、完成于唐代的

---

① 《旧唐书·太宗本纪》。

② 注:古代印度、希腊与罗马人称中国为China、Thin与Sinae等,或认为这都是秦国之"秦"字的对译,佛经译作支那、至那或脂那等。又,历史上由于自秦始而一统天下,故直至汉晋之时,邻国与欧西诸国仍称中国为"秦"。支那,又是近代日人对中国的蔑称,已废而不用。这一段引文,见于《中国哲学史》,赵南坪中译本,暨南学校出版部,1925年,第119页。

中华佛教宗派的真正建立。虽然各佛教宗派的建立及其教义不同,然而依凭其建立及其教义的阐说与论争,加深了佛学本土化的思想性,这在一定程度上推动了唐代美学的深化。

唐代的译经事业,继魏晋六朝之后,再度兴旺发达。其特点有三:一、基本上由国家统一主持,其译场规模宏大;二、自唐太宗贞观三年(629)到宪宗元和六年(811)近两个世纪,历时弥久;三、译师众多,其中有数位中国高僧、居士,成为译经的中坚。据吕澂所撰《唐代佛教》,唐代有著名译师21人。名僧玄奘、义净与不空等,译经成果尤为斐然。玄奘译经75部;义净译61部;不空译经104部,其中有些篇章为译者所编译。玄奘所译佛经包括瑜伽、般若与大小毗昙;义净重律学;不空擅长密宗典籍。

唐代译经力求忠于原典,不少经典是前代译师的重译之作。为传阅、检索、习佛与研究佛学的方便,将自《四十二章经》到唐所译经典,编为"一切经"。这项工作,始于隋代《仁寿众经目录》,而继续于唐代。有贞观初年玄琬编《写经目录》(共收720部,2690卷)、龙朔三年静泰编《东京大敬爱寺一切经论目录》(共收816部,4066卷)、开元十八年智升撰《开元释教录》(20卷)与贞元十六年圆照撰《贞元新定释教目录》(30卷)等。吕澂说:"在这些目录里,《开元录》一种实际发生的影响最大。它的入藏目录共收一千零七十六部、五千零四十八卷,成为后来一切写经、刻经的准据。"①

唐代译经与典籍目录整理,已为佛学的本土化准备了优越的资料条件。

中华佛教宗派的真正建立,始于隋代所立、活跃于唐代的天台宗以及隋代初具雏形的三论宗,至唐诸宗蜂起,达于大盛。

天台宗由智𫖮开创于浙江天台山,故名。因依凭《法华经》而立教义,又称法华宗。天台一脉,于智𫖮圆寂由其弟子灌顶弘传。入唐再传,相继有智威、慧威、玄朗与湛然等,其学达于日本。此宗以"三谛圆融"、"一念三千"为基本教义。

以吉藏为祖师的三论宗,以《中论》、《百论》与《十二门论》为正依,主诸法性空的中道实相论,以破邪显正、真俗二谛与八不中道为三法义。

唯识宗,又名法相宗、慈恩宗,由大德玄奘所创立。此宗宗于印度大乘佛教从弥勒、无著、世亲到护法、戒贤之瑜伽一系的学说,其基本教义,是三自性之论与唯识变现。玄奘高足窥基之学扬励宗门,一时极盛。

律宗,以佛教五部律中的《四分律》为依据,注重戒律的研习与依持。律

---

① 以上参见《中国佛教》(一),知识出版社,1980年,第63—64页。

宗的思想主张始于曹魏之时,经过历代律师弘传、依归,至隋唐之际的智首,已成法系。唐初道宣承传智首衣钵,潜心著述、教导门徒。该宗将一切佛教戒律归为"止持"与"作持"两类,"以比丘、比丘尼二众制止身口不作诸恶的'别解脱戒'为'止持'戒,以安居、说戒、悔过等行持轨则为'作持'戒"①。

华严宗,由唐高僧贤首大师法藏所开创,又名贤首宗。此宗依凭《华严经》,以杜顺(法顺)、智俨、法藏、澄观与宗密等为宗门传系,主"法界缘起"说,倡言"四法界"、"六相"与"十玄门"。

密宗,印度古密教初传于三国,唐开元四年(716)善无畏来华授瑜伽密义,开元八年(720),另一印度高僧金刚智携其弟子不空抵达洛阳,授金刚顶瑜伽诸部秘藏。此宗以修持密法为主,或云瑜伽密教,纯用陀罗尼(咒语)作为修习方法,具有神秘色彩。

净土宗,为专修往生阿弥陀佛净土的一个宗派,其理念建立在西方净土、弥陀佛信仰的基础上。立宗始于北魏昙鸾,盛于宋初之后,宋代禅宗、天台宗与律宗等,多兼弘净土。而唐代净土宗已大有发展。智顗与吉藏等,均撰净土之论说,如智顗《观无量寿佛经疏》一卷然。唐道绰、善导、怀感、少康与慧日等,都弘传净土宗系。此宗以《无量寿经》、《观无量寿经》、《阿弥陀经》与《往生论》即所谓"三经一论"为经论依止,尤为下层信众所尊信。

禅宗,最典型的中华佛教宗门,唐代佛学本土化的典型代表,具体论述详后。

唐代佛教宗门林立,各标教义,体现了这一时代中华佛教思想及其信仰的自由与活跃,也标志着佛学本土化的进展程度与历史、人文水平。

如天台宗的"圆融三谛"说。其思想原型,与龙树《中论》所谓"三是偈"("众因缘生法,我说即是空,亦为是假名,亦是中道义")的思想攸关。其教义认为,一切事物现象因缘而起,故无"自性",因而是"空",此为空谛;一切事物现象虽无"自性"而故"空",但有"假名",如幻如化,各各分别,故称假谛;一切事物现象,既"空"既"假"、非"空"非"有",是谓中谛。这"空"、"假"、"中",是谓"三谛"。"三是偈"以三谛、中观言说基本教义,其实并未回答这三谛之间是否圆融的问题。印度佛教所言圆融,正如《楞严经》卷四所言:"如来观地水火风,本性圆融,周遍法界,湛然常住。"万法就其假名而言,事事差别;就其实相本性来说,融通无碍。天台宗在印度原有佛教教义的基础上,将圆融的理念,用以看待、解说"空"、"假"、"中"三谛

---

① 《中国佛教》(一),第289页。

之间的关系。

> 若谓即空、即假、即中者,虽三而一,虽一而三,不相妨碍。三种皆空者,言思道断故。三种皆假者,但有名字故。三种皆中者,即是实相故。①

显然,在天台宗的"圆融三谛"说中,已经明显地融渗了中华传统文化关于人与自然、天地中和的理念因素,此即《中庸》所谓"喜怒哀乐之未发谓之中,发而皆中节谓之和。中也者,天下之大本也;和也者,天下之达道也。致中和,天地位焉,万物育焉"。中和者,"天下之大本"、"天下之达道",从这一关于"中和"作为人与自然之普遍的原则看,三谛之前自当圆融。不过,传统文化理念以为人与自然包括人的感情世界的原始状态是一种"中"的状态("未发谓之中"),而"和"是人的感情从"自然"走向"人文"的一种有分别、有条理状态的合谐,天台宗则以不妄执于"空"、"假"、"中"为"圆融",这是两者的区别。同时,天台宗还从中华传统文化中的"心性"说中汲取思想养分,将"圆融三谛"的立论依据,归之于"心"(念),称"三谛具足,在一心","若论道理,祇在一心。即空、即假、即中"②,又说:"一念心起,即空、即假、即中。"③这也便是"三界无别法,唯是一心作",与天台宗的另一基本教义"一念三千"说相勾连。天台宗虽从儒家传统的道德人心修养说汲取思想养料,却将人"心"(念)哲学本体化,称"一心"即万有实体之真如。《探玄记》三云:"一心者,心无异念也。"一心即一念,一念即无念,无念即空幻,空幻即无执。而无执,修持而达于无念、无心之结果。这里,天台宗明言一念为世界本体,却暗隐与融渗传统儒家关于"心性"修养说的思想因子,即只要心(念)无妄执、无系累,则主客泯灭、三谛圆融、心即本体。其实,这也便是唐代另一本土化佛教宗门禅宗所倡言的"即心是佛"。同时,天台宗的"三谛圆融,祇在一心"说,也同样接纳来自中华传统文化道家关于"心斋"、"坐忘"的思想因子。天台宗以空为本体,所谓"一心"即"空幻"。在思维方式上,有类于道家的以无为本体。

又如华严宗,且不说其基本教义"法界缘起"即"真如缘起",以"一真法界"这一概念代"真如",体现了该宗的理论创造;也不谈宗密《原人论》第一节"斥迷执"对儒、道思想的批判,而其第四节"会通本末"重提"三教会通"之论,宗密以为,"今将本末会通,乃至儒、道亦是"。虽然,华严宗一系的佛

---

① 智顗:《摩诃止观》卷一下,《大正藏》卷四六。
② 智顗:《摩诃止观》卷六下,《大正藏》卷四六。
③ 智顗:《摩诃止观》卷一下,《大正藏》卷四六。

学名相、义理十分烦琐,在这一点上有类于唯识宗,确与中华传统文化的名理、思辨崇尚简约有别,然而我们看到,在华严宗的理论建构中,几乎到处可见对数字"十"的尊崇。华严有"十玄"、"十圆"、"十宗"、"十方"与"十门"等说,如所谓"十圆",《大正藏》卷四五云,其为"处圆、时圆、佛圆、众圆、仪圆、教圆、义圆、意圆、益圆、普圆";所谓"十门"为:一、同时具足相应门;二、一多相容不同门;三、诸法相即自在门;四、因陀罗之境界门;五、微细相容安立门;六、秘密显隐俱成门;七、诸藏纯杂具德门;八、十世隔法异成门;九、唯心回转善成门;十、托事显法生解门。① 这种尚"十"的文字景观,是华严学中华本土化的又一表现。中华传统文化理念最早崇尚数字"八",《汉书·律历志》云:"自伏羲画八卦,由数起。"实际是东方殷人推崇神秘数字"八",故有"八卦"之创始。而西方周人推崇"九","九"被《易经》称为"老阳"之数。"九"在历代中华文化中经久地出现,成了一个政治、皇权的崇高数字,如称封建帝王为"九五之尊"(其源自《周易》乾卦九五爻辞"九五:飞龙在天,利见大人")。《周礼·考工记》所记周代营国制度"匠人营国,方九里,旁三门。国中九经九纬,经涂九轨"等都是如此。同时,随着中华文化的历史性推进,《周易》古筮法所包含的最大自然数"十"被发现。《周易》以自然数自一至十这十个自然数之和即"五十有五"为占筮算卦的"大衍之数"。这"大衍之数",即"天一、地二、天三、地四、天五、地六、天七、地八、天九、地十"的总和,其中自一至十的十,因是这一自然数列的最大、最后一个筮数,尤为令人敬畏,故在中国人的文化理念中,成为圆满与无尽的数的象征。后代所谓"十全十美"之类,都是源自《周易》筮数"十",是从文化发展为道德与审美的一种传统理念。而《商君书·更法》云:"利不百(注:十的十倍)不变法,功不十不易器。"可见,起码在秦代,"十"已具圆满之义。印度佛教理念与仪规所谓"合十"即合掌,双手十指并拢,置于胸前,以表示敬意,原为古印度一般礼节,后为佛教徒所沿用。可见,印度佛教仪规中的"十",基本是"礼"的表现。华严宗尚"十",确是佛学本土化的又一文化景观。《华严五教章》卷四所谓"依《华严经》,立十数为则,以显无尽义"。"所以说十者,欲应圆数,显无尽故"。至于华严宗关于"金师子"(金狮子)的著名比喻,就更是佛学中华本土化的一个有力的证明。

若看师子,唯见师子,无金。则师子显,金隐;若看金,唯见金,无师

---

① 参见法藏:《华严教义章》卷四,《大正藏》卷四五。

子。则金显,师子隐①。

《金师子章》这一段名言,类于战国公孙龙子的"离坚白"说:"视不得其所坚,而得其所白者,无坚也;拊不得其所白,而得其所坚,无白也。"②两者在逻辑上是同一的。

再如净土宗,以念佛行善为内因,以弥陀的愿力为外缘,往生西方净土,专以口诵阿弥陀佛为要。这非常契合中国人尤其下层信众的信仰口味。无须高深、玄奥佛理的研读,无须繁冗佛教仪规的约束。无论称名念佛,还是观想念佛、实相念佛,都简约而易行。这是唐人极愿意接受与践行的。唐人的头脑意象丰富,想象力极其旺盛,诗性迸发,而在思辨方面,确实有点为象所累,有点懒,就连佛禅修持方式,也希望愈简便愈好。

这似乎可以说明,以沉重之思虑、烦冗之逻辑,以印度佛学的"原汁原味"(所谓"真经")为自豪的唯识宗为何难以持久弘传、昙花一现之缘故了。唐代中华,似乎多少失去了有深度的理性思辨的执著与热忱,再也不是魏晋玄学、般若学那般的冥思苦索、刻意玄思,时代的"少年天才",从魏晋的思想智者王弼,变成才气横溢的诗人王勃、李白与"诗鬼"李贺。往往以深刻的理性思虑的无情放逐,换得诗的想象的丰富与奇特,或是灵慧的禅悟,而禅悟无疑具有诗悟之极空灵、极意象的感觉。以诗的激情飞扬来补偿时代思哲的某些苍白,这可以说是唐代文化的一半丰收、一半歉收。但是,这并不等于说,唐代美学是一种缺乏理性深度的美学,它是将这理性融渗在诗感、诗美之中了。而在一系列佛教教义尤其是中华禅宗、唯识宗、天台宗与华严宗诸多经典中,其对美学的思虑及其深度,是令人惊异的。佛学的中华本土化,从印度佛学经典之说尽千言万语,即所谓的"不离文字",到中华唐代禅宗的所谓"不立文字",这对于中华美学文脉历程的发展,产生了深远影响。

## 第二节 法海本《坛经》的美学诉求

《坛经》传世版本颇多,其中法海本是迄今所发现的最古的本子③。该

---

① 《金师子章》,《大正藏》卷四五。
② 《公孙龙子·坚白论》。
③ 日本学者石井修道称,《坛经》版本多达14种(见《伊藤隆寺氏发现之真福寺文库所藏之"六祖坛经"绍介》)。印顺说:"《坛经》的各种本子,从大类上去分,可统摄为四种本子:敦煌本、古本、惠昕本、至元本。"他认为:法海本(注:即敦煌本)"已不是《坛经》原型",却是"现存各本中最古的"。印顺《中国禅宗史》,上海书店,1992年,第272、247、266页。

本题为"《南宗顿教最上大乘摩诃般若波罗蜜经六祖惠能大师于韶州大梵寺施法坛经》,兼受无相戒弘法弟子法海集记",凡一卷,五十七节,约一万两千言,发现于敦煌石窟,故又称敦煌写本。郭朋《坛经校释》一书指出:在诸多传本中,"真正独立的《坛经》本子,仍不外乎敦煌本(法海本)、惠昕本、契嵩本和宗宝本这四种本子",法海本的刊行年代尚难确定。据该本第四十九节记慧能(638—713)圆寂、神会一系借托慧能"遗言"以自抬情事,则尚可推测,法海本大约刊行于唐慧能圆寂未久的禅宗"荷泽"时期。① 法海本所述,最接近于慧能曾应刺史韦璩之邀,于广东韶州(今曲江县)大梵寺(初名开元寺)弘传禅法之语要,可将其作为慧能禅学思想的基本实录来研究。如欲探讨唐代南宗禅教义宗要的美学诉求这一学术课题,以法海本为文本研究对象,是可取而有价值的。

### 一、《坛经》旨要:般若学还是佛性论

研究法海本《坛经》美学,必须首先厘清,该本佛禅思想,究竟是般若性空还是佛性涅槃之论,抑或般若、佛性之学兼备这一问题。

在佛教中,般若学与佛性论属于不尽相同的两大教义系统。般若,梵文 Prajñā 之简略音译,指不同于世俗智慧的佛教"灵慧","般若波罗蜜"一词的略语。佛典所言"波罗蜜",有"渡"、"到彼岸"之义,故"般若(般若波罗蜜)"的字面意义,指到达最高或完美的超常智慧之彼岸。《摩诃般若波罗蜜经》卷二一有云:"得第一义度一切法到彼岸,以是义故名般若波罗蜜。"

般若是根本智、究意智、无上之觉慧。佛典有所谓"共般若"、"不共般若"之分与"世间般若"、"出世间般若"之说。龙树《大智度论》卷一〇〇:"般若有两种:一者共声闻说,二者但为十方住十地大菩萨说。"天台宗大师智𫖮《金光明玄义》卷上有所谓"实相般若"、"观照般若"与"方便般若"之说(佛典还有所谓"文字般若"、"观照般若"与"实相般若"的说法),丁福保将其释为般若"三德",分别称"理体"、"实智"与"权智"②。

尽管如此,佛教般若说的根本旨要仅在"性空"二字。其远绪为印度原

---

① 法海本《坛经》"四九"云:"上座法海向前言:'大师!大师去后,衣法当付何人?'大师言:'法即付了,汝不须问。吾灭后二十余年,邪法撩乱,惑我宗旨。有人出来,不惜身命,定佛教是非,竖立宗旨,即是吾正法。'"印顺说:"这分明是荷泽门下所附益的。"又说:"这是影射慧能灭后二十年(732),神会于滑台大云寺开无遮大会定佛教是非、竖立南宗顿教的事实。"《中国禅宗史》,第223、290页。

② 丁福保:《佛学大辞典》,文物出版社,1984年,第920页。

始佛教的"诸行无常,诸法无我,因缘而起"说。万法即一切事物、现象因缘而生,念念无往,故无自性(无质的规定性),故曰"性空"。《维摩经·弟子品》云:"诸法究竟无所有,是空(性空)义。"一切事物、现象,说到底都是"假有",所以称为"无所有","无所有"即是性空。

既然一切事物、现象都是"空"的,那么,所谓色空、生灭、垢净、罪福、我无我、善不善、明无明、尽不尽、佛众生、一相无相、有漏无漏、有为无为以及世间出世间等等,在空这一点上,都无分别、均为不二。万物万事的所谓"分别",不过是"假名"而已。凡"假名",均是"不实"之词,而斥破"分别心",即离尘拔苦为性空,性空即般若。

龙树更将般若学发展到"中观"之境。龙树《中论》所谓"三是"偈以"中道"为般若究竟圆融之义。既不执于假有(假名),又不滞累于性空,离弃空、有两边,是谓"中"。正如《成唯识论》所言:"故说一切法,非空非不空……是则契中道。"中者,绝待之称,不二之义,双非双照之目,破空破假、无弃无得,进而斥破执"中"之见,即连"中"这一文字称谓,也是一个"假名",不可妄执。倘偏执于中,实际便是滞累于中,执著便是"假有",执中也便堕入"恶趣空"。

这是"中观"的般若性空之义。

比较而言,佛性论以为"一切众生悉有佛性"。主张一切芸芸众生,皆可成佛。众生,其所弘扬的基本教义,是成佛的条件、标准与理想以及如何成佛、宣传佛性即真如、觉悟的思想。

般若学与佛性论的主要区别在于:般若义以万法为空,终无自性,在理念上,不仅"空"了现象,而且"空"了本质,就连所谓本质之"空",也是"空"的,"空空者,如也"。龙树《大智度论》卷四六有云,"何等为空空?一切法空,是空亦空。是名空空"。好比药能破病,病破已,药亦应出。如药不出,即复为病。以空破诸烦恼而执空,便复为患。因而以空舍空,故曰"空空"。佛性说也承认万物万事从现象到本质都是虚妄而空幻的,然而这"空",却是可被执著的。佛性说认为,可执之"空幻",即是佛性、涅槃。这可执之"空",是一种"存在",佛典称为"妙有"。

在"四大皆空"这一点上,般若学与佛性论的主张并无二致。再往前走,两者就有了区别。如果说,般若性空之学以"桶底脱"式的无所执著为精神上不是终极的"终极关怀",那么,佛性涅槃论则以执著于性空(佛性)为终极关怀。《涅槃经》强调"佛性常住,无变易故",就是这个意思。如果说,般若学主张在无家可归的永恒"空寂"中,永远是精神孤寂的漂泊,那

中国美学史新著 | 214

么,佛性论却以佛性为"妙有",以成佛为旨要,在念念无住的"空寂"中,寻找精神的栖居。

法海本《坛经》的基本佛禅思想,无疑是佛性论而非般若学。这一点可先从慧能那首著名的得法偈来加以证明。

其偈云:"菩提本无树,明镜亦非台,佛性常清净,何处有(一作"惹")尘埃!"关于这一名偈,学界一直关注与研究的,是其与神秀所作之偈("身是菩提树,心如明镜台,时时勤拂拭,莫使惹尘埃")在顿悟与渐修上的区别,这当然很有必要。然而仔细想来,此偈第三句"佛性常清净"其实尤为重要。因为它明白无误地告诉人们,所谓得法偈所言之"法",即佛性耳。其意是说,佛性即空,本是清净。清净之佛性本是有之,此即"妙有"。"妙有"即意味着可被执著,有一个精神归宿处。

"佛性常清净"这慧能名偈关键的一句,自《坛经》惠昕本始,直到北宋契嵩本与元代宗宝本,竟无一例外被改为"本来无一物"。而且,法海本关于"般若"的言辞比比皆是,如多处言说《金刚经》的"般若"之论,就连该本标题也有"般若波罗蜜"字样,给人以法海本宗"般若"而排"佛性"的文本假象,是何缘故呢?首先应当指出,"本来无一物"的意思,是说万物"本无",这原本是一魏晋玄学命题,其思想源自先秦《老子》"是故天下万物生于有,有生于无"。佛教,包括唐代南宗禅的佛理,专以谈空(性空)说有(妙有、实有或假有)而不宗于"无"。可以说,《坛经》惠昕本等在此是以玄学老眼光"误改"了这一名偈。

这种"误改",始于汉译佛经,并一直影响到唐及此后。汤用彤曾经指出,"自汉之末叶,直讫刘宋初年,中国佛典之最流行者,当为《般若经》。即以翻译言之,亦译本甚多"。从最早支娄迦谶译《道行》到鸠摩罗什入长安重译诸多般若经籍,遂使"盛弘性空","此学遂如日中天"。"而其所以盛之故,则在当时以《老》、《庄》、《般若》并谈。玄理既盛于正始之后,《般若》乃附之以光大。"所谓"六家七宗"以本无宗受玄风熏染尤甚。此"本无"者,实为"本空",是以"无"说"空",李代桃僵。"'无'为'空'字之古译,故心无即'心空'。即色自号为'即色空'。本无即'本空'"①。

这便是说,由于玄学浸润,推动了由印度东渐的般若学中华本土化的历史进程,使得本以"空"为"空"、未执于"中"的般若性空之学,嬗变为中华僧人与哲人通常以本体之"空"为"妙有"(注:类似于玄学之"无")的执著

---

① 汤用彤:《汉魏两晋南北朝佛教史》上册,中华书局,1983年,第164、238页。

关注。由"桶底脱"式的无所执著,变成了对"空"(佛性、妙有、类似于无)的有所执著,这实际上开启了般若之学向佛性之论转递的"方便"之门。

这也就不难理解,为什么法海本《坛经》体现出般若与佛性之言说杂陈于一书的文本景观,为什么慧能得法偈"佛性常清净"此句竟如此容易地为后人所改动并长期被认可。郭朋说:"这句偈语的首窜者先把般若'性空'误解为'本无',再以'本无'来窜改'佛性'。"①所说是矣。

而法海本的佛性论宗旨,到底是难以窜改的。研究这一文本的美学诉求问题,必须还其佛性论的本来面目。法海本所述得法偈赫然写着"佛性常清净"五个大字。而该本又同时多处写道,"如是一切法,尽在自性。自性常清净"、"世人性净,犹如青天"、"即见自心自性真佛"、"真如净性是真佛"等等,都非常明确地表达了慧能的佛性论立场。至于那么多有关金刚、般若等言辞,正如慧能自己所言,乃是佛性"转"《金刚》,而非《金刚》"转"佛性。是借《金刚》说佛性,而不是相反。② 这当然不是说,《金刚经》的般若学思想对慧能没有任何影响。在法海本中,"般若"一词往往可作"佛性"解,比如"菩提般若之知,世人本自有之"、"故知本性自有般若之智",既然"菩提般若"、"般若之智"、"本自有之"、"本性自有",那么,这所谓"般若",即为"妙有",而非以"空"为"空"、无执之"空"。"妙有"也是一种"空",不过是可执之"空",此"空"者,佛性也。

## 二、佛性:颠倒与夸大了的"完美"人性

既然法海本《坛经》的思想旨要是佛性论,那么,我们就可以对这佛性论的美学诉求问题加以进一步的探讨了。

大凡佛教,无论属何宗派,其教义均以否定现实为逻辑前提。进而,也就同时否定了人的美、自然与社会的美。丁福保编纂《佛学大辞典》,收录词目三万余条,其中几乎没有一条是真正关于"美"的,此岸、世俗之美在佛教教义与信徒的视野之外。③

这不等于说,佛教教义都是"反美学",或者无任何美学诉求的。佛教否定、消解人与自然、自然与社会、自然与文化之美,却不足以割裂其典型教

---

① 郭朋:《坛经校释》,中华书局,1983年,第17页(注:本书后文的法海本《坛经》引文,均引自该书,不另注明)。
② 注:《金刚经》是般若学经典。
③ 注:丁福保《佛学大辞典》有"美音天"、"美音天女"与"美音乾闼婆"三个词条,其内容均不属世俗美本身。见该书第782页。

义、其信众之生活、修持方式等与美学的关系。一般佛教教义,以言说成佛标准以及如何成佛为主要圭臬,这当然不是美学讲义。可是,由于在成佛标准以及如何成佛等问题上,必然沾溉、渗融着被扭曲、夸大了的关于人与自然、社会及人的生存处境、未来理想、异化和生命存在意义的思考——其实,这些也都是美学的主题——所以在佛教教义中,有可能存在种种打上引号、别致而深层次的美学,确切地说,这里包含丰富、复杂而深邃的美学诉求。

关于法海本《坛经》的美学意蕴问题,也应作如是观。

法海本标树"佛性"之帜。这佛性,往往被称为真如。所谓"真如净性是真佛"、"顿见真如本性"与"真如是念之体"等等,都是关于佛性义同而言别的言说。《唯识论》二说:"真谓真实,显非虚妄;如谓如常,表无变易。谓此真实于一切法,常如其性,故曰真如。"佛性,其实是一种"真正如实"的人的原本生命状态与境界。《大乘止观》云:"此心即自性清净心,又名真如,亦名佛性,亦名法身,亦名如来藏,亦名法界,亦名法性。"名异而实同。真如是本体,不生不灭、不增不减、无终无始,无善无恶,但为染缘或净缘所触,生种种法。染缘妄念横生,现万物假有之相;净缘妄念不生,为本体实有,万相虚妄(假有)而本体(真如、佛性)实有(妙有),正是佛性论以及大乘有宗之见。

《坛经》的这种佛性论,深受相传为印度大乘佛教著名论师马鸣所撰、真谛所译《大乘起信论》①的影响,是显而易见的。所谓"一心"、"二门"、"三大"为理论框架的真如缘起论,是《大乘起信论》的基本佛学思想。"一心"者,真如也,芸芸众生本具"真如"之性,即"人人皆有佛性";"二门",指"一心"(真如)生起二门,染缘、净缘之谓。染缘所起称"心生灭门",净缘所起称"心真如门"(不生不灭门)。前者指现象、世界假有;后者为本质,世界妙有(空)。这"二门",犹浩茫之海水与海浪的关系。海水本可平静,为风所吹(染触)则浊浪滔天、瞬息万变。可是,作为海水与海浪的水的"湿性",是始终不会"变坏"的。这"湿性",就是本具的真如(佛性),它虽时时依缘而起,生为海浪,却是其"湿性"始终未变,自性清净。这里,笔者以为"起信论"所言"二门",有类于中华传统人性论的所谓"性、情、欲"三层次说,即性如水之"湿性",情如平静之海水,而欲是滔天浊浪;所谓"三大",《大乘起信论》说,"一者体大,谓一切法真如平等不增灭故。二者相大,谓如来藏具足无量功德故。三者用大,能生一切出世间、世间善因果故"。这

---

① 注:关于《大乘起信论》作者真伪问题,此暂勿赘。

便是说,真如是无生无灭、真正平等、真实如常、毕竟常住的体性;真如具有大智大悲、常乐我净的功德;真如本性,具足一切功德而外现报应。初修世间之善因得世间之善果;终修出世间之善因种出世之妙果。

可见,《大乘起信论》的"一心"、"二门"、"三大"在逻辑上是统一的,是对真如缘起(佛性)论的理论演绎。

《坛经》佛性论,以"真如净性"为可被执著的"真佛"境界,这便是前文所引"真如净性是真佛"的意思。这里,"真佛"即"起信论"之"一心"。《坛经》又言,"莫起诳妄,即是真如性",字面上是对什么是"真如性"的解说,实际包含"起信论"所谓"二门"的思想,即不起诳妄,是"心真如门";染而诳妄,是"心生灭门"。至于《坛经》所谓"真如是念之体,念是真如之用",则简化了"起信论"关于"三大"的佛学思想而以体、用这一对范畴来概括真如及其缘起的逻辑关系。"起信论"中的因果业报思想,也在一定程度上影响了法海本《坛经》。《坛经》所说的"常后念善、名为报身。一念恶,报却千年善亡;一念善,报却千年恶灭",是"起信论"业报思想影响《坛经》所留下的一抹史痕,所谓善恶果报系于"一念之差"。不过,总体上《坛经》是不倡言"业报"的,而且即使谈业报,也仅仅把它看做在"一念"之中完成的,局限于内在心理之境而不认为是一个长期的践行过程。

研究法海本《坛经》佛性论美学诉求问题,须十分注意"念"这一佛学范畴。在《坛经》看来,佛性即真如即"无念"。法海本说:"顿渐皆立无念为宗,无相为体,无住为本。"并且说,这是"我此法门"。所谓"法门",进入禅宗"法"境之"门"径也。印顺说:"'无相为体,无住为本,无念为宗',这是《坛经》所传的修行法。"①此言不差。因为此处所言"无念"之类,确是关于"顿渐"的,"顿渐"是修持方式。但是,岂有佛教修持说可以离开其本体论而独立的?尤其对南宗这顿教而言,"无念"即"顿","顿"即"无念",也便是无念即佛,佛即无念,可谓即体即用、体用不二。

"念"在佛教中指极短的瞬间、刹那,兼指刹那而起的直觉内省。法海本这样描述佛性:"无念者,于念而不念。"这是说,如一心只在刹那体念真如本性(佛性)的"正念"(八正道之一)上,那么即是灭杂念、妄念而入佛性、涅槃之境。正如《维摩经·观众生品》所言:"又问:'欲除烦恼,当何所行?'答曰:'当行正念。'"与此相关,法海本又说:"无相者,于相而离相"、"无住者,为人本性,念念不住"。相,事物表相。生活于表相之际而不执

---

① 印顺:《中国禅宗史》,上海书店,1992年,第357页。

著、沾染于此相,是谓"离相",这是"无念"的功德;住,静寂,兼有执著义。这是说,佛性即不系累,它"无住"于俗念、烦恼,也便是人之本性(自性)刹那、刹那无染于世俗"万境"。用法海本的话来说,叫做:"念念时中,于一切法上无住。一念若住,念念即住,名系缚;于一切上念念不住,即无缚也。此是以无相为体。于一切境上不染,名为无念。"

可见,"无念"确是法海本《坛经》佛性论的中心话题,是南宗关于佛性的典型说法。不滞累、不执缚于虚妄、杂念与假有,即真如、佛性,即妙有,这也便是对空的执著,此《阿含经》所谓"无我无欲心则休息。自然清净而得解脱,是名曰'空'"。此经虽为小乘所宗之经典,而在"无念"观这一点上,与大乘佛性论的"无念"说相通。

《坛经》认为,空乃万法之真如、本质的真实。未经尘世污染(佛性本自清净),通过顿悟重新荡涤了尘世污染的"自然清净"(成佛,回归于佛),这是南宗禅教义的根本。超越佛禅之域限,沾溉葱郁的美学意蕴,以颠倒的"话语",显人性的"本色"与"元色",是人性之灿烂"元美",这类似孟子"性善说"所谓"善端"。所谓"人人皆可成佛",类于"人皆可以为尧舜"。或是回归于原点的人性之美,却借"佛性"这个奇异的字眼,呈现在凡夫俗子所说的佛禅的"泥淖"之中。

在有的佛教教义中,佛性本是外在于崇拜者之崇拜对象的一种空幻的属性。佛教有"净土"、"佛土"之说。佛土者,佛所住之国土、领土。作为一种佛教"理想",佛性是净土、佛土的圆满属性,是可被追求、执著的一种境界,毋宁说是人对彼岸、出世间的一种精神向往。因此,这种佛性论,是以此岸与彼岸、世间与出世间、人与佛原本对立、分离为逻辑起点的。

法海本《坛经》断然拒绝这一逻辑起点。它明确地说:"法元在世间,于世出世间。勿离世间上,外求出世间。"①佛性(法)既在世间、在世间与出世间之际,那么,如"离世"而"外求",则是南辕北辙,似觅"兔角"而不得。法海本既说"佛性常清净",又称"人性本净"、"世人性本自净",可见在其世间即出世间的思维框架中,佛性与人性是同构的。佛性,既是可被追摄的人性之美的本体,也是因现实人性之受污染、不完美而用佛教语汇所虚构的一种人性模式,它是被颠倒、夸大的完美人性。

由于在本体意义上,承认佛性即完美人性,"人人皆可成佛",这无疑消

---

① 关于这一句,惠昕本、契嵩本与宗宝本《坛经》均作:"佛性在世间,不离世间觉。离世觅菩提,恰如求兔角。"

解了佛的权威性。因为既然"人人皆可成佛",也就无所谓佛。既然佛犹人、人犹佛,"即心是佛",那么,这无疑等于解放了人自身。在美学上,这是将至高无上的佛降格为人,同时将人与人性上升到佛与佛性的高度。这种人对自身的精神提升,是人的自恋、自爱与自我崇拜,但在这崇拜之中,又体现出人的审美理想。它意味着,人可以在佛的辉煌、灿烂实际是虚妄的灵光里,真实地体验其自身的崇高品质。

然而,彼岸与佛性的完美境界,本来就是观念的、逻辑的"存在",而不是历史的、真实之现实的存在,因此,佛性与佛,恰恰因其是人性与人之颠倒、夸大的完美的人文符号方式,也就成为人性与人的一种历史形态的异化方式。

因此在理念上,佛与佛性的观念性建构,是人对完美、崇高与自由之绝对的向往与追求,在这里,人无疑寄托着真正是属人的终极理想,又是人与人性之现实的真正的贬损与不自由;既是人企图从对佛的偶像崇拜中"拔离诸苦"、回归于对自身的审美,是一种审美的"觉悟",又因佛禅的"遮蔽",是对现实审美的戕害。

### 三、见性成佛　即心是佛　自救自度

那么如何成佛呢?也便是如何在此岸、世间使精神趋向于彼岸与出世间,完成完美人格的建构与执著呢?

《坛经》给人指明的唯一路径,是"见性成佛"、"即心是佛"、自救"自度"。也就是说,这个世界上本无什么"佛"的偶像,故不用指望有什么外在的、作为精神偶像的"佛"来接引你到"西方"。"西方"无"佛"。而"佛"即"菩提般若之知,世人本自有之"。"自性常清净",好比"日月常明","世人性净,犹如青天,惠如日,智如月,知惠常明"。既然如此,那么试问,还有什么可能与必要迷失自性与本心而别求他"佛"呢?别求他"佛"就是迷失主体自身。既没有崇拜对象,也没有崇拜外在偶像之内在的精神需要,那么,这是要从根本上消解偶像崇拜。崇拜的本质,是对象的神化,同时是主体意绪的迷失与迷狂。如果不再预设一个崇拜对象,那么也便是主体意识的开始确立。而拒绝外界权威与偶像,让人自己独立地张扬主体意识,独自与这个世界进行"对话"并面对这个世界的挑战,这里,该是具有多少葱郁的美学意蕴诉求啊?

《坛经》谈到"归佛"问题。法海本写道:"若言归佛,佛在何处?若不见(注:现)佛,即无所归。既无所归,言却是妄。"作为主要弘传佛性论而非般

若学的法海本《坛经》,"归佛"当然是其要义。然而,它并没有主张"归"于他"佛",而是"自性"复归,归于"本心"。"他"处本无"佛"在,何"归"之有?离"自性"无别"佛",离"本心"无别"佛"。因此,如不"见性成佛"、"即心是佛",便是非真实的"归佛"。既然崇拜他"佛"即外界权威不是真正的人之精神的皈依,那么大谈对他"佛"之类的崇拜,岂不是虚妄?这便是前引"既无所归,言却是妄"的意思。《坛经》在谈论这一重要的佛教命题时强调指出,由于众生自性本是圆满具足,所谓"归佛",只是"自归",岂有他哉?"经中即言自归依佛,不言归依他佛,自性不归,无所依处?"真是说得一点也不含糊。慧能在说法时要求他的门徒尤其在这一点上把眼睛擦亮,"各自观察(注:这里有'觉悟'义),莫错用意"。

那么又如何"自归"呢?法海本《坛经》说,"自归"就是不离世间、此岸的"自度"。只有"自度",才是"真度"。慧能开导他的门徒说:"众生无边誓愿度,不是惠能度。""自度"是自性觉悟,度,唯有依靠自己。这个世界上没有一个外在的"导师"可以代替你的"自度",慧能决不承认他自己是这样的"导师"。慧能说:"各于自身自性自度。何名自性自度? 自色身中,邪见烦恼、愚痴迷妄,自有本觉性,将正见度。既悟正见,般若之智,除却愚痴迷妄众生,各各自度。邪来正度,迷来悟度,愚来智度,恶来善度,烦恼来菩提度,如是度者,是名真度。""度"者,一般佛典所言"波罗蜜"者,意思是"到彼岸"。佛教有所谓"五度"、"六度"与"十度"之说。如"五度":一、布施,慈心施物做好事;二、持戒,持种种戒律以慎身谨行律己;三、忍辱,忍天下难忍之辱,所谓难舍能舍、难忍能忍;四、精进,即难进能进、精勤不懈、勇励一切之善、降伏一切之恶;五、禅定,心寂而止妄。"六度",即前述"五度"加一"慧度",意思是能观空、断惑、证理而渡生死海。至于"十度",即在"六度"之后,加"方便度"(善巧方便、自积功德、度一切有情)、"愿度"(修上求菩提、下化芸芸众生之大愿)、"力度"(行"思择力"与"修习力",修习思维诸法)与"智度"(修自利利他、普渡众生之智)。而慧能在法海本所说的"真度",显然继承和发展了一般佛典关于"度"的思想。

其一,由于慧能的佛禅思想的逻辑基础是出世间即世间、彼岸即此岸与佛、人同一说,因此,其"真度"就在世间、此岸,并非要"度"到彼岸去。这种"真度"说,在很大程度上消解了传统佛教的内容,具有明丽的世俗特色。

其二,既然认为没有必要、也不可能对彼岸、出世间或作为崇拜对象的佛与佛性作出精神性建构,那么,这就意味着,凡是"真度",必靠"自力"而非"他力"提携,也不存在任何来自彼岸、出世间的"他力"可供依靠。"真度",是主体自身之精神不离世间、此岸的一种觉悟,便是法海本所谓"自有本觉性、将上见度"的意思。

其三,"真度"是精神的解放、人格意义上的一种精神修养,是瞬时的觉悟,即所谓"即得见性,直了成佛"。因此在慧能看来,一般佛典所言"布施"、"持戒"与"忍辱"之类,便是"假度"。而且,"真度"是无须假以时日的,是当下即悟、当下即是,更无涉于因果业报、三世"轮回"。人面对这个喧嚣不已的世界,面对人生烦恼,倘能时时、处处、事事持一颗湛然圆明的"平常心",保持心田清净、空幻,这便是本觉,便是"真度"。

其四,"真度",不仅是"成佛"即成就完美人格的方式,更是人之精神的"自归"。正如前述,"真度"是"归佛",是"识心见性",是人自己救、度自己。这已触及了宗教、哲学与美学的终极关怀问题。值得注意的是,法海本《坛经》承认人性本是圆满、本无缺陷、本无"原罪",而且认为人性之所以本是圆满、什么也不缺,乃是由于人人本具觉悟、灵明之故。可见,慧能对人、人性充满了自信与信任。慧能实际上无异于说,一个不承认"他佛"的现实世界,可以期望是觉悟了"自性"、"本心"的"自佛"的世界。尽管"自佛"也是一种"佛",然而它是真正地具有人格素质与人情味的。人可以而且必须由自己觉悟来"关怀"自己,而不必迷执于外在权威、偶像来预设人的"终极"。难道这不是关于人、关于这个伟大民族的一种精神的解放吗?

早在公元七八世纪之际,慧能实际上就宣告了"他佛"即作为客观崇拜对象之佛的"死亡",这在中华佛教史、思想史与美学史上的地位与意义,是否与尼采宣告"上帝死了"在西方宗教、哲学与美学史上的地位与意义一样重要?慧能是具有一点怀疑精神的,即怀疑与否定"他佛"的存在。所不同的是,"上帝死了"之后,西方人的精神似乎便无家可归,人的生存焦虑与紧张并未能彻底消解。而发生于东方唐代的"他佛"的"死亡",却又使这佛复归于人的"心性"(自性、本心)。可见,这个伟大民族是多么充满自信地守望着人的"自性"、"本心",又是何等地钟爱人自己。在这种中华佛学的美学诉求或者说渗融着美学意蕴的佛学中,不是可以让人体会到传统儒家的人学而非神学思想尤其是"性善"之见对慧能禅要的渗透与影响吗?

如前所言,这似乎颇难以分清其何为佛学何为美学。两者在对立之中的相通与相契,正是法海本《坛经》这一文本思想的魅力所在。中华美学有一个特点,往往在一些并非有意谈美的文本里,偏偏包容深刻的美学思想或是典型的审美意识,大约《坛经》是又一显例。

**四、禅悟与诗悟:无生无死、无染无净、无悲无喜**

《坛经》重"自度"、"真度",实际是重"顿悟"。慧能说:"故知一切万法,尽在自身中,何不从于自心顿现真如本性。"①又说,须"令学道者顿悟菩提,令自本性顿悟","迷来经累劫,悟则刹那间",如"外修觅佛,未悟本性,即是小根人"。综观法海本《坛经》,虽繁言万余,究其要旨,"顿悟"二字而已。

顿悟,唐南宗禅之"心要"也。寂鉴微妙、不容阶差、一悟顿了、速疾证悟圆果之谓。《顿悟入道要门论》曰:"云何为顿悟?答:顿者,顿除妄念;悟者,悟无所得。又云:顿悟者,不离此生即得解脱。"

佛教顿悟说并非始于六祖慧能。相传灵山之会,世尊拈花,迦叶微笑,此顿悟之玄机也。中华佛教在道生之前,将顿悟仅仅看做渐修达到一定阶段、自然而必然证得的妙果,认为参悟成佛须经十个阶段,称十地、十住。所谓十住:发心住;治地住;修行住;生贵住;方便具足住;正心住;不退住;童真住;法王子住;灌顶住。支遁、道安认为,修持至第七住才始悟真际、佛性。七住虽功行未果,然佛慧渐趋具足,七住为趋于顿悟之性界。这是"小顿悟"说。

"小顿悟"被认为在理论上是不彻底的。依竺道生之见,顿悟者,常照之真理。真理湛然圆明,本不可分,佛学史所谓"理不可分"。既然如此,那么悟入真际,必然不容阶差、一通百通、一了百了,以不二之灵慧照未分之真际,是谓体非渐成,必然圆顿。这是"大顿悟"说。《肇论疏》云:"竺道生法师大顿悟云,夫称顿者,明'理不可分',悟语照极。以不二之悟,符不分之理。理智恚释,谓之顿悟。"

道生孤明独发。而慧能的顿悟说既承传道生之见,又倡新说。

第一,道生的佛学思想,一是般若扫相义,二是涅槃佛性义,融般若性空与涅槃佛性之论而成一家之言,处于从前者向后者转换之始。道生主张众生皆有佛性,连一阐提也具佛性,均可成佛,是中华佛学史上涅槃佛性之论的首倡者。然而,道生顿悟说所指顿悟之"理",究竟是般若学不可妄执的空,还是佛性论可被执著的空(妙有),在其佛学逻辑上似不大分明。其顿悟说有般若、佛性兼具的特点,反映了中华佛教顿悟说初起时的思维与思想特征。而慧能的顿悟之论,却是其佛性论的根本。《坛经》说:"佛是自性

---

① 这里"自身"二字,契嵩本、宗宝本作"自心",称"故知万法,尽在自心"。

作,莫向身外求。自性迷,佛即众生;自性悟(指顿悟),众生是佛。"在慧能看来,佛即顿悟,顿悟即佛。佛性在何处？在于顿悟。顿悟与佛性同一。

第二,道生认为,顿悟者,霎时悟理,通体彻了,此前没有所谓小悟、渐悟或部分之悟的可能,道生破斥"小顿悟"说。而道生同时又认为,佛教修持虽无渐悟却应有渐修的存在,此即通过读经、禅坐来坚定信仰、抑息烦恼。认为渐修不导致渐悟,却是顿入佛地的基础。道生《法华经疏》云:"兴言立语,必有其渐。""说法以渐,必先小而后大。"认为渐修实为信修,所谓"悟不自生,必借信渐"。信渐并非渐悟,却为顿悟的突见扫斥障碍。可是,法海本《坛经》主张"不立文字"、"直了成佛"。虽则说摒弃文字,而就连《坛经》本身的存在与传读,也是所谓"不立文字"的反证。但慧能教人不滞累于文字,不主张读、坐、破斥文字障的主张,具有葱郁的思想价值。《坛经》说:"又见有人教人坐"、"即有数百般以如此教导者,故知大错"。禅坐、读经之类,在道生那里是"信修"的方式,慧能本意统统不要这些"劳什子",因为这毕竟是"外修"而非"自悟"、"自度"。这体现了思想的解放。

第三,道生仅将顿悟看做圆果,其顿悟说是其全部佛学的重要内容,而不是佛学本体论。慧能的全部佛学,实际是围绕着"顿悟"来展开的。顿悟是其佛学的出发点,也是其归宿,具有本体论意义。尤为重要的是,所谓顿悟,不在西方也不假于西方,此岸即是,当下即是;不假于外求,自性、自心清净即是,此即《坛经》所谓"迷人念佛生彼,悟者自净其心"。此所谓"佛就在心中"也,心中有佛即顿悟。《坛经》说:"若自悟者,不假外善知识。若取外善知识,望得解脱,无有是处。"《坛经》不认为有一个"善知识"可以作为权威、偶像来接引众生顿悟西方,慧能本人根本不承认自己是这样"导乎先路"的"善知识"。真正的"自悟"、"自度",是主体当下的觉体圆明,是一种最佳的主体精神境界。

然而要紧处在于,既然所谓"客观之佛性"、"彼岸的佛性"之说法不能成立,那么,我们说顿悟是主体心境,实在是关于顿悟的一种"方便"说法。作为禅门"究竟"的顿悟,是恒常之自性清净,荡涤了污俗的自心、本心,它本自圆满,惟本独存,在逻辑上是"无对"、"无待"的。顿悟即常然湛圆之本体、烛照大千之宇宙精神;倘"方便",入之于世而应之于人,那么,它是无生无死、无染无净、无悲无喜的一种"中性"境界,是非有非非有、非正非非正、非反非非反的"零度"的生存状态的美,读者若悟于此,是禅悟,大抵也是诗悟了。

在这一点上,可以引入一些禅诗文本来加深对这一问题的理解。

禅的意境,作为完美的空(妙有),作为本是圆融具足的宇宙精神,在王维的诸多禅诗中也出现过。

王维(701—761)一生以诗、画名重于世。慧能入灭那年(713),王维还是一个13岁的少年才俊。王维一生对禅学很有修养。后曾亲撰《六祖能禅师碑铭》,阐述慧能佛学思想。该碑铭所叙,所谓"无心舍有,何处依空"、"举足举手,长在道场;是心是情,同归性海",①实得六祖禅要之真髓。清赵殿成笺注《王右丞集》序称王维"天机清妙,与物无竞。举人事之升沉得失,不以胶滞其中。故其为诗,真趣洋溢,脱弃凡近",颇入王维禅诗之堂奥也。

王维禅诗名篇如《辛夷坞》:"木末芙蓉花,山中发红萼。涧户寂无人,纷纷开且落。"《鸟鸣涧》:"人闲桂花落,夜静春山空。月出惊山鸟,时鸣春涧中。"《山中》:"荆溪白石出,天寒红叶稀。山路元无雨,空翠湿人衣。"一向脍炙人口,读来惊心动魄。

依笔者之体会,凡此禅诗主题(实际诗人撰此诗,并无"主题先行",否则便非禅诗矣),以"空寂"二字便可概括。诗之意象丰富。芙蓉、桂花、山鸟、红叶、空山、春涧诸景,森罗于前,这与他诗无别。然而在别的诗篇中,可因景而触情、缘情,也许会激起无限遐思,建构人格比拟,如所谓"仁者乐山,智者乐水"、"悲者,秋之为气也"然。古今中外,无数的诗作都在喟叹人生,描述生老病死、喜怒哀乐。而在王维笔下,凡此一切都被消解了。无论春花秋月、山鸟红叶、夜静天寒,总之一切入诗之情景,都还原为"太上无情"的自本自色、原质原美。且观芙蓉自开自落、自长自消,关人底事?这里没有主观、主体的执拗,所呈现的,是宇宙的原本太一、一尘不染又圆融具足,没有诗人心灵的一丝颤动,连时空域限都被打破。无尘心、机心与分别之心,没有任何内心牵挂,没有滞累,没有焦虑,没有紧张,也没有妄执,真正可以说是关于"空寂"的"零度写作",做到"是心是情,同归性海"、"脱弃凡近"从而"真趣洋溢"。

王维的禅诗,不啻是法海本《坛经》佛性论及其美学诉求的另一文本。在此,禅悟与诗悟大致是合一的。合于何处?其一,都是直觉,直观;其二,都是突然而至;其三,都是自发、自由、自然而然、不为外力所强迫;其四,都静观而达于空寂、空灵;其五,都是无情感的"元情感"、无愉悦的"元愉悦"、无审美的"元审美"。总之,某种意义上可以说,禅诗之"悟"即禅悟。严羽《沧浪诗话》说:"大抵禅道惟在妙悟,诗道亦在妙悟。"可谓的论。所不同

---

① 王维:《六祖能禅师碑铭》,《全唐文》卷三二七。

者,禅悟尚不免一些神秘的禅性心理因素,它可以舍象而悟;而诗悟,则是明丽之缘象而悟入。

而所谓"元审美",是将一般人对自然与尘世生活沾溉以种种情感的审美"放在括号里"的"审美"。审美一旦"放"进"括号"加以"悬搁"之后,人的审美世界、审美关系与审美过程,大约便只能是王维禅诗那般的"空寂"了。"空寂"是生命原本的空白与寂静,却并非一无所有,它是一种生命原始的"存在"。僧肇《涅槃无名论》说:"夫众生所以久流转生死者,皆由著欲故也。若欲止于心,既无复于生死。既无生死,潜神玄默,与虚空(空幻)合其德,是名涅槃矣。"涅槃即空寂,"斯乃穷微言之美"。道安《安般守意经》又说:"得斯寂者,举足而大千震;挥手而日月扪;疾吹而铁围飞;微嘘而须弥舞。"这种佛教的"空寂",不是死寂,在"元审美"意义上,是人之生命出离生死烦恼、破心中贼、持平常心、顿悟人生与精神空灵的一种深邃境界。

## 第三节 审美"意境"说的佛学解析

中华美学的核心范畴"意境",最终建构于唐代。它始源于原始巫术文化,在《周易》"象思维"与"象情感"的文化土壤中滋长,在老庄"无"的哲学中得到锻炼与熔铸。经过漫长历史与人文的酝酿最终由唐代佛学本土化的培育而得以成就。这一文脉过程,大致为:象—易象—意象—意境。

### 一、从象到易象

甲骨卜辞有"象"字,其主要书写符号为:

- 罗振玉:《殷虚书契前编》五、三〇
- 郭沫若:《殷契粹编》六一〇
- 董作宾:《小屯·殷虚文字乙编》七三四二
- 郭沫若等:《甲骨文合集》一〇二二二

许慎《说文解字》云:"象,南越大兽,长鼻牙,三年一乳,像耳牙四足之形。"许慎称"象,南越大兽"。但据考古,起码在殷商之时,尚有大象生活于中原地区。据王宇信、杨宝成《殷墟象坑和"殷人服象"的再探讨》①一文,在殷墟王陵区,曾先后发掘祖宗祭祀坑二,出土两具大象之遗骸。1935年出土的象坑,为长方形竖穴,长五点二米,宽三点五米,深四点二米,据胡厚

---

① 参见胡厚宣等:《甲骨探史录》,三联书店,1982年,第467—489页。

宣《殷墟发掘》,坑内埋象骸一、驭象奴骸一。1978年出土的象坑内,其葬式为"一象一猪",其中大象的骨架相当完整。殷墟象坑的发掘,引起考古学界的热烈争论,或主"南来"说①,或主"本地所产"说②。徐中舒主编《甲骨文字典》说:"又据考古发现知殷商时代河南地区气候尚暖,颇适于咒象之生存,其后气候转寒,咒象逐渐南迁矣。"③诸多卜辞都记述殷人猎象及以大象为祭之事。如:

  今夕其雨,隻(引者注:获)象。(罗振玉:《殷虚书契前编》三、三一)

  癸未卜,㱿,贞王象为祀,若。(罗振玉:《殷虚书契前编》五、三〇)

这足以证明,大象在殷时积极"参与"了中原地区殷人的重大经济与文化生活。罗振玉《殷虚书契考释》云:

  象为南越大兽,此后世事。古代则黄河南北亦有之。为字从手牵象,则象为寻常服用之物。今殷虚遗物,有镂象牙礼器,又有象齿,甚多。卜用之骨,有绝大者,殆亦象骨,又卜辞田猎有"获象"之语,知古者中原象,至殷世尚盛矣。④

殷周之际或在稍后的周代初期,中原地区气候骤寒,迫使大象因畏寒而南迁。因此早在战国年代,大象已在北中国地区绝迹多时。当时的中原居民,早已没有亲眼目睹大象的福分了,关于大象的话题,成了老辈里的传说与纯粹的历史记忆。因此,倘偶尔从地下发现一堆动物残骸,便怀疑是大象的残骸,这便是《战国策·魏策》所述"白骨疑象"的意思。

由此,"象"便从历史上中原地区真实存在过的一种动物,逐渐转递为某物的一种心理记忆与印象。《韩非子·解老》关于通行本《老子》所言"道"者"其中有象"之"象"作如是解:

  人希见生象也,而得死象之骨,案其图以想其生也,故诸人之所以意想者,皆谓之象也。

那么,什么是文化与美学(审美、艺术)意义上的"象"呢?

---

① 参见德日进、杨钟健:《安阳殷墟之哺乳动物群》,《中国古生物学志》,丙种第十二号,第一册。
② 参见徐中舒:《殷人服象及象之南迁》,《历史语言研究集刊》,第二本,第一分册。
③ 徐中舒主编:《甲骨文字典》,四川辞书出版社,1990年,第1065页。
④ 罗振玉:《殷虚书契考释》,转引于汪裕雄《意象探源》,安徽教育出版社,1996年,第30页。

笔者认为,某物在以往被人见过、接触过,现在此物不在眼前,却对其保持着某种心理记忆,可被回想或是意想其大致的样子,这便是所谓"象"。

象,是以视觉为主的五官感觉在心灵的回响,一种以感性为心理特征的人文心理印迹、图景与氛围。

象者,"意想者"也。文化、美学意义上的象,不是所谓客观存在的占有一定空间的东西。

象在意中,不在意外。象是一个与文化、美学相契的心理学名词。象作为心理学范畴,总是包含意的心理成分。故某种意义上可以说,象即意象。但"意象"作为一个复合词,出现较晚。在春秋战国时期,意、象两字在汉语里往往分别使用。意具有象的因素,象必包含了意。在战国中后期的《易传》里,意、象两字并未构成复合词,却是对应地出现的,如"立象以尽意"然。

象不同于形。形即物体之空间存在的外在样式,可被生理感官直接感觉与感受,象是五官感觉的一种以感性为特征的心理过程、成果。

尤为值得重视的是,在笔者看来,《易传》的一个理论贡献,是以形、象相区别,揭示出两者之间的内在联系。《易传》云:

形乃谓之器,见乃谓之象。

形与器相连,器是实实在在的,器必有形。象是对器(形)的感觉所留下的心理图景、印象、轨迹或氛围,具有虚灵性,象是"见(现)"之于"心"的。

《易传》又云:

形而下者谓之器,形而上者谓之道。

那么,象在何处?笔者以为,象在形上与形下之际,在道与器之际,象者,形而中也。与道相比,象并不那么形上与抽象,它具有感性的品格;与器相比,象又不如器那般实在,象是不占有物理空间的,只有象的符号如卦符、爻符占有物理空间。象确实是一种心理时间,这实际是指心灵印象等。

《易传》说:"易者,象也。象也者,像也。"易理之本,始源于象;象又具象喻(像什么)的文化功能。《易传》所言象,首先指爻象、卦象。爻象、卦象不等于爻、卦符号。爻(六爻)与卦(八卦、六十四卦),指的是实际画出的占筮符号,这符号作为视觉对象时,实际是形。爻象、卦象,指"见"在占筮者与信筮者心里的、"知几其神乎"的一种"兆"(吉、凶之兆),即"见微知著"的"几"。"几"是微妙而神秘之变化,所以,易筮之象原本是神秘的虚灵的与变幻莫测的。

中华先秦关于象的理念,大致上处于从原始巫术文化转嬗为哲学、审美与艺术的历史文脉之中。

举例来说,比如《周易》晋卦,其卦之符号为☲,坤下离上。《易传》云,"晋,进也。明出地上,顺而丽乎大明"。

> 从卦符看,晋卦坤在下而离在上,坤为大地,离为火,火的自然原体是太阳,即这里所称"大明"。整个晋卦,象征太阳从地平线喷薄而出冉冉上升而普照大地,其自然景象何等之美。不仅太阳美而且由于坤地在离(日)下是坤附丽于离,大地也显得光辉灿烂了。①

晋卦象征朝日喷薄、大地重光之美,其象无疑具有一定的美学意义。

原始巫术文化与先秦文化所提供的这一个象范畴及其思想意绪,证明古代中华"人不再生活在一个单纯的物理宇宙之中,而是生活在一个符号宇宙之中。语言、神话、艺术和宗教则是这个符号宇宙的各部分,它们是织成符号之网的不同丝线,是人类经验的交织之网"②。象范畴的历史性出现,提升了古代中华的审美人文与民族精神,成为后代意象、意境说的文脉起点。

### 二、从易象到意象

意象这一复合词和范畴的出现,始于东汉王充《论衡·乱龙》:

> 天子射熊,诸侯射麋,卿大夫射虎豹,士射鹿豕,示服猛也。名布为侯,示射无道诸侯也。夫画布为熊麋之象,名布为侯,礼贵意象,示义取名也。

王充首次提到意象一词,这对于中华美学史的"意境"说来说,意义不凡。

先民在原始巫术文化时代,迷信其狩猎与骑射都是神秘而有灵的。射,甲骨文为𢎨、金文为𢎨。古代有所谓"射礼"。《说文解字》指"射"字从身从寸。"'寸'本指'寸口',即腕下一寸"处,"手下一横指这里就是'寸口'。由于诊脉须把握腕下一寸的标准,'寸'又具有'法度'、'准则'之义"③。

---

① 王振复:《周易的美学智慧》,第143页。
② 恩斯特·卡西尔:《人论》,上海译文出版社,1985年,第33页。
③ 李玲璞、臧克和、刘志基:《古文字与中国文化源》,第228页。

因此,"射"字的本义,指狩猎时人弯弓搭箭,须身正而严守射猎之法度、标准与分寸,不使偏差,这是狩猎经验的正确总结,而先民却将身正而守则,看做狩猎成功的一个吉兆。后来,这原始巫术理念逐渐向道德伦理领域融渗,人们认同,立德须身正。"以立德行者,莫若射。"①射为古代"六义"之一。射成为道德意义上"身正"的一种象征。

   王大射,则共虎侯、熊侯、豹侯,设其鹄;诸侯则共熊侯、豹侯,卿大夫则共麋侯,皆设其鹄。②

射者,立射而身正。身的正与不正,为礼。"射侯",主要是道德意义上的礼的表现。

王充所谓射侯的"侯",本义指箭靶。箭靶,可以是张挂于一定距离外的虎皮之类或是一块布。所谓"名布为侯"然。射中即"中鹄"。因"射侯"的关系,侯由原指箭靶转义为诸侯之侯即地位尊显者。

射原本具有原始巫术的文化意味;从狩猎之射发展到"射侯"活动,成为一种选拔人才、判定地位的文化仪式。从在蛮荒之大自然实际射杀熊麋虎豹,到"射侯",这后者的"射",具有虚拟的象征性意义。所谓"名布为侯",即在布帛上画出熊麋之象来作为靶子,即王充称之为"画布为熊麋之象"。这"象"(注:实乃形),因主体不同而有别,"天子射熊,诸侯射麋,卿大夫射虎豹,士射鹿豕",这便是所谓礼,然而又非单纯之礼。这礼,是由不同品格的主体、不同品格的射以及不同等级画在布侯上的各种动物之造型所体现的。所以,王充所谓"礼贵意象",既重"礼",又重"意象"。

值得注意的是王充这一"射侯"的记述,既留着一个关于立射狩猎的原始巫术文化的尾巴,又重在宣说作为礼的象征的"射侯"本身。同时,"礼贵意象"这一命题,在重礼的同时,又将意象这一范畴引出。而该意象本身,已是历史上"易象"这一范畴的发展,虽然离不开礼的纠缠与遮蔽,但毕竟因其具有一定的感性因素而与审美、艺术建构了文脉联系。

要之,王充所说的意象,尽管并非纯粹意义上的审美范畴,但由于在进行"射礼"活动时,所射之物已非实在之动物,而是熊麋之类在侯布上的绘形,这绘形存于心即所谓意象,而意象出于绘形,那么,这绘形实际已通于艺术与审美。有了王充的"礼贵意象",自然而然地,才进而有南朝齐梁之际

---

① 《礼记·射义》。
② 《周礼·天官·司裘》。

刘勰的"意象"之说。刘勰云：

> 使玄解之宰，寻声律而定墨；独照之匠，窥意象而运斤。①

"玄解之宰"者，立意、主题；"定墨"者，布局、营构；"独照"者，默然运思；"窥"，内视、反思；"运斤"者，用笔为文。而其中尤为关键的，是"意象"的葱郁、澄明与空灵，而且生气灌注。意象，是艺术神思与审美之髓。有意象未必是审美，但无意象必非审美。刘勰所言意象，作为文与艺术神思的一种活力四射的内心图景，已具有相当纯粹的美学意蕴。

### 三、意境：在空与无之际

中华美学史上具有深巨影响的审美"意境"说，先有林谔《太原府交城县石壁寺铁弥勒像颂》云："维佛曰觉，是法曰空。镕范所谓敬田，薰崇可兼意境。"王耘说，此"意境"一词之"首见"（见赵建军、王耘《中国美学范畴史》第二卷）。而唐代王昌龄《诗格》②"诗有三境"说的贡献尤巨：

> 诗有三境：一曰物境。欲为山水诗，则张泉石云峰之境，极丽绝秀者，神之于心。处身于境，视境于心，莹然掌中，然后用思，了然境象，故得形似。二曰情境。娱乐愁怨，皆张于意而处于身，然后驰思，深得其情。三曰意境，亦张之于意，而思之于心，则得其真矣。

关于这一段著名论述，诸多中华美学著论多有引述，而解读颇多分歧，在此笔者试从佛学角度加以别一讨论。

先略说意境的"境"。甲骨文与金文中，迄今未检索到"境"字。境，本字为竟，有界义。《周礼·夏官·掌固》注："竟，界也。"《诗·周颂·思文》有"无此疆尔界"之句，无"竟"字而隐含"竟"义。《战国策·秦策》称："楚使者景鲤在秦，从秦王与魏王遇于境。"许慎《说文解字》有云，"乐曲尽为竟"。从如上所引，可以得出几个初步结论：其一，境，本字为竟，有田界义，原指井田之境域范围，竟字后来从土为境，与此本义有关。其二，由指井田之域扩展为指空间，如国境、环境然，这正如《新序·杂事》所言："守封疆，

---

① 刘勰：《文心雕龙·神思》。
② 《四库全书提要》曾以为是书为后人伪托（见诗文评类司空图《诗品》与《吟窗杂录》两条）。而《新唐书·艺文志》载王昌龄《诗格》二卷。南宋陈应行重编宋蔡传《吟窗杂录》中，已收《诗格》一卷与《诗中密旨》一卷（当为《新唐书·艺文志》所收《诗格》二卷的一分为二）。此采纳王运熙、杨明《隋唐五代文学批评史》"《文镜秘府论》所引王昌龄诗论当出自王昌龄原著"之说。见于上海古籍出版社，1994年版，第203—204页。

谨境界。"其三,由空间义转为具有时间义,这便是前引许慎"乐曲尽为竟"之"竟"义。

境,具有时空义,本指实在的物理之境。

境,又发展为兼具心理义,指心理境界。此正如《庄子》所云,"定乎内外之分,辨乎荣辱之境,斯已矣"。又如南朝刘义庆《世说新语·排调》所记:"顾长康啖甘蔗,先食尾。人问所以,云'渐至佳境'。"此"境"无疑指生理、尤指心理之境。

审美意义上的意境之"境",指一种心理境界。然则如没有唐代本土化的佛学思想因素的重要影响,便无真正有民族文化之特色与深度的"意境"说的建构。虽然在印度佛学入渐中土之前,《老子》通行本的"致虚极,守静笃"与《庄子》的"心斋"、"坐忘"说,已经为唐代"意境"说的提出与成熟,准备了重要的思想与理念条件。而且,早在陶潜的一些田园诗与谢灵运等的一些山水诗中,实际已有意境之作的存在,说明艺术审美的意境具有笃虚、守静的文化品格,说明老庄所推崇的玄、无的生活情调对形成艺术意境而言是必不可少的。然而,如果没有佛学所言的"境"、"意"的意识、理念渗入于艺术审美领域,中华美学史所独具的"意境",绝不会具有如此丰富、深邃、空灵甚而神秘的精神底蕴,也不会恰在唐代由王昌龄提出"意境"说。况且在陶渊明与谢灵运的一些诗作中,其玄境,早已渗融了一些佛禅的意味。

在佛学中,境是一个重要范畴。

何谓境?心识之所游履、攀缘谓之境。实相、妙智内证于心田,谓之法境;色、虚妄为五识所游履、攀缘谓之色境。《俱舍颂疏》卷一云:"色等五境为境性,是境界故。眼等五根各有境性,有境界故。"佛教尤言境界。境界(境),指心识悟禅、度佛之程度。境界有高下,以圆境、究竟为极致。"比丘白佛:斯义弘深,非我境界。"[1]"我弃内证智,妄觉非境界。"[2]佛经以般若为能缘之智;诸法为所缘之境。所谓境智者,心识无别、无执、无染之谓。所观之理谓之境,所观之心谓之智;可观可悟,所止在禅。熊十力说:"真如为正智所缘者,即名境界。心、心所返缘时,其被缘之心,亦名境界。"[3]"正智"者,佛徒空寂、觉悟之心。"言正智者,了法缘起未有自性,离妄分别契如照

---

[1] 《无量寿经》卷上。
[2] 《入楞伽经》卷九。
[3] 熊十力:《佛家名相通释》,中国大百科全书出版社,1985年,第77页。

真,名为正智。"①

佛教所言境界,与审美境界自当有别。但其所悟的境智,包含一种夸大而颠倒、绝对完美的成佛理想,或是破斥滞碍、以空为空,毋宁可被看做世俗意义上的企望人性、人格自由无羁之审美理想的别一说法。

在佛经中,"意境"、"境界",往往同义而异称。

再说意境的"意"。佛经所谓"意",主要有两解。

其一,指"六根"说的第六根,称意根。眼耳鼻舌身意谓之六根,是在五官感觉之上,再标意根。"六根者,对色名眼,乃至第六对法名意。此之六能生六识,故名为根。"②此以前五根为四大所成之色法,意根为心法。

其二,指大乘佛学"八识"说的第七识即末那识。意,思量义,在佛学中,与心、识等范畴与名相相关连。

尤为值得重视的是,《唯识论》卷五有云:"处处经中说心、意、识三种别义:集起名心,思量名意,了别名识,是三别义。"这里所谓"思量名意"的"意",是什么意思呢?须同时解读"集起名心"与"了别名识",才能理会。

佛学所言"集起名心",指"八识"说的第八识即阿赖耶识,又称藏识。《唯识论》卷三指出,"诸法种子之所集起,故名为心"。集起,梵语质多(Citta),诸法于此识熏其种子为集;由阿赖耶识生起诸法为起。熊十力《佛家名相通释》又云:"若最胜心,即阿赖耶识。此能采集诸行种子故。"因此又称种子识。这是说,这第八识含藏前七识一切种子,具有所谓采集种子、含藏种子的深邃意蕴与巨大功能,它是前七识的"根本依",指世界之空幻作为"存在"与运动的逻辑原点与根因。假设佛教承认这个世界有美,那么,这第八识就是美的根因,其实是指空之所以为空的根本因。

佛学所言"了别名识",是就眼识、耳识、鼻识、舌识、身识与意识等前六识而言的。这里值得注意的是,第一,前六识的功能在于对事物、事理的"了别"。"了"者,了解、明了;"别"者,分别、不等之义。了别不是了悟,远非究竟智,故远未悟入毕竟空之境。佛家大力倡言了悟,即拒绝概念、推理与判断,实则拒绝世俗意义上的理性。第二,这前六识依止于第七、第八识,而前六识又分前五识与第六识两个层次。前五识大致上指五官感觉。第六识已具有超乎五官感觉的某些意味。第三,从依止关系看,前五识远未进入真理境界,且以第六识为近因;第六识超于"五官",已开始从所谓虚妄不实

---

① 《大乘义章》卷三。
② 《大乘义章》卷四。

之境拔离,具有趋向于真的品格,且以第七识为近因。

佛典所言"思量名意",当指第七识即末那识。这里的"意"指什么?"对境觉知,异乎木石,名为心;次心筹量,名为意。"①这是说,与"集起名心"的"心"即第八识相比,作为"思量(又译为"筹量")名意"的第七识,是"次"一等的。然而,正如《瑜伽》卷六三所言,第七末那,乃"最胜"之"意",即品格最高的"意"。末那识具有两大"意"的功能:一曰"恒";二曰"审思量"。此即《识论》卷五所云:"恒、审思量,正名为意。"末那虽为第七识,究竟并非根本识。作为"意"识,它永"恒"地依止于第八识,它的"思量"之功能,固然因其未彻底斩断"思惑",已趋毕竟空境而未得究竟圆智,这便是《大乘义章》卷二所谓"思愿造作,名思"的意思。可是,第七末那作为"最胜"之"意",即"能生"前六识,且永"恒"地依止于第八种子识。因而,在"转识成智"的意义上,它具有非凡的"心法"功能与品格。而且,依佛经所言,第七末那固然以第八藏识为依根,而第八识亦以末那为依根,这便正如《楞伽经》卷九所云:"阿赖耶为依,故有末那转。"又如《智论》六三所言:"藏识恒与末那俱时转。"实际上是说,第七、第八识互为根因。

从识性分析,佛学有三识性说。三识性者,唐玄奘《成唯识论》亦称"三自性":"由彼彼遍计,遍计种种物。此遍计所执,自性无所有。依他起自性,分别缘所生。圆成实于彼,常远离前性。"这里所言"种种物"的"物",《述记》注:"物者,性也。"所谓"前性",指前文所述之遍计所执性与依他起性。总之,所谓三自性,一曰遍(徧)计所执性;二曰依他起性;三曰圆成实性。

第一,遍计所执性其旨在遍计与所执。"遍者周遍,计者计度,于一切法周遍计度,故说遍计。"所执,我执,法执,系累之谓。凡俗众生"依妄情所计实我法等,由能遍计识,于所遍计法上,随自妄情,而生误解"②。遍计所执者,普遍迷执之谓,计度即了别。故遍计所执,指前六识所谓"了别名识"之境性。

第二,依他起性,诸法依他缘而生起之识性。依他而缘起,自无实性。他,它也,指作为根因的末那。前六识以末那为"意"根,即前六识依末那为止、为根;末那又以阿赖耶识为根因,渐趋圆成而未臻于圆境,但其具有趋转于非空非有、非非空非非有的品格与趋势,这便是"八识"说所谓"思量名

---

① 《摩诃止观》二上。
② 熊十力:《佛家名相通释》,中国大百科全书出版社,1985年,第198、199页。

意"的"意"。

第三，圆成实性，诸法真实之体性，真如、法界、法性、实相与涅槃之异称。《唯识论》卷八云："二空所显，圆满成就诸法实性，名圆成实。"指"八识"论之"意"（境）趋于圆成的根因，又是不离于依他起性、超越于依他起性的一种成佛理想与最高境界，即"集起名心"之"境"。

唐代慈恩宗即唯识宗、法相宗的基本教义之一，是这三识性说。认为依"了别名识"之"境"言，为迷妄不实，所谓"遍计所执"，未得圆果；依"思量名意"之"境"言，为"依他起性"，因其相对真实而趋转于绝对真实之境。依他缘起固然未臻圆成，而无此依他即无圆成，其功能在"转识成智"；而依"集起名心"之"境"言，为"圆成实性"。乃是以第八识即阿赖耶识为第一根因的"最胜"之"境"。此"境"含藏一个原型、"理想"即谓种子。假设这里是"美"，便是无与伦比、独一无二之"原美"了。这"原美"便是毕竟空幻。值得注意的是，正如前述，这"圆成实性"即"集起名心"之境，与"依他起性"即"思量名意"之"意"这两者之间，是相互依转的关系，《识论》谈到"圆成实性"时指出："此即于彼依他起上，远离前'遍计所执'，二空（引者注：破斥法、我二执为空）所显，真如为性。"此之谓也。

因而，第七末那与第八阿赖耶即"依他起性"与"圆成实性"，即"思量名意"的"意"与"集起名心"的"心"（境）二者，是不即不离、非即非离的依转关系。假如相即无二，无所谓"依他起"与"圆成实"之别；假如相离，真如、佛性、圆境、种子即"原美"，何以依缘而生起；所谓"依他起"，也因失去"圆成实"这一根因而无存在之依据。两者也是不异不不异的关系。如果不异，真如、佛性之类，应不是依他起之实相与圆智；如果不不异，真如、佛性等便不异于"依他起性"。这说明这两者之间的逻辑关系，是富于张力与弹性的。

围绕佛学的所谓"境"与"意"作些简略讨论之余，再来解析王昌龄的"意境"说，便有了头绪。

首先，佛学所谓"意"，在"六根"说中，指第六识"意识"之"意"，这"意"（意根），指前五识之根因；在"八识"论中，"意"指第七识即末那识亦即"思量名意"的"意"。"八识"论称末那识为前六识之意根，且趋转于第八识即种子识。可见，无论"六根"说抑或"八识"论所谓"意"，都被设定为拔离于五官感觉（五识）、超于五官感觉的境界，只是其逻辑关系不同以及由逻辑所指称的境性程度不同罢了。按佛学之见，"意"本沾溉于五官感觉，却因这沾溉本身即因缘而起，是消解世俗五觉之后主体的一种心理"存在"状态。假设人的五官感觉可以被消解,那么在此消解之后主体的内心世界还剩下什么?答云:剩下了空幻、空灵而无沾溉于外"物"与自"情"的"意"。此"意",既然本自攀缘、游履于"物"、"情"又断灭、消解了"物"、"情",那么,它归根到底是非世俗的,不系累于"物"、"情"的,"空"的,其逻辑"判断"是中性的。这中性,作为一种"心"境,在科学判断意义上无所谓真假,在道德判断意义上无所谓善恶,在审美判断意义上无所谓美丑,却因消解了世俗意义上的真假、善恶与美丑而成"原真"、"原善"与"原美"之"心"(意)的"存在"。这从世俗眼光看,当然具有神秘性、不可理喻性。其实是佛学通过一系列烦琐的概念、逻辑演绎,在反复演说"空幻"二字而已。空幻,法空而心空,心空而法空,破斥二执,便空诸一切。心空又无执于心空,为毕竟空。这种空境,其实就是前文所述斥破"遍计所执"与"依他起性"而当下立见的"圆成实"境。

可见,此佛学所言"意",指原型(种子)、终极意义上的空幻之心境及其从"五识"、"六根"消解、依转而趋于"圆成实"性的那种心境,指空幻及趋于空幻的一种心理氛围与"存在"。"意境"者,意即境。熊十力说,佛学"不谓无境,但不许有心外独存之境"①。一言中的。此"心",指第八识"集起名心";从转识成智角度看,亦兼指趋转于第八识的第七末那之"思量名意"的"意"。

其次,毋庸置疑,王昌龄"诗有三境"之说,说的是诗境而非佛禅之境。但在这"诗有三境"说里,已经深深地蕴涵佛学意境说的思想与思维因子。

王昌龄把诗境分为"物境"、"情境"与"意境"三大层次,等于是说诗境有三品。物境之品最低。因为,它虽"了然境象"即诗人能做到"物象""莹然掌中"、烂熟于心,却始终系累于物,故其境界仅得"形似"。也可以说,无论从诗境的审美创作还是审美接受角度看,这种诗品的境界,仅以"形似"之"物象",构成主体内心的韵律与氛围。这从佛禅理念分析,不过处于"物累"、"物机"之境而已。众生尘缘未断,机心不除,为物所累,心被"色"碍,处于遮蔽状态之中。情境之品为次。这一诗境品格,因跨越于物而高于物境,可是仍为"娱乐愁怨"所碍,虽具"驰思"(诗之想象),但仍"处于身缚之中"。"娱乐愁怨"者,情。从世俗审美角度看,情为诗境、诗美之本。刘勰《文心雕龙》云:"登山则情满于山,观海则意溢于海。"情、意充沛,然后才能为诗,诗美的飞扬或沉潜,必有情、意之驱动,无情焉得为诗?可是,情与物

---

① 熊十力:《佛家名相通释》,1985年,第95页。

一样,在佛学理念那里是被彻底斥破的。在佛教看来,"深得其情"的诗,并非真正好诗,因为它沾染于情,系缚于情,为情所累。欲界众生首以男欢女爱之情起贪欲,佛教以情欲为四欲之一,所谓"情猿"说,指情为尘垢,心猿意马者,妄情之动转不已。《慈恩寺传》卷九有云,禅定、静虑,因定而发慧,就是"制情猿之逸悷,系意象之奔驰"。成佛、涅槃,就是消解"有情",入于"无情"之境。佛教所谓"六根"即"六尘",旧译"六情",以为未斩断"情缘"也。所以《金光明经》说:"心处六情,如鸟投网。常处诸根,随逐诸尘。""六根清净",即"六情清净"。而"六根"之难以清净,是因为计较、分别且妄情伴随而尘起之故。王昌龄所言"娱乐愁怨"之"情境",在佛教看来,便是心垢、妄情、六根未得清净,并非"美"的最高境界。

至于诗的"意境",品格最高。高在何处?

第一,诗之"物境",固然"神之于心",却"处身于境",此心、境为凡心、凡境;诗之"情境"为"娱乐愁怨",这为俗情所左右,虽"皆张于意"但"处于身",即仍在"身"缚泥淖之中。故"物境"、"情境",都滞累于"身"(物、形)或是偏执于"情"。

第二,"意境"则不然。此诗意境之"意",是消解了"物累"、"情累"之余的一种诗境。王昌龄说:"凡作诗之体,意是格,声是律。意高则格高,声辨则律清。"又说:"用意于古人之上,则天地之境,洞然可观。"①这里王昌龄所言"意高则格高"的"意",已非为"物"、"情"所系累的俗"意",而是"天地之境",有如冯友兰所谓"天地境界",一种至上的宇宙精神。故王昌龄《论文意》又说:"意须出万人之境,望古人于格下,攒天海于方寸。诗人之心,当于此也。""意"高出于"万人之境",须从高处俯瞰与回眸古人诗之境界。可见,王昌龄独标"意境",对当下"万人"与历史上"古人"诗的"物境"与"情境"是不满意的。《诗格》言"意境",言简意赅,仅说"亦张之于意,而思之于心"等等,然而《论文意》的有关论述,确是王昌龄"意境"说的又一精彩阐述。王昌龄《论文意》一文还指出:"凡属文之人,常须作意。凝心天海之外,用思元气之前,巧运言词,精炼意魄。"这种关于诗之意境之"意"的理解,显然在意识、理念上深受佛禅关于"意"之思想的熏染。此意,已从"物境"与"情境"中解脱出来,它一尘不染,空灵得很。就诗境的创造而言,其意境就是"精炼"、沉寂于诗人内心深处的一种"意魄",进入"凝心天海之

---

① 见日僧遍照金刚:《文镜秘府论》。据考定,《文镜秘府论》天卷《调声》、地卷《十七势》、《六义》以及南卷《论文意》等,均采录王昌龄诗论。这一引文,引自《论文意》。

外,用思元气之前"的境界,这实际是以中华传统的易、老之言①来描述王昌龄自己基于佛禅之悟对"意境"的阐说。试问"天海之外"、"元气之前"是什么境界?难道不就是以"心"、"意"之观照、悟对的彼岸与出世之境的方便说法么?这"方便",实际已将易、老与佛禅糅合在一起,其立意之高,盖此"意"消解了"物累"、"情累"之故。亦因得助于此"意"之中有易、老思想因子与佛禅之"意境"说的有机融合,才能使主体的诗的精神从此岸向彼岸跨越,又回归于此岸,使心灵在世间、出世间往来无碍。而其间,"看破红尘"的佛禅之"意"在建构诗之"意境"时起了关键作用。就诗境的接受而言,又是诗之文本符号的"巧运言词,精炼意魄",从而召唤接受者基于人性、人格深处之宇宙精神的一种心灵的极度自由,即渗融着佛禅之意境观的艺术审美意境。

第三,王昌龄"诗有三境"说"物境"、"情境"与"意境"三者似无褒贬,而实际称意境独"得其真矣",这已很说明问题。王昌龄说物境,"故得形似";情境,"深得其情",缄口不言这两者究竟是否入于真理、真实之境,实际由于物境与情境为物、情所系累、滞碍,在佛家看来,是不得其"真"的。甲骨卜辞中迄今未检索到"真"字,《易经》本经中亦未见"真"字。"真"字首见于通行本《老子》,其文云:"其中有精,其精甚真","质真若渝","修之于身,其德乃真"。②《庄子·齐物论》有"道恶乎隐而有真伪"之说。佛教有"真如"观:"真谓真实,显非虚妄;如谓如常,表无变易。谓此真如,于一切位,常如其性,故曰真如。"③真如,又称"如"、"如如",指本体。佛教以为语言符号无以表述客观、绝对真理之境,只能"照其样子"(如)尽可能接近绝对真理。所谓"言语道断","心折半始",亦有这个意思。因此如果将"真"预设为客观本体,那么,佛教所谓"真如",实际是"如真"之谓。真如、法性、佛性、自性清净心,如来藏、实相、圆成实性与真,皆同义而别名。王昌龄说"意境""得其真",这是以渗融着佛学真如的理念来说诗之意境的真理性兼真切性与真诚性。离弃"身"根与"身"缚即"真实"。这种"真",首先指第八阿赖耶即种子识的真理性;而第七末那虽非种子识,却是转识成智的关键,且与第八识互为根因,因而,它虽非"真"却离"真"未远且是趋转于

---

① 《易传》有"精气为物,游魂为变"之说。通行本《老子》云,"致虚极,守静笃",有"凝心"之义。《庄子》的"心斋"、"坐忘"亦然。
② 通行本《老子》二十一、四十一、五十四章。
③ 玄奘:《成唯识论》卷九。

"真"的。诗之"真"境,自然不等于佛禅之"真",否则,便把佛禅"意境"说等同于诗之"意境"说了。但是王昌龄"意境"说中渗融着佛禅"意境"说与"真"观的文化底色,这一点自无疑问。王昌龄在谈物境时称"处身于境",在说"情境"时称"皆张于意而处于身",都提到了"身",在笔者看来,这是以"身"这一概念来统称、暗指佛教所谓前六识、前六根。而在《论文意》中谈意境美问题时,却提出欲构诗之意境"必须忘身"这一重要命题。

这里有两点必须辨明:一是诗境之"忘身",不同于佛境之"忘身",然而前者显然融会了后者的文化意蕴。后者指"六根清净"(六情清净)且趋转于末那、种子之"真"境。前者接受了后者的观念影响,显然已有对于佛教前六识的悟解存矣。指诗之意境必舍弃物、情之累,便是"忘身"。然而并非如佛禅教义那般,要求绝对地遁入空(真)境,在诗的意象意义上,便是缘象而悟入。

二是这诗境之"忘身",自应包含王昌龄诸如对庄子"心斋""坐忘"说的领悟与理解,但是,庄周的"心斋"与"坐忘"入于"无"境,而王氏的"忘身",源自佛禅之"空"观却出入于"无"、"空"之际,或言"无"、"空"双兼。王昌龄《论文意》说,凡诗之意境,"若有物色,无意兴,虽巧亦无处用之"。又说:"并是物色,无安身处。"此所言"物色",是物境、情境之"物"累、"色"碍的另一说法,"有物色",便诗"无意兴",遑论意境?因此,这"无意兴"之"意",又显然包含了对佛教"意境"说的观照了悟。真的,诗人若无此悟对,文辞"虽巧",又有何"用"?如妄执于"物色",便"无安身处",便找不到"空幻"这一精神回归之路了。因此,诗的意境裁成,精神上必先"忘身"(有如佛教"六根清净"),才得悟入"真"境。"忘身",是"真"的空寂而美丽的"安身处"。

要之,中华美学史上由唐人王昌龄所首倡的"意境"本义,受到了佛教"意境"说之深刻的濡染与影响。艺术审美意义上的意境,指由一定文本符号系统所传达、召唤的艺术创造与接受的心灵境界。其审美品格在于,其一,一定的文字语言符号系统(如文字的字形、字音语言系统与音乐的音符、音响、节奏与旋律等),是构成审美之象的必要条件。象在文本层面,必不离于物(形),否则,审美主体何以"见"之为"象"?有如王维禅诗《辛夷坞》的芙蓉、涧户、红萼、开落,《鸟鸣涧》的桂花、春山、月华、山鸟,《山中》的荆溪、白石、山路、红叶等,构成诗境的意象与意象群。其二,艺术审美之象虽对应于物(形),却无"妄执"之性,或者一旦"妄执",断非审美之象,无"妄执"便是既非执于物(形),又不执于情,这用佛学"三识性"来说,便是无"遍计所执",不为物、情所累,已是开启了审美意境的智慧之门。其三,艺术审美意境与非艺术审美意境如审美意象的根本区别之一,在于情的执与不执。如诗的审美意象如此丰富、壮丽,这在别的诗人心目中,往往伴随以无限遐想与情感的激涌,其情是悲剧、喜剧或是正剧式的,建构人格比拟,有如孔子所谓"仁者乐山,智者乐水",屈子之于《离骚》的伤时忧国,宋玉所言"悲者,秋之为气也",以及韩愈的"不平之鸣",等等。世上无数的诗篇都在喟叹人生,以俗情的执著与宣泄为诗的境界,但是,正如本书前述,试看王维的一些禅诗,无论春花秋月,山鸟红叶,荆溪白石还是山路无雨、空翠人衣,总之,诗中所描述的一切景物,在象、意与境之意义上,都无执于悲喜、善恶之"神色",显现是"太上无情"的"本然"。其文字语言符号的审美功能,都在引导接受者者趋转于情感的无执,仿佛根本没有任何审美判断似的。其四,呈现于诗中的,是一个审美"理想"。其品格内核,无法执,无我执,无空执,无遍计所执,无悲无喜,无善无恶,无染无净,无死无生,它是消解物境更是消解情境的一种"空"。这用法海本《坛经》的话来说,禅者,"立无念为宗,无相为体,无住为本"。"无念",心不起妄念之谓,"无相",不滞碍于假有之谓;"无住",因缘而起,念念不住,刹那生灭,故无自性,故曰"空"。这里,不起尘心,没有机心,亦无分别心,确为王昌龄所谓唯有"意魄"存矣。这一境界,便是佛学所谓"集起名心"的种子识之"圆成实性"。其五,这里仍须强调指出,中华美学史之"意境"说,至唐王昌龄才建构完成,其"理想"内核属于佛禅这一点自不待言,却不等于说其思想理念意识惟佛而无其他。正如前述,意境这一美学范畴的建构,除开佛学的影响,还有先秦及此后的道家"虚静"思想等的历史性参与。因而,它的终极趋向于"空"或正如前述,它的"理想"内核是"空"而且是无执的。而实际上,它是从"无"趋转于"空"的一种境界。一曰物我两忘,物我两弃;二曰静寂空灵;三曰圆融本然;四曰不如意象那般壮阔,却很深邃;不如意象那样辉煌,却很灿烂;五曰因有道家情思参与其间,便不是绝对空寂,更非死寂,而是趋转于"空"而回眸于"无"。有如佛学"八识"论所言,它无执于前六识,如第七识所谓"思量名意",转识成智,是一种依转的境界。假如以渗融着道家思想的中华佛教般若学的"三般若"说来作比喻性描述,那么王昌龄所言之美学"意境",其美在从"文字般若"向"观照般若"、"实相般若"的依转之中,因此,它是生命力的虚实、动静与空无的双向流渐。归根到底,它是蹈虚守静,尚无趋空的,是致虚极,守静笃,尚玄无而趋空幻。它可以用冠九《都转心庵词序》的话来说,叫做"清馨出尘,妙香远闻,参净因也;鸟鸣珠箔,群花自落,超圆觉也"。也可以用蔡小石《拜石山房词序》的"三境"说来加以表述:"始境,情胜也。又境,气胜也。终境,格胜也。"这"终境,格胜也",指意境。它显然与王昌龄所谓意境者"意高则格高"的见解相契。

美学意境说与佛学意境说的文脉勾连,是一个不争的事实。正如前引,宋严羽《沧浪诗话》云,"大抵禅道惟在妙悟,诗道亦在妙悟"。这实际是顺着王昌龄"意境"说的思路,说诗境与佛禅之境合一于"悟"。正如前述,这诗之意境与禅境之相通处已如本书前述,而相通于王国维所谓"无我之境"。但美学"意境"与佛学"意境"毕竟仍有区别:其一,前者色彩明丽而深邃,后者偏于沉郁而神秘;其二,前者境界空灵,而后者空幻;其三,前者缘象而悟入,不执于象却如终不弃于象,后者虽从象入手,而破斥物象之虚妄,直指人心、本心;其四,两者都在破斥妄情、追求真实。但前者倡言"无情",其审美判断的情感是中性而生动的,后者所主张的"无情",是看破红尘、遁入空门意义上的,故不免有些枯寂;其五,两者都在于安顿人的精神生活与精神生命,而其意念,前者由出世间回归于世间,后者离弃世间而趋于出世间。这便是笔者对"意境"这一中华美学史之核心范畴的一种见解。总之,自王昌龄始,中华美学史上所言"意境"之精神内蕴,大凡在"空"与"无"之际。

## 第四节 美学范畴、命题解读

唐代是一个浸在诗里的时代。与诗相应,绘画、书法、音乐与建筑艺术诸人文品类,也空前繁荣。杜诗、韩文、颜书与吴画,是其典型。

唐代美学范畴与命题的展开与深入,主要表现于诗学的一种成熟形态,并由有关文论、书论与画论等共同实现。大致上,陈子昂《与东方左史虬修竹篇序》、王昌龄《诗格》、殷璠《河岳英灵集》、皎然《诗式》、刘禹锡《董氏武陵集纪》、司空图《二十四诗品》与孙过庭《书谱》、张怀瓘《书断》、颜真卿《述张长史笔法十二意》、朱景玄《唐朝名画录》、王维《山水诀》、张彦远《历代名画记》等为主要文本。其中,如李白、杜甫、韩愈、白居易与柳宗元等的诸多文论、诗论著述,亦不容忽视。

唐代,作为中华美学史上最具代表性的美学范畴"意境"创立的时代,因其尤为重要,本书已立专节加以论述,此勿赘。

唐代美学范畴与命题的基本面貌、文脉联系与思想蓝图,充分体现出这一伟大时代中华美学之思想与思维的进一步推进、深入,兹仅述其梗概与线索。

## 一、关于"气"

唐代文化气势如虹,不会不在美学范畴中强烈地体现出来。《隋书·文学传序》早就指出,南、北朝文学的区别在于:"江左宫商发越,贵于清绮;河朔词义贞刚,重乎气质。气质则理胜其词;清绮则文过其意。"这是初唐之人借隋书之编撰、对文之"气"(质)问题的重新提出并加以肯定。遍照金刚《文镜秘府论》所谓"文二十八种病"之一的"丛聚病",有害于诗、文"气象",意谓诗、文中同类字眼如日、月、风、云"丛聚"滥用,必导致诗文"气象"贬损。张说《唐昭容上官氏文集序》云,"是知气有壹郁,非巧辞莫之通;形有万变,非工文莫之写",此言述"气"对于为文、"巧辞"对于宣"气"的重要。"壹郁"者,郁勃也。其《兵部尚书代国公赠少保郭公行状》云:"文章有逸气,为世所重。"[①]中唐韩愈《答李翊书》云,"气,水也;言,浮物也。水大而物之浮者大小毕浮;气之与言犹是也,气盛则言之短长与声之高下者皆宜"。这一比喻虽不甚妥切,意思却是明白的:无"水"何来"物"之"浮"?故以"水"喻"气",是强调在"气"与"言"的关系中,"气"为根本。张彦远《历代名画记》称,"气韵不周,空陈形似"。"以气韵求其画,则形似在其间也"。"气韵不周",便是失"神"之作;有"气韵","形似"则蕴涵在其中。晚唐司空图《诗品》以"劲健"为二十四诗品之一,称其"行神如空,行气如虹"。以天空与彩虹喻"神"、"气"关系,有心曲别裁之处。此以"空"释"神"并涉及于"气"范畴,沾溉于佛学理念是可以肯定的。

唐代佛学深入于人心、文艺及审美,故唐人说"气",自有其特点。宗密《原人论序》云:"然今习儒、道者,只知近则乃祖乃父,传体相续受得此身;远则混沌一气,剖为阴阳之二。二生天地,三生万物,万物与人皆以气为本。习佛法者,但云近则前生造业,随业受报,得此人身;远则业又从惑展转,乃至阿赖耶识为身之根本,皆谓已穷而实未也。"在宗密看来,儒道以"祖"、"父"为"身"之根;老庄以"混沌一气"为"人"之本;而"佛法"之逻辑原点是"业"。"业"并非气",而在逻辑原点意义上,此又类于"气"。

## 二、关于"道"

唐代道教盛行,重宗教实践又研讨其教义的哲学本旨。吴筠《玄纲论》云,"道者,何也?虚无之系,造化之根,神明之本,天地之元"。此"道",即

---

① 参见王运熙、杨明:《隋唐五代文学批评史》第130页。

道教所谓"元始天尊"。在逻辑上,类于先秦老庄之"道",却并非是纯哲学的。此"道"上贯于哲理,"造化"、"神明"、"天地"之根、本、元也,下通于修持、践行,宣述所谓"内丹"、"外丹"之说,且注重于"炼"。炼神,炼形,始自隋苏元朗而盛于唐代,至宋尤盛。所谓"意守丹田"的"丹田","道"也。儒家讲"养气","我善养吾浩然之气";道家说"养生","养生"者,其切要处在于养"性",故道家主张身心兼养。而道教是在道家基础上重"炼",显然更重于之身心的修持践行,虽说其逻辑原点的"道"仍本于玄虚,却更重于人生实际且具有一定神秘性。《玄纲论》说,"道"即"大虚之先,寂寥何有?至精感激而真一生焉。真一运神而元气自化"。"真一"者,道;"元气"者,身心之"精"。在美学上,道教的修持践行,即以"道"为审美理想,又回归于"道",此乃"真一"境界。

韩愈、柳宗元倡言古文运动,李翱殿后。他们所言"道",大致是一儒家伦理学范畴。这里且先择要说"道"。韩愈《原道》云,"博爱之谓仁,行而宜之之谓义,由是而之焉之谓道"。"道"指仁、义的践行,其精神内核是"博爱",此宗孔子"仁者,爱人"之说。在美学上"爱"人且"博"自不同于西方"博爱"观。西人在"上帝面前人人平等"前提下讲"博爱";中土韩愈所谓"博爱"说的历史与逻辑前提,恰恰是人与人之间的不平等。因为不平等,所以要"博爱"。前者说"博爱"之必然;后者言"博爱"之应然。"爱"总是与审美相契的。倘无"爱"之胸襟,如何得以审美?但中西的审美实践及其理念不一。韩愈《答陈生书》曰:"愈之志在古道,又甚好其言辞。""古道"者,孟子以后莫传的尧舜、禹汤、文武周公与孔圣之"道"。而韩氏同时亦重"古文",要求以"修辞立其诚"而"明道",提倡"原道",即回到儒家传统的崇"道"之论。在他看来,比如《国语》是书,文辞尚美而"道"旨缺失,其《与吕道州温论〈非国语〉书》云,《国语》"其道舛逆"而学者"溺其文",故为"救世之谬"而撰《非国语》文。韩愈以道辟佛,其《与孟尚书书》有言云,"如释氏能与人为祸祟,非守道君子之所惧也"。"守道君子"之"道",可谓辟佛之利器。柳宗元《答韦中立论师道书》则说,"道"乃人生之"本","本之《书》以求其质,本之《诗》以求其恒,本之《礼》以求其宜,本之《春秋》以求其断,本之《易》以求其动,此吾所以取道之原也"。其中,"道"为诗美之"原",言其伦理教化之"本"也。

### 三、关于"风骨"

自南朝梁代刘勰倡言"风骨",该美学范畴尤为唐初陈子昂等诗论所重视。"风骨"属历代儒家美学范畴。它的内在素质是阳刚之气,而尤显儒家所倡言的刚健、刚直的文风、诗风。陈子昂《与东方左史虬修竹篇序》云:

> 文章道弊五百年矣!汉魏风骨,晋宋莫传。

因此,陈子昂"常恐逶迤颓靡,风雅不作,以耿耿也"。他提倡"骨气端翔,音情顿挫,光英朗练,有金石声"的文风、诗风。据此,陈批评初唐并未脱尽六朝"绮靡"的美学传统。盛唐之时,殷璠《河岳英灵集》通过评述高适诗"兼有气骨"、崔颢诗"风骨凛然"而大力倡言"风骨",称"言气骨则建安为传,论宫商则太康不逮"。其《丹阳集序》又称,"建安末,气骨弥高,太康中,体调尤峻,元嘉筋骨仍在,永明规矩已失,梁陈周隋,厥道全丧"。

与"风骨"相应的美学范畴,是"顿挫"。杜甫曾称赞元结诗风"微婉顿挫"。杜甫《进鵰赋表》云:"臣之述作,虽不足以鼓吹六经,先鸣诸子,至于沉郁顿挫,随时敏捷,而扬雄、枚皋之流,庶可跂及也。""沉郁",指文思深沉有力,有悲剧感;"顿挫",指文辞声律、节奏有骨而壮健。杜诗之三吏三别,即"沉郁顿挫"之作。此正如明胡应麟《诗薮》云,"杜陵沉郁雄深"。太宗论书,称"惟在求其骨力",孙过庭《书谱》要求法书"务存骨气"。张怀瓘《书议》说书艺,亦重"风神骨气"。韩愈《送高闲上人序》则主张,书尚风骨气势,"风雨水火,雷霆霹雳"、"天地事物之变""一寓于书"。因而宋朱长文《续书断》云:"退之虽不学书,而天骨劲健,自有高处,非众人所可及。"

### 四、关于"兴"

"兴"为诗六义之一,在风、雅、颂、赋、比、兴中具有重要地位。《周礼·春官·大师》云:"大师教六义:曰风、曰赋、曰比、曰兴、曰雅、曰颂。以六德为之本,以六律为之音。"汉《诗大序》重申诗之六义说。郑玄注:"赋之言铺,直铺陈今之政教善恶。比,见今之失,不敢斥言,取比类以言之。兴,见今之美,嫌于媚谀,取善事以喻劝之。"郑众则称,"兴者,托物于事也"。故兴,先言他物,再言此事此理此情之谓。《文心雕龙·比兴》云,"故比者,附也;兴者,起也。附理者切类以指事,起情者依微以拟义。起情故兴体立,附理故比例以生"。"观夫兴之托谕,婉而成章,称名也小,取类也大。"

唐人言"兴",有如初唐骆宾王《萤火赋》:"事沿情而动兴,理因物而多怀。"王勃《夏日登韩城门楼寓望序》:"林麓周回,观岸泉之入兴。"《文镜秘府论》:"江山满怀,含而生兴。""兴"的衍生范畴,是兴寄。陈子昂《修竹篇序》以"采丽竞繁而兴寄都绝"评齐梁之诗风。殷璠提出"兴象"范畴,又以

"兴象"言诗,称陶翰诗"既多兴象,复备风骨";说孟浩然"至如'众山遥对酒,孤屿共题诗',无论兴象,兼复故实",是"兴"范畴的又一衍生。在唐代殷璠那里,"兴"不仅是指起兴意义上的作诗手法,而且成为一个评诗标准。有"兴"然后能为好诗,盖诗意有"隐"、有"韵"之故也。

## 五、关于"品"

"品",辨味曰品。南朝梁代钟嵘《诗品》以"品"论诗。它将自汉至梁的五言作者122人分上、中、下三品,各为一卷,凡三卷。"品"是评诗标准。凡上品十一,中品三十九,下品七十二,可见其评诗之苛刻。唐代殷璠《河岳英灵集》、高仲武《中兴间气集》,尤其司空图《诗品》,受钟嵘关于"品"美学思想与理念的影响尤为深巨,这是就三著的体例而言的。晚唐司空图撰《诗品》二十四则。在体例上,宗于钟嵘又超乎前贤。钟氏以三品论人物、诗风;司空图的《诗品》,实际是提出或重申了24个美学范畴。其每一范畴以四言十二句来概括,运用的是诗化的语言。该书二十四品目如次:

雄浑　冲淡　纤秾　沈著　高古　典雅　洗炼　劲健
绮丽　自然　含蓄　豪放　精神　缜密　疏野　清奇
委曲　实境　悲慨　形容　超诣　飘逸　旷达　流动

这24个范畴,大致概括了唐诗的美学品格。其缺失在于,如意象、意境、风骨与兴象等重要范畴,未曾收罗在内。《诗品》二十四,通篇以韵体写之,其本身就很美。如第一品"雄浑"云:"大用外腓,真体内充。返虚入浑,积健为雄。具备万物,横绝太空。荒荒油(引者注:疑为"岫"之误写)云,寥寥长空,超以象外,得其环中。持之匪强,来之无穷。"又如"典雅":"玉壶买春,赏雨茅屋。坐中佳士,左右修竹。白云初晴,幽鸟相逐。眠琴绿荫,上有飞瀑。落花无言,人淡如菊。书之岁华,其曰可读。"当然,以韵体写诗论,正唐人重诗、崇诗之表现也。因多用譬喻、描述之言,此诗论之真谛,读者须反复吟咏、品味、领悟才是。而此二十四品中,"悲慨"这一范畴,可谓首次提出,在一个缺乏美学悲剧意识、理念与理论的美学国度里,这一范畴的出现,可谓弥足珍贵。同时,《诗品》的这一体例理念,早在《文镜秘府论》地卷所引录王昌龄《十七势》中,早已见出。然王昌龄所撰的是散体。至于"势"作为美学范畴,其深意如何,则别论矣。同时,中唐诗僧皎然《诗式》有"辨体一十九字"之说,对诗体"十九"亦即19个美学范畴逐一加以评说。其文云:

高,风韵朗畅曰高。逸,体格闲放曰逸。贞,放词正直曰贞。忠,临危不变为忠。节,持操不移曰节。志,立性不改曰志。气,风情耿介曰气。情,缘境不尽曰情。思,气多含蓄曰思。德,词温而正曰德。诚,检束防闲曰诚。闲,情性疏野曰闲。达,心迹旷诞曰达。悲,□□(注:此缺二字)伤甚曰悲。怨,词调悽切曰怨。意,立言盘泊曰意。力,体裁劲健曰力。静,非如松风不动,林狄未鸣,乃谓意中之静。远,非如渺渺望水,杳杳看山,乃谓意中之远。

此十九体,其中十八体"静"、十九体"远",措辞方式与其余不类,似可看做后人抄改之故。

**六、关于"格"**

与"品"相应的,是"格"。唐人重"格"。据王运熙、杨明《隋唐五代文学批评史》,唐代有王昌龄《诗格》,以及晚唐王叡《炙毂子诗格》、李洪宣《缘情手鉴诗格》、齐己和《风骚旨格》、王玄《诗中旨格》、王梦简《诗要格律》、文彧《诗格》以及《新唐书·艺文志》、《崇文总目》所录贾岛《诗格》、《郡斋读书志》、《直斋书录解题》著录白居易《金针诗格》三卷或一卷。众多以"格"为名之著述的出现,证明唐代"格"作为美学范畴在理论上的成熟。"格"与"式"在概念、观念上相应,皎然《诗式》有所谓"诗有五格"说。作为动词,"格"有来、进之义,所谓"格斗"、"格物"之谓;作为名词,"格"指品类、素质、标准。清人有"格调"说,此之谓也。总之,这充分体现唐代诗论、文论、书论、画论等对艺术美之真谛的探究与要求。

王昌龄《诗格》云,"凡作诗之体,意是格,声是律。意高则格高,声辨则律清"。又说,"意须出万人之境,望古人于格下"。这是指"意"即"格","立意"之高下,决定诗格之高下。此"格",显然指审美理想。《诗格》又称"诗有三格":

> 一曰生思。久用精思,未契意象,力疲智竭,放安神思,心偶照镜,率然而生。二曰感思。寻味前言,吟讽古制,感而生思。三曰取思。搜求于象,心入于境,神会于物,因心而得。

"生思"、"感思"与"取思",对应于诗之三"格"。可见,"格"与思攸关。诗之构思以及思来自何处以及思之美如何可能,决定"格"之高下。当然,王昌龄的"格"论,仅从创作而言,并未指人格之高下对文格、诗格的直接影响。

皎然《诗式》又云,所谓"诗有五格",指"不用事第一"、"情格并高"。

"作用事第二","其有不用事而措意不高者,黜入第二格"。"直用事第三","其中亦有不用事而格稍下,贬居第三"。"有事无事第四","于第三格情格稍下,故入第四"。"有事无事、情、格俱下第五"。可见,王昌龄的"格"论,重在"立意"。"格"与"意"、"式"、"品"诸范畴相契。朱景玄《唐朝名画录》说,"以张怀瓘《画断》神、妙、能三品,定其等格,上、中、下又分为三,其格外不拘常法,又有逸品,以表优劣也"。画之美,以逸品、神品、妙品与能品评之,亦即画美之四格。又,晚唐之时《风骚旨格》有"十体"、"二十式"、"四十门"与"十势"之说,颇为烦琐,恕勿述,但其与"格"论相应,是可以肯定的。

### 七、关于"律"

"律"本指音律,古人所谓"声律音调"。美学意义之"律",指诗艺、乐艺、书艺与画艺等的时间节奏、音韵之美。"律"作为"天文",是自然、本然之美;作为"人文",是合于自然、本然的人工之美。

早在南朝时期,据《南齐书·陆厥传》,"约(注:沈约)等文皆用宫商,以平、上、去、入为四声,以此制韵,不可增减,世呼之'永明体'"。有所谓"四声八病"之说。"四声"即如前述。"八病":平头、上尾、蜂腰、鹤膝、大韵、小韵、旁纽、正纽。所谓诗之"平头",五言诗首字不得与第六字同声,第二字不得与第七字同声;"上尾",第五字不得与第十字同声;"蜂腰",五言一句之中,第二字不得与第五字同声;"鹤膝",第五字不得与第十五字同声;"大韵",若以"新"为韵,上九字中,不得有"人"、"津"、"邻"、"身"、"陈"等字。"小韵",除韵之外而有迭相犯处,此犯"小韵"之病。最后"旁纽"、"正纽"之病,言诗句之间,用字犯同一声母之病,或犯同一韵母之病。可见该诗法、诗技之如此严格,在于求音律之"正",而为求此"正",时有以"律"害"意"者,可见作诗,炼"律"之难。

唐人如杜甫、贾岛等辈,推重"语不惊人死不休"、"两句三年得,一吟双泪流"以及韩愈、贾岛所谓"推敲"等等,除了"炼意",亦包括"炼律"。杜甫云,"文律早周旋"、"遣词必中律"。以诗律之美为审美理想的杜诗,体现了儒之"规矩"对诗之声律的渗透。在酷严的声律之中而能使诗意、诗情"自由"地呼吸,只有工部之诗,才得以尽情表达沉雄、遒劲、顿挫与音律和谐之美,非天才、大手笔而所难为也。当然,杜甫也有虽合于音律却味同嚼蜡之诗。他也曾提倡清新、自然之诗风,这是应予注意的。杜诗的雅正、大气与严谨,一般有别于李白所谓"天然去雕饰"之诗境飘逸与自由的。

在书法艺术理论中,唐人如欧阳询十分重视"笔法"。其《三十六法》云,"字欲排叠疏密停匀,不可或阔或狭"、"避密就疏,避险就易,避远就近,欲其彼此映带得宜",以及"字画交错者,欲其疏密、长短、大小匀停"等等,与杜甫等诗人尚"律",其美学诉求具有相通之处。唐人既尚"律",又尚"法",主张通过"律","法"之规矩的遵循与营构,于严正中见自由、方圆拘约之间生出韵律之类。

## 八、关于"势"

早在《文心雕龙》中,刘勰已谈到"势"这一美学范畴。其"定势"篇论"势"云:"夫情致异区,文变殊术,莫不因情立体,即体成势也。势者,乘利而为制也。如机发矢直,涧曲湍回,自然之趣也。圆者规体,其势也自转;方者矩形,其势也自安。文章体势,如斯而已。"

这大意是,其一,所谓"势","自然之趣(趋)";其二,"文章体势",因"体"而成,所谓"即体成势";其三,"体"由"情"立,"因情立体",所谓"定势"。

美学意义的"势",指文势、文之气势,一种蕴含于"文"的"力"及"力"之气运。范文澜注云:"所谓势者,既非故作慷慨,叫嚣示雄,亦非强事低回,舒缓取姿;文各有体,即体成势。章表奏议,不得杂以嘲弄;符册檄移,不得空谈风月,即所谓势也。"又说:"古今言文势者","其一以为文之有势,取其盛壮,若飘风之旋,奔马之驰,长河大江之倾注,此专标慷慨以为势,然不能尽文而有之"。"其二,以为势有纡急,有刚柔,有阴阳向背",此指"势"之美学品格各有不同。然刘勰虽言"定势","而篇中所言,则皆言势之无定也"。①

唐王昌龄撰《十七势》,由遍照金刚《文镜秘府论》地卷所载录,可以看做《文心雕龙》"定势"说的继承、发展。所谓"十七势","第一,直把入作势"、"第二,都商量入作势"、"第三,直树一句,第二句入作势"、"第四,直树两句,第三句入作势"、"第五,直树三句,第四句入作势"、"第六,比兴入作势"、"第七,谜比势"、"第八,下句拂上句势"、"第九,感兴势"、"第十,含思落句势"、"第十一,相分明势"、"第十二,一句中分势"、"第十三,一句直比势"、"第十四,生杀回薄势"、"第十五,理入景势"、"第十六,景入理势"、"第十七,心期落句势"。这"十七势",读来有些拗口,一般讲诗的作法,包

---

① 范文澜:《文心雕龙注》卷六,人民文学出版社,1958年,第532页。

括句法、章法及其开头、结尾等技法。其着重点,在于诗作的因"势"、取"势"之道。诗、文各具其"体",因"体"而"定势"。"体"不同,故"势"亦无"定"。"比兴"、"谜比"、"感兴"、"含思"、"相分"、"生杀回薄"、"理入景"、"景入理"以及"心期"等等,所含技法有异,其审美追求、期待与效果自当不同。即使所谓"入作",似乎纯为技法,而"入作"即诗之开头的运技有异,所营构的诗之境界亦有差别。而"势"之所决定者,并非仅为诗之种种技法,归根结蒂是"气"即诗人的意与情。王昌龄《论文意》云,"凡诗,物色兼意下为好。若有物色,无意兴,虽巧(引者注:技巧、技法)亦无处用之"。此言是。皎然《诗式》亦论"体势",所谓"十九体"即指诗之"十九势"。《诗式》说"风律外彰,体德内蕴"。此"体德"尤言"体性"、"内蕴"者,诗人之情性、气势耳。

**九、关于"境生于象外"**

魏晋美学重思辨、审本体,直探玄微,尚无、空而有如王弼之辈的美学,确具"扫象"之倾向。正如本书前述,王弼有关"言意之辨",关键有"忘象"之说。

唐人悟"象",与汉人不同。汉时重易象、天象;唐时则尤为重视、领悟艺术审美之象的真谛。刘禹锡《董氏武陵集纪》云:

> 诗者,其文章之蕴耶?义得而言丧,故微而难能;境生于象外,故精而寡和。千里之谬,不容秋毫,非有的然之姿,可使户晓。必俟知者,然后鼓行于时。

这里所谓"义得而言丧",指舍"言"、忘"象"之余所悟入的无、空之"境"。对此,本书早就加以论证。此"境",即王昌龄《诗格》所言"意境",其在无与空之际,比一般艺术意象更深潜、更空灵,唯有"知(智、觉)者"才能顿悟、直了。这里所谓"鼓行于时",用现象学言之,即"当下"即"悟"。因此"境生于象外"这一命题,是浸透了禅悟兼诗悟之心理蕴涵的,它所言"境",比一般所谓"象",在审美境界上,更深一层次。深在何处呢?"象"往往入于"无",而"境",则在"无"与"空"之际也。

与该命题相应的,司空图《诗品》云,诗美者,"近而不浮,远而不尽,然后可以言韵外之致耳"。"倘复以全美为工,即知味外之旨矣。""不著一字,尽得风流。"其《与极浦书》又说,"戴容州云,'诗家之景,如蓝田日暖,良玉生烟,可望而不可置于眉睫之前也'。象外之象,景外之景,岂容易可谈哉"?显然,这里所言"韵外之致"、"味外之旨"、"不著一字,尽得风流"、"象外之象"、"景外之景"等,都是前述所谓诗悟之"境",此"境","不可置于眉睫之前",而须以心悟入。

### 十、关于"沉郁顿挫"

杜甫《进雕赋表》云:"臣之述作,虽不足以鼓吹六经,先鸣诸子,至于沉郁顿挫,随时敏捷,而扬雄、枚皋之流,庶可跂及也。"杜自称其作的品格,风气"沉郁顿挫",可谓是矣。"沉郁"者,文气、文思悲怆而具深沉之力;"顿挫"者,诗之音律、节奏合乎格调、规矩,具有力度之音节美。陆机《思归赋》有"伊我思之沉郁,怆感物而增悲"之叹。杜甫一生多有艰危,读书万卷,下笔有神,融其"哀民生"之胸怀,又以博学为知识之铺垫,为诗自当有"沉郁顿挫"之美。陆机《文赋》有"顿挫"之言,不仅在其《悲哉行》中有"伤哉游客士,忧思一何深"的"沉郁"之叹,而且其《遂志赋序》云,"行抑扬顿挫,怨之徒也"。因而可以说,诗之声律的"抑扬顿挫",可能更加深"沉郁"的力度与深度。明代胡应麟《诗薮》云:"杜陵沉郁雄深。""杜五言律,规模正大,格致深沉,而体势飞动。"读、悟杜甫如"星随平野阔、月涌大江河"之类诗句,可见胡氏此言不虚。清人陈廷焯宗杜诗,尤为扬励"沉郁"之旨。其《白雨斋词话》说,杜诗"包括万有,空诸倚傍,纵横博大,千变万化之中,却极沉郁顿挫、忠厚和平"。又说,"作词之法,首贵沉郁。沉则不浮,郁而不薄"。可见"沉郁顿挫"这一美学命题影响深巨。可惜,这一品格雄健、深沉、郁勃而音律之节奏强烈有力的作品及其诗论,几与当代中国文学绝缘矣。

### 十一、关于"思与境偕"

这一美学命题由晚唐司空图提出。其《与王驾评诗书》云:"河汾蟠郁之气,宜继有人。今王生者,寓居其间,沉渍益久,五言所得,长于思与境偕,乃诗家之所尚者。"这是称赞王驾诗具有"思与境偕"的美学品格,且指出,这一品格"乃诗家之所尚者"。这一命题,确有诗人主观情思与描摹、领悟之对象相"偕"的意思。但倘将"境"理解为客观之环境,则是对这一命题的误解。笔者在论证"意境"问题时曾经指出,"意境"之"境",并非客观之物,而是主观心境、心理氛围,即"意"之攀绝、游履于心。"思与境偕"之"境",即"意境"之"境"。而且,理解这一命题之美学意义的关键,还不仅在"境",而且在"思"。"思"指什么?王昌龄《诗格》称,"情境"者,"处身于境,视境于心,莹然掌中,然后用思";"意境"者,"娱乐愁怨,皆张于意而处于身,然后驰思,深得其情";又说,"亦张之于意,而思之于心,则得其真矣"。由此可见,在"情境"、"意境"的营构中,"思"不等于"情",也不等于"意"。所谓"用思",是营构"情境"尤其"意境"的一大关键。王昌龄《诗格》说,"诗有三'思'说,一曰生思","久用精思,未契意象,力疲智竭,放安神思,心偶照境,率然而生"。"二曰感思","寻味前言,吟讽古制,感而生思"。"三曰取思","搜求于象,心入于境,神会于物,因心而得"。此"生思"、"感思"与"取思",都是指诗之"构思"以营构意境。但此三"思"显然各有不同。所谓"生思",指苦思之余的灵思来袭,其中包含"神思"。此范畴原于《文心雕龙》"神思"篇,"神思"指艺术想象又不等于艺术想象,其"思"之范围无限,深度无垠,否则,何谓"神思"?"感思",固然"寻味前言,吟讽古制",却并非是"前言"、"古制"之旨本身,而是"寻味"、"吟讽"之而融会于"心"的。"取思",指对"象"、"境"与"物"的"搜求"、"心入"与"神会",决非信手"取"来。三"思"与三"格"相契,其立旨是思性与诗性的融契和会。审美作为一种移情(信仰亦可移情),仿佛是排斥思性的,然而如没有健康、深到之"思",则何来审美移情?移情者,神会也,这便是"心"中"诗境"。古希腊哲人有云,理性是灵魂之中最高贵的部分。艺术、审美如果不蕴含一定的理性,则一定是肤浅而庸俗的。但理性即"思"是必须融渗于艺术与审美意象之中的,"如蜜中花,水中盐,体匿性存,无痕有味"。因此,所谓"思与境偕",是审美意义上"思"的诗境化,同时是诗境的"思"化。

**十二、关于"不平则鸣"**

"不平则鸣"这一命题,始由韩愈提出。其《送孟东野序》云:"大凡物不得其平则鸣。草木之无声,风挠之鸣。水之无声,风荡之鸣。""金石之无声,或击之鸣。""人之于言也亦然,有不得已者而后言。其歌也有思,其哭也有怀。凡出乎口而为声音,其皆有弗平者乎。"这里有三层意思。其一,凡为诗、为文,皆由"气"始。"气"者,人生命之运化。生命者,身心也。王昌龄《论文意》说,"是故诗者,书身心之行旅,序当时之愤气"。此"愤气",人之生命运化、冲动之"气",首先并非指政治、道德、人格意义上的"愤怒"、"怜爱"等喜怒、哀乐之"气"。"气"之冲动,人性本然,犹"草木之无声,风挠之鸣。水之无声,风荡之鸣",本然之"鸣"矣。其二,生命即问题,生活即问题,世界即问题,有问题无尽,便"心气"不平,"不平则鸣",此之谓"其歌也有思,其哭也有怀"。为诗、为文,表面看起于"感",起于"情",此《礼记·乐记》所谓人心"感于物而动",实则此"动",皆由心之理性所支配。其三,所谓"愤气",固然首先指人之生命本然,而由生活、环境与遭际所引起的"气"之"愤",却是为诗、为文之直接触因。此"愤",指强烈冲动的意绪、情感,即俗世之"喜怒哀悲之气",七情六欲。屈子幽思而作《离骚》,司马迁悲患而撰《史记》,杜甫"穷年忧黎元,叹息肠内热","感时花溅泪,恨别鸟惊心"。张旭"喜怒窘穷,忧悲愉佚,怨恨思慕,酣醉无聊(引者注,"无聊",此指心无所依归),不平有动于心,必于草书焉发之",此韩愈《送高闲上人序》之言。而韩愈本人,极悲恸于其侄之早夭而撰《祭十二郎文》,有如颜真卿之"天下第二行书"的《祭侄稿》。因而"不平则鸣"这一美学命题,深刻地揭示了艺术创作冲动的心理本质与规律。它在广义上指有感而发;在狭义上,指心之郁积、怨愤而形成创作冲动与作品。"不平则鸣"这一命题留声于后代,南宋陆游与刘辰翁等,都有此说。

# 第六章
# 宋明理学美学的完成

宋明时代,历时近七百年。宋明理学内部学派林立,随时代而嬗变。周敦颐的濂学、张横渠的关学、程颢程颐的洛学、朱熹的闽学、陆九渊与王阳明的心学以及王夫之具有批判性与总结意义的理学思想体系,等等,尽管都可统称为广义的理学,实际各思想流派在文化视阈、哲理思辨、范畴建构及其与美学之关系等问题上,分歧颇多。作为中华美学史的研究,各学派之间的思想分歧,无疑是值得加以关注的。学界有宋明理学三派之论,即以张载(横渠)为代表的"气本"论、以程朱为代表的"性本"论与以陆、王为代表的"心本"论,这种概括自有其立论依据,可备一说。而理学不等于美学。因此,这里对理学美学问题的研究,重点在宋明理学作为一个主流文化形态所具有的美学意义及其主要对艺术审美的深巨影响。宋明理学的文化主题,在于彼此相关的"本体"与"工夫"二项,即道德作为本体如何可能及其自由之道德人格的实现与践行,亦即道德本体与工夫的实现与践行在审美上如何可能的问题。同时,理学作为哲学文化,自当高踞于整个宋明文化之上,这不等于理学文化仅仅具有孤寂的精神性。文化是由物质、制度、精神与传播彼此攸关的四维所构成的。宋明理学作为时代精英的精神文化,它偏偏注定是宋明物质文化、制度文化与传播文化的高蹈方式。因此,其美学意义总是贯彻与渗融于一定的物质、制度与传播文化之中。

宋明时代城市经济、文化与市民生活的历史性推进,始于北宋的文官政治制度与书院教育、科举制度等的同时实施与完善,这种物质与制度因素,给予这一民族与时代美学的影响,自然不容忽视。从物质、制度、精神与传播这文化之四维来观照宋明理学美学,是一个"综合"。尤为重要的是,理学以儒学为主干,又历史性地兼容释、道的文化因素,具有深广的思想容量、深邃的思想伟力与精致的思辨性,它继承了原始儒学与两汉经学又越拔于前者,它无可逃避地濡染先秦原始道学、魏晋南北朝的玄学以及隋唐之佛学的历史尘氛又加以超越,是这一伟大民族以儒为本,兼综释、道的理性思想与思维的真正成熟,儒、释、道三家之融合的真正完成。就深受理学文化影响的宋明艺术审美这一领域来看,是理论建构与艺术实践的同时进行、同趋于圆成,达到双华映对的境地。其理论部分所取得的成果,或者是理学思想的体现,或者是非理学甚至是反理学的,总之是与理学具有密切的人文联系的。

这是一个思虑严谨而理性深致、意绪平和而艺术秀雅的时代,也存在反理学教条的美学思想或因理学思想禁锢与之局限而使审美受挫的文化现象。

## 第一节 理学美学的文化前奏

宋明理学的历史与人文性生成,是一个漫长的文脉历程。

第一,考宋明理学之文化涵蕴,须从审视"理"字始。甲骨文迄今未检索到"理"字。金文亦然。《韩非子·和氏》有"王乃使玉人理其璞"之记,"理"的本义为"治玉"。由此引申,"理"可指"玉石之纹路",指玉石之美丽的外观与质地。再引申之,有"事物条理"之义。《荀子·儒效》云:"井井兮其有理也。"此"理"即指井田阡陌有序的平面布局。正如杨倞《荀子》注云:"理,有条理也。"再引申,"理"指道德伦理,一种人伦规矩。就哲学、心理学而言,指理性。汉末刘劭《人物志·材理》云:"若夫天地气化,盈虚损益,道之理也。法制正事,事之理也。礼教宜适,义之理也。人情枢机,情之理也。"此谓"理有四部"说。其中"情之理",最关乎审美。新儒家代表人物之一的唐君毅称"理有六义",即"一是文理之理","二是名理之理","三是空理之理","四是性理之理","五是事理之理","六是物理之理"。① 牟宗三另有"理有六义"说:1. 名理,此属于逻辑,广之,亦可赅括数学。2. 物理,此属于经验科学,自然的或社会的。3. 玄理,此属于道家。4. 空理,此属于佛家。5. 性理,此属于儒家。6. 事理(亦摄情理),此属于政治哲学与历史哲学。② 其中性理,是传统儒学的重要内容,自然也是宋明理学的重要内容。

---

① 唐君毅:《中国哲学原论》,转引自牟宗三:《心体与性体》上册,上海古籍出版社,1999年,第3页。
② 牟宗三:《心体与性体》上册,上海古籍出版社,1999年,第3页。

"理学"这一称谓出现较晚,中华文化史、哲学史与理学史上,起初称"道学"而不称"理学"。《礼记·大学》有"如切如磋,道学也"之记。这一"道"字,应训为"言","道学"者,"言学"也,有言辨、研学之义。故"道学",实指"理学"。据姜广辉《理学与中国文化》一书言,"道学"这一称谓,大约始于北宋王景山。南宋陈谦《儒志先生学业传》指出,"由孟子以来,道学不明",而"景山独能研精覃思,发明经蕴,倡鸣'道学'二字,著之话言"。与王景山差不多同时的北宋张载以及稍后的二程与南宋朱熹诸儒,亦屡以"道学"称言。

　　"道学"即"理学",直至今日,大有以"理学"取代"道学"的倾向。一因"道学"之称,极易与道家所言"道学"相混。二因宋明理学史上曾有朱熹、陆九渊的鹅湖之会,陆氏为与朱熹"道学"称名相区别,故标举"理学"之名,称"惟本朝理学,远过汉唐"①。陆氏所谓"理学",实指心学。三则道、理二字可以互训。《庄子·缮性》云:"道,理也。"

　　第二,先秦典籍《论语》有"道"字凡六十,而"理"字未见。孔子所言"道",一般指"人道"。与孔子同时的郑国子产曾说:"天道远,人道迩,非所及也。"②孔子看问题的理念、方法与此类同。关于"性与天道",孔子采取了存而不论的态度。孔子的道论,在形上性这一点上,当然远不及在他之后许多个世纪的宋明理学。

　　但是,孔子原始儒学的基本意义与精神之惟在"道德",这已为宋明理学奠定了一个文化基础。有些学者认为,宋明理学的精神实质,与孟子的儒学具有更直接的思想联系。然而,孟子是继承与发展了孔子的,如没有孔子,也不会有孟子。孔子几乎不言"性与天道",而其关于"天命"的思想,如所言"五十而知天命"与"畏天命"等,对理学的"天理"观与"居敬"思想的建立,具有重要影响。"天理"即道德律令,犹如"天命",于是便须"居敬"工夫。对"天理"的敬畏,是宋明理学作为"道德底形上学"准宗教性的一种主体表现。朱熹说:"敬字工夫乃圣门第一义。""敬之一字,真圣门之纲领,存养之要法。"又说:"敬则万理具在","人能存得敬,则吾心湛然,天理粲然。"③"湛然"者,澄明的样子,"粲然"者,灿烂的样子,都是宋明理学所认同的从"道德"超拔的美的境界。这种境界,是在人格意义上契合"天理"

---

① 《陆九渊集·与李省幹》。
② 《左传·昭公十八年》。
③ 《朱子语类》卷一二。

("天命")而为人性本在的生存自觉。孔子的"克己复礼"说对宋明理学有深刻影响。宋明理学以"一"言本体、本原,孔子"未说天即是一'形而上的实体'(Metaphysical Reality),然'天何言哉?四时行焉,百物生焉。天何言哉'!实亦未尝不涵蕴此意味"①。从孔子的"天"到理学的"一",显然具有思想与思维上的人文联系。孔子宣说仁学最力,而偶涉于"义",如说"不义而富且贵,于我如浮云",且尚未凿通"仁"与"心性"及"心性"与"天"的逻辑联系,这一方面,由后之宋明理学完成了,这也可见孔子原始儒学对宋明理学的深刻影响。

第三,朱熹云:

> 言人能尽其心,则是知其性,能知其性,则知天也。盖天者理之自然,而人之所由以生者也,性者理之全体,而人之所得以生者也。天大无外,而性禀其全。故人之本心,其体廓然,亦无限量。②

此言人心、人性与天理同构。朱熹这一论述,显然深受孟子关于"尽心"、"知性"、"知天"说的影响。

宋明理学,一定意义上是直接顺着孟子的思路"接着说"。

学界多以为宋明理学与荀学无关,其实不然。荀子认为,人性本"恶"。虽言"性恶",实际指由性的劣根性所决定的所谓"情恶"、"欲恶"。③ 荀子向我们描绘了一幅可怕的图景。"犯分乱理"者,"情恶"、"欲恶"之为也。触犯名分、扰乱理则,情、欲本恶之故。这其实已为宋明理学所吸取。比如张载的"天地之性"与"气质之性"说。所谓"天地之性"为"气"之澄明之状,清澈纯一,所以是至善的。但"气质之性"是"气"的重浊状态,包含"情恶"、"欲恶"根因。张载学说,已有"性恶"说之因素存矣。又如朱熹云:"性即天理,未有不善者也。"④又说:"而气之为物,有清浊昏明之不同。""禀其昏浊之气,又为物欲之所蔽而不能去,则为愚而不肖。"⑤显然,这种"性即理"且"气禀为恶"的见解,近接张载"天地"、"气质"两"性"说,远承孟子"性善"与荀子"性恶"论。朱熹所谓"存天理,遏人欲",兼采孟、荀之见。这里所谓"遏人欲",犹孟子"化性而起不为"也。

---

① 牟宗三:《心体与性体》上册,第19页。
② 《朱子公文集》卷五七《杂著》。
③ 《荀子·性恶》。
④ 朱熹:《孟子·告子注》。
⑤ 朱熹:《玉山讲义》。

第四，理学始创于北宋初年，所谓"宋初三先生"孙复、胡瑗与石介等，对五代封建伦理纲常的遭到破坏与被蔑视痛心疾首，故力倡"以仁义礼乐为学"，成为理学之前驱。但宋明理学的文脉启动，早在唐中叶韩愈所倡导的古文运动中已见端倪。中唐时期，韩愈、柳宗元倡言"古文"，不仅仅在反对骈文与解放文体，更是一场儒学复兴运动，作为宋明理学的文化序幕，其后又有李翱的推波助澜之功。

韩愈对佛、老抨击甚力。称"夫佛本夷狄之人，与中国言论不通，衣服殊制，口不言先王之法言，身不服先王之法服，不知君臣之义、父子之情"①。虽是两汉以来斥佛之论的老调重弹，却表达了部分中唐士人对佛教的怨忌意绪。从历史与现实看，佛教的迅猛发展与佛教徒的不耕而食及其从事迷信活动，颇为时人所诟病甚或痛恨。

> 今天下僧道不耕而食，不织而衣，广作危言险语，以惑愚者。一僧衣食，岁计约三万有余，五丁所出，不能至此。举一僧以计天下，其费可知。②

韩愈又站在儒家立场，对道教徒的装神弄鬼大为不满，指出那种"凝心感魑魅，恍惚难具言"、"白日变幽晦，萧萧风景寒"、"观者徒倾骇，踯躅讵敢前"③之场面的阴怖、荒唐与虚伪。作为中唐重要的文学家，韩愈的诗文，文辞老到，感情充沛，意境奇崛，气势磅礴。司空图云，韩诗"驱驾气势，若掀雷挟电，奋腾于天地之间"。④ 读者只要去品读《卢郎中云夫寄示送盘谷子诗两章歌以和之》一诗描述瀑布之景的四句⑤，以及《祭十二郎文》，想必对韩愈诗文的这一美学风格会有更深的体会。韩愈诗文的奇险意境与沉雄力度，得自于其宗儒的坚贞的人格信念、深致的人生悲剧意识与胸中如有惊雷滚动的炽热情感，加上文字的锤炼有神，韩愈的文学地位自然是崇高的。然而依笔者所见，韩愈在文化思想史与美学史上的地位，更值得称道。

> 曰：斯道也，何道也？曰：斯吾所谓道也，非向所谓老与佛之道也。尧以是传之舜，舜以是传之禹，禹以是传之汤，汤以是传之文武周公，文

---

① 《韩昌黎集·论佛骨表》。
② 《旧唐书·彭偃传》。
③ 《韩昌黎集·谢自然诗》。
④ 司空图：《题柳柳州集后》。
⑤ 该四句为："是时新晴天井溢，谁把长剑倚太行？冲风吹破落天外，飞雨白日洒洛阳。"

武周公传之孔子,孔子传之孟轲。轲之死,不得其传焉。①

韩愈所言"道",是"先王之道",儒家之"道",并以上追孟轲、接续儒家"道统"自命,有"天降大任于是人也"的劲头。的确,自汉代董仲舒倡言"罢黜百家,独尊儒术"至魏晋儒学潜行、隋唐三教并趋,唯有韩退之断然从所谓佛、道的人文迷氛中走出,大声宣称"惟陈言之务去"②,以振扬儒学为己任,其"原道"说,意在"原"儒家之"道",即向儒的回归。

韩愈所倡言的儒学复兴运动,以《大学》为主要"教本"。韩愈说:"传曰:'古之欲明明德于天下者,先治其国;欲治其国者,先齐其家;欲齐其家者,先修其身;欲修其身者,先正其心;欲正其心者,先诚其意'。"③这是重申了《大学》的思想,将"先王之道"解释为:诚意、正心、修身、齐家、治国、平天下,实际是从内圣、外王④两方面加以表述。内圣外王,也是宋明理学的一大基本命题。从这一意义上说,韩愈的"原道"说,是理学之前的"理学"。

韩愈"原道"说,对宋初思想界与学界的影响较大。柳开(945—1000)以接续韩愈自居,称"吾之道,孔子、孟轲、扬雄、韩愈之道"⑤。孙复(992—1057)也说:"吾之所谓道者,尧、舜、禹、汤、文、武、周公、孔子之道也,孟轲、荀卿、扬雄、王通、韩愈之道也。"⑥这两人提及荀况、扬雄、王通,显然不符韩愈"道统"说,但都崇尚韩退之,说明韩愈在宋明理学的历史文脉意义上的重要地位。韩愈有"性情"论,其《原性》一文云:"性也者,与生俱生也;情也者,接于物而生也。"性是天生的,具有先天性,性的自然本质与具体内容,是仁义礼智信这"五德",因而其所谓性,是"本善"之"德性";而情,是先天之"德性"接生于物即性在外界环境之现实实现的产物,情作为基于性之受外物刺激的内心反应,指喜怒哀惧爱恶欲"七情"。韩愈说,性有上中下"三品",⑦性有三品,故情亦具三品。这种人性论("性情"说),杂糅了先秦孟、荀关于人性"本善"、"本恶"的见解,是西汉董仲舒关于"圣人之性"、"中民

---

① 《韩昌黎集·原道》。
② 《韩昌黎集·答李翊书》。
③ 《韩昌黎集·原道》。
④ 注:"内圣外王"这一命题,首见于《庄子·天下》:"判天地之美,析万物之理,察古人之全,寡能备于天地之美,称神明之容。是故内圣外王之道,暗而不明,郁而不发,天下之人各为其所欲焉以自为方。"
⑤ 《河东先生文集》卷一。
⑥ 《孙明复小集》卷二。
⑦ 《韩昌黎集·原性》。

之性"与"斗筲之性"的"性有三品"①说的唐代表述,也具有西汉扬雄关于"人之性也,善恶混。修其善则为善人,修其恶则为恶人"②的意思。韩愈的"性情"论,上追前贤而下启宋明。

韩愈的后继者李翱"复性"之论,又在韩愈与宋明理学之间架起一座思想之桥。李翱《复性书》说:"性者,天之命也,圣人得之而不惑者也;情者,性之动也,百姓溺之而不能知其本者也。"这是重申了人性的先天性,只是"性"惟"圣人得之",自当是"善"的,而将"情"归于"百姓"所"溺"而"不能知其本者",可见其"恶",与韩愈的"性有三品"说有些区别。《复性书》又说:"人之所以为圣人者,性也;人之所以惑其性者,情也。喜怒哀惧爱恶欲七者,皆情之所为也。情既昏,性斯匿矣。非性之过也,七者循环而交,故性不能充也。"因此,性情是对立的,或者可称之为"性善情恶"。于是,《复性书》主张"灭情复性":"情者,妄也,邪也。邪与妄,则无所因矣。妄情灭息,本性清明,周流六虚,所以谓之能复其性也。"李翱"复性"说,既不离韩愈"性情"说的大致思路,又是宋明理学所谓"存天理、遏人欲"的时代先声,而且,这里所谓"妄情灭息,本性清明",不就是佛禅所说的"明心见性"吗?

韩愈在中华理学史上的地位无疑是崇高而重要的。

在美学上,韩愈及其"古文"运动的美学意义值得加以重视。清代叶燮说:

> 吾尝上下百代,至唐贞元、元和之间,窃以为古今文运诗运,至此时为一大关键也。是何也?三代以来,文运如百谷之川流,异趣争鸣,莫不纪极。迨贞元、元和之间,有韩愈氏出,一人独力而起八代之衰,自是而文之格之法之体之用,分条共贯,无不以是为前后之关键矣。三代以来,诗运如登高之日上,莫不复逾。迨至贞元、元和之间,有韩愈、柳宗元、刘长卿、钱起、白居易、元稹辈出,群才竞起,而变八代之盛,自是而诗之调之格之声之情,凿险出奇,无不以是为前后之关键也。起衰者,一人之专力,独立砥柱,而文之统有所归,变盛者,群才之力肆,各途深造,而诗之尚极于化……

叶燮又强调指出,唐中叶出现的韩愈及其"古文"运动的意义,影响深巨:

---

① 董仲舒:《春秋繁露·实性》。
② 扬雄:《法言·修身》。

不知此"中"也者,乃古今百代之"中",而非有唐之所独得而称"中"者也……此后千百年无不从是以为断。①

叶燮所云,指明了中唐及韩愈在中华文统上重要时代转嬗的意义。这一文统的转变,就文化基质而言,是道统的转变。研究宋明理学美学,不可不首先指明这一点。

## 第二节 道德作为本体:审美如何可能

牟宗三曾经指出,宋明理学"中心问题在讨论道德实践所以可能之先验根据(或超越的根据),此即心性问题是也。由此进而复讨论实践之下手问题,此即工夫入路问题是也。前者是道德实践所以可能之客观根据,后者是道德实践所以可能之主观根据。宋、明儒心性之学全部即是此两问题。以宋、明儒词语说,前者是本体问题,后者是工夫问题"②。此言是。其中尤为重要的所谓道德本体,作为宋明理学美学基本文化主题的核心内容,决定了理学美学之基本的文化素质与哲学品格,成为从道德走向审美的文化、哲学依据。

问题是,道德能成为本体吗? 道德何以成为本体以及审美又如何可能呢?

道德的产生、存在与发展,盖因人类社会总是面临"为何处理"与"如何处理"人与人、人与集团、集团与集团之间等关系这彼此攸关的两大难题之故。道德是由人类之人际关系而产生的。有人际关系的现实存在,则必有道德的产生及其践行。人类社会总是按其一定道德规范所构成的。人类只能随其自身的发展而改变道德的具体内容与规范,却不能消解道德本身。在一定的道德面前,人别无选择。道德是一种权威、律令与意志的自觉,有时也不免强迫。道德就其社会、文化本性而言,决非仅仅外在于人与社会,它是人自由的生存方式之一。并且,道德总是体现了一定社会生产力的水平。

道德以善、恶之评价的方式规范人的行为,具有调节人际关系的社会功能。

其一,人所设定的道德标准,体现了人自我完善的社会愿望与人格理

---

① 叶燮:《百家唐诗序》。
② 牟宗三:《心体与性体》上册,第7页。

想。人格有四种基本模式。宗教崇拜、科学求知、艺术审美与道德趋善等等,是决定人格的基本方式。审美人格不等于道德人格。从快感角度看,崇拜感、理智感、审美感与道德感,在内心体验上是不相同的。你崇拜一个精神偶像所获得的感激或是宁静,不同于科学发现或发明所带来的喜悦甚或狂欢;静静地欣赏一朵花或是一幅画的美,与做了一件好事之后所感受到的愉悦相比,虽然同样是愉悦,其引起愉悦的心理机制和心理境界也不相同。这四大快感的人格依据不同。但是,这四大快感在"幸福感"这一点上,具有共通性。也便是说,凡此四大人格方式在幸福这一点上是相通的。幸福是理想实现之时、之后主体感到满足与安慰的一种心理状态、心理体验与心理氛围。就个人而言,个人的幸福指数,决定于人生目标与能力之间的动态关系。个人能力愈强,人生目标愈低幸福指数愈高。幸福指数 $=\dfrac{个人能力}{人生目标}$。幸福与否,总是与理想的是否实现、是否感到满足相联系。这便是道德感与审美感之间本在的一种精神联系,也同样是崇拜感、理智感与审美感之间的精神联系。道德何以能够走向审美,在快感这一点上,是因为两者共通于幸福的缘故。幸福与幸福感的文化特质,是精神性的,它一般地与物质相关,却根本不受物质生活、环境与条件的羁绊。道德的自我完善,在幸福这一点上,相通于艺术与审美,幸福是从道德到审美的精神通道。

其二,从人性与人格的解放角度看,宗教崇拜、科学求知、艺术审美与道德趋善这四大人类把握世界的基本方式,自然是有区别的。宗教崇拜是对象的被神化同时也是主体意识的迷失,宗教崇拜所给予主体的精神幸福,有虚妄与悲剧性的文化特质。但是,在人所预设的宗教偶像中又因偶像的"十全十美"而强烈地体现出人性与人格的解放之要求。歌德说:"十全十美是神的尺度,而要达到十全十美是人的尺度。"神颠倒而夸大地体现了人性与人格之解放的尺度。就此而言,即使宗教崇拜,也并非与人性及人格之解放完全无关。道德趋善的表层心理机制是意志及意志力的约束,而其历史与人文起点,在于人与自然之本然的矛盾。人与自然的关系,是亲和兼疏远的关系。亲和可分原始亲和与非原始亲和两种。原始亲和指人类没有实际能力将人与自然彻底分开,是一种未曾历史地生成的原始混沌状态。因为人类那时尚未来得及通过强有力的社会实践方式,将自己提升到自然之上或与自然对立之地位,这种所谓亲和的人文水平,是非常低下的。就原始亲和而言,还根本谈不上是真正成熟的、标志着人性与人格之解放的审美。并且,与原始亲和相对应,也未建构起标志着人性与人格之解放的道德。非原始亲和的历史、人文起点,是人类的高大身躯从蛮野的自然地平线上站立起来之后所引起的人与自然之关系的紧张与对立,从而进一步激发人的本质力量的历史性生成,以实践方式历史地克服这种紧张与对立,达到一种新的亲和关系。这是在精神意义上提升人性与人格的审美,也是标志着具有一定历史、人文水平的道德的建构。道德是人类群体因共同面对自然的压力与挑战而引起的。道德自然不等于审美,但两者具一定意义上的同构性。道德与审美在本原上,都是不同的具体历史水平的人的本质力量的对象化,同时也是人的本质力量的异化。人是一种奇怪的"文化动物",它体现为人的本质力量对象化与异化是同时进行、同时完成与同时解构的。人类每前进一步都遭到了自然的报复。人与自然的紧张与对立,总是因人的本质的对象化、人生的展开与人格的解放而伴随着人类前进的历史性脚步。克服了这种紧张与对立,达到了一种新的亲和,又因这亲和而衍生新的紧张与对立。因此,在这无休无止的对象化兼异化的历史进程中,包含着纠缠不清的诸多美学与道德问题。不仅审美与人的本质的对象化、也与异化相联系,而且道德亦然。就道德而言,表面上似乎是人际关系之紧张与对立所致及其关系的调整与缓解,实质上,任何道德的建构,都在根本上体现了人与自然之关系的紧张、疏远甚至对立。如果人类群体没有太多的自然难题需要面对,人类群体本不需要道德规范的约束。道德的善,是这种人与自然矛盾关系的暂时解除或缓和的一个确证。这同时是真与美的问题。道德、科学与审美比邻。从道德走向审美之所以可能,是因为在深层次上的人性、人格之解放,人的自我完善这一点上,健全的道德与审美具有同构性与比邻性。道德有可能成为健康之人生、人格面对自然与社会之挑战的保护性屏障,它往往是健康人性、人格历史性成长的一种本体性需要。道德的提升,可能消解了道德的意志与目的,审美的超越,是无目的的目的、无功利的功利,道德与审美,都以宗教为终极。或者说,两者都以宗教般的境界为最终栖息之地。所以,健康的道德与审美最后都可能追寻同一精神极致,这便是静穆、庄严、伟大甚或迷狂,两者都体现出人之精神品格的提升,让主体体验到精神性的崇高境界。崇高这一范畴,作为美学范畴同时也是一个道德伦理学范畴,崇高相通于道德与审美。而且,崇高又与宗教崇拜相联系。总之,崇高与幸福,都是道德作为本体使审美成为可能的体现。当人们将一定的道德律令神圣地加以践行、观照之时,这道德律令显然是神圣而崇高的,这是因为主体将道德作为本体来认同与瞻仰的缘故。而道德一旦与本体联姻,便必然地趋向于审美。

康德的美学思想具有深沉的道德内容，其最推崇的审美境界，是主体洋溢着幸福情调的崇高。无论是"数的崇高"还是"力的崇高"，都体现为人性的解放与人格的伟大，这便是其所谓的"道德的神学"或曰"道德底形上学"的理念，包含对道德本体亦即使道德趋于审美的深刻理解。康德《实践理性批判》指出：

> 有两种东西，我们越是经常和持久地思考它们，我们的心灵之中就会充满越来越新奇、越来越强烈的惊叹和敬畏：那就是我头上的星空和我心中的道德律令。

这里，智者康德所言，好像是对中华宋明理学美学的颖睿的领悟。宋明理学的美学精神无它，仅高远而深邃之"头上的星空"与"心中的道德律令"之双华映对而已。"头上的星空"，使道德问题上升到本体，具哲思品格；"心中的道德律令"，因"星空"之灿烂的映照而达于精神的超拔。于是在两者之间，建构其独特的美学。所不同的是，第一，康德"由意志之自由自律来接近'物自身'(Thing in itself)，并由美学判断来沟通道德界与自然界（存在界）"、"意志之自由自律是道德实践所以可能之先天根据（本体）"①，康德的哲学与伦理学建构在世界的"现象界"与"物自体"（注：即所谓"物自身"）二元对立又对应的逻辑预设的基础之上，试图通过审美判断来沟通与消解两者的对立，而这审美判断的文化、哲学之本涵，实际就是"意志之自由自律"，即令人"惊叹和敬畏"的道德的完善。第二，康德的伦理学是一种思辨的将道德作为本体来思考的精神哲学，它一般地缺乏实践即道德存养工夫的强调。因而在康德那里，道德完善的审美实现，最终只能交给"上帝"、"先天"与"自由"这些超自然的、先验的因素去完成，因而必然属于"信仰"。相比之下，宋明理学美学并不建构在现象与本体二元相分的逻辑之上，它的哲学基础，恰恰是体用一原、天人合一；同时，它十分强调道德审美之所以可能实现的条件与途径，唯赖于道德主体自觉的存养工夫，道德的审美实现在终极意义上是具有不离世间的神性的，但其"工夫入路"却是人这一主体自作主宰而挥斥神性的，它是属人的心性（性理）的改造与觉悟。宋明理学美学的高远的"星空"（苍穹）与"道德律令"，是属人而非属神的体与用、形上与形下的一种现实的审美关系。

---

① 牟宗三：《心体与性体》上册，第8页。

## 第三节　道德本体与存养工夫

宋明理学所崇尚的"天理"（理）这"头上的星空"与"心中的道德律令"，具有高远、深邃、葱郁而美丽的美的境界，其道德本体与存养工夫的理论，在张载的气本体论、程朱的性本体论与陆王的心本体论及其各自的道德实践论（认识论）中，有程度不同的体现。

### 一、张载：气论

张载《正蒙·太和》倡言"太虚无形，气之本体"说，谓"气之聚散于太虚，犹冰凝释于水，知太虚即气，则无无"。"太虚"即"气"，充塞于宇宙，"太虚"是一种本体意义的"有"。"气"贯融于万事万物，为宇宙生命之原。"由太虚，有天之名；由气化，有道之名；合虚与气，有性之名；合性与知觉，有心之名"。张载的气论，源自《易传》"精气为物，游魂为变"说，实际是从生命原始即气这一角度，将自然宇宙与社会人生看做一个整一的生命体。天人合一者，统一于"生"（气），"太和"是"太虚"的本然状态，而生命之气的"太和"本然，自然是无比美丽的。"太虚者，天之实也。万物取足于太虚。人亦出于太虚，太虚者，心之实也。"①所谓"心之实"，本然的道德之心。张载的气本体论，通贯于人的道德领域，实际是将人之完善道德、性理，看做生命原始、生气灌注之本然的延伸。张载的哲学及其美学以"太虚"（气）为基本范畴，其间包含以道德、性理与诚明为善美的伦理思想。张载指出：

> 天命合一存乎理，仁智合一存乎圣，动静合一存乎神，阴阳合一存乎道，性与天道合一存乎诚。②

因而从道德修养角度看，"自明诚，由穷理而尽性也；自诚明，由尽性而穷理也"③。无论"穷理而尽性"还是"尽性而穷理"，张载斯言斯思，均是孟子关于"尽心、知性、知天"说的文脉接续。张载自以"太虚"（气）为其主要哲学、美学范畴，然而并没有否定作为伦理权威与终极之善美的"天"、"天理"与"天命"的思想，这便是所谓"天所以长久不已之道，乃所谓道"④、"穷

---

① 《张子语录》。
② 张载：《正蒙·诚明》。
③ 同上。
④ 同上。

理尽性,则性天德,命天理,气之不可变者,独死生修夭而已"①。"天理"昭昭在上,气亦"不可变者",不以人之"死生修夭"而减损其善美,这是在证明"天理"的永恒之美。

张载的心性说,有所谓"天地之性"与"气质之性"说。"天地之性",人的自然本性。是至善的"天性在人,正犹水性之在冰,凝释虽异,为物一也"。这里的"物",指"太虚"这一生命之元气。元气决定了人性之至善,"性于人无不善"②,这是先秦孟子"人性本善"说的宋代版。张载对人性本善亦本美这一点,也是充满信心的。张载又说:"形而后有气质之性,善反之,则天地之性存焉。"③"气质之性"乃"形而后"者,沾溉了物性与物欲之涩薄的缘故。人贪得无厌,嗜欲美色美味与系累于私等等,就会遮蔽、丧失人的仁义礼智信的天性。但是,张载对"天地之性"的回归从不怀疑,以为"善反之,则天地之性存焉"。善的回返,须靠存养工夫。这里,张载又采撷先秦荀子"人性本恶"的某些思想因素,但其从来不言"人性本恶"。张载理学美学的基本立场,依然是"性善"说,只是比孟子多了"天理"、"天德"的哲学建构,将孟(荀)的传统儒家之心性论的美学,提升到"天理"等思想与思维的高度与层次,张载理学之高贵的头颅,开始仰望"星空"这静穆而灿烂的"苍穹"。

## 二、程朱:性理之说

二程与朱熹主性本体说。"性即理"这一著名命题,由程颐明确提出:"性即理也。所谓理,性是也。"④程颐又说:"理也,性也,命也,三者未尝有异。"⑤这深为朱熹所赞同,并加以发挥云:

> 问"性即理"如何?曰:"物物皆有其性,便皆有其理。水之润下,火之炎上,金之从革,木之曲直,土之稼穑,一一都有性,都有理。"⑥

"性即理"之"理",又称"天理",是程颢所提出的。其云,"吾学虽有所受,'天理'二字却是自家体贴出来"。⑦"天理"者,"不为尧存,不为桀亡。

---

① 张载:《正蒙·诚明》。
② 同上。
③ 同上。
④ 《程氏遗书》卷二二上。
⑤ 《程氏遗书》卷二二下。
⑥ 《朱子语类》卷九七。
⑦ 《外书》卷一二。

人得之者,故大行不加,穷居不损……更怎生说得存亡加减? 是它元无少欠,百理具备"①。"天理"自存,不以人事存亡而改变,"天理"是一无关乎社会人事的权威,由此可以体会"天理"的尊严与峻肃。"天理""元无少欠,百理具备"。"天理"本自圆满,是一种元美与元善的本体。"天理"者,本然之理。"其所以名之曰天,盖自然之理也。"②凡"理"皆为"自然";不"自然"者,非"理"也。从这"天理"的客观自存、独立于世界与圆满具足,让人领会二程所肯定的道德伦理的庄严与圆美。关于"天理"至善至美的问题,二程的见解颇有些分歧。程颢曾持"天理中物,须有美恶"说,以为"事有善有恶,皆天理也"③。这是在接受孟子"性善"说的同时,又接受荀况"性恶"之故。但有一个矛盾不能解开:既然"天理""有善有恶",所谓"存天理、遏人欲"的理学总纲就站不住。因此理学中人除了程颢,其他就不敢声言"理有善恶"了。"理有善恶"说,包含着一种危险的、从内部解构宋明理学体系的逻辑力量。

"天理"论的提出,意在为宋明理学的道德论建构提供一个逻辑意义的哲学依据,企图把心性改造与重塑的这一伦理难题,拿到哲学领域来求得解决,所谓"人伦者,天理也"。④ 宋明理学的"天理"观,源自先秦的"天命"说。对"天"的文化态度,实际是中华文化及其审美的基本态度。先秦孔子的"畏天命"与"知天命"说,早已规定了这一点。所谓"畏天"与"知天"的统一与对立,兼具崇拜、道德与审美的意识、意志与情感的人格基调。老子"道法自然"的哲学及其审美意识,固然不"畏天命",体现出"道"(天)的自然义,却将"天命"的思想作为其不可挥去的文化背景。老子倡言事物之本体为"道",不承认"天"的权威。孟子少言"天命"而力倡仁义,大谈浩然之气的圣人人格,这是从道德进入而对审美人格的认同。孟子偏重于道德升华的审美义,也兼有肯定圣人、大人人格之神化的崇拜义。

从美学上说,孔孟崇拜与审美互摄互融的文化、哲学思想,因漫长历史的陶冶而在宋代锻造了"天理"这一理学美学范畴。"天理"是崇拜与审美的互为涵泳,"头上的星空"与"心中的道德律令"的双兼、映对。"天理"是理、象一如,体、用不二。"至微者,理;至著者,象。体、用一源,显、微无

---

① 《程氏遗书》卷二上。
② 《粹言》卷三。
③ 《程氏遗书》卷二上。
④ 《程氏遗书》卷七。

间。"①这里,"理"之"象",是"理"的感性显现;"象"之"理",是"象"的理性积淀。"体"之"用",是"体"的伦理功能;"用"之"体",是"用"的伦理之本体依据。"显"之"微",是"显"的内在根因,"微"之"显",又是内在根因的外放光辉。理象、体用与显微,便是一个既崇拜又审美,既至善又至美,既是实用理性(道德理性),又在这"理性"之中默然积淀着某些感性因素的"天理"。

性本体伦理学美学所遇到的第一个逻辑难题,是在"性即理"的逻辑体系中,如何安排"理"与"气"的关系。张载以"气"为本体,又涉及于"理","气"、"理"之关系未曾理顺,只是一般的描述;二程讲"性即理",认为离阴阳则无所谓"理"。阴阳,气也,形而下也。道,太虚也,形而上之谓。"太虚"这一范畴,来自张载关学。阴阳为气的思想,最早始于先秦伯阳父论地震之成因。《易传》的"精气"说,隐然有"阴阳,气也"的思想。但二程并没有在理论上解决"理"与"气"的关系问题。

这个问题,由朱熹解决了。

朱熹认为,天地之间,有"理"有"气"。这听起来好像是在主张"理气"二元论。如果是这样,那么必然会得出,美有两种本体根因,或"理",或"气"。朱子又认为,"理"乃形而上之道,生物之本。气乃形而下之器,生物之具。"问'理与气'。曰:'有是理,便有是气。但理是本,而今且从理上说气。'"②理本而气末。朱熹还说:"理,形而上者;气,形而下者,自形而上下言,岂有先后③。然而朱熹又说:"无是气,则是理亦无挂搭处。""若气不结聚时,理亦无所附著。"④"无那气质,则此理无安顿处。"⑤这是气为理之"寓庐"的见解。

朱熹的理气之论,1. 理为本体;2. 理作为本体,非孤寂地存在,理为本,气为末。理与气是形上与形下之关系;3. 理、气不分先后只是体、用关系。而体即用,用即体,体用一如。

从美学上说,理是存在本身,气是存在方式,岂有离弃了存在方式的存在、抑或不是存在的存在方式?理如果是美,那么,理的美是道德律令升华为哲学本体的美,是哲学本体本在于道德律令的美。理是本然,气乃当然。

---

① 《粹言》卷一。
② 《朱子语类》卷第一。
③ 同上。
④ 同上。
⑤ 《朱子语类》卷第七四。

理、气之美,在本然与当然之际。朱熹说:"太极,理也。"①太极的展开即阴阳,理收摄阴阳二气。阴阳二气,是理的存在方式。理乃气之微(几),气乃理之显。太极既然是"理",而太极是一个圆,是世界之终极,故朱子之"理",也是一个圆美的终极。在理学中,太极这一范畴,北宋初年周敦颐《太极图说》云:"自无极而为太极。太极动而生阳,动极而静;静而生阴,静极复动。一动一静,互为其根。分阴分阳,两仪立焉。"又说:"阴阳,一太极也。太极,本无极也。"②"无极"一词,首见于《庄子》"逍遥游"篇。周子采"无极"思想入篇,是以道家哲学观修正《易传》的太极说。正如本书前述,通行本《老子》的"道"可以用数字"零"来表示,《易传》的太极为"一"。所以《老子》的"道"作为本体,不同于同样作为本体的《易传》的"太极"。前者是零,后者是一。濂溪先生想来一定是看到了这一点,站在儒家理学的立场,却不能认同《易传》以太极为本体的思想,故采撷道家关于"道"为"零"的本体思想,称"太极,本无极也"。这不是说,太极本来就是"无极",太极等于"无极",而是说,太极本于"无极"。这"无极",即《老子》所言"道",亦即《庄子》所言"无极"。一个理学开山,却采道家之论来述说理学的本体论,是理学兼综儒、道的一个显例。理学美学,确有综合儒、道的大美气象。

周敦颐之后,朱熹的"太极即理"的美学观有其自己的创造:

> 问:《性理命章》注云:自其本而之末,则一理之实,而万物分之以为体,故万物各有一太极……而万物各有禀受,又自各全具一太极尔。如月在天,只一而已,及散在江湖,则随处而见,不可谓月已分也③。

这是一段很重要的关于太极的论述。

世界是统一而完整的,它的圆满,便是"自其本而之末,则一理之实"。"一理之实",即指儒家作为"一"的太极,而不是道家作为"零"的道。故太极的完美与和美,是元在的"实"之美而不是元"虚"(零)之美,此其一;其二,万物的本体是太极(理),而"万物各有一太极"。个别事物的太极本体,是万物总一太极的呈现,即不是别有"太极",也并非总一太极的派生与分享。正如天上只有"一月",太极"如月在天"(注意,又是"头上的星空"),此乃"理一"之谓。而"一月"之华照"散在江湖",则"随处而见(现)",这是

---

① 《朱子语类》卷九四。
② 注:《周子全书》卷一。"自无极而为太极"句,《道藏》、《性理大全》与《宋元学案》,均为"无极而太极"。
③ 《朱子语类》卷九四。

"分殊"。"月印万川","理一分殊",道德的光辉朗照于天地之际,这是理学家所体悟与描述的完善之道德的美。在此,道德不是律令,完善的道德是人性与人格之健全而自由的实现。道德的完善,体现了人性本在的需要,是健康之人格的有机构成。其三,既然太极(理)是世界之元美的总根因,而"万物各有一太极",人人各一太极,那么,这是在肯定人类群体、整体之合"理"性的同时,也肯定了个体的合"理"性。在儒家传统理念中,群体、整体是至高无上的,个体的地位与价值,在楚简与战国楚竹书的"息"(仁)字结构中可以见出。帝王与父亲这样的个体尤得尊重,成为权威。孔子"匹夫不可夺志也"之说,已开始肯定"匹夫"(个体)的人格志向。朱熹的"太极即理"与"万物各有一太极"说,是以精致化的哲学语言,为个体的道德人格立言,其中体现了对个人人格的尊重与主体意识的认同,具有某种人格解放的审美意义。

### 三、陆王:心学

陆九渊、王阳明的理学,主心本体论。陆九渊的理学被称为心学。王阳明曾说:"圣人之学,心学也。"而"陆氏之学,孟氏之学也"[1]。陆学承接孟氏之学尤多。孟子有"善端"说。其"善端",实际指"善心",是其"性本善"论的逻辑预设。孟子将本该是哲学的心性说,变成道德的人格论。孟子的美学就建构在如此的人性与人格之际,两者以"心"这一范畴来通贯。陆九渊便从这"心"处接续孟氏之学往下说,提出"心即理"的哲学、理学及美学命题:

> 四端者,即此心也。天之所以与我者,即此心也。人皆有是心,心皆具是理,心即理也。[2]

陆九渊的理论贡献,是将孟子的"心"论引入于"理"这一本体。"理"这一范畴,在张载那里,是生命之"气"的一种律动的方式,"气"是本在的生命不息的,它"升降飞扬,未尝止息",宇宙是一生命体,故宇宙之美,即本在生命之美。而"物无孤立之理"[3],"理"乃"气"之"理"。可见该"理"是从属于"气"的。张载也谈到"心",不以为其具本体意义,只将"心"看做认识、存养工夫的一个环节与功能。在张载看来,认识与存养是主、客生命之

---

[1] 《王文成公全书》卷七《象山文集序》。
[2] 《象山全集·与李宰书》。
[3] 《正蒙·太和》。

"气"的"合内外,平物我","自见道之大端"①,便是"有无一,内外合,庸圣同"。于是,"此人心之所自来也"②。无论"理"抑或"心",在其"气"论中都不是主要的,在程朱那里,"理"指独立存在于人"心"的宇宙本原、本体以及宇宙万物本在的存在秩序与美。"理"本与"心"无涉。仅在存养工夫即认识论、实践论的意义上,"理"与"心"才有"对话"的机会,即所谓"明理"者,"尽心"而"知天"之谓。陆九渊称:"盖心,一心也;理,一理也。至当归一,精义无二,此心此理,实不容有二。"③消解了原本程朱所言"理"的超主体性,将"理"看做人"心"之本在律动的方式与秩序。一方面,从孟子"万物皆备于我"发展为"万物"皆是"我心",称为"万物森然于方寸之间"④,"方寸"即"心"之形容。"森然"者,实际指"我心"之恢宏、深邃与有条有理的美的样子。这美,当然是由道德所升华的人格之美,是道德的光华映照于"星空"的美,有类于孟子的"充实之谓美"。然则,孟子这里所言美,居于"心"之"充实"。陆氏不同。另一方面,是"我心"拥抱万物的美。陆九渊说,"心之体甚大,若能尽我之心,便与天同"⑤。这里的"天",即"理"(天理)。这便是:

宇宙便是吾心,吾心即是宇宙。⑥

"心即理"这一理学命题,在王阳明那里得到了继承与发展。阳明年轻时笃信程朱之学,因"格竹子"失败而疑朱子"格物穷理"之说。"龙场悟道"、默然澄心,其学经"三变"而自创新格。黄宗羲云:

先生之学,始泛滥于词章,继而遍读考亭(注:朱熹)之书,循序格物,顾物理吾心,终判为二,无所得入,于是出入于佛老者久之。及至居夷处困,动心忍性,因念圣人处此,更有何道,忽悟格物致知之旨,圣人之道,吾性自足,不假外求。其学凡三变而始得其门。⑦

先是"泛滥于词章",继而笃执朱子"格物"之说,后又耽玩于佛老,终入儒门理学,此为前"三变"。此后又经历后"三变",黄宗羲又说:

---

① 《张载集·经学理窟·义理》。
② 《正蒙·乾称》。
③ 《象山全集·与曾宅之》。
④ 《象山全集·语录上》。
⑤ 《象山全集·语录下》。
⑥ 《象山全集·语录下》。另见《象山全集·杂说》。
⑦ 黄宗羲:《明儒学案》卷十《姚江学案》。

自此之后,尽去枝叶,一意本原,以默坐澄心为学。有未发之中,始能有发而中节之和,视听言动,大率以收敛为主,发散是不得已。江右以后,专提"致良知"三字,默不假坐,心不待澄,不习不虑,出之自有天则。盖良知即是未发之中,此知之前,更无未发,良知即是中节之和,此知之后,更无已发……知之真切笃实处即是行,行之明觉精察处即是知,无有二也。居越以后,所操益熟,所得益化,时时知是知非,时时无是无非,开口即是本心,更无假借凑泊,如赤日当空,而万象毕照。是学成之后,又有此三变也。①。

居龙场驿彻悟"格物"妙旨,提出"知行合一"见解;在南昌倡言"致良知"之教;去绍兴授徒讲学;这是后"三变"。

阳明之学,以"良知"为中心范畴。"良知"一词,源于《孟子》②,与"良能"并提。"良知"即"本心"。"本心"者,为"本体"之"心"。王阳明说:"心之本体即是性。"③"心不是一块血肉。"④可见王阳明所言之"心",不是生理而是人文意义上的,指主观意识、直觉与了悟力。而王阳明所言"理",是隶属于"心"的一个范畴。"理"并非本在、本然,而是作为本体"心"的有条理而虚寂的"理性"品格。王阳明说:"理也者,心之条理也。"⑤"心"何以有"条理"?因为"心"虽为本体,总有个安顿处,这安顿处,即"物"。有其门徒提问:

　　程子云:"在物为理",如何谓"心即理"?先生曰:"在物为理,'在'字上当添一'心'字。'此心在物为理'。如此'心'在事父则为孝,在事君则为忠之类。"⑥

"在物为理",这是程朱的理学观,王阳明以为谬矣。他说只要在"在物为理"前加一"心"字,成"心在物为理",便是"心即理"的意思。那么"物"是什么?它是形下的礼、道德。

　　夫礼也者,天理也。天命之性,具于吾心,其浑然全体之中,而条理

---

① 黄宗羲:《明儒学案》卷十《姚江学案》。
② 《孟子》云:"所不虑而知者,其良知也;所不能而能者,其良能也。"
③ 《传习录上》,《王文成公全书》卷一。
④ 《传习录下》,《王文成公全书》卷三。
⑤ 同上。
⑥ 《书诸阳伯卷(甲申)》,《王文成公全书》卷八。

节目,森然毕具。是故谓之天理。天理之条理谓之礼。①

礼本为形下之"物",一旦发自"本心",不仅为生存之需,而且根本上是生命之"全体",那么,便达到"心纯是一个天理"的至善因而也是至美的境界。"心即理"体现了一种虚寂、空灵的境界。"心外无物","理在心中"。心中之理是虚寂而空灵的。这便是"心"的"理性"品格,一片澄明之心境:

> 先生游南镇,一友指岩中花树问曰:"天下无心外之物,如此花树,在深山中自开自落,于我心亦何相关?"先生曰:"你未看此花时,此花与汝心同归于寂;你来看此花时,则此花颜色一时明白起来,便知此花不在你的心外。"②

这是一个著名的美学话题。自开自落的花树究竟在心内、心外?对于这一追问,王阳明的回答倒是很"美学"的。美学教科书上总是这样说,审美关乎主体、客体,主观、客观。当审美发生之前,主观如何如何,客观又如何如何。其实这种关于审美的叙述方式本身,是很有些问题的。

贺麟曾经指出:"我们不能'设想'某个事物离开我们的意识而存在,因为'设想'一个事物,那事物就已经进入我们观念之中了。我们不能说出一个不是观念的事物,因为说的时候,对于那个事物就已经形成观念。"③姜广辉在引用这一段话后接着说:"我们的思维、意识也不能没有事物的内容,没有事物的内容,心之灵明便无着落。"④"某个事物离开我们的意识而存在",这是一个哲学意义的"设想"(预设),而这"设想"本身已经证明,那个事物终于没有、也断然不能"离开我们的意识而存在"(注意:不是"依我们的意识而存在")。事物总是"观念的事物",正如观念总是"事物的观念"。事物与意识、事物与观念这两者,都不能离弃对方而"独立存在"或称之为"不以人的意志为转移"的"存在"。"独立存在",其实便是不"存在"。就审美而言,"设想"有"花树在深山中自开自落",好像那花树,是离开我们的意识、观念而"独立存在"的,其实不然,因为恰恰是这"设想"本身,已经证明那花树是与意识、观念相关的花树。当一个审美过程未展开时,那花树固然是与意识、观念相关的花树,但不能称之为审美对象;那主体固然是有血

---

① 《博约说(乙酉)》,《王文成公全书》卷七。
② 《传习录下》,《王文成公全书》卷三。
③ 贺麟:《现代西方哲学讲演集》,上海人民出版社,1987年,第76页。
④ 姜广辉:《理学与中国文化》,上海人民出版社,1994年,第249页。

有肉有"心"的主体,但其尚不是审美主体。对象与主体总是同时建构、同时隐显、同时发育、同时凋亡的。在审美过程发生之前,其实无所谓审美对象与审美主体,称之为准审美对象与准审美主体亦可。这便是王阳明所言"你未看此花时,此花与汝心同归于寂"。一旦建构起审美关系,则意味着审美过程的展开与实现,此时所谓审美对象与审美主体同时相应地发育成熟,这也便是王阳明所言"你来看此花时,则此花颜色一时明白起来"。这里,值得玩味的是"同归于寂"与"一时明白起来"。所谓世界,总是对人而言的,世界便是意义。世界总是人文的世界,意义的世界。审美是一种具有精神哲学品格的意义的世界,它时空地向人生成,同时,亦是具有这一品格的主体,历史地向意义的世界生成。审美一旦实现,便是审美对象与主体的相互浑融、同时实现、同时凋亡。因此,如果说审美发生之前那种有待于发育成熟的意义世界与审美主体处于"同归于寂"这一"黑暗"状态的话,那么,审美的发生与实现,便是意义世界("此花颜色")与审美主体的"心""一时明白起来"。"明白",是美与美感由世界之"黑暗"的"沉寂",向审美主体之"心"的"律动"与"照亮",同时也是审美对象与主体之"心"的精神性隐遁。

当然,王阳明在此并非专言审美,然而王阳明对"灵明"的推崇,具有不容忽视的美学意义。

"灵明"是审美主体的一种澄明、虚灵的心境与素质,是不无错失地包裹于"世界惟心"见解之中的对审美自由的肯定。王阳明说:

> 我的灵明,便是天地鬼神的主宰。天没有我的灵明,谁去仰他高?地没有我的灵明,谁去俯他深?鬼神没有我的灵明,谁去辩他吉凶灾祥?天地鬼神万物离却我的灵明,便没有天地鬼神万物了。①

"灵明"不是什么别的,它是天生的一颗灵气四射的"明白"心,又是"心"之"致良知"的一种精神自由状态。"灵明"便是"致良知","致良知",便是回归于"本心",便是世界及其美与神秘的"主宰"。无疑,在这"主宰"说里,包含着王阳明对精神自由之审美的悟解,有佛禅"明心见性"的思想因子。

王阳明虽持"世界惟心"的哲学见解,"今看死的人,他这些精灵(注:心)游散了,他的天地万物尚在何处"?"他的天地万物"固然不"在"了,而

---

① 《传习录下》,《王文成公全书》卷三。

活着之人的"天地万物"依然存在。"我的灵明"固然是"我的天地万物"的"主宰",却不是他人"天地万物"的"主宰"。显然,"我的灵明"是自作"主宰"。这里,王阳明强调了我"心"的主体兼本体意义。但是,这种意义是在主体对应于对象的关系中呈现的:"我的灵明离却天地鬼神万物,亦没有我的灵明,如此,便是一气流通的。如何与他间隔得。"①"我的灵明"作为心体,倘无对应于"天地鬼神万物",便无所谓"我的灵明"。两者"一气流通",便是审美本色,便相通于现象学所谓"存在"(世界),所谓"意义"。

这里尤须强调,王阳明"心即理"的美学观,包含了所谓"四句教"的重要内容,"四句教"是道德本体与存养工夫的辩证统一。王阳明指出:

> 无善无恶是心之体,有善有恶是意之动,知善知恶是良知,为善去恶是格物。②

第一句,"无善无恶是心之体"。"心"作为美之本体,"无善无恶"。从"心"之自然本质看,无疑具有一定的真理性。自然人性包括自然天成之心,确无所谓善恶美丑。但这里所谓"心",是人文道德意义上的。道德之心,"无善无恶",这是将道德看做具有先天根因的。正如王学门人钱德洪所言:"心体是天命之性,原是无善无恶的。"③说心体的道德根因"无善无恶",这超越了孟、荀的性善、性恶说。心体的"无善无恶"说,似与王阳明自己的另一说法"至善者,心之本体也"④相矛盾。这一说法,仅是从心体之纯粹的"性"方面来立论的。"性"与"情"在"四句教"里,逻辑上是有所对立的。"性","理"的静止状态;"情","气"的运行状态。"无善无恶理之静,有善有恶气之动。"⑤"理之静"即"天理"之"静"。"天理"即前文所引钱德洪所说的"天命之性"。先天之"性",本能地排斥"情"(欲),故"无善无恶",这符合"存天理,遏人欲"的理学道德亦是审美总则。王阳明说:"不动之气,即无善无恶,是谓至善。"⑥这不是说"无善无恶"等于"至善",而是指因为"性"原本"无善无恶",故有待于发展为"至善"。

第二句,"有善有恶是意之动",显然是将"意之动"排斥在"天命之性"

---

① 《传习录下》,《王文成公全书》卷三。
② 同前。注:黄宗羲《明儒学案》卷一〇,曾疑此"四句"为王门弟子所言。
③ 《传习录上》,《王文成公全书》卷一。
④ 同上。
⑤ 《传习录下》,《王文成公全书》卷三。
⑥ 同上。

（心体之静止的"理"）之外所得出的一个逻辑结论。"性"是一块"白板"，而"意"（情、欲）则不然，它是受"气"之驱使的"心"（"意之动"），便成"善恶"。

> 心之发动，不能无不善。故须就此处著力，便是在诚意。如一念发在好善上，便实实落落去好善；一念发在恶恶上，便实实落落去恶恶。①

在王阳明看来，性为心之体，而情（欲）则为心之用。前者为本而后者为末，前者是根因而后者是"流弊"。

> 性之本体原是无善无恶的，发用上也原是可以为善，可以为不善的。其流弊也原是一定善一定恶的。②

王阳明的心学以"成圣"为目的。"成圣"的标的是"至善"。"至善"的逻辑原点是心之体的"无善无恶"。"无善无恶"的现实展开是所谓"意之动"，有可能使先天意义上的"心之体"，实现为现实意义的"有善有恶"。因此，"无善无恶"即是"成圣"、也是不能"成圣"的内在依据。"成圣"是将先天的"心"之"理"性，实现为后天摒除了"意"（气）因素的"至善"，其间包含对"有恶"的否定。从"无善无恶"到"有善有恶"，是从先天"心"之"未发"，到后天"心"之"已发"，便是主体自心之"无念"到"一念"的过程。既是先天"无善无恶"之"性"（理）体完美的现实实现，又是"性"（理）体不完美的现实实现。如果说"心之体"因"无善无恶"寄托了王阳明至高无上的道德理想及由道德升华的审美理想，那么，所谓"有善有恶是意之动"，即"应物起念"。实际是"至善"的"心之体"因受"物"之沾染（起念）而不得不有所衰落，这便是所谓"流弊"。当然，这里"流弊"一词，仅作为中性判词用。王阳明显然糅合了禅学关于"自性本是清静"与"一念之差"的思想，有《大乘起信论》所谓"一心开二门"的思想印痕在。"人心本体原是明莹无滞的，原是个未发之中。"③"心应物起念处，皆谓之意。"④此之谓也，说明"四句教"的第二句，不仅将"意之动"（亦即"气之动"）说成是"有恶"的现实条件，肯定"意"中的"情"（欲）之因素，而且在与第一句的关系中，包含着一个矛盾，即既然承认"心之体""无善无恶"，那么，又怎么会现实地实现为道德的

---

① 《传习录下》，《王文成公全书》卷三。
② 同上。
③ 同上。
④ 《答魏师说》，《王文成公全书》卷六。

"有恶"呢？王阳明将"至善"（完美）的道德的现实实现，归之于心体"无善无恶"，又承认从"无恶"变为"有恶"是"应物起念"之故，这又等于承认其"无善无恶"的"心之体"，作为根因，却不能抵御现实之"物"的"污染"。

第三句，"知善知恶是良知"这一判断中，"良知"首先指本体。"心者，身之主也。而心之虚灵明觉，即所谓本然之良知也"①。其次指本原。"良知是造化的精灵。凡此精灵，生天生地，成鬼成帝，皆从此出，真是与物无对。"又次，指人内在"成圣"之至善至美的"是非之心"。"良知只是个是非之心，是非只是个好恶。"②这里，"是非"是道德意义上的价值判断，不是科学意义上的真假判断。综合这关于"良知"的三重含意，说明这第三句的提问方式，已由道德的本体、本原论转向了主体说。"良知"是主体的一颗天生的"知善知恶"的"心"，也是一种本觉的道德规矩。这规矩并非外力的强迫，而是人作为"道德的动物"，自发于"本心"而自知方圆。"则凡所谓善恶之机、真妄之辨者，舍吾心之良知，亦将何所致其体察乎"？③"良知"自然天成，既不能人为地制造也不能人为地挥斥，但"良知"可被"意之动"所遮蔽。因此，"致良知"便是向"无善无恶"这一"澄明"之境的"心之体"的回归。作为其第一步，便是"知善知恶"，而且是自觉的。"知善知恶"，其实便是儒家"践仁知天"中的"知天"。

第四句，"为善去恶是格物"，人皆具"良知"，等于承认人皆能"知天"。"良知"既关乎道德本体，又关乎存养工夫。因此，从第三句"知善知恶是良知"必然引出第四句"为善去恶是格物"。"格物"，就是为了"知天"而"践仁"。因为"知天"而必"践仁"，是自觉地体悟本体而必然走向道德存养工夫，亦即"为圣之功"，走向道德完美之境。道德完美为心体之本然，只因为"物"所沾染与遮蔽，故"格物"即"致良知"，是去"物"之蔽、涤"物"之"染"，这也便是"为善去恶"。"利根之人一悟本体，即是工夫，人己内外，一齐俱透了。"④通过"格物"即存养的实践工夫去"蔽"，而使本体之善美重见光辉、通体澄明，这是对"格物"的强调。

"四句教"是王阳明关于道德（善恶）问题之精致的哲学思考，体现出深刻的美学理解。"无善无恶是心之体"，本体之心既然无善恶，那么，这无系

---

① 《传习录中》，《王文成公全书》卷二。
② 《传习录下》，《王文成公全书》卷三。
③ 《答顾东桥书》，《王文成公全书》卷二。
④ 《传习录下》，《王文成公全书》卷三。

累、无缺失的"心之体",就不仅是后天道德培养与建构之完善的心性原型,而且是人性与人格之审美的精神故乡。后天道德与审美的实现,无一不是向这一心性原型与精神故乡的回归。"有善有恶是意之动",指意念因"物"而起,既引起道德善恶之纠缠,又不免因道德之善恶影响到人性与人格层次的美丑之分别。这里,美丑是善恶的衍化与精神之升华。既然善恶是"意动"之故,那么美丑之分别,则意味着心体原型因"物"起"意"而向世俗"物"境的"实实落落"。善恶及其美丑,既是心体作为人之本质力量的对象化,又是其无可逃遁的异化。"心"是一个"理","理"即"心之体"。"理"之落实是"意之动"。可见,阳明心学的美学,是扬"理"(天理)而抑"意"中之"欲"的。正如前述,这"意"实际指"情"(欲),可见其美学的本体品格与素质,在于崇"理"而贬"情"(欲),依然宗于"存天理,遏人欲"的理学主题。既然"意之动"才有善恶、美丑的分别,那么,本体之心则无疑是一至"静"之体。心体之至"静",既是道德完善(至善)也是审美发生(无美丑之分别)的原型。"知善知恶是良知",心体不可避免地落实为"意",又自守其本体境界,不仅知善知恶,也因知善恶而对审美人格极度敏感。知是心的本觉,觉慧即"良知",道德之知(本觉)通于人格审美。"为善去恶是格物",此"格物"作为存养工夫,是阳明心学之美学的重要一环。"格物"是去"物"累之"蔽","格物"不仅是道德意义上的"为善去恶",使道德向心之本体回归,也是人格审美的终极。从"无善无恶"到"为善去恶"是从本体到主体、从心到意再回归到心的一个逻辑历程。这个历程在逻辑上并非无懈可击:既然心体原本"无善无恶",且此"心"与"理"合一,且作为本体,应坚贞自守、金刚不坏、完美自足,却为何一遇"意之动"即一遇"物"之染,便收拾不住,随"意"而"动",尤其坠入于"有恶"的泥淖之中?可见本体之心,其实并非绝对完美。而且,将"意"排除在"心体"之外,这"心体"就只能是一个逻辑的预设,而不是具有真实历史内容的现实的"心体"。就此意义而言,王阳明的"心即理"说显然经不住现实的检验,其立论难以做到逻辑与历史的统一。这里,王阳明一方面在本体论上,采撷佛禅"自性清静"之见,另一方面在目的论上依然顽强地坚守儒家传统心性说的人文立场。

"四句教"的真正美学意义,在其标举"主宰"之说。王阳明说:"身之主宰便是心,心之所发便是意,意之本体便是知,知之所在便是物。"[①]"以其主

---

① 《传习录上》,《王文成公全书》卷一。

宰一身,故谓之心。"①这种"我心"自作"主宰"说,显然是先秦孟子"万物皆备于我"思想的发展。在美学上,它包含着理学的思想与思维突破张载气本体与程朱性本体论的时代要求。传统理学标举"道问学"与"尊德性"说,所坚持的,实际是知识救世与德性救世之见。阳明心学的美学意义,在于倡导"心"之解放与自由,具有批判前贤、蔑视儒家传统的一面。

## 第四节　良知:"为动去静是格物"

古代中华有"主静"说,并非宋明理学所首倡。

在宋明理学之前,古人论"静",以道家为最,《老子》所谓"致虚极,守静笃","归根曰静,静曰复命"之类是矣。儒家亦不忌言"静",如荀子所言"虚壹而静"等等。佛教称禅定为"静虑"。《圆觉经》云,"诸菩萨取极静,由静力故,永断烦恼"。"静力"即指发慧之禅定力。《圆觉经》说:"静慧发生,身心客尘,从此永灭。"不过,儒道释三家言"静",其指并不相同,此乃所据"良知"之有别故。"静"在于儒,指主体应对、处理社会人事的平和心态;在于道,指事物本原、本体状态,且从生命角度立论;在于佛,实际指"寂",一种灭、了尘缘、遁入空门的精神境界。

理学开山北宋周敦颐有"主静"说:"圣人定之以中正仁义(濂溪自注:'圣人之道,仁义中正而已矣')而主静(濂溪自注:'无欲故静'),立人极焉。故圣人与天地合其德、日月合其明、四时合其序、鬼神合其吉凶。"②此言"人极",指做人的最高准则。所谓"中正仁义","圣人之道","主静"而已。圣人"无欲",故内心静肃,与天地、日月、四时、鬼神合一,"无欲"则刚。周子又云:"圣可学乎?曰:可。曰:有要乎?曰:有。请闻焉。曰:一为要。一者,无欲也。无欲则静虚动直。静虚则明,明则通。动直则公,公则溥。明通公溥,庶矣乎!"③这里,周敦颐两段言述的意思,前者是先秦孔子"仁者静"与《易传》关于"大人"(即此处所言"圣人")"与天地合其德,与日月合其明,与四时合其序,与鬼神合其吉凶"思想的综合;后者指出,学习圣人之"要"在于"一","一"即"无欲"。圣人"无欲",表面看,是一种生活策略与生活智慧,实则是"静虚"的人性之光辉体现。正如前引,清代易学家陈梦

---

① 《传习录上》,《王文成公全书》卷一。
② 《太极图说》,《周子全书》卷二。
③ 《圣学第二十》,《周子全书》卷九。

雷曾说"乾(阳物)、坤(阴物)各有动、静。静体而动用",这是将乾坤、天地即男女的相交之静、动,看做体、用关系。这种具有哲学意味的解读,其实源于周敦颐据于易理的"静虚动直"说,亦即将"静"看做人性之本体,将"动"看做人性之功用,"静"体的人格体现,为"虚"(虚怀若谷),故"静虚则明,明则通";"动"用的人格体现,为"直"(刚直不阿),故"动直则公,公则溥",造就了圣人的伟大人格。所谓人格美,在周子看来,其哲学本体是人性本"静";在人格意义上,便是从世俗之"有欲"状态回归于"无欲"之境。那么"无欲"又是什么呢?周子云:"君子乾乾不息于诚,然必惩忿窒欲,迁善改过而后至。"①"无欲"即"惩忿窒欲,迁善改过","无欲"即"诚","诚"即"静虚"。

周敦颐的"主静"说,以原始儒家"仁者静"为主旨,糅合了道家"虚静"说与佛家"无欲"说,已有综合儒道释三家之义。"静"乃人之生命的原始。人一旦降临于人世,便打破这原始境界,进入人生纷繁扰攘的非"静"状态,这意味着作为"体"的"静"被作为"用"的"动"所遮蔽。去蔽,便是通过道德存养工夫,从"动用"向"静体"的还原。可见,周敦颐"主静"说的"静",从道德触涉哲学本体,指人性意义的美的原型,亦是人格意义的美的本体。

程颢《定性书》以《大学》所言"知止而后有定,定而后能静,静而后能安,安而后能虑,虑而后能得"为文本,采佛、老之思,申言"所谓定者,动亦定,静亦定,无将迎,无内外"。又说,"与其非外而是内,不若内外之两忘也。两忘,则澄然无事矣"。②"内外之两忘",既契庄周"心斋"、"坐忘",又颇符佛释"定学"主旨,但是又不同于佛、老。佛以弃世,老以出世。程颢的"静"论,要旨在对人"两忘,则澄然无事矣",而"圣人之喜,以物之当喜;圣人之怒,以物之当怒。是圣人之喜怒,不系于心而系于物也"③。程颢、程颐将"心"分为"人心"、"道心"两类,显然有《尚书》"人心惟危,道心惟微"之人文遗响。"人心"者,私心(私欲);"道心"者,与道(天理)合一之"心"。"心,道之所在;微,道之体也。心与道,浑然一也"④。而所谓"是圣人之喜怒,不系于心而系于物也"的"心"与"物",前者指私欲、人心;后者指天下、现实。所谓"系于物",非系累于物,而是以天下为己任,心系天下,指以

---

① 《乾损益动第三十一》,《周子全书》卷一〇。
② 《定性书》,《程氏文集》卷二。
③ 同上。
④ 《程氏遗书》卷二一。

"静"心(道心)应对于天下(物)。

程颐一生恭肃严谨,正襟危坐,道貌岸然,与程颢的宽厚、博大与平和有所区别。程颐有《颜子所好何学论》,推崇"孔颜乐处"的审美精神。程颐重提人"其本也真而静"这一老命题,接着便说,这"其本也真而静"的人性,不是道家所谓"虚静",亦非佛家所言"性空",而是"其未发也五性具焉,曰仁义礼智信",这是回到了孟子"性善"、"善端"的老路。又据"道心"、"人心"两分的思路,提出"觉者"(采撷佛家之言)、"愚者"的人格区别:"是故觉者约其情使合于中,正其心,养其性,故曰性其情。愚者则不知制之,纵其性而至于邪僻,梏其性而亡之,故曰情其性"①。

"性其情"是"觉者"的人格模式;"情其性"为"愚者"的人格模式。程颐并非"惟性无情"论者,而是承认情在人性、人格中的一点地位的,所持的是"性善情恶"说。性本"静",以"静"制"动",是"性其情";情本"动",以"动"损"静",是"情其性"。前者善美而后者恶丑,其两类人格判然有别。

朱熹的"性即理"说,自当关乎动、静之论与性、情之说。朱熹说:"性,体也;其用,情也。心则统性情,该动静而为之主宰也。"②又说:"熹谓感于物者,心也;其动者,情也。情根乎性而宰乎心,心之为宰,则其动也,无不中节矣,何人欲之有?"③虽然朱熹对周敦颐的"主静"说颇有微词,以为"濂溪言'主静','静'字只好作'敬'字解。"④但其论依然大致依循周子与二程之思路而来,所谓性"体"、情"用",所谓性"静"、情"动"是矣。但朱子在谈论这个问题时,尤为强调"心则统性情"的意义。从哲学、美学的角度看,性、情为体、用关系,亦即静、动关系,朱熹的美学观,是重性、主静的,他不认为人格意义上的情与动对审美(包括美的创造与欣赏)具有重要意义,典型地体现了宋代理学本色。人格美之所以是扬性而抑情的,盖因"心之为宰"之故。就"静"态的人格美而言,朱熹《楚辞集注》云:"静,谓心不妄动是也。""心不妄动",便能节情而守性。于是,"静"之问题,从本体论转向了认识论(实践论)。在理学家中,朱子辟佛颇力,他与陆九渊的论辩,包含着对陆之心学倚重佛禅的不满与批评。但朱熹自己的美学思想,也难以斥破某种佛学思想的濡染与浸润,比如朱熹所谓"心则统性情"说,显然继承与吸取了

---

① 《颜子所好何学论》,《程氏文集》卷八。
② 《孟子纲领》,《朱文公文集》卷七四。
③ 《答何俛》,《朱文公文集》卷六四。
④ 《朱子语类》卷九四。

自唐慧能法海本《坛经》以来所表达的关于"心王"的思想因素。朱熹所谓"心不妄动",有佛禅"心不起念"之意。叶适《习学记言·序目》曾说,程颢《定性书》"皆老、佛、庄、列常语",其"攻斥老、佛至深,然尽用其学而不自知"。此虽言之有过,到底揭示了程氏理学兼综释、老尤其佛学思想因素的事实。叶适对程颢的批评,也大致适用于朱熹。

相比之下,陆、王心学高举"心即理"的哲学旗帜,以"心外无物"、"心外无理"、"发明本心"为旨要,要求"收拾精神"、"自作主宰",在动、静问题上,也曾做出出入于儒、道、释的哲学与美学思考。同样以"理"(天理)为善、美之形上原型,程、朱偏于从"性"上说;陆、王偏于从"心"上说。先秦传统儒学以"心性"为一体,程、朱与陆、王则偏于各走一边,同时,又各自综合了老、佛的思想。但程朱理学与陆王心学两者之间并非决然的对立与排斥。① 程、朱大致走在周子所谓"立人极"而"主静"的思路上,"故圣人中正仁义,动静周流,而其动也,必主乎静"②。陆、王不明言"主静",但比如陆九渊的"心念不起"说,实际包容了"主静"的意思。"心念不起"者,"静"也。问题是,此"心"原本为"静",还是通过存养修持才得以为"静"。如果此"心"原本非"静",则存养修持便难以使"起念"之"心"回归于原"静"。既然可以做到"心念不起",则"本心"必定是"无念"之"本心"。"无念"者,类于"静"也。可见陆氏所言"心",是人格美的"静美"原型。杨简请教陆九渊"如何是本心"这一问题,几番提问,都仅是一个答案:"恻隐,仁之端也;羞恶,义之端也。辞让,礼之端也;是非,智之端也。此即是本心。"③"本心"即孟子所言"仁心"。"仁"之"端"是"动"是"静"? 陆氏与孟子都没有直接回答,但两者的学说,都从孔子之原始儒学这根子上来,也许,我们可以从孔子"仁者静"这经典格言中体会一二。

但是,陆、王既然不明言"主静",说明其动、静问题上的美学观已经较程、朱有了变化与不同。比如王阳明倡言"良知"善、美之论,那么,这"良知"作为"心之本体",究竟是"动"还是"静"呢? 王阳明说:"心者,身之主也。而心之虚灵明觉,即所谓本然之良知也。"④又云:"良知者,心之本体,

---

① 程颢云:"曾子易篑之意,心是理,理是心。"(《程氏遗书》卷一三)朱熹说:"理即是心,心即是理。"(《朱子语类》卷三七)王阳明则说:"心之体,性也,性即理也。"(《答顾东桥书》,《王文成公全书》卷二)。
② 《太极图说注》,《朱文公文集》卷五四。
③ 《陆九渊集》卷三六。
④ 《传习录中》,《王文成公全书》卷二。

即前所谓恒照者也。"①所谓"虚灵明觉",所谓"恒照",兼采道、佛之语。按老子"致虚极、守静笃"与佛家"觉"即"悟","照"即"明觉"之见,王阳明的"良知"说中,已有默认"良知"原本为"静"、"寂"之体的意思在。"静"则"虚","寂"则"空",因而"寂"是绝对之"静"却并非"死寂"。

然而从总体看"良知"说,如果说程、朱以"理"为原"静",主性"静"、情(欲)"动"之论的话,那么,王阳明显然偏于主张"良知"、"动静一源"之见,是其"体用一源"说的另一表述。

侃问:"先儒以心之静为体,心之动为用,如何?"先生曰:"心不可以动静为体用。动静,时也。即体而言,用在体;即用而言,体在用。是谓体用一源。若说'静'可以见其体,'动'可以见其用,却不妨。"②

动静不分体用,而是互为体用,"见"(现)体用,体用不二,等于承认"良知"作为"心之本体",原本"无动无静"。"无动无静"者,"时"也。这为因"时"而运化的"有动有静"在本体意义上的展开,提供了无限的可能。否则,王阳明为什么要说"动静,时也"? 这是一个深刻的见解,活用了《易传》所谓"与时偕行"、"与时消息"的思想。

"无动无静"是笔者对王阳明动、静美学观的一个概括。王阳明明白无误地指出,"心不可以动静为体用"。"心"(本心、良知)原本"无动无静"。故必然是原"动"原"静"的。"无动无静心之体",有类于阳明"四句教"的首句"无善无恶心之体"的逻辑思路与提问方式。这里,笔者愿意"活参"阳明"四句教"的思想与思路,来体会与描述其在动、静问题上的美学思想。这便是:"无动无静是心之体,有动有静是意之动,知动知静是良知,为动去静是格物。"以备读者诸君的思考、讨论与追问。这里,首句可指人性本体以"无动无静"即原"动"原"静"为善、美之基因。人性(本心)只有"无动无静"即无所谓动静,才是动静之善、美的本原。动静是善、美的时空存在与运动方式,其形上之本原、本体,自当"无动无静"。二句指心体落实为动静。"本心"混沌而原朴,遇"时"而"动",此谓"意之动"。"意"中已含动静,动静已从本体之"无"转递为"有"。王阳明说:"定者,心之本体。"此"定",非指"静",而是指动静及其善美尚未发动与分化,是一种"未发"状态,"而不可以动静分者也"。动静是"已发"状态。故王阳明说:"动静所遇

---

① 《答陆原静书》,《王文成公全书》卷二。
② 《传习录上》,《王文成公全书》卷一。

之,时也。"①"时"之"遇",即"意之动"。应当指出,动静未必总与善美相联系,也可以是恶丑的,"意之动",同时包括动静及其恶丑的现实实现。三句指"良知"对动静、善美与恶丑的心灵本觉。"知动知静",是一种高明的生存智慧与审美智慧。知动静、知进退、知是非、知生死,"知几其神乎"②,即见微知著,知善恶美丑,这便是主体论、认识论意义上的"良知"。"盖良知只是一个天理自然的明觉发见处"③。"良知"是一种洞达、觉悟的人格本因,它是道德的,也是审美的。末句指"格物"之目的,不仅为了"为善去恶",这是道德意义上的,而且为了"为动去静",这是美学意义上的。有学者认为,中华文化及其美学,其本质为"静",称之为静的文化、静的审美,五四时代,一些学界巨子也曾抨击过中华文化及其美学的这一个"静",要求变革。这"静",指时代的停滞与迟暮,如冻云寒冰。王阳明的美学思想,自然并无此意。但是,就阳明本人的心路历程而言,倒有点"为动去静是格物"的意思。王阳明始宗程朱,期望通过达摩面壁式的静坐与"格竹子"的方式来"穷理尽性",而"理"固不可"穷",于是转而回归于"本心",在"本心"处用工夫。这工夫不是"静坐"之类的"死工夫",而是启悟于"一点灵明"。这"灵明"便是"心之主宰"。有了这"主宰",无论动、静工夫,都不在话下。"心无主宰,静也不是工夫,动也不是工夫。静而无主,不是空了天性,便是昏了天性,此大本所以不立也","此大道所以不行也"。④ 王阳明的"主宰"说标举心要,当他说"充天塞地,只有这个灵明"之时,已在其心中挤兑了静"性"、静"理"的位置而肯定鲜活、生动之"灵明"。所谓"龙场悟道",是阳明心学由其"静"转变为"动"的关键处。王阳明说:

  吾昔居滁时,见诸生多务知解,无益于得,始教之静坐,一时窥见光景,颇收近效。久之,渐有喜静厌动流入枯槁之病。故迩来只说"致良知"。良知明白,随你去静处体悟也好,随你去事上磨炼也好,良知本体,原是无动无静的,此便是学问头脑。⑤

这里,值得一提的有两点:一是阳明认为"喜静厌动"是"流入枯槁之病";反之,则是"喜动厌静"。王阳明所言何指,颇可体会。二则"良知"作

---

① 《传习录上》,《王文成公全书》卷一。
② 《易传》。
③ 《答聂文蔚二》,《王文成公全书》卷二。
④ 《明儒学案·崇仁学案二》。
⑤ 《明儒学案·姚江学案》。

为"本体","原是无动无静"的。可见,笔者仿阳明"四句教"方式来解读其动、静美学思想,所谓"无动无静心之体"云云,并非妄意杜撰。

在动静问题上,王阳明学说的逻辑起点,是"无动无静"说,其终点是"为动去静"说。他已从周子与程朱处出走。实际上,他终于肯定了情(欲)之生"动"的合理性,从哲学及其美学角度,敏锐地体现出这个民族与时代之内心的骚动与不安。虽未走完从"主静"到"主动"的全路程,毕竟对那时"学者之病,只一个静字"①的局面第一个投去怀疑的目光。阳明心学,确有反传统理学的一面。清人颜元《习斋言行录》卷下有云,"宋元来儒者的皆习静,今日正可言习动"。显然没有注意到阳明心学包含"习动"的人文与美学思想,而就"今日正可言习动"而言,王阳明是得思想之先的。

人之生命的"冲创"②有相辅相成的动静两面,"动"是"静"的可能,"静"是"动"的可能,互为存在与运化之条件,其相关的美与美感亦然。学人论动静之美学问题,时有以"心不妄动"为是,以"心之妄动"为非,然也。可是,正如"动"一样,"静"难道总与善、美相联系吗?"静"有没有真或妄的区别呢?其实,既然"心"之有"妄动",那么,则必相应地有"心"之"妄静"。"妄静"必非善、美矣。

## 第五节 入世、出世与弃世

宋明理学美学,某种意义上是儒、道、释三学合一的美学,这主要是就其思想与思维特点而言的,也必然关涉审美的情感方式。

自从西汉末年印度佛学入渐东土,中华文化总体上逐渐形成一个以儒为主兼综道、释的三维结构,中华文化史、思想史、哲学史与美学史等种种精神事件的发生、发展与消亡,都关系到这三学的文脉内在机制与运动。当然,这种三维结构在具体某一时代的三学融合、冲突的背景、条件、程度、倾向甚至性质等是不尽相同的。这些精神事件主要有:1. 在大致成篇于战国中、后期的儒学典籍《易传》中,融渗了与儒家道德伦理思想颇不协调的先秦道家的人文哲学观;2. 西汉《淮南子》的黄老思想,具有儒、道"对话"、以"无为"为"治术"的文化品格;3. 魏晋玄学,固然以道(玄)为本,却在自然

---

① 《明儒学案·诸儒学案》。
② 注:"冲创"或曰"冲创力",英语 the will to power,指尼采哲学所谓人类积极、旺盛、进取的生命创造之力。参见陈鼓应《悲剧哲学家尼采》,北京三联书店,1987 年,第 89 页。

与名教等思想与思维框架中,一定程度上容纳了儒、释思想因素;4. 自魏晋至南北朝的中华佛学,通过印度入传的佛教典籍的译介与流播,通过"格义"即"误读"方式,以玄学的"无"来说"空",将入渐的印度大乘般若学熔裁为具有中华哲学素质的佛性论,其中包含一定的道家的出世观与儒家的入世观,便是印度佛学的趋于中华本土化;5. 隋唐时期,以唐慧能所开创的禅宗南宗为代表的中华佛学,趋于完成佛教文化的本土化的历史进程,是以佛禅为主干兼综道、儒的三学合一;6. 唐中叶,韩愈、李翱的儒学复兴运动及其学说,开启了宋明理学以儒为主干,兼综道、释这新的三学合一的人文、历史之门。直至宋明理学时期,三学合一遂成为中华文化哲学与美学的基本特征。

宋明理学的三学合一具有新的文化素质。其一,这一时代的理学家与一般的文人士子,都在学养与品性修养上,受到儒道释三学的共同熏陶。北宋张方平《扪虱新语》说,"儒门淡泊,收拾不住,皆归释氏",固然言之有过,但到底指明宋之儒门为佛禅所浸润的事实。而所谓"淡泊",本道家之境界。因此,张方平所言"儒门淡泊"的"儒门",实际上不仅着"释氏""空幻"之本色,而且内含道的情趣。"淡泊"云云,已有道本"虚无"的意思在。全祖望《鲒埼亭文集·外编》指出,"两宋诸儒,门庭径路,半出于佛老"。程颐最是宗儒之人,辟佛尤力,而《明道先生行状》称其"泛滥于诸家,出入于佛老者几十年,反求诸'六经',而后得之"。宋代三苏,犹如"荆公(注:王安石)欲明圣学而杂于禅","苏氏出于纵横之学而亦杂于禅"。① 苏洵作《易传》,采老、佛思想解读《周易》,书未撰成而去世。其子苏轼、苏辙继之,后由苏轼玉成是书,因其中颇多以道、释解易之处,被自以为绝对宗儒的朱熹讥为"杂学",并撰《杂学辨》加以批驳。苏辙作《道德经解》,朱熹称:"苏侍郎晚为是书,合吾儒于老子,以为未足,又并释氏而弥缝之,可谓舛矣!"② 朱熹学问渊博,凡儒籍、道书与佛典,几乎无不研读。他对陆九渊的心学不以为然,"看他意思只是禅"③。他批评"上蔡说仁说觉,分明是禅"④,可是正是他自己,又说"觉者,是要觉得个道理"⑤。"觉"本佛家言,朱子也兼采佛家言来说他的"理"。正如叶适批评程颐《定性书》云,其"攻斥老、佛至深,

---

① 《宋元学案·荆公新学略序录》。
② 朱熹:《杂学辨》。
③ 《朱子语类》卷一〇四。
④ 《宋元学案》卷二四。
⑤ 《朱子语类》卷一〇一。

然尽用其学而不自知"①。至于陆、王等辈,其学同样出入于佛、老而归原于儒,这里且不说也罢。正如北宋初年理学开山周敦颐的《太极图说》以道说儒一般,其《爱莲说》又援佛入儒,以亭亭之净植形容、比拟性理之人格。又如明末僧人智旭撰《周易禅解》,居然以禅解易。如此之类皆可证明,自宋至明的理学中人与一般文士,都以儒道释三学为治学、为人之风尚。这风尚之形成,不是竞为时髦而故意为之,而是自然而然的。

其二,以三学合一来说哲学本体。清人陈确指出,这"本体二字,不见经传,此宋儒从佛氏脱胎来者"②,说得一针见血。王阳明的"良知"说,源自《孟子》,似乎是儒门正宗之见,可王氏所谓"本来面目,即吾圣门所谓良知"③的"本来面目",乃采佛家言。王阳明又说:"良知者,心之本体,即前所谓恒照者也。"④此又以佛家之言说理学本体问题。陆九渊以为"理"作为本体,是悟照之对象,"心即理","理"之妙在"不说破"。这其实便是佛家"第一义不可说"在理学(心学)的运用。而"第一义不可说",通于老子的"道可道,非常道",儒、道、释三学在此会通。王阳明门人王畿说:"学佛老者,苟能以复性为宗,不沦于幻妄,是即道释之儒也。"⑤"道释之儒"所认同的本体,在"以复性为宗,不沦于幻妄"。袁中道说:"道不通于三教,非道也。"⑥明代著名道士张三丰也认为:"窃尝学览百家,理综三教,并知三教之同此一道也。儒离此道不成儒,佛离此道不成佛,仙离此道不成仙。"⑦"理综三教"者,可以说是扣摸到了宋明理学的本体论素质。

总之,时至宋明,中华文化、哲学及美学,走在三学(教)综合的道路上,并最终得以实现。虽然具体到各个时代、各个学人,其三学(教)综合的立场、角度与程度有不同,而综合是大势所趋,是致学与人格的基本模式。明代名僧德清曾说:"为学有三要:所谓不知《春秋》,不能涉世;不精老庄,不能忘世;不参禅,不能出世。"⑧学通三家,仅从做学问这一点而言,也有大气象,此即所谓"以佛治心,以道治身,以儒治世"。宋明士子,往往具有这三

---

① 叶适:《习学记言·序目》。
② 《陈确集》,中华书局,1979年版,第466页。
③ 《传习录中》,《王文成公全书》卷二。
④ 同上。
⑤ 《三教堂记》,《王龙溪先生全集》卷一七。
⑥ 《示学人》,《珂雪斋集》卷二四。
⑦ 《大道论》,《张三丰全集》卷一。
⑧ 《憨山大师梦游全集》卷三九。

者兼治的社会理想与人格理想,亦儒亦道亦佛又非儒非道非佛。这三"治",成为水到渠成的文化思潮与人格践履。

从美学上看,大凡人性,治世(儒)、治身(道)与治心(佛),各自表达了人性的三种内在生命力的张力与冲动。三学(教)各偏于人性实现之一面,三学(教)合一才是相对完成的人性之健全。儒之入世、道之出世与释之弃世,都是人类生命的内在需求,这关乎人的肉身与精神之是否健全与解脱。以儒治世、以道治身、以释治心,其实都是人类个体与群体安身立命的一种方式。比方说,这里有一所旧屋,不同文化模式安身立命的方式可以大不相同:儒曰:屋子虽旧,也是祖先传承,弃之不得,得先祖之福荫而承其余脉,不失为身心安和之美好家园;道曰:住在这旧屋里,是对身心的束缚,主张从旧屋出走而拥抱自然;佛曰:这房子无论新旧,都是虚妄不实,空的;至于自然,亦无所谓。自然与社会作为"存在",是痛苦与烦恼之原。因此,诸如大乘空宗所谓解脱,是永远的消解、否定与舍弃,是肉身与精神之双重的无家可归。其实,这三种方式,都各自同时兼得治世、治身、治心之要。以儒言,虽以治世为人生目的,又在治世中来治身与治心。儒家的治世观,既钟爱生命,标榜"人之发肤,受之父母,不敢有所毁伤"之类,又能"舍生取义","杀身成仁",关键在服从于治世之需,认为只有在治世中,才有身、心之安之和。所谓"立德"、"立功"与"立言",确是社会与身、心三"治"的。以道言,虽以治身为显在之目的,但道家并非没有治世之策,是以"无为而治"为治世之则。道家的治心执著于"无","无"便是"虚静"之境。道家的出世,是从这世界之"有"走向"无",但它并非遗弃自然。以佛言,虽以治心为显在之目标,而其实并非没有治世与治身的理想。不过,这理想就治世、治身而言,是不治之治,无所谓治与不治。就治心而言,在于"万法惟空"。正如大乘空宗所主张的,一切皆为空幻,且连空也是空的。故所谓"安心",无"安"之"安","安"之无"安",实乃无所谓"安"与"无安"也。

比较而言,儒对自然与社会采取信任与乐观的审美态度,它是站在社会角度,在肯定社会现实美的同时来容受自然之美,因此,热衷于经世致用的孔子称"吾与点也",也就不奇怪了。儒家对自然、社会之现实以及人之肉身与精神的改造与存在,均抱有充分的信心,所谓"孔颜乐处",便是"乐"在社会与身、心三者兼"治"。当然,这种三者兼"治",仅是入世之"治"。须知出世与弃世,也能不同程度、不同性质地达到其三者兼"治"。道家对自然尤为信任,对社会却投以怀疑与挑剔的目光。道家将人的身、心分为自然与社会两个层次,认为社会便是身、心受污染与戕害的根源。因此,道家所主张的最高的美,是肉身自然与精神自然双兼的美。对社会现实的悲观态度与对自然现实的乐观态度,是道家审美态度之对立而互补的两翼。以佛家言,无死无生、无染无净、无悲无喜,固然是佛家的审美理想,却是预设在社会与自然丑恶、人生痛苦这一逻辑基点上的。故佛家对现实(社会、自然与人自身)与存在抱着绝对不信任的态度。从这种绝对不信任的氛围中离弃与出走,便是佛家的涅槃与解脱。这种涅槃与解脱,并不意味着从悲苦走向喜乐,而是走向中性的无有悲喜、染净与对生死的无执。因此,从审美之情感态度来看,佛家的审美,可以说其所追求的是一种"零度"的情感方式。

儒道释三家都申言各自的人生境界是完美的,能够安身立命的,但是实际上这三家都可能各有其偏失之处。儒之入世过甚,则可导致权迷心窍、利欲熏心、尔虞我诈、道德沦丧;道之出世过甚,可能愤世嫉俗、玩世不恭;佛之弃世,固然将人生看破了,可以缓解人生焦虑,问题是弃世之难以彻底实现。弃世是人性的一种内在需求,而绝对弃世却是违背人性的,是难以做到的。

因此,如果说儒之入世、道之出世与佛之弃世体现出各自的人性的一种内在需求的话,那么,兼综入世、出世与弃世这三者,是人性趋于完善与完美的进一步的内在需求。这三者具有合理的现实性与互补性。正是在此意义上,宋明理学所能达到的儒道释三学(教)合一的境界,体现出人类在改造人性、建构趋于完善与完美之人格的一种内在生命力的冲动。人性的解放,是一个无穷无尽的历史与人文的认识、实践过程,三学(教)合一的基本实现,无疑须经一个必不可少而漫长的历史阶段,三学(教)合一的人格美,是趋向于合"理"合"情"与健全的。

宋明时代的一些文学大家,具有儒道释三学兼综的学养,其人格结构,已趋向于达到儒道释三种人生信仰"圆融"的程度。他们一边入朝为官,担负家国天下大任,从容应对于世事纷繁之际;一边亦能潇洒自如地与自然神交,身在朝堂之上而心趋于江湖之下,甚或放浪形骸之际又能心系黎民百姓、家国社稷,或显或隐的生存策略运用得很是灵活、自由;一边还耽玩于佛禅之空境,从儒之"实有",经道之"虚静"而潜入于释之"空幻"的人生与审美境界。大凡文学大家,其文学修养尤高,且对艺术意境的领悟力,已是达到不凡的程度。他们的世界观、人生观与审美观,不可能不受到作为官方哲学的理学的巨大影响,理学的实践理性精神以及"存天理、遏人欲"的道德教训也往往表现在他们的部分作品中。比如,北宋文坛领袖欧阳修的一些古体长诗,也免不了铺陈其事,好发议论,沾染些一般宋诗的坏习气。但是,这一时代真正代表最高艺术审美精神的文学作品,都是既吸收了理学的理性精神,又挥斥其道德说教,将理性的沉思、意象的丰瞻、静雅与意境的空美结合得天衣无缝。可以说,宋代凡是在审美上震撼人心的作品,都以理性沉思作为主体的心理背景,消解道德教条又融渗以儒家道德哲学意义上的终极关怀,且以道、释的"空静"为境界。

欧阳修《秋声赋》有云:

> 欧阳子方夜读书,闻有声自西南来者,悚然而听之,曰:异哉!初淅沥以萧飒,忽奔腾而澎湃,如波涛夜惊,风雨骤至。其触于物也,鏦鏦铮铮,金铁皆鸣;又如赴敌之兵,衔枚疾走,不闻号令,但闻人马之行声。予谓童子:"此何声也?汝出视之!"童子曰:"星月皎洁,明河在天,四无人声,声在树间。"

欧阳子这里所描述的是经验意义上的"秋声"吗?"秋声"究竟是一种什么"声"?难道"秋声"是可被观"视"的么?

其实,这一名篇所写,乃"无声之声"、"虚静"、"空寂"之"声","大音希声"、"声无哀乐"之"声"。"秋声"是一个意象,却并非自然界的秋声,而是作者心目中所体悟到的"秋声"。这"秋声"是什么又不是什么,在有无、虚空与静动之际。作者将"秋声"写得极其萧瑟、宁静而空幻,为求达此审美境界,却以反笔状写"秋声"的极动与磅礴、辉煌。作者的情思入于天籁之境。因这天籁的无比平常,故惊心动魄。这使人联想起王维的那一句"月出惊山鸟"。"月出""无声",又何以"惊山鸟"?这是一个禅的问题,也是一个深层次的审美问题。这里,欧阳修之所悟,倘说其惟在道、释之际,则又非也。《秋声赋》第一句"方夜读书",分明是宋儒苦读、苦思形象的艺术概括。却又非一俗儒形象。俗儒之情思,大凡在道德域限,岂能作如此颖悟?《秋声赋》"方夜读书"之"儒",真所谓"道释之儒"[①]也。《秋声赋》的意境,儒道释三者兼融,分明在动静之际,实际是以动写静、动静合一、无动无静,也即原动原静。理学史上,曾有王学门人,请问所谓三更时分,儒者思虑澄明、空空静静与佛禅所谓"空静"到底区别何在,王阳明为此讲了一段精彩的话:"动静只是一个。那三更时分空空静静的,只是存天理,即是如今应事接物的心。故动静只是一个,分别不得。知得动静合一,释氏毫厘差处亦自莫掩矣。"[②]释氏之"空静",落脚处在以世界为空幻,朱熹说:"吾儒万理

---

① 《三教堂记》,《王龙溪先生全集》卷一七。
② 《传习录下》,《王阳明全集》卷三。

皆实,释氏万理皆空。"①儒本实动,释本空幻。而"道释之儒"或者"儒之道释",既非惟实、惟动,又非惟空、惟静,而是一颗"应事接物的心","只是存天理",却"空空静静",原动原静,无所沾溉、无所滞累。在这"秋声"中,分明潜藏着一颗"应事接物的心",否则欧阳子为什么"方夜读书"?但其心已是"空空静静"。因其"空空静静",却将道德意义上的"天理",涵泳为哲学、美学意义上的"天籁"。"天籁"之美,自当不以目视而以心之契悟矣。

《秋声赋》是一个儒道释三学相互涵泳的典型文本,其实,如苏轼《前赤壁赋》亦是如此。而东坡另一短篇《记承天寺夜游》,仅三十来字,其文云:

> 庭下如积水空明,水中藻荇交横,盖竹柏影也。何夜无月?何处无竹柏?但少闲人如吾二人者耳。

此作者记无眠之夜。月光如水,清冷而空寂,确是"那三更时分空空静静的"意境。然并非仅是佛禅的空寂,这里有"闲人"(作者自己与好友张怀民)的"游"兴与"游"趣在。"游"是道家的生活与审美情趣,这时却并非纯为道家,而是与承天寺的佛教氛围、"闲人"内心"积水空明"似的空寂心境相兼的。月光似水,"水中藻荇交横",写竹柏投影于庭下之美,美得令人心颤。值得注意的是,这里又以竹柏之意象来营构诗境,不由令人联想孔夫子"岁寒,然后知松柏之后凋也"的儒家人格比拟与古人以竹为气节、"宁可食无肉,不可居无竹"的坚贞、清雅人格。这种空寂、朦胧、寥远、闲适而淡淡却是灌注生气的、泠泠如水的月色,以及高举气节与风骨的竹柏之影,共同营构气韵生动、美得令人心伤的人格比拟的艺术意境,有庄,有禅,也有儒,是亦庄亦禅亦儒又非庄非禅非儒,确是儒道释三者浑融的审美之境。这样的文学,没有经过儒道释三学长期熏染与积淀的审美心灵之建构,是绝对营构不了的。这样的美文及其意境,是中华文化哲学与美学发展到宋明时代的"自然天成",是儒道释三者浑成的赐予,正如魏晋风度,是后人所学不来也模仿不了的。儒道释三学浑融的审美,如今绝矣,唉!

## 第六节　文、道之辨

文、道问题,是中华美学史的基本问题。孔子首倡"文质彬彬"的道德

---

① 《朱子语类》卷一二四。

人格说,其间隐伏着一个文、道关系的潜结构,开启了中华美学史之文、道关系问题的文脉之门。韩非称和氏之璧、隋侯之珠"其质至美",又以"买椟还珠"为喻,宣说"以文害用"①的重"质"(道)轻"文"见解。王充《论衡》主张文章"外内表里,自相副称"。沈约重"文"轻"道",说"妙达此旨(道),始可言文"②。刘勰云:"故知道沿圣以垂文,圣因文而明道"③,实际持"文以明道"说。颜之推说:"文章当以理致为心胸,气调为筋骨,事义为皮肤,华丽为冠冕"④,此所谓"理致",实指文章之"道"。柳宗元说自己"及长,乃知文者以明道"⑤。白居易云:"诗者,根情,苗言,华声,实义。"⑥强调文、道的统一。凡此言说,都是宋明时代的文、道之思的思想、思维资源。文、道问题,是宋明美学的基本话题之一。

一、北宋初年,继承韩、柳"古文"运动的柳开(公元948年—公元1001年),为北宋"古文"之先驱,主张文、道合一。他说:"古文者,在于古其道。"⑦标榜古文,有主张文、道统一的意思。柳开的这一见解,颇近于同时代的田锡(公元940年—公元1003年)。田锡说:"人之有文,经纬大道。得其道,则持政于教化;失其道,则往返于靡漫。"⑧得道之文,便是文、道合一之文。

二、为文宗于韩、柳的王禹偁(公元954年—公元1001年)明确提出:"夫文,传道而明心也。"⑨是对韩愈"原道"说与柳宗元"文以明道"说的继承。

三、孙僅(公元969年—公元1017年)《读杜工部诗集序》云:"故文者,天地真粹之气也。所以君五常、母万象也。"又说:"夫文各一,而所以用之三,谋、勇、正之谓也。谋以始意,勇以作气,正以全道。"⑩孙僅的见解,远承魏曹丕"文以气为主"说。他认为,文作为"天地真粹之气"的表现,其"用"在于"谋、勇、正"之道德三要。

---

① 《韩非子·外储说左上》。
② 《宋书·谢灵运传》。
③ 《文心雕龙·宗经》。
④ 《颜氏家训·文章》。
⑤ 《答韦中立论师道书》,《柳宗元集》卷三四。
⑥ 《与元九书》,《白香山集》卷二八。
⑦ 《应责》,《河东先生集》卷一,《四部丛刊》本。
⑧ 《贻陈季和书》,《咸平集》卷二,《四库全书》本。
⑨ 《小畜集》卷一八,《四部丛刊》本。
⑩ 《全宋文》卷二六九。

四、北宋初年与林逋等交厚、其思想兼得于释、儒的智圆(俗姓徐,字无外,?—公元1022年)亦主"文以明道"之见。其《闲居赋》云:"夫所谓古文者,宗古道而立言,言必明乎古道也。"智圆此说,并未从韩、柳古文之文、道观的思想阴影之中走出。

五、孙复(公元992年—公元1057年)《答张炯书》(见《孙明复小集》)云:"夫文者,道之用也。道者,教之本也。故文之作也,必得之于心而成之于言。得之于心者,明诸内者也;成之于言者,见诸外者也。明诸内者,故可以适其用;见诸外者,故可以张其教。"文乃道之"用"具;道为教之本根,文有"明"于"内"心、"见"于"外"教的功用,其思、其虑,大致仍不出"文以明道"一说。

六、欧阳修(公元1007年—公元1072年)纠正了北宋初年以来大致上重道、轻文的倾向,认为文固然以宣道为要,而文亦具有相对独立的审美价值。《欧阳文忠公集》卷六九有言,"闻古人之于学也,讲之深而信之笃。其充于中者足,而后发乎外者大以光"。凡文,总须以道德之光辉照耀于世,"而光辉之发自然也"。欧阳修要求文章自然地显现道德人格之美。由此指出,天下为文者,"其为道虽同,言语文章,未尝相似"。

七、作为理学开山的周敦颐(公元1016年—公元1073年),倡"文以载道"说。《通书·文辞》云,"文所以载道也"。将文、道二分,文为工具而道为工具所载,文始终服务于道:"文辞,艺也;道德,实也。"依然是重道轻文之论。"文以载道"说,具有深远的历史与美学之影响。

八、二程笃守儒学,在文、道问题上持见独特。程颢(公元1032年—公元1085年)从《易传》"修辞立其诚"说出发,重"立诚"而轻"修辞",认为"学者先学文,鲜有能至道;至如博观泛览,亦自为害"[1]。程颐(公元1033年—公元1107年)将文称为"雕虫小技",归于"玩物丧志"一类:

> 问:"作文害道否?"曰:"害也。凡为文不专意则不工。若专意,则志局于此,又安能与天地同其大也。《书》云:玩物丧志,为文亦玩物也。"[2]

这位不苟言笑,"直是谨严,坐间无问尊卑长幼,莫不肃然"的道学先生,自称"某素不作诗,亦非是禁止不作,但不欲为此闲言语"。对杜甫也大

---

[1] 《文论辑录》,《二程全书》,《四部备要》本。
[2] 同上。

不敬:"且如今言能诗,无如杜甫。如云:'穿花蛱蝶深深见,点水蜻蜓款款飞',如此闲言语道出做甚。"①一笔抹杀诗的审美意义。

九、苏轼(公元 1037 年—公元 1101 年),作为唐宋八大家之一,既有对韩愈复兴儒学、倡言"古文"的肯定,又有对范仲淹、欧阳修那种崇高的道德文章与继承道统、文统的公正评说;他要求文学如韦应物、柳宗元之作,能"发纤秾于简古,寄至味于澹泊"②。苏轼对诗境体会尤深:"欲令诗语妙,无厌空且静。静故了群动,空故纳万境。阅世走人间,观身卧云岭。咸酸杂众好,中有至味永。"③苏轼的文、道观,并非惟文而无道,而是其道已从传统儒家道统立场有所转移,渗融着道、释人文因素,其所言"至味",是文与道(儒、道、释)高度统一所达到的审美境界。

十、黄庭坚(公元 1045 年—公元 1105 年)《书缯卷后》论书法,指出"学书须胸中有道义,又广之以圣哲之学,书乃可贵"。这是表现于书论之中的儒家文、道之论。然而其书法之论,又渗透道、释之情思。其《寒山帚谈》又说,"笔法尚圆,过圆则弱而无骨;体裁尚方,过方则刚而无韵。笔圆而用方,谓之遒;体方而用圆,谓之逸。逸近于媚,遒近于陈。媚则俗,陈则野"。作书偏于圆方,均不可取。是何缘故?倘说圆者近于道、释,方者近于儒,那么,书艺在方、圆之际,则最佳。这里,黄庭坚实际已从艺术上而不是从道德思想上评说书艺,有书者"有意味之形式"的意思在。

十一、张耒(公元 1054 年—公元 1114 年)作为"苏门四学士"之一,独标"明理"之说,崇理而不废意、气。他说:"我虽不知文,尝闻于达者。文以意为车,意以文为马。理强意乃胜,气盛文如驾。理维当即止,妄说即虚假。气如决江河,势盛乃倾泻。文莫如六经,此道亦不舍。"④其《答李推官书》一文又说:"故学文之端,急于明理。"张耒所言"理",首先是理学之"理",兼指"诸子百氏、骚人辩士"之文章的理性精神。

十二、秦观(公元 1049 年—公元 1100 年)词采绚发,议论锋起,为东坡所爱重。秦观《韩愈论》说:"夫所谓文者,有论理之文,有论事之文,有叙事之文,有托词之文,有成体之文。"又说:"探道德之理,述性命之情,发天人之奥,明死生之变,此论理之文。如列御寇、庄周之所作是也。"秦观这里以

---

① 《程氏外传》卷一二。
② 《书黄子思诗集后》,《苏轼文集》卷六七,中华书局本。
③ 《送参寥师》,《苏轼诗集》卷一七,中华书局排印本。
④ 《柯山集》卷九。以上参见蒋述卓等《宋代文艺理论集成》有关论述,中国社会科学出版社,2000 年。本书所引述时,对有关材料曾作曾删、归纳与分析。

《列子》《庄子》为论理之文的代表作,可见其所言之理,不限于理学范畴。秦观在文、道问题上持宽容的人文态度,其立论较为宏通:"务华藻者,以穷经为迂阔;尚义理者,以缀文为轻浮;好为高世之论者,则又以经术文辞皆言而已矣,未尝以为德行。德行者,道也。是三者,各有所见而不能相通。"在他看来,文词、经术与德行这"三者"之"所见","不能相通",故亦不必强为之"通",其说理学气息稍弱。

十三、作为理学家的南宋吕本中(公元1084年—公元1145年)在文、道问题上的态度颇有些矛盾。他一边说"稍知诗有味,复恐道相妨"[①],担心作诗害道;一边又称"好诗有味终难舍"[②],一种审美情感要求得以满足与抚慰的焦虑与饥渴,溢于言表。那么诗之精神的出路在哪里呢?吕本中认为在涵养生命之气。气之养,在学道。其《学道》一诗有云:"学道如养气,气实病自除。"依然是道德救世、理学治人。不过"养气"毕竟不同于崇理。如果说理是绝对的形而上,绝对的严厉与冷峻,那么,气则是生命的意蕴。所以,理学家如有既说理又说气者,证明其思其情,起码已从理学的绝对高度退了一步,在其理学思想观念中容许生命之审美情感的存在。吕本中的诗论中,有所谓"活法"一说,值得加以注意:

> 学诗当识活法。所谓活法者,规矩备具而能出于规矩之外,变化不测而亦不背于规矩也。是道也,盖有定法而无定法,无定法而有定法。知是者,则可以与语活法矣。[③]

"规矩"是道,是"定法";"出于规矩之外",是背道。文(诗)在"规矩备具"与"出于规矩之外"之际,在"有定法而无定法"之际。这一"活法"说,已经不是传统儒家也不是北宋周子、程子等的文、道观,显然具有一种意欲突破理学樊篱的内在冲动。

十四、陆游(公元1125年—公元1210年)的文、道观仍以宗道为基本立场,称无道之"文章,小技耳"。从陆游推崇汉代文章来看,其道仍大致不离于儒家之旨。其《陈长翁文集序》云,"汉之文章,犹有六经余味"。然而,与吕本中相类,陆游亦以气论来救道论之弊,其《桐江行》云:"文章当以气为主,无怪今人不如古。"有曹丕《典论·论文》所言"文以气为主"之遗响。其所言气,指生命意义上的阳刚之气,否则,所谓陆游诗、文的豪放,便失却了

---

① 吕本中:《试院中作二首》。
② 吕本中:《次韵答曹州同官兼简范寥信中》。
③ 《夏均父集序》,《后村先生大全集》,《四部丛刊》本。

内在依据。

十五、杨万里(公元1127年—公元1206年)说:"诗也者,矫天下之具也。"这是典型的诗之工具论。"盖圣人将有以矫天下,必先有以钩天下之至情。得其至情,而随之以矫,夫安得不从?""至情"肆虐,对治者,道也。"导之善者以之道,矫其不善者以复于道也。"①道本善,为情(欲)所"肆",必至于"不善"。"矫其不善者",便"复于道"。诗具两大功能:1.导乎本善;2.矫乎不善。这是以求善(主要是道德说教)来遮蔽诗的审美。但是审美是人性本在的需要,理论上可以倡言工具说,实际上往往于审美有害。"我初无意于作是诗,而是物是事适然触乎我,我之意亦适然感乎是物是事。触先焉,感随焉,而是诗出焉。"②这种审美说,与其所说的工具论是有矛盾的。

十六、朱熹(公元1130年—公元1200年)论诗、文之作尤为丰实,有《诗集传》、《楚辞集注》等文艺学著述传世,在后人所编纂的《朱子语类》中,也记述诸多论文、说道的见解。朱熹主张"文是文、道是道"③、道本而文末说,批评苏轼关于作文的"大病":

> 今东坡之言曰:"吾所谓文,必与道俱。"则是文自文而道自道。待作文时,旋去讨个道来入放里面,此是它大病处。④

"文自文、道自道",是文、道二分说。朱熹认为"道者,文之根本;文者,道之枝叶。惟其根本乎道,所以发之于文,皆道也"⑤。这是理一元论在文、道观上的表现,"文是文,道是道",虽各是其是,却统归于"理"。

问题是,朱熹的理一元论,并非言"理"是孤零零的一个"理",而是理在则气在,朱熹持"理先气后"之说。既然理之含气,而气必有象之因子,那么就无异于承认,朱熹所言理作为道,已有审美意义上的文即意象因素存矣。

审美必关乎文(符号)、道(意义),审美统一于象。象者,文、道之统一。故就理而言,审美如何可能呢?可能在于:理是"未见气"即有待于实现为气的一种本体状态。因此,朱熹的理一元论,本在地包含着文、道统一的潜

---

① 杨万里:《六经论·诗论》,《诚斋集》卷八四。
② 杨万里:《答建康府大军库监门徐达书》。
③ 《论文上》,《朱子语类》卷一三九。
④ 《论文上》,《朱子语类》卷一三九。
⑤ 同上。

在见解。

十七、朱熹之后，关于文、道的话题似乎已经说完，各种见解统统登场。其实还有些看法值得注意。为朱子再传的真德秀（公元1178年—公元1237年），将文、道之道释为"义理"，认为义理又非仅限于道德伦理。真德秀《文章正宗·纲目》说："三百五篇之诗，其正言义理者盖无几，而讽咏之间，悠然得其性情之正，即所谓义理也。"此"悠然得其性情之正"，实指合契于理则的审美性情。而该性情，指必反求之身心的那种性情，有"内寂"之倾向，真德秀推崇陶诗，于此可见其宗儒之余又沾溉于释、道。

十八、魏了翁（公元1178年—公元1237年）以"本"说文、道。"本"者，人格之谓。"辞（文）虽末枝，然根于性，命于气，发于情，止于道，非无本者能之。"[1]这指明了完善之人格对建构"文、道合一"观的决定意义。

十九、主张"收拾精神，自作主宰，万物皆备于我，有何欠缺"[2]的陆九渊（公元1139年—公元1193年），认为文、道之道须自悟入，而悟入者，"发明本心"之谓。其《与吴显仲》一文云，"失其本心，真所谓不依本分也"。"本心"云云，自有悖于传统道德教训。问题是，陆九渊的文、道美学思想，依然具有很传统的另一面，合于"存天理，遏人欲"这一理则。陆九渊说：

> 文字之及，条理粲然，弗畔（叛）于道，尤以为庆。
> 有德者必有言；诚有其实，必有其文。实者，本也。文者，末也。[3]

又说：

> 主于道则欲消而艺亦可进，主于艺则欲炽而道亡，艺亦不进。
> 以道制欲则乐而不厌，以欲忘道则惑而不乐。[4]

可见，陆九渊的文、道观包含着一个矛盾，既重道德教条，否定审美情感，又在其"自作主宰"的"本心"说中，包含对审美情感的认同。

二十、严羽[5]《沧浪诗话》以禅喻诗，提倡诗悟大抵与禅悟同一说。严羽的诗论，大体仍坚持儒家立论而不废佛言。《沧浪诗话》显然触及了理学主题与文、道之关系问题。其《沧浪诗话·诗辨》云：

---

[1]《杨逸少不欺集序》，《鹤山先生大全集》卷五五。
[2]《象山语录》卷三五。
[3]《象山先生全集》卷一一。
[4]《象山先生全集》卷二二。
[5] 生卒年未详。据王运熙考证，其生年约在宋光宗绍熙三年即公元1192年前后，卒年为1265年左右，见《中国古代文论管窥》，齐鲁书社，1987年，第242页。

夫诗有别材,非关书也;诗有别趣,非关理也。然非多读书,多穷理,则不能极其至。所谓不涉理路,不落言筌者,上也。诗者,吟咏情性也。

诗有"别材"、"别趣",既"非关书"、"非关理",又须"多读书"、"多穷理",仿佛自相矛盾。其实,这是严羽关于诗与审美的很高的一个识见。严羽此说,既反对江西诗派等"以文字为诗,以才学为诗,以议论为诗"那种涉于"理路"的诗论与诗风,又批评四灵诗派等无视诗之"理趣",不以学问为诗人文化之素质的美学主张。严羽的意思是说,为诗、为文须"多读书"、"多穷理",但诗人不能直接以满腹学问入诗,不能掉书袋,也不能以赤条条的一个"理"来写诗。对诗人而言,"读书"与"穷理"固不可少,却只能作为写诗的主体文化素质的心理储存与背景。诗并非不能"妙悟"(诗悟)亦非无理,而此理是融渗于诗之意象、意境之中的,此之古人所谓"蜜中花,水中盐,体匿性存,无痕有味"。总之,严羽倡言"诗者,吟咏情性"(注意:非"性情")说。而所言"妙悟",一种"极其至"的审美境界,趋向于真正的文、道浑一。

二十一、罗大经(? —公元1226年)以为,所谓"以学为诗"或"以诗为学",均不可取。"以学为诗"者,盖经学之传统。但是,未必经学总是一统天下。"乃若古人,亦何尝以学为诗哉!今观《国风》,间出于小夫贱隶妇人女子之口,未必皆学也,而其言优柔谆切,忠厚雅正。后之经生学士,虽穷年毕世,未必能措一辞"。"以诗为学"者,"自唐以来则然。如呕出心肝,掏擢胃肾,此生精力尽于诗者,是诚弊精神于无用矣"①。那么,究竟应以什么为诗呢?首先须自"活处观理":"古人观理,每于活处看。"如孔子"逝者如斯夫,不舍昼夜"之"观水";孟子云:"观水有术,必观其澜。"又如"明道(程颢)不除窗前草,欲观其意与自家一般。又养小鱼,欲观其自得意,皆是于活处看"。"学者能如是观理,胸襟不患不开阔,气象不患不和平。"②这种"观理",大有出入于儒、道且沾溉于禅境之妙。同时,须造就"诗人胸次"。罗大经认为李、杜"所以为诗人冠冕者,胸襟阔大故也。此皆自然流出,不假安排"③。这种诗境,文犹道,道犹文。

---

① 《以学为诗》,《乙编》卷之三,参见蒋述卓等:《宋代文艺理论集成》,中国社会科学出版社,2000年,第1112页。
② 《活处观理》《乙编》卷之三,同上书。
③ 《诗人胸次》《乙编》卷之三,同上书。

二十二、宋末元初的刘辰翁(公元1232年—公元1297年),称"天即道也,道所以为天也"①。这有回到先秦"天道"观的意思。"天"有"自然"之义,道即"自然",有道家之遗韵。刘辰翁说:"儒者之道","其终不能无情矣乎"。② 儒道并非"无情",而是无"妄情",故"发乎情,止乎礼义",便是情"正"而无"妄"。情无"妄"即"情真","情真"通于"天"(自然)。此诗之去伪去饰,寄慨遥深,而"情真"者,"吾赤子之心也"。返璞归真之心,于是"儒者之道",终归于"本心"。此融道家之论。

如前诸例,仅对宋时的文、道说作一粗略的回顾。有四点颇可注意:一是文、道问题,本属于儒家诗教。以孔子发其端,至宋而仍偏于宗儒(理学),且以儒家实践理性为其魂魄。二是文、道说是中华艺术工具论的典型代表,它所讨论与企图解决的美学课题,是中华古代文学艺术之审美与道德伦理的关系问题。历代所论,一般以"文以明道"、"文以载道"说为主流。工具意识,是中华古代文学艺术之审美的基本意识之一。虽然愈到后代,文、道合一观倡言者愈多,然文学艺术之审美与道德伦理之关系,一直是这一东方古老民族走向现代化历程中所遭遇的一个美学难题。这一难题,自然也没有在理学中得到真正的解决。三是在文、道问题的漫长文脉演变中,曾有道、释思想渗融其间,使这一问题的提问方式带有某种本体论的意义,这也使文、道问题之漫长的偏于平庸的讨论,变得有些深度。四是就理学的文、道论而言,基本传承了儒家的宗旨,重道轻文是其基本理论特色。值得注意的是,愈到后来,僵硬而冷峻的理,终于不得不放松对情(欲)的管束,使文、道关系中的道,带有某些人情(欲)的意味,可以看做对审美采取了一定的宽容态度。

## 第七节 "闲和严静"的美学

宋人诗文尤爱写月色。王安石《岁晚》:"月映林塘澹,风涵笑语凉";苏轼《游金山寺》:"是时江月初生魄,二更月落天深黑"《水调歌头·丙辰中秋》:"明月几时有?把酒问青天"张先《卜算子·慢》:"水影横池馆,对静夜无人,月高云远";柳永《雨霖铃》:"杨柳岸,晓风残月";晁补之《摸鱼

---

① 刘辰翁:《善堂记》,参见顾易生、蒋凡、刘明今:《宋金元文学批评史》上,上海古籍出版社,1996年,第424页。

② 刘辰翁:《本空堂记》,同上书。

儿·东皋寓居》:"堪爱处,最好是,一川夜月光流渚,无人独舞";秦观《踏莎行》:"雾失楼台,月迷津渡,桃源望断无寻处";等等,不胜枚举,而且,在理学家那里,以"月印万川"来说"理一分殊"的哲理,可谓有趣有深致之意味在。那么试问,宋明理学为什么偏偏要以"月印万川"而不是"日照大地"或"丽日中天"来比喻"理"的境界呢?

在宋明的文学艺术审美中,月是一个尤为葱郁的审美意象与人文符号,传达出灿烂、静寂、感伤、朦胧、秀逸甚至清冷的意境。在理学中,月又作为"理"的意象符号。朱熹曾说太极者,"本只是一太极,而万物各有禀受,又各全具一太极尔。如月在天,只一而已,及散在江湖,则随处而见,不可谓月已分也"①。以"月印万川"来说"物物各一太极"、"人人有一太极"之理,可谓至妙。太极理念,典出于《易传》"是故易有太极,是生两仪"说。在儒家经典《周易》中,太极是易筮"不用"之"一"策;在哲学美学意义上,太极是万物之本原;从原始巫文化与审美情调看,太极是朗朗在天的太阳与阳刚之美;以伦理而言,太极又是人间世界之父。可是在宋明理学中,却以月来象喻太极,以"月印万川"、"理一分殊"说"理"。这文化、哲学之根喻转递,证明宋人较之前人的审美情调与品格、品味的改变。以月代日,正是总体上中华审美文化从汉唐的壮美转向宋明的优美、从辉煌转向灿烂之文脉的表现,也是这一民族的时代审美意绪之从热趋冷、自动向静、由绚烂归于平淡的转变,而且在这转变的美感中,还具有严谨的审美素质。

因而正如欧阳修云:"闲和严静,趣远之心难形。""萧条淡泊,此难画之意。"②"难"在欧阳修时代,这一文脉的转变还刚开始。苏东坡云:"大凡为文当使气象峥嵘,五色绚烂,渐老渐熟,乃造平淡。"③老熟的审美,是归于平淡的审美。并且苏东坡说:"欲令诗语妙,无厌空且静。静故了群动,空故纳万境。"④方回提倡诗境的"静"而"清":"天无云谓之清,水无泥谓之清,风凉谓之清,月皎谓之清。一日之气夜清,四时之气秋清。空山大泽,鹤唳龙吟为清。长松茂竹,雪积露凝为清。荒迥之野笛清,寂静之室琴清。而诗人之诗亦有所谓清焉。"⑤"静"与"清"确是"月印万川"的审美本色。明人杨慎亦说:"杜工部称庾开府曰'清新'。'清'者,流丽而不浊滞;'新'者,

---

① 《朱子语类》卷第九四。
② 《鉴画》,《欧阳文忠公文集》卷一三〇。
③ 何文焕:《历代诗话·竹坡诗话》。
④ 《送参寥师》,《苏东坡集》前集卷一〇。
⑤ 《冯伯田诗集序》,《桐江集》卷一。

创见而不陈腐也。"①徐渭云:"又如谢道韫,虽是夫子,却有林下风韵,是谓秀中见雅。"②胡应麟批评诗有二"病":"禅家戒事理二障,余戏谓宋人诗,病正坐此。苏、黄好用事而为事使,事障也;程、邵好谈理而为理缚,理障也。"③这是就江西诗派与二程、邵雍的某些诗与理论主张而言,并非全盘横扫宋诗。他肯定"清新、秀逸、冲远、和平、流丽、精工、庄严、奇峭,名家所擅,大家之所兼也"④,这基本上扪摸到了宋诗审美主流的脉搏,又重申"诗最可贵者清。然有格清,有调清,有思清,有才清"⑤。此续方回诗论之旨。袁宏道说:"苏子瞻酷嗜陶令诗,贵其淡而适也。"⑥袁中道则云,"流泉"遇"大石横峙"而跌落澎湃,"已如疾雷震霆,摇荡川岳",而"予神愈静,则泉愈喧也。泉之喧者,入吾耳,而注吾心,萧然泠然,浣濯肺腑,疏瀹尘垢,洒洒乎忘身世,而一死生。故泉愈喧则吾愈静也"⑦。这说的是欣赏自然美因物境之动而心静的审美体会,以此审美心境去欣赏艺术美或创造艺术美,亦得至静之佳境耳。

　　至于明末清初的徐上瀛,精研琴理,为古琴高手,他的琴论体现出精彩的音乐美学理念。《溪山琴况》曰:琴声之美,"所首重者,和也"。"抚琴卜静处亦何难,独难于运指之静。""然指动而求声,恶乎得静?"答曰:"惟涵养之士,淡泊宁静,心无尘翳,指有余闲,与论希声之理,悠悠可得矣。"又云,抚琴者心静则必致琴音清雅,"故清者,大雅之原本,而为声音之主宰"。"地不僻,则不清。琴不实,则不清。弦不洁,则不清。心不静,则不清。皆清之至要者也"。又说:"古人之于诗则曰风雅,于琴则曰大雅。"此"大雅","修其清静贞正,而藉琴以明心见性"。至于在明崇祯末年撰成《园冶》(原名《园牧》,日本人称为《夺天工》)一书的计成(计无否),其造园之理论主旨,亦在倡言静寂、清和,聊作出世之思,"虽由人作,宛自天开"是该书之纲要。"天开"者,"自然"。"自然"者,乃于尘世嚣喧之间闹中取静。"城市喧身,必择居邻闲逸","兴适清偏,贻(怡)情丘壑",故"顿开尘外想",有"林阴初出莺歌,山曲忽闻樵唱"、"俯流玩月,坐石品泉"之静趣。中华园林

---

① 《清新庾开府》,《升庵集》卷一四四。
② 《跋书卷尾》,《徐文长集》卷二一。
③ 《诗薮》内编卷二。
④ 《诗薮》外编卷四。
⑤ 同上。
⑥ 《袁中郎全集》卷三。
⑦ 《珂雪斋集》卷六。

艺术,至宋代,私家文人园林大量涌现。据李格非《洛阳名园记》,当时仅洛阳一地名园,已有三十余处,所谓京城一地,百里之内,并无隙地矣。《吴兴园林记》亦记述吴兴名园三十余例。苏州文人园如拙政园、留园等闻名于世。拙政园以晋潘岳《闲居赋》所言"拙者之为政"为主题,有亦儒亦道,不仕而宦情已减之寄,言"筑室种树","灌园鬻蔬"即"拙者之为政"。苏州网师园,寄托以"渔隐"之理想。网师者,渔人,此庄周之情思。上海豫园之得名,取自《易经》豫卦之"豫",有愉悦之意。明潘允端《豫园记》称此园所造,"以隔尘市之嚣","取悦志亲意也"。有"人境壶天"、以小见大之审美特性。大凡中华宋明园林,以私家文人园艺术成就最高。其审美特征,一是占地小,不似皇家园林那般广阔空疏。三二植株,拳石勺水,自成佳境,确具"人境壶天"之境界。二是园景朴素自然,园林建筑不仅小巧玲珑,而且色调偏于淡雅,灰瓦白墙,一如江南民居。即使其中的厅堂之类,作为园林主题建筑,也建造得素雅而不失庄重,不比皇家园林建筑那般的金碧辉煌。三是园境充满曲线之美。如园林之亭,或静伫于小丘之巅,或隐显在藤萝掩映之际,或建造在幽篁深处,以亭盖反宇飞檐者为多见,所谓"有亭翼然"(欧阳修《醉翁亭记》)也。又如曲廊、波形廊或回廊、爬山廊之类,有"小廊回合曲阑斜"之美趣。而云墙起伏,连属徘徊。至于各种花窗、漏窗,到处可见曲线。水岸依势就曲,植株自然生长,小路弯弯,尤忌通衢。而湖石讲究皱、瘦、漏、透,曲线造成了园的意境。大部分建筑物的平面是矩形的,因为这样建造起来较为经济。但曲线让人联想到自然。试看海洋波涛,起伏山岳,或天上朵朵云霞,那里都没有生硬而笔直的线条。在未经人们改造过的大自然里,人们看不到直线,故曲线有"自然"的美。宋明园林尤其文人园林的审美主题,无疑是道家情思与阴柔之美。不少文人园林中还有寺塔等佛教景观。文人园林之所以充满曲线的造型,在于造就以人工向自然回归的意境。文人园林并不拒绝弃世之佛的境界与观念的渗入。至于儒家思想,也会在园林厅堂一类建筑造型中表现出来,而且造园者、居园者的心灵境界,往往亦道亦佛亦儒。他们把园林看做人生、仕途的一个精神驿站。仕途未顺,退归于园林,作"退思"之"方便"。一旦东山再起,即可走出园林登上庙堂,可谓出入自由、进退随意。

宋明时代的艺术审美,尽管依然有辛弃疾"金戈铁马"、苏东坡"大江东去"的时代呐喊,不乏李清照"生当作人杰,死亦为鬼雄"的铿锵音调,但那种狂野的、粗犷的、狞厉的甚至是磅礴的、浑莽的艺术风格,在总体上毕竟已成过去。如果说,汉唐艺术以雄浑气势、壮阔意象与硕朴品格取胜的话,那么时至宋明,则大致以典雅、秀逸、静寂、柔丽与小型化、女性化的审美特性见长。这一理学盛行的时代,大致而言,再也不是先秦青铜纹饰般的巫风鬼气,龙气凤舞;再也没有屈子式的奇幻悲慨与精神的上下求索;再也见不到魏晋六朝的悲歌慷慨与风骨劲健。隋唐的雄伟英气与敏锐的审美感觉,诸如李白那般的潇洒风流、杜甫一样的沉郁顿挫以及王维之空寂与李贺之诡美,等等,已被这一时代艺术的文雅、思辨与精神静虑之融合的美所代替。尤其宋人,仿佛他们总是用头脑在"想",而不习惯于以心来"感"。从唐风转而为宋调,失去了、也得到了许多东西。宋代骚人墨客多以杜甫为宗师,而其诗其文却多少缺乏杜甫诗圣那种刚健忠挚、沉郁悲怆的吟唱。又以含蓄、静寂而深邃的艺术意境,来挤兑那种壮美的艺术意象,审美口味确实变了。人们仿佛再也不想去崇拜旭日喷薄,而宁可月照无眠,静静而寂寂地"想"自己的心事。

宋代艺术甚至元代艺术的禅味十足,所不同者,在于寂而润与寂而枯之际。宋元书画,有一个自苏轼般"成竹在胸"、"身与竹化"、郭熙般"三远"的"逸"境向倪云林般山水的枯寂之境转化的过程。其间,多是些雨濛濛、湿漉漉、潮乎乎的感伤的调子,女性般多愁善感的艺术迷氛",几乎笼罩了这一时代。终于酿成元关汉卿曲的天地同悲,这真是一个例外,证明在这月光如水的人文季节,仍有些灼热的情感与悲愤在涌动。否则,这一时代艺术审美"内心独白"的老主题,就宁可总是大团圆———一种廉价的理想诉求。虽有豪放与婉约对唱的时候,而精神的归路,大凡总是"休去倚危阑,斜阳正在,烟柳断肠处"。"飘若游云,矫若惊龙"的王羲之早已走了。张旭、怀素的笔走龙蛇,也已成绝响。颜真卿的恢宏博大,曾经洛阳纸贵,而这一尚大、尚刚的书体,似乎是这一理学时代所难以承载的。东坡书体固然有博大之风,但趋于肥厚而稍逊风骨矣。元赵孟頫确也书艺别裁,然而难道我们没有理由嫌其有些柔媚吗?明代复古派以宗唐抑宋为主旨,然唐的大气,却是难以挽留的。明"前七子"代表人物李梦阳《缶音序》说:"诗至唐古调亡矣。""宋人主理不主调,于是唐调亦亡。"胡应麟说:"宋人学杜得其骨,不得其肉;得其气,不得其韵;得其意,不得其象。"[①]宋人学杜,却难学杜诗精髓,什么缘故呢?因为宋人少具唐诗那种不可言传、气吞山河、如日中天的时代感觉。胡应麟又说:"唐人才超一代者,李也;体兼一代者,杜也。李如星悬日揭,照耀太虚;杜若地负海涵,包罗万汇。李惟超出一代,故高华莫并,色

---

① 胡应麟:《诗薮》内编卷四。

相难求;杜惟兼总一代,故利钝杂陈,巨细咸备。"① 唐诗以李杜为代表,既"天行健",又"地势坤";既"照耀太虚",横空出世,又"厚德载物",惊神泣鬼。而从宋、明诗之大势看,有所不及。宋时如《东坡题跋》云:"故诗至于杜子美,文至于韩退之,书至于颜鲁公,画至于吴道子,而古今之变天下之能事毕矣。"与唐相比,宋以及元、明的艺术审美,在总体上已是少了些男子般的浩然之气,狂放的力度差些,野性不足,也少了许多边塞的英雄叙事。词人们爱写那儿女情长、离愁别绪。秦观《鹊桥仙》云:"纤云弄巧,飞星传恨,银汉迢迢暗度。金风玉露一相逢,便胜却人间无数。——柔情似水,佳期如梦。忍顾鹊桥归路?两情若是久长时,又岂在朝朝暮暮。"同样面对大自然。一般宋代诗词,已少有李白"疑是银河落九天"的惊奇与杜甫"星随平野阔,月涌大江流"那般浩茫而惊艳的审美心理时空。即使写到宇宙天地,也往往弄出个"纤云弄巧,飞星传恨"来。此时的文学,确有些"养"在"闺中"的意味。宋代诗词,除稼轩、东坡与陆游等辈,大致确是成亦"女"味,不成亦在"女"味。"冰肌玉骨,自清凉无汗,水殿风来暗香满"。对儿女情长的体悟细细且深深,意境邃致而幽微,一般的格局却是不够大的。因人心思静而导使艺术一般地缺乏沉雄的呼吸,从敢于面对喷薄之朝阳转而遥望明寂之星空,其间禅悦之风时时掠过心头。我们今天欣赏马远、夏珪这些文人绘画小品,其所选择的题材及蕴涵的主题,往往是"深堂静且幽,一琴几上闲"、"柳溪恋归牧,暮云夕照际"、"万岫千山雪,独钓对寒水"、"渔火愁永夜,秋江泊眠舟"之类人生喟叹,在那残山剩水、滴雨枯荷与夜月清辉之际寻寻觅觅,寄托心之静寂。

宋人的心眼比唐人细,因此,其艺术上的"活儿"干得很是细巧而精致,熟学深思,问难辨疑与注意内心体验,是宋代艺术审美之一般的内心氛围与文化素质,"内倾"、"内敛"、"向内转",是一般宋代的艺术心理的显著特点。别的暂且勿论,就以宋代建筑艺术而言,北宋首都东京,原为唐之汴州,据清徐松《宋会要辑稿》,该城设城墙三重,每重城墙之外侧有护城壕沟,为三重城制,即外城、内城与宫城(大内)。据考古实测,该外城周长仅为十九公里,其内城周长仅为九公里,宫城面积更小,大约仅为内城的七分之一。这东京的规模,远不如唐帝国首都长安的八十四点一平方公里大,也无长安一横街宽至二百二十米的。元大都的面积倒有五十平方公里,但比起唐长安来还是小多了。这种城市面积的普遍缩小,证明宋元时代中国人的文化

---

① 胡应麟:《诗薮》内编卷四。

心态与审美心理,已有趋"小"变"小"的趋势。而宋陵尺度的缩小,更为显著。唐太宗死葬"因山为陵",葬制之恢宏无与伦比,其葬处周围六十公里,面积三十万亩,有陪葬墓一百六十七座,其昭陵之大,试问谁个能敌?宋代皇陵显然不可与之比肩。以北宋八陵即永安陵、永昌陵、永熙陵、永定陵、永昭陵、永厚陵、永裕陵与永泰陵言,其平面均为方形,故称"方上",而其陵体高度,据考古,均仅在二十余米之际,在气势上远不及唐陵。当然,宋代艺术尺度的趋小,并不能说明宋人文化气质与审美理想的平庸与委琐,宋代建筑在物质、制度上一般未求宏阔,而在精神气候上,依然具有以小见大的深广的心理境界,这是与某些宋人诗词的趋小的心理空间有所不同的。北宋理学家邵雍《伊川击壤集》说到建筑艺术,称"心安身自安,身安室自宽","谁谓一室小,宽如天地间"。又说"墙高于肩,室大如斗"而"气吐胸中,充塞宇宙"①。"室小"而"气"不小,"室小"却象征"宇宙"。同时也值得注意,以宋代艺术言,讲究规矩方圆,是其又一显著特点。北宋由李诫(有学者疑为李诚之误)主持编撰的《营造法式》,就以儒家伦理制度与建筑艺术的技术要求,立下诸多营造规矩,如种种建筑模数及其斗口制度等,使该书成为宋以后中华建筑史上影响极为深远的一部建筑"文法课本"②,这是"理"的文化素质在建筑艺术上的体现。以宋代绘画艺术而言,那种工笔花鸟,追求诸如"孔雀升高必举左"的细节真实,宋人曾一度乐此不疲。张择端《清明上河图》这一丹青长卷,细细刻画京城开封汴河景物风情、街衢人物与屋宇车马,所用技法重在工笔,其笔触严谨而工细,确为宋代"理"文化影响所至。再如明董其昌的文人书法艺术,其审美品格温婉而不失严正,于精神美丽之处依然见其内在的生命骨力,确是欧阳修所说那般的"闲和严静"风格。

总之,尽管由于理学的影响,在道德人格及其审美上,宋代文人学子、士大夫多追求道德崇高这一境界,这是本书前文已经谈到的,而在艺术审美方面,则时以冷色调、小型化、女性化、宁静、文雅、秀逸而严谨的特点见长。尽管在这方面,宋与元有些区别,宋与明更是不同,而明中叶之前与之后,难以同日而语,但宋作为典型的理学时代,其艺术审美的这一特征,是显而易见的。至于唐与宋相比,笔者想以八个字来加以概括:"唐人饮酒,宋人品茶"。

---

① 《伊川击壤集》卷一一、一四。
② 梁思成:《中国建筑之两部"文法课本"》,《中国营造学社汇刊》第七卷,1945年,第2期。

## 第八节　美学范畴、命题讨论

宋明理学,历时弥久,其间理学诸派,虽属同一文化、学术与思想潮流,毕竟其诸说并存、此义多出,使得这一漫长历史时期的美学范畴与命题,尤为错综复杂。而考其源流,大要在于宗儒基础上的儒、道、释三种文化与美学的融合,从而在总体上推动其美学思想的完成,其美学范畴与命题的建构,又具历史与人文意义的进一步深化。

这一历史、人文时期,值得加以讨论的美学范畴与命题,可能有如下几个。

### 一、太极

宋明理学开山周敦颐《太极图说》云:

> 无极而太极。太极动而生阳;动极而静,静而生阴;静极复动。一动一静,互为其根。分阴分阳,两仪立焉。阳变阴合,而生水火木金土;五气顺布,四时行焉。五行一阴阳也。阴阳一太极也。太极本无极也。

在这一论述中,以太极为中心范畴,集合了无极、动静、阴阳与五行等范畴。

其一,周氏所言太极,源于《易传》又不同于《易传》。《易传》云:"是故易有太极,是生两仪;两仪生四象,四象生八卦,八卦定吉凶,吉凶生大业。"此太极,在思想、思维品格上,处于从巫学向哲学的转递之中。而周氏所言太极,首先是一个哲学范畴。与《易传》相比,《太极图说》极大地丰富、深化了太极的哲学意蕴。朱熹解读周子"太极本无极也"一句,以为"非太极之外,复有无极也"。① 此言善。这是说,太极本来就是无极,而非太极本于无极。拙著《周易的美学智慧》曾经指出:《太极图说》"吸取道教以逆施成丹为'无极'、顺行造化为'太极'的思想而明《周易》变易之理"。"道教有揭示顺行造化之则的太极图与揭示逆施成丹之则的无极图两种图式。"从"阴静",到"阳动",到"水火木金土"(五行),到"乾道成男"、"坤道成女",到"万物化生",为"顺行造化";从"元牝之门",到"炼精化气"、"炼气化神",到"水火木金土"(五行),到"取坎填离",到"炼神还虚"、"复归无极",为

---

① 朱熹:《太极图说解》。

"逆施成丹"。① 其主旨,太极化生万物,又复归于无极。这在美学上,无异于承认太极为美之本原、本体;而无极,即指人回归其精神故乡。因而朱熹《太极图说解》说,"无极之真,已该得太极在其中,真字便是太极"。然而,道教"顺行造化"与"逆施成丹"说,以"阴静"为逻辑原点,而"炼神还虚"之"虚"、"复归无极"之"无极",即"阴静"耳。这等于说,太极作为本原,非"阴静"而本于"阴静"。不过,在这一点上,周敦颐却不完全尊崇道教之言,而称"太极动而生阳",而"动极而静,静而生阴,静极复动",因而"一动一静,互为其根"。既说以"阴静"为本原,又说动、静"互为其根",这是周敦颐既宗道家、道教之说,又宗儒家尚"动"观思想生动而深刻的体现。

其二,《太极图说》又云,"无极之真,二五之精,妙合而凝","惟人也,得其秀而最灵"。此"二",指"两仪"(阴、阳);"五"即五行。阴阳五行之"妙合",生天生地生人,阴阳、动静、柔刚、仁义与死生,归之于易之太极。此《太极图说》所谓"故曰:立天之道,曰阴与阳;立地之道,曰柔与刚;立人之道,曰仁与义。又曰:原始反终,故知死生之说。大哉易也,斯其至矣"。又,此"无极之真"境,乃"精"之"妙合",实"得其秀,而最灵"者,人之大美。

其三,宋明理学的早期称名,为"道学",直至宋代程朱的学问,仍以"道学"为名。此"道"者何也?北宋邵雍《皇极经世·观物外篇》有一经典定义:"道为太极"。某种意义上可以说,"道学"(理学)即"太极之学"。而太极蕴"气"。东汉郑玄注云,"太极,极中之道,淳和未分之气也"。唐孔颖达《周易正义》卷七说,"太极谓天地未分之前元气混而为一"。朱熹说,"一阴一阳之谓道,太极也"、"太极非是别为一物,即阴阳而在阴阳"。② 此"阴阳",阴气、阳气之谓也。北宋二程云:"离阴阳则无道。阴阳,气也,形而下也;道,太虚也,形而上也。"③而道即阴阳合气,即太和。朱熹《周易本义》:"太和,阴阳会合冲和之气也。"故太极即太和。王夫之《张子正蒙注·太和》"太和,和之至也"。美在于和。太和者,原本之和,亦原本之美。因而,原美在于太极,太极为原美之根因,亦是审美理想。

## 二、理

理作为美学范畴,如何可能?理字从玉,里声,本指玉之纹路,本在之

---

① 参见拙著《周易的美学智慧》,湖南出版社1991年,第485—487页。
② 《朱子语类》卷七四、卷九四。
③ 《河南程氏粹言》卷一。

美。邵雍《皇极经世·观物内篇》说:"所以谓之理者,物之理也。所以谓之性者,天之性也。所以谓之命者,处理性者也。所以能处理性者,非道而何?"理与性、命是同列的范畴,有"天性"、"天命",则必有"天理"。张载《正蒙·诚明篇》曰:"天、命合一,存乎理。"其《理窟·义理篇》又说,"天下义理只容有一个是,无两个是"。此一个"是",即理,是谓事物本原、本体。程明道常言"天理","天理云者,这一个道理更有甚穷已,不为尧存,不为桀亡","天理云者,百理俱备,元无少欠;故反身而诚,只是言得,已上更不可道甚道"。① 天理即道,理自圆满,"元无少欠"。理是最高的,故曰"天理"。理是"道理"的别称,不可以说道在理之上。周敦颐《通书·礼乐》第十三云,"礼,理也;乐,和也。阴阳理而后和"。故理是礼的哲学表达。故"礼乐"者,"理和"。"古者圣王制礼法,修教化,三纲正,九畴叙;百姓大和,万物咸若,及作乐以宣八风之气,以平天下之情","制礼法"者,是依理修治天下,使"天下之情""和而不淫","感其心,莫不淡且和焉","淡则欲心平,和则躁心释",因而,理虽阴阳而本和,和乃美之本在。程伊川(程颐)又说,"性即理也,所谓理性是也。天下之理,原其所自,未有不善"。这是从"性善"释理,又以理说"性善"。人性本善,"性出于天"②。"天命之谓性,此言性之理也","曰天者,自然之理也",③因而,"穷理尽性以至于命,三事一时并了,元无次序"④。"穷理尽性"者,通过善美的道德践行以臻于"命"即"天理"之境界,这是理作为本原、本体与道德工夫之完美的合一。那么理、气关系如何?朱熹说,"天地之间,有理有气"⑤。"天下未有无理之气,亦未有无气之理"。⑥ 然而,"有此理后,方有此气"⑦。朱熹持"理先气后"之说,"理未尝离乎气。然理,形而上者;气,形而下者。自形而上下言,岂得无先后?"⑧这是将北宋初张载的气本体论,变成了理本体论,在美学上,是从理之本原、本体高度,来俯瞰气即生命美学问题。朱熹又说,"总天地万物之理,便是太极"。"所谓太极,只二气五行之理,非别有物为太极也","盖统

---

① 《河南程氏遗书》卷二上。
② 《河南程氏遗书》卷一九。
③ 《河南程氏遗书》卷二四。
④ 《二程全书》,《粹言》一。
⑤ 《朱子文集》卷五八,《答黄道夫》。
⑥ 《朱子语类》卷一。
⑦ 同上书,卷五八。
⑧ 同上书,卷一。

体是一太极,然又一物各具一太极",这是一个"极好至善的道理"。即是说月印万川,理一分殊,"理一"者,太极;又贯彻于物物事事。因而,理作为本原、本体之善美,也贯彻于万事万类,此所谓"人人有一太极,物物有一太极"①。这不是说,天下万物各有一个不同的太极,而是指太极作为"理一",可以"分殊"。"理一",总天地万物之理,又本存于万有(气)之中。劳思光说,"此意显即与'万理之理'一义相通;然并非包含万理之内容'于其中',而只是统摄万理'于其下'"。又说,"就所有理念而言,各理念内容不同,然其为一种完美则同"。② 因而可以说,"万理之理"即"理一"即太极之完美,是原美,本美,它潜存、贯彻于万有(气),却并非万有(气)之美。

### 三、良知

良知这一范畴,始由《孟子·尽心上》提出,"人之所不学而能者,其良能也;所不虑而知者,其良知也"。在逻辑上,良知与良能相对应。阳明心学作为宋明理学的重要构成及其后期发展,实以良知为唯一枢纽。王阳明的哲学与美学思想,从南宋陆象山"心即理"接着说,亦以为"都只在此心,心即理也"③。而良知,实乃其心学之中心范畴。"除却良知,还有甚么说得"④。《孟子》以良知为"所不虑而知者",阳明则云,"不待虑而知,不待学而能,是故谓之良知"。显然不同于《孟子》,"良知"包括了"良能"的内容。而其"良知","是乃天命之性,吾心之本体,自然灵昭明觉者也"。⑤ 这是对孟子"良知"说的发展。其一,将"良知"看做"心之本体",孟子无有此说;其二,以"自然灵昭明觉"说"良知",是儒道释三学融和之见。阳明又说,"良知即是未发之中,即是廓然大公,寂然不动之本体,人人之所同具者也",此同于阳明心学的另一重要范畴"灵明"。"良知"即"灵明"。又指出,"良知者,心之本体,即前所谓恒照者也","但不能不昏蔽于物欲,故须学以去其昏蔽","虽昏塞之极,而良知未尝不明"。⑥ 这里又有两点与孟子不同。其一,孟子持"性善"说,其"良知"之见,未及"昏蔽于物欲"这一问题。王阳明则说,这"昏蔽""不能不"是必然的;其二,孟子称"不虑而知"

---

① 《朱子语类》,卷九四。
② 劳思光:《新编中国哲学史》三卷上,广西师范大学出版社,2005年版,第212页。
③ 《传习录》上,《王文成公全书》卷一。
④ 《寄邹谦之》三,《王文成公全书》卷六。
⑤ 《大学问》,《王文成公全书》卷二六。
⑥ 《答陆原静书》,《王文成公全书》卷二。

即"良知",并未讨论"学"不"学"的问题。阳明心学则称,"良知"不仅是先天的,而且必有"昏蔽"于"物欲"之时,因而"须学以去其昏蔽",这就是阳明心学的"致良知"说。"若鄙人所谓致知格物者,致吾心之良知于事事物物也。吾心之良知,即所谓天理也;致吾心良知之天理于事事物物,则事事物物皆得其理矣。致吾心之良知者,致吾心;事事物物皆得其理者,格物也。是合心与理而为一者也"。① 因而从哲学、美学分析,"致良知",乃本体与工夫合一之说,亦即所谓阳明心学的"知行合一"说。"知之真切笃实处,即是行;行之明觉精察处,即是知。知行工夫,本不可离"。② 然而必须着重指出,此"知",并非今人所言"知识"。王阳明说,"致知云者,非若后儒所谓充广其知识之谓也"。"知识"可学,"良知"并非是学习的对象。所谓"致良知"这一命题,并不具有认识论意义,而是指人之精神、心灵回归于良善之本体。《说文解字》释"良"为"善也"。"良知"是一种本然的觉悟,此阳明心学所谓"一点灵明"。而觉悟灵明者,是"德体"意义上的。这"德体",指本然之善。善作为本体如何可能?须待"致"之工夫。阳明弟子邹守益说:"故致良知,工夫须合得本体。做不得工夫,不合本体;合不得本体,不是工夫。"③"工夫"的自由实现,便是"良知"的自由实现,此曰回归于精神故地,"工夫"这一"致"之方式,即"良知"本然的"发用流行",自然而然、生气勃勃。此时,"德体"之善,无异于"道体"之美。同时,"良知"作为本体之所以能活泼泼地自由地实现,盖"良知"乃属心之本体,这便是"灵明"。王阳明说,"我的灵明,便是天地鬼神的主宰"。④ "我的灵明"即心之"明觉",即"良知"善美的实现,一种生意盎然的"天理"境界,此"心即理"也。"人孰无根?良知即是天植灵根,自生生不息"。⑤ 此"灵根"本植于心。因此,"良知"是一个天理与人心、性体与心体相互生发、映对与统一的范畴,天人合一、心性合一,合一于人之生命的原美。

### 四、悟

悟本为佛学范畴。早在东晋时期,竺道生撰《顿悟成佛义》(《祐录》十五)等言述佛学意义上的悟。《维摩经注》云,"夫大乘之悟,本不近舍生

---

① 《答陆原静书》,《王文成公全书》,卷二。
② 《答顾东桥书》,《王文成公全书》卷二。
③ 《再答双江》,《东廓文集》卷六。
④ 《传习录》下,《王文成公全书》卷三。
⑤ 同上。

死,远更求之也。斯在生死事中,即用其实为悟矣"。若悟生死,可谓"明心见性"。当时佛教有渐悟、顿悟即小顿悟、大顿悟之争。道生持"一阐提有佛性"与"大悟"(即大顿悟)说。《维摩经注》云,"一念无不知者,始乎大悟时也"。"一念"作为一时间范畴,指极短之时,佛教所谓"刹那"。所言"一念无不知者",指极短之时突然明白过来,顿悟之谓。慧达《肇论疏》言述道生"顿悟"义有云,"夫称顿者,明理不可分,悟语极照,以不二之悟,符不分之理"。又云,"见解名悟,闻解名信,信解非真,悟发信谢"。这里,"见解"之"见",动词,读 xiè。既然"理不可分",那么,悟便"不二"以"符不分之理"。此之谓"寂鉴微妙,不容阶差"①。时至唐代禅宗,南宗主顿悟、北宗主渐悟说,有各得法偈为证。南宗慧能在《六祖坛经·般若品》中说,"未悟自性,即是小根。若开悟顿教,不执外修,但于自心常起正见,烦恼尘劳,常不能染,即是见性"。"见性"于"当下即是",顿悟之谓。《神会语录》云,"事须理、智兼释,谓之顿悟","不舍生死而入涅槃,是顿悟"。唐代法相宗有"悟入"说,《成论》在讨论《唯识三十论》时,称"觉"、"悟"有序位:"如是所成唯识相性,谁于几位如何悟入?谓具大乘二种性者,略于五位渐次悟入。"法相宗持渐悟说。值得指出的是,唐代作为佛学中华本土化与诗的时代,尽管佛学典籍如法海本《坛经》大谈顿悟之义,尽管有许多诗篇比如王维的禅诗,可谓诗悟与禅悟合一之作,然而,关于论说"诗悟"兼"禅悟"的理论建树,除王昌龄《诗格》"诗有三品""意境"之论寓诗、禅之悟的见解以外,一般唐代的诗论、画论与乐论等,尚将此充分地现于文本。

　　时至宋明,随着中华佛学与艺术美学关于悟的理论与实践的进一步深化,禅悟、诗悟及其结合的美学课题,开始受到重视。

　　首先,宋明理学吸收原本为佛学范畴的悟的学说,以阐说其宗旨。前述王阳明的"良知"说,实际融渗了佛学的悟的思想因子。"良知"有时被解说为"寂然不动之本体"、"所谓恒照者"之类,又云"灵明"。阳明后学如王畿(龙溪),黄宗羲《明儒学案》称其"学皆尊'悟'",可谓的论。王畿有三悟说:"师门尝有入悟三种教法。从知解而得者,谓之解悟,未离言诠。从静中而得者,谓之证悟,犹有待于境。从人事练习而得者,忘言忘境,触处逢源,愈摇荡愈凝寂,始为彻悟。"②此言"解悟"、"证悟"与"彻悟"为"入悟三种教法",实际是"致良知"的三种方式,也是"入悟"的三种境界。这是黄宗

---

① 《广弘明集·辨宗论》。
② 黄宗羲:《明儒学案》卷一二。

羲对王龙溪所言"君子之学,贵于得悟。悟门不开,无以证学。入悟有三:有从言而入者,有从静坐而入者,有入人情事变练习而入者。得于言者,谓之解悟,触发印正,未离言诠"、"得于静坐者,谓之证悟,收摄保聚,犹有待于境"、"得于练习者,谓之彻悟"①的重新申述。可见此悟之说,遗响于明、清之际。此所谓悟者,渐悟也,而阳明心学及其后学,某种意义上可以说,"心体"即"悟体"矣。② 在一个亦儒亦禅亦道的时代,悟作为哲学、美学范畴,必然受到三学一体的人文滋养。

在宋明时代,原本属于佛学的悟论,随着禅诗、禅画等艺术的进化,积极地参与了艺术美学的完成。苏轼《送参寥师》云:"欲令诗语妙,无厌空且静。静故了群动,空故纳万境。阅世走人间,观身卧云岭,咸酸杂众好,中有至味永。"虽未明言诗悟与禅悟的关系,却是关于"空且静"境的一种悟。空,佛境、佛性;静,道玄之境,"空且静"即禅。吕本中《童蒙诗训》说:"作文必要悟入处,悟入必自工夫中来,非侥倖可得也。"其《与曾吉甫论诗第一帖》又云,"悟入之理,正在工夫勤、惰间耳"。作诗、作文必先"悟入","工夫"即在"悟入",这是佛禅的渐悟理念对诗之美学的影响。南宋晚期,严羽《沧浪诗语》力倡"禅道"、"诗境"在于"妙悟"之说:"大抵禅道在妙悟,诗道亦在妙悟",认为诗美并非决定于诗人"学力"之高下,"且孟浩然学力下韩退之远甚,而其诗独出退之之上者,一味妙悟而已"。又说,"惟悟乃为当行,乃为本色。然悟有浅深,有分限。有透彻之悟,有一知半解之悟。汉魏尚矣,不假悟也。谢灵运至盛唐诸公,透彻之悟也。他(其他)虽有悟者,皆非第一义也"。关于"禅悟"、"诗悟"的异同,本书前文已有概括,此勿赘。而"惟悟乃为当行,乃为本色",尤是也。宋人因受理学影响的缘故,有好发议论,以议论、学识、典故为诗之偏失,以至于诸多诗作味同嚼蜡,此严羽"妙悟"说,为对治之言。

## 五、空

与悟相契的,是空。古印度数理哲学以数字"零"为空,作为"存在",是非正、非负的中性判断。佛学以空为第一义谛。所谓缘起性空,所谓佛性、般若、法性、真如、涅槃与圆寂等等,要义在于空观。一切"皆空",以空为本原、本体,是观照世界万类的一种角度、理念与方法。《中论·观四谛品第

---

① 《龙溪全集》卷一七。
② 参见劳思光:《新编中国哲学史》三卷上,广西师范大学出版社,2005年,第347—349页。

二十四》云,"以有空义故,一切法得成;若无空义者,一切则不成"。空是佛教、佛说的逻辑原点。《大般涅槃经·师子吼菩萨品》说,"佛性者,名为第一义空,第一义空名为智慧"。又称,"佛性者,即第一义空,第一义空名为中道。中道者即名为佛,佛者名为涅槃"。又云,"人天无性,以无性故,人可作天,天可作人"。所谓"无性",此即"空性",人、天万类,因缘起而性空,无有自性,故空。在此意义上,人、天一如,人、天合于空,然合本身亦为空,即无所谓合,亦无所谓非合。早在唐代,《神会语录》云,"念不起,空无所有,名为正定;能见念不起,空无所有,名为正惠"。"正惠"(慧)一如,空也。"空"又云"寂"。神会接续乃师慧能的"话头",亦谈空说寂。《坛经》云:"但自知本体寂静,空无所有,亦无住著,等同虚空,无处不遍,即是诸佛真如神。"①在唐以及宋明诗文中,以悟、空与寂等营构诗境者,在在多是。唐人常建《题破山寺后禅院》,有"山光悦鸟性,潭影空人心。万籁此俱寂,但余钟磬音"之佳句;杨巨源《赠从弟茂卿》则吟云,"扣寂由来在渊思,搜奇本自通禅智"。至于王维、白居易等以禅诗营构空、寂之境,更不胜枚举。在宋明诗、文之论中,如本书前述苏轼所谓"欲令诗语妙,无厌空且静"等并非孤例。姜夔《白石道人诗说》云:"诗有四种高妙:一曰理高妙;二曰意高妙;三曰想高妙;四曰自然高妙。碍而实通,曰理高妙;出自意外,曰意高妙;写出幽微,如清潭见底,曰想高妙;非奇非怪,剥落文彩,知其妙而不知其所以妙,曰自然高妙。"这一论述,尤推重"自然高妙"的诗境。试问,"高"且"妙"于何处?空、寂及其与无、自然的融合。张炎《词源·清空》云:"词要清空,不要质实。清空则古雅峭拔,质实则凝涩晦昧。"此言"清空",大凡因空而清。什么是清?诗何以为清?主要乃空境、寂境而已。胡应麟《诗薮》亦说,"诗最可贵者,清。然有格清,有调清,有思清,有才清";"清者,超凡绝俗之谓"。《沧浪诗话》推崇诗之空、悟之境,"羚羊挂角,无迹可求。故其妙处,透彻玲珑,不可凑泊。如空中之音,相中之色,水中之月,镜中之象,言有尽而意无穷"。这是佛经关于"一切法性皆虚妄见,如梦如焰,所起影象,如水中月,镜中象"的诗学、美学活用。《诗薮》又云,"禅则一悟之后,万法皆空";"诗则一悟之后,万象冥会"。"冥会"者,空、无会于心灵,万千意象作为心理氛围,实即空、无之境。王畿则说,"当下本体,如空中鸟迹,水中月影,若有若无,若现若浮,拟议即乖,趋向即背,神机妙应,当体本空,从何

---

① 引者注:严格来说,道家言"静"而佛禅称"寂"。道持"无"入"静";佛禅因"空"而"寂"。故"寂"不同于"静"。但唐宋禅师,往往三学兼修,故此本义在"寂",却以"寂静"一词表述。

处识他？于此得个悟入,方是无形象中真面目"。① 王廷相《与郭介夫学士论诗书》亦称,"夫诗贵意象透莹,不喜事实沾著,古谓水中之月,镜中之影,难以实求是也"。诗之大致,非"以实求是",而是以虚(空、无)求美。此美,犹镜中之影。此影,即张先词之"三影":"云破月来花弄影"、"娇柔懒起,帘压卷花影"、"柳径无人,坠风絮无影"。亦即前述苏轼《记承天寺夜游》所言"庭下如积水空明,水中藻荇交横、盖竹柏影也"之"影"。总之,此空、寂之境,正如王阳明于《传习录》下所言,似"那三更时分空空静静的"意境。"空"即"寂"也。道安《安般守意经》云:"得斯寂者,举足而大千震,挥手而明扪,疾吹而铁围飞,微嘘而须弥舞。"此极言"寂"之伟力、意境也,读者亦可由此悟入,得"寂"(空)之美蕴与美之境界也。

## 六、韵

宋明之时,艺术审美尤重于韵,此古人悟空、悟禅之审美心理营构,韵是美的意境。韵本义指音律之和。谢赫《古画品录》言"六法",第一称"气韵","生动是也"。韵,源自生命之气。唐张怀瓘《书断·序》以"神"、"妙"、"能"评述书之"三品",其中所言"神",已有"韵"在,古人有"神韵"之说。唐张彦远《历代名画记》以"自然"、"神"、"妙"、"精"与"谨细"五品论画之美,又以所言"须神韵而后全"的"神韵"释"自然"与"神"两个范畴。晚唐司空图《沧浪诗话》以"韵外之致"说诗境。北宋黄庭坚《题摹燕部尚父图》云,"凡书画当观韵"。范温《潜溪诗眼》称,"不俗之谓韵",这是从诗品、文品而言;"韵者,美之极",这是以韵说诗美之极致;所谓"潇洒之谓韵",范温说:"夫潇洒者,清也,清乃一长,安得为尽美之韵乎?"此范温之诘问,似有理。然如果为人、为文潇洒而具风神,必具风韵矣;如果潇洒而清逸,则为清韵、逸韵。"尽美之韵"固然不等于"潇洒"与"清",两者却是息息相关。范温又说,"有余意之谓韵",这是《沧浪诗话》"韵外之致"的解读。而戴复古《论诗十绝》有云,"作诗不与作文比,以韵成章怕韵虚。押得韵来如砥柱,动移不得见工夫"。戴氏说诗宗古法,这是重申韵的美学本义。宋黄休复《益州名画录》论画品,倡"能"、"妙"、"神"、"逸"四品,是在《历代名画记》"能"、"妙"、"神"三品之上,又标"逸"品,即"逸格",所谓"笔简形具,得之自然,莫可楷模,出于意表,故目之曰逸格尔"。可见唐人虽有"神韵"之说,而一般未悟"逸韵"之旨。此唐人重"意"、宋人尚韵之

---

① 黄宗羲:《明儒学案》卷一二。

"逸"境于此可证。笔者曾说,在审美品格上,"唐人饮酒,宋人品茶"。"饮酒"在意,"品茶"在韵,而且尚"淡"。韵者,"淡之致",所谓"韵淡"。此苏轼《书黄子思诗集后》所谓"发纤秾于简古,寄至味于淡泊",是唐人"绚烂之极归于平淡"的宋代版。与韵相契的,是远。宋郭熙撰、其子郭思纂注的《林泉高致》有论画之"三远":"山有三远,自山下而仰山巅,谓之高远。自山前而窥山后,谓之深远。自近山而望远山,谓之平远。高远之色清明,深远之色重晦。平远之色,有明有晦。高远之势突兀,深远之意重叠,平远之意冲融。而缥缥缈缈,其人物之在三远也。高远者明了,深远者细碎,平远者冲淡。"此言述画山的视角,固然涉于技法,而尤推崇画境的"平远"。晋陶潜有诗云,"结庐在人境,而无车马喧。问君何能尔,心远地自偏"。"平远",韵淡之关键。"平远"者,实为"心远",即远弃于尘俗。韩拙《山水纯全集》亦说"三远":"愚又论'三远'者:有近岸广水,旷阔遥山者,谓之阔远;有烟雾溟漠,野水隔而仿佛不见者,谓之迷远;景物至绝,而微茫缥缈者,谓之幽远"。此"阔远"、"迷远"、"幽远",其审美主旨在乎韵,即意境深邃而味淡矣。

### 七、圆

与韵密切相关的,是美学范畴圆。佛学有"圆想""圆寂"、"圆融"、"圆教"、"圆圆海"之言,今人钱锺书《说"圆"》一篇,论圆已是透彻。唐华严宗以《华严经》为立教宗旨,持"圆满因缘修多罗"之见,自称"圆教",所主教义,一摄一切,一切摄一,重重无尽,圆融无碍,有"六相圆融"之说。宋明儒及道教中人,但言太极、无极,其蕴在圆。所谓"阴阳鱼"太极图,是一大圆。宋儒宗《易传》,《易传》有"是故蓍之德圆而神"这一命题。韩康伯注《周易》云,此"圆者,运而不穷"之谓,"言蓍以圆象神","唯变所适,无数不周,故曰'圆'"。可见,不仅佛、道,而且儒门中人,亦喜说圆。圆是一个美学理想。《易传》所言"原始反终,故知死生之说",是说"生生之谓易"的道理。《易》不重死而重生,将死看做两次生之间的一个中介,从生到死再到生,此谓是"生生",也便是"原始反终",圆矣。通行本《老子》有"反者,道之动",此言天地万类之运化往复,以及人生回归于精神故地,圆也。北宋苏辙说,"子少作文,要使心如旋床,大事大圆成,小事小圆转,每句如珠圆"(见苏籀《樂城先生遗言》),这是指作文圆法。吕本中《夏均父集序》说诗之"活法"云,"谢元(玄)晖有言,'好诗□(此缺一字,似宛)转圆美如弹丸'"。圆者,美也。其《别后寄舍弟三十韵》又云,"笔头传活法,胸次即圆成"。所谓"活法",指诗有法而无法,无法而有法,诗圆在有法、无法之际。故曾几《读吕居仁旧诗有怀其人作诗寄之》云,"学诗如参禅,慎勿参死句"。诗美者,"其圆如金弹,所向若脱兔。风吹春空云,顷刻多态度"。诗圆则活。而何之贞《东洲草堂文钞》卷五云,"落笔要面面圆、字字圆。所谓圆者,非专讲格调也。一在理,一在气。理何以圆?文以载道。或大悖于理,或微碍于理,便于理不圆。气何以圆?直起直落可也,旁起旁落可也,千回万折可也,一戛即止可也,气贯其中则圆"。诗美者,气圆也。而理何以能圆?回答是"文以载道"。在笔者看来,这是有些问题的。"文以载道"或"文以明道"说,实为文艺工具论,这是将文与道判为两半,实则非圆。此理,理性、概念、观念之谓,又兼指理学之理,故此好理之论,实非圆说。然而,如果以理融渗于诗境,犹"蜜中花,水中盐,体匿性存,无痕有味",依然可以是诗、文之"圆成"。

总之,诗、文圆美此问题,在文化、美学上,实际是一个美学理想,终极即太极问题。明清之际的王夫之《周易内传》云,"太极,大圆者也"。"大圆",指根本之圆,此圆中有"大美"。

### 八、童心

童心作为美学范畴,由明代晚期的李贽所倡言。李贽《焚书》卷三云:"夫童心者,真心也。若以童心为不可,是以真心为不可也。夫童心者,绝假纯真,最初一念之本心也。若失却童心,便失却真心;失却真心,便失却真人。"童心,即"真心"、"本心","绝假纯真"。《周易》有蒙卦,言童蒙之道,说"蒙以养正"之理。"童蒙"者,人生之初始,未经俗世之污染,故真。历史上,道家以"无"为真,佛家以"空"为真,而儒家以"蒙"为真。李贽说:"童子者,人之初也。童心者,心之初也。"童心即童真之心、本我之心,是一切审美包括艺术审美之唯一的心理条件,所谓无功利、无目的,类于佛家所谓无尘心、机心与分别心。故失却"童心",即"假"。东汉王充"疾虚妄",以对治谶纬神学;此李贽倡言童心,所对治的,是世人虚伪之心。历史上,道、释一直宣说虚静或空幻不染之心。然而童心说,还有另一意思,是对伪道学的攻抨之辞。李贽说,所谓童心,健康、合理、自然之私心也。其《德业儒臣后论》云:"夫私者,人之心也。人心有私,而后其心乃见。若无私,则无心矣。"这是对生命个体正当情欲需求的肯定,已不同于传统儒说与佛释"空"言。审美之瞬时,固然是物我、天人、主客的浑契,而作为人文、历史的审美,广义的审美,则包括对人之生命个体正当情欲的肯定。李贽童心说,是针对当时伪善之"道心"而言的,其反儒学传统的倾向,不言而喻。其抨击理学虚伪云,"六经、'语'、'孟',乃道学之口实,假人之渊薮,断断乎其不可以语于'童心'之言,明矣"。故童心之真,除无欲、无功利等意义,还具真情、真性等意义,以伪饰为攻击对象。徐渭《赠成翁序》有言,"今天下事鲜不伪者,而文为甚"。李贽亦倡"真我"之为人、为文标准,主张率性而为。其《焚书》卷三《读律肤说》云,诗人"性格清彻者,音调自然宣畅;性格舒徐者,音调自然疏缓;旷达者,自然浩荡;雄迈者,自然壮烈;沉郁者,自然悲酸;古怪者,自然奇绝。有是格,便有是调。皆情性自然之谓也"。历史上,道家倡说"自然无为",所谓"道法自然";汉儒称"发于情,止乎礼义",以养性抑情止欲为真;宋明儒大凡亦然,而李贽、徐渭等人,已从旧儒之"围城"反出,主张情、性之真,独具新时代的时代审美意识与美学新见。

**九、性灵**

性灵作为美学范畴,并非由晚明公安派袁宏道所首倡。早在南朝梁刘勰《文心雕龙》中,就已有性灵之说。"经也者,恒久之至道,不刊之鸿教也。故象天地,效鬼神,参物序,制人纪,洞性灵之奥区,极文章之骨髓者也。"稍晚于《文心雕龙》的钟嵘《诗品》亦说性灵,是对阮籍的评价:"而《咏怀》之作,可以陶性灵,发幽思。言在耳目之内,情寄八荒之表。洋洋乎会于风雅,使人忘其鄙近,自致远大。"晚唐李商隐《献相国京兆公启》说,"人禀五行之秀,备七情之动,必有咏叹,以通性灵。故阴惨阳舒,其涂不一;安乐哀思,厥源数千"。凡此但言性灵,指本然意义之人的性情、灵府。明王阳明所言"一点灵明"虽未言性灵,而实具性灵之意。

袁宏道《叙小修诗》称其弟小修诗,"大都独抒性灵,不拘格套"。又说,袁中道"非从自己胸臆流出,不肯下笔。有时情与境会,顷刻千言,如水东注,令人夺魄",并以为其诗"佳处"、"疵处",都是"独抒性灵"之作。袁宏道重新倡言性灵说,是与当时提倡真人、真性、真情及真文、真诗之潮流相契的,在于反理学之虚伪。性灵也者,"性"之"灵"也,其着重点在"灵"。"灵"者,"至情"也。汤显祖《牡丹亭记题辞》说,"情不知所起,一往而深。生者可以死,死者可以生"。其《寄达观》又称,"情有者,理必无。理有者,情必无"。情、理互逆,不共戴天,有着强烈的反理学意绪。从宋明理学之著名命题"存天理,遏人欲"看,此言将情、理对立,不无道理,是当时要求人性之解放及其艺术审美从理学桎梏中突围出来的生动体现。性灵这一范畴,所提示的是为人及为文之本然。袁宏道《叙呙氏家绳集》云,"凡物酿之得苦,炙之得苦,唯淡也不可造。不可造,是文之真性灵也"。"独抒性灵",

是要求诗、文抒写人之精神本色。王骥德《曲律》曾言,"当行本色之说,非始于元,亦非始于曲,盖本宋严沧浪之说诗",其以禅喻诗,"惟悟乃为当行,乃为本色"。性灵说反对俗套,反对文坛死气沉沉,要求发扬真实、本然、鲜活之文风,正如清袁枚《随园诗话》所言,"自三百篇至今,凡诗之传者,都是性灵,不关堆垛"。

## 十、雅

雅这一美学范畴,原属于儒学,为诗体之一。《周礼·春官·大师》云,"大师教六诗:曰风、曰赋、曰比、曰兴、曰雅、曰颂"。《诗大序》又以雅为诗六义之一,成为评判诗、文的标准。所谓雅,"言天下之事,形四方之风,谓之雅。雅者,正也"。雅者,必正;而正,未必雅。正,《荀子·乐论》有"正声感人而顺气应之,顺气成象而和乐兴焉"之言,正则"无邪",不仅指人格、人品,而且指文格、文品。"雅正"为复合词,可能始于汉应劭《风俗通》:"笛者,涤也。所以荡涤邪秽,纳之于雅正也。"陆机《文赋》曾以雅为一审美标准:"又虽悲而不雅,或清虚以婉约,每除烦而去滥。"晋挚虞《文章流别论》云,"扬雄《赵充国颂》,颂而似雅,傅毅《显宗颂》,文与《周颂》相似,而杂以风雅之意"。《文心雕龙》提倡"辨物正言,断辞则备"、"然则圣文之雅丽,固衔华而佩实者也",又说"自风雅寝声,莫或抽绪,奇文郁起,其《离骚》矣","盖风雅之兴,志思蓄愤,而吟咏情性,以讽其上,此为情而造文也"。且言"刘琨雅壮而多风",并以"典雅"为文八体之一。唐初卢藏用《蓟丘览古·序》称汉晋"虽大雅不足,然其遗风余烈,尚有典型"。李白作为盛唐大诗人,反对南朝淫靡诗风,倡言"雅正"。《古风》其一云,"大雅久不作,吾衰竟谁陈";《古风》其三五又云,"大雅思文王,颂声久崩沦"。殷璠《河岳英灵集》以雅评诗,说王维"词秀调雅"、孟浩然"半尊雅调,全削凡体"。司空图《诗品》又以"典雅"为二十四品之一。

时至宋明,诗文、词曲之"雅调"依然被提倡。尤其宋代,以理学之矜持而正大,影响到艺术审美,遂有"典型"、"古雅"之说。宋词的美学品格,并非仅豪放、婉约二种,除此还有雅、俗之旁支。早在唐代王昌龄《诗格》那里,已有"古雅"之说。南宋张炎《词源》倡"清空则古雅峭拔"之言,因"清空"而"古雅"。"古雅"这一范畴,成为近人王国维"古雅"说之源头。张炎《词源》又说,"不惟清空,又且骚雅,读之使人神观飞越"。无论"古雅"还是"骚雅",其共同之处都在于"雅正",有严正、骨力之内涵。而前者有"古"风,"峭拔"典雅;后者具骚体之遗韵,"骚雅"者,不仅"雅正"而多气,而且富于神秘、神奇、缥缈之风韵,称其为"风雅"亦可。

然而宋明雅范畴之时代新特点,最主要的,表现在与俗这一范畴的对立、对应之中。自宋至明,随着中华城市文化与市民意识的崛起,导致俗文化、俗意识的觉醒,故在美学上,雅、俗问题颇为时人所讨论。

北宋范仲淹以为"君子著雅言,以道不以时"①。道正则诗雅,不为时俗所移。宋祁总结唐诗,以高祖、太宗"为欠雅之时";"玄宗好经术","此乃趋雅之世";大历、贞元间,韩、柳倡古文,为雅之"其极也"②。北宋苏舜钦斥"晋、唐俗儒之赋颂",以"正儒"自居而倡"雅"③。黄庭坚《跋东坡乐府》称:"东坡道人在黄州时作,语意高妙","笔下无一点尘俗气"。④ 徐度《却扫编》记陈与义学诗于崔德符,"尝问作诗之要。崔曰:'凡作诗,工拙所未论,大要忌俗而已'"。苏轼提出"以俗为雅"的美学主张。其《题柳子厚诗》云,"诗须要有为而作,用事当以故为新,以俗为雅。好奇务新,乃诗之病"。南宋朱熹《答巩仲至》说,编诗"要使方寸之中无一字世俗言语意思"⑤。严羽《沧浪诗话》云,"学诗先除五俗:一曰俗体;二曰俗意;三曰俗句;四曰俗字;五曰俗韵"⑥。但王若虚《滹南诗话》推崇白居易的俗:"郊寒白俗,诗人鄙薄之","而乐天如柳阴春莺,东野如草根秋虫,皆造化中一妙"。胡应麟《诗薮》有"风雅之观,典则居要"之言。董其昌论画反对"甜俗",要求"绝去甜俗蹊径,乃为士气"。⑦

宋明雅、俗之争有三种见解。其一,反俗尊雅,坚守"雅正"传统;其二,既受理学影响,又接市民观念,对俗采取宽容态度,所谓"以俗为雅";其三,雅俗不二,亦俗亦雅,大俗大雅。此三者,尤其后两种,具时代新特点。朱弁说,"惟东坡全不拣择,入手便用。如街谈巷议,鄙俚之言,一经坡手,似神仙点瓦砾为黄金,自有妙处"。⑧ 宋明之时,中华文学的俗化,是一大趋势。亦俗亦雅,大俗大雅,甚至雅俗不二,有如大乘佛教之"中观",离弃空、有二边而无执于中道,不滞累于此中。吉藏《二谛义》卷一云:"真俗义,何者?

---

① 《范文正公集》卷一,《四部丛刊》本。
② 《新唐书》卷二〇一。
③ 《苏学士文集》卷九,《四部丛刊》本。
④ 《豫章黄先生文集》卷二六,《四部丛刊》本。
⑤ 《晦庵先生朱文公文集》卷六四。
⑥ 《滹南遗老集》卷三八。
⑦ 《画诀》,《画禅室随笔》卷二。
⑧ 《风月堂诗话》卷一。

俗非真则不俗,真非俗则不真。非真则不俗,俗不碍真;非俗则不真,真不碍俗。俗不碍真,俗以为真义;真不碍俗,真以为俗义也。"雅俗不二,犹如佛教"真俗无碍"说。① 可见,宋明雅俗不二的艺术审美思潮与实践,受到佛教真俗不二观的影响。

**十一、命题举要**

其一,"存天理,去人欲"("存天理,遏人欲")。

王阳明云:"圣人述六经,只是要正人心,只是要存天理,去人欲。"②此言较朱熹委婉,如理学家通常所言"存天理,遏人欲"。朱熹说:"《书》曰:'人心惟危,道心惟微,惟精惟一,允执厥中'。圣贤千言万语,只是教人明天理,灭人欲。"③"灭人欲"者,无论正反、真假、善恶、美丑,只要关乎"人欲",一律都"灭";"去人欲"("遏人欲"),是"去"背"理"之"私欲"、"淫欲"。王阳明要求"将好色、好货、好名等私欲,逐一追究搜寻出来,定要拔去病根,永不复起,方始为快"④。"病根"者,"私欲"之类也。理学的这一著名命题,以"天理"来对治"人欲",足见"天理"的所谓"纯洁性"。"天理"纯是一个"理",实际上是儒家基本伦理的天则化、神圣化。"天理"自当与审美攸关,但"天理"倘绝对舍弃人类情感包括欲望,则只能是理性思辨、概念而非审美。同时,这一命题也与时代潮流相背谬。城市、市民文化的兴起,搅动人之功利欲望,而道学先生却要"去(遏)"、"灭",这是一个具有道德兼审美意义的命题。而审美首先关乎"人欲",一旦"人欲"被"去(遏)",便只剩下对"天理"的所谓审美,实际是对"天理"的崇拜与遵循了。因而这一命题,具有背逆一般性的审美意义,理学与美学意义两者兼具。

其二,"以物观物"。

北宋邵雍《观物·外篇十》云,"以物观物,性也;以我观物,情也;性公而明,情偏而暗"。此"以物观物",自不同于"以我观物"。前者为"性"观;后者为"情"观。通常来说,审美必然是"我"观,无"我"焉得为"观"?但是邵雍的这一命题,却主张舍"我"弃"情",以"性"为"观"。此"性"者,何也?邵雍此言"性",即"理"。考虑到邵雍《皇极经世》所言"理",乃"数"也,易

---

① 参见王水照主编:《宋代文学通论》,河南大学出版社,1997年,第55页。
② 《传习录》上,《王文成公全书》卷一。
③ 《朱子语类》卷一二。
④ 《传习录》上,《王文成公全书》卷一。

数也,天命也,因此所谓"性",为"天数"、"天命"之"性",且为无"情"之"性"。故"以物观物"这一命题的美学意义,在于倡言去"情"之"观"、去"情"之审美,是一种关乎"理"的美学绝对论。邵雍《观物·内篇一二》说,此"观"者,圣人之为也。"非观之以目,而观之以心也,而观之以理也"。圣人"能以一心观万心,一身观万身,一物观万物,一世观万世者焉。又谓其能以心代天意,口代天言,手代天动,身代天事者焉"。这使人想起《庄子》有关"无听之以耳而听之以心,无听之以心而听之以气"言述"心斋"的哲学名言。但一以"气"观、一以"理"观。以"理"观,此为何"观"?"反观"之谓也。《观物·内篇一二》又云,"所之谓之反观者,不以我观物也。不以我观者,以物观物之谓也",即内省、沉思,即无"情"偏之"观",这是在高度而绝对地肯定圣人以"理"(天理)"观"天下,亦在肯定"理"的绝对真理性。而既然"理"为本原、本体,故这一命题的哲学、美学意义,在于它是从哲学高度进入,而不是对审美现象及其本质的感性描述。邵雍《观物·外篇》又说,"以理观物,见物之性",故所谓"以物观物",实为去除"情欲"之"以理观物",此与"存天理,去人欲"相通。其《伊川击壤集序》云,"近世诗人","出于爱恶,殊不以天下大义而为言者,故其诗大率溺于情好也"。在邵雍看来,此"情好"不仅害"理",而且损于"反观"与审美,故"以物观物"者,实乃去"情好"前提之以"天理""观物"、由"物"而"观""天理"之善美也。

其三,"兴象风神"。

明胡应麟《诗薮》云,"作诗大要不过二端:体格声调,兴象风神而已。体格声调有则可循,兴象风神无方可执"。又称,"兴象风神,自尔超迈。譬则镜花水月,体格声调,水与镜也。兴象风神,月与花也。必水澄镜朗,然后花月宛然"。此"兴象风神",显然是"兴象"与"风神"二者的组合,二者是宋明之前已有的范畴。唐殷璠《河岳英灵集》评陶翰云,"既多兴象,复备风骨"。此"兴象",言诗之意象的创造,由"兴"而起,且具"兴寄"之旨。《文心雕龙·风骨》云,"诗总六义,风冠其首,斯乃化感之本源,志气之符契也"。刘劭《人物志》说才性以仪、容、声、色与神五者为评判之标准,《世说新语》所言"容止",指"容神",亦"风神"也。故"兴象风神"言意象兴寄之美与风神意气之美在大化流行之中的对应互照,寄慨遥深又潇洒风流,如"月与花"双华映对,"无方可执",既意象飘逸,又风力弥满、神韵兼备。宋杨万里《答建康府大军库监门徐达书》云:"大抵诗之作也,兴,上也。""我初无意于作是诗,而是物是事适然触乎我,我亦适然感乎是物是事,触先焉,感焉随焉,而是诗出焉。我何与也?天也。斯之谓兴。"既然以兴为"上",那么,"兴象"在宋人心目中,也是为"上"之"象"。胡应麟《诗薮》又云,"初唐七言以才藻胜,盛唐以风神胜,李杜以气概胜,而才藻风神称之,加以变化灵异,遂为大家"。可见,胡应麟的这一美学命题,是明人对盛唐诗品、诗风与诗境的重新肯定。

其四,"身与竹化"。

苏轼《书晁补之文与可画竹》云:"与可画竹时,见竹不见人。岂独不见人,嗒然忘其身。其身与竹化,无穷出清新。庄周世无有,谁知此凝神。"在古代中华审美文化中,有两大人文符号尤为历代诗人所钟爱,一为月,一为竹。这种人文审美现象,宋、明尤甚。宋诗尚韵、尚淡、尚骨。竹者,作为人格比拟,以清拔、清隽有气节而为人所垂青。"身与竹化"这一命题,指艺术创造之全身心地与审美对象相融合,此"化",即天人、物我、主客统一的审美移情,此时,不知何为身,何为竹,即《庄子》所言"忘"。"忘"者,"坐忘"也,不知庄生之梦为蝴蝶、蝴蝶之梦为庄生。审美在瞬间实现,是一种"忘"。忘去荣辱得失、柴米油盐,审美即凝神观照。同时,苏轼《文与可画筼筜谷偃竹记》又有"成竹在胸"说,称"故画竹必先得成竹于胸中",这也揭示了艺术创造的本质规律。艺术创造固然是一种"身与竹化"的心灵状态与境界,而作为一个可能是较长甚或漫长过程的创作,却是瞬间审美观照、体会、领悟与思考等众多心理因素交替作用的历程。"成竹于胸",指以艺术技法画出竹之形象前,对竹之意象总体审美心理的酝酿完成,指多方面领悟、考虑得深切而周全。"成竹于胸",是"身与竹化"的一种成熟与深致状态,至美之境,指意象以技法表达之前的审美心灵蓝图与氛围。清代郑燮有"三竹"说,所谓"眼中之竹"、"胸中之竹"与"手中之竹"三阶段,是对苏东坡"身与竹化"兼"成竹于胸"之说的阐扬与发展。

其五,"穷者而后工"。

北宋欧阳修《梅圣俞诗集序》云,"予闻世谓诗人少达而多穷。夫岂然哉?盖世所传诗者,多出于古穷人之辞也"。又说,"内有忧思感愤之郁积,其兴于怨刺,以道羁臣寡妇之所叹而写人情之难言。盖愈穷则愈工。然则非诗之能穷人,殆穷者而后工也"。此"穷者而后工",是就诗而言的,故有的学人将此命题改为"诗穷而后工"。解析这一命题,关键在"穷"、"工"二字。此所言"穷",有如下意义:首先,从欧阳先生"少达而多穷"言,此"穷"与"达"对,并非专指穷困,而是指穷途末路之"穷",此"穷",未必是经济意义上的;其次,指诗人"内有忧思感愤之郁积",而非一般的喜怒哀乐;又次,诗人如何能以诗之"工",述"羁臣寡妇之所叹"而写"人情之难言",除非诗人对此穷于思考与感悟,否则不足以道、写,更难达"工"之境界。"穷"有如上所述三义。诗人的穷困生涯、悲惨遭际,仅是诗"工"的一个可能条件而非必要条件;而"忧思感愤之郁积",是必要条件。其根本点,是诗人对所描摹之生活、人物的真实、真诚与真切的体会、了悟与反复构思、思考。除此,诗"工"还有另一重要条件,即诗人上乘的文字修养与表达能力。诗"工"必关乎诗人思想感情、生活遭遇与词章修养及表达这些方面,缺一不可。就"忧思感愤之郁积"言,董逌《广川画跋》云:"盖诗非极于清苦险绝,则怨思不深,文辞不怨思抑扬,则流荡无味,不能惊发人意。要辞句清苦,搜冥贯幽,非深得江山秀气迥绝人境,又得风劲霜寒以助其穷怨哀思"。怨之极,哀之深,思之切,然后诗可以"工"。屈子之于《离骚》,杜工部之于三吏、三别,曹雪芹之于《红楼梦》,都证明了这一道理。

其六,"虽由人作,宛自天开"。

明末计成《园冶》作为中华古代最具代表性的园林美学著述,其美学思想之丰富、深邃自不待言,如以小见大,"巧于因借"等思想是。《园冶》有云,"夫借景,林园之最要者也。如远借、邻借、仰借、俯借、应时而借。然物情所逗,目寄心期,似意在笔先"。试问,园林何以有"借景"?因为园林之美虽通于诗美,却不等于诗。诗无所谓"借",只有园林如是,是因为园林是空间环境美术之故。而世人说园林美学,总仅注意所谓"巧于因借,精在体宜"之类,这是不够的。《园冶》最重要的美学思想,是其所言"虽由人作,宛自天开"这一命题。此"人作"者,人工之美;"天开"者,天然、自然。园林的"自然",不是"天开"之自然、生糙之自然;而不尊重自然的"人作",是非回归于精神故乡之"人作"。园林既然是"人工造作",作为文化,就是"人化自然"、"自然人化"的同时建构。园林之美,是"天开"、"人作"之"亲和"对话的完美方式。中华古代的文人私家园林,尤其是道家意绪、情趣与哲思之生动而深刻的体现。此《园冶》所谓"兴适清偏,贻(怡)情丘壑。顿开尘外想,拟入画中行"。又,"眺远高台,搔首青天哪可问?凭虚敞阁,举杯明月自相邀",是以"人作"方式,作"尘外想"、"画中行",以叩问"青天"即追摄、观悟清深之美境也。

# 第七章
## 清代实学与中华古典美学的终结

　　清代美学是中华古代美学的终结。在此之前,它经历了这样几个阶段:原始巫术文化及其审美意识的发生;先秦子学所呈现的心性仁学、哲学与审美酝酿(儒家之仁学是心性问题的伦理学解;道家的道学是关乎心性问题的哲学解);两汉经学,以儒学霸权来企图解决宇宙生成论关怀之下的人生道德的审美课题;魏晋南北朝道、释、儒的三学"折衷",主要从先秦道家那里吸取思想资源,导致玄学的美学尤为葱郁而深致之哲学本体论的思辨性;隋唐以禅宗美学为代表,审美成为一种文人人格处于出世与弃世即无与空之际的生命与生活情调。以上时代实现了自先秦"易象",经东汉、南朝的"意象"到唐代"意境"说的历史、人文建构;宋明理学美学,是以儒学为文化基质的儒、道、释三学的综合圆融,人格审美在哲学本体与道德存养工夫之间达到对应。而清代美学,"简单言之,则对于宋明理学之一大反动"、"一言蔽之,曰'以复古为解放'"①。它是对明中叶阳明心学从"虚"到"实"的"反动"与转嬗,是一种具有一定实学精神的美学。它以明清之际王夫之接承而来的哲学气论为其精神素质与底蕴,呈现出中华古代美学之辉煌的落日余晖。在思维品格上,它比较地沾溉于"实"(物)而处在"气"这一介乎形上之"道"与形下之"象"两者之间的层次。实学精神,使得中华以抒情诗为代表的民族艺术审美能力与感觉,在此进一步衰退与变得迟钝,从宋明理学美学的深度退出,是其显著的精神特点。而其一般所具的近代科学精神,体现为"复古"而"解放"的人文趋势。至于清代实学的反美学的一面,亦值得注意。

---

　　① 梁启超:《清代学术概论》,《梁启超论清学史二种》,朱维铮校注,复旦大学出版社,1985年,第3、6页。

## 第一节 "气"哲学的美学之思

清代美学,"以复古为解放",这一"戴着镣铐的舞蹈"的"解放",始于明、清之际王夫之。这一美学,屹立在时代交接点上。就宋明理学美学而言,是集大成意义上的总结与批判;就清代实学美学来说,奠基于气论哲学。

明末清初,学者辈出,清代"史学之祖当推宗羲","经学之祖推炎武"①,而王夫之,主要在哲学美学上独有建树。

王夫之继承、发扬北宋理学家张载的气哲学本体论,来解释世界之"实有"及其物质(气)的统一性,建构其气论基础上的美学思想。

其一,王夫之的哲学立场,在于坚持世界实有。他说:"盈天地者皆器矣。"②"实有者,天下之公有也,有目所共见,有耳所共闻也。"③世界不是一个"理",也不是一个"心",亦非"数",而是耳、目等五官可以"见"与"闻"的"器"。"器"实有而非虚无。"是故阴阳奠位,一阳内动,情不容吝,机不容止,破块启蒙,灿然皆有。""有"是一种"灿然"的美的存在。"实有"者,非"妄"而"真",天下"其常而可依者,皆其生而有;其生而有者,非妄而必真"。④ 故实有是"真有",是真实存在的世界的生命与生活现象。这里,王夫之对世界的观察与理解,首先是建立在人之生命基础上的,他对人之五官的感觉持一种充分信任的态度,已将审美与经验联系在一起。

其二,在美学本体论上,王夫之接过张载关于气的话题,承认"太虚"在"气"说。王夫之云:

> 太虚,一,实者也。⑤

太虚一词,首见于《庄子·知北游》:"是以不过乎昆仑,不游乎太虚。"成玄英"太虚为"深玄之理"。在先秦庄学那里,太虚实为"无"这一存在状态,故太虚之性为"虚"。张载哲学的基本命题,是"太虚即气",以为"太虚不能无气,气不能不聚而为万物,万物不能不散而为太虚"。⑥ 太虚是天下

---

① 梁启超:《清代学术概论》,《梁启超论清学史二种》,第14页。
② 《周易外传》卷五。
③ 《尚书引义》卷三。
④ 《周易外传》卷二。
⑤ 《思问录·内篇》。
⑥ 《正蒙·太和》。

"万物"之"散",即气的状态。太虚是实有。从庄周到横渠,太虚之内含,已由虚转实。王夫之的太虚说,是接续于张载的。然而仔细分别,张载只说"太虚不能无气",气聚为万物,气散为太虚,这是活用庄子所言"气聚则生,气散则死"的见解。至于当太虚聚而为万物时,太虚是否是一种气的实有状态,这一点张载并未注意。而王夫之所言太虚,无论气之聚、散,都是实的本在状态。这里,王夫之所谓"太虚,一,实者也"的"一",即指气,气者,实。

其三,王夫之的太虚说,实际是其太极说的理论展开,亦可以说是两者互为发明。王夫之说:"易有太极,固有之也,同有之也。"①太极是"有"而非道家所谓"无",这是宗于《易传》的"是故易有太极,是生两仪"说而不是《庄子》的"无极而太极"说。《易传》的太极是"一"(实有),由"一"而"二"(两仪),"两仪"者,阴阳。王夫之以为太极具有"固有"与"同有"之本性。"固有",本有;"同有",天下万物悉皆具有而无一遗漏。这是同时活用了汉人所谓太极"一片淳和之气"与朱熹所谓"人人各一太极,物物有一太极"的见解。太虚固然不等于太极,但在气为本体这一点上是相通的。毋宁说,太虚是天下之美的气之本在状态;太极是气之本在的美的终极。两者相通于气。

其四,气是运动还是静止、世界本原于动抑或静,是王夫之气论美学动静观所要回答的问题。

首先,王夫之将宇宙的实有存在,看做是一"阴阳无始,动静无端"的时间过程,所谓"宇宙者,积而成乎久大者也"②。"久"是时间之无限,"大"是空间之无垠。这是接续了东汉张衡《灵宪》关于"宇之表无极,宙之端无穷"的哲学见解。

其次,在动、静美学观问题上,先秦道家以为万物本原固静,要求"致虚极、守静笃",回归于静、虚即为人生之美境,所谓"静为躁(动)君"、"归根曰静"之谓。北宋周敦颐说:"太极动而生阳,动极而静;静而生阴,静极复动。"③这是将动静观哲学意义上的逻辑起点设定在动,而周子的人生哲学却是主静的:"定之以仁义中正而主静,立人极焉。"④可见,周敦颐的哲学动静观未能处处贯通。而且,按其所言"动而生阳,动极而静;静而生阴,静极

---

① 《周易外传》卷五。
② 《思问录·内篇》。
③ 周敦颐:《太极图说》。
④ 同上。

复动"的逻辑,似乎太极生化天地万物时,先生阳、后生阴,而不是《易传》所谓"是故易有太极,是生两仪(阴阳)"。似乎太极原本并无阴气、阳气的"种子"而是由动、静这种"生"的方式所决定的。所以王夫之批评说,"动静者阴阳之动静也","非初无阴阳,因动静而始有也"。① 动、静皆"实"。萧汉明指出,王夫之动静观包含这样的意思:"阴阳为太极之固有,分阴分阳只是太极自身的展开过程,并非太极本身没有阴阳。"②这说得不错。笔者愿意补充一句:其实动静之根因亦为太极所固有,动静是太极的本在状态亦是其展开、实现过程。太极本身如本无动静的根因,则何以展开、实现为动、静? 因此,倘论太极之美,则非仅动为美或仅静为美。作为根因,动、静都可以为原美。人生之美,动、静皆可。但王夫之的动静观具有主动的一面,他说:"太虚者,本动者也。动以入动,不息不滞。"③这是从《易传》"天地之大德曰生"、"生生之谓易"化出的思想,颇有些时代气息,所谓"虚则丧实,静则废动,皆违性而失其神也"④。求实、求动,王夫之的美学思想具有推崇笃实、阳刚与求变的思想品格。王夫之说:"一动一静,皆气任之。气之妙者,斯即为理。"⑤动静者,生气灌注。"气之妙者",气之美的高妙境界。王夫之称此理之使然,说明其美学思想刚从宋明理学之营垒中"反"出,还来不及抖落其历史与人文尘埃。

其五,王夫之称:"太极,大圆者也。"⑥此"大圆"之美,美在"大圆"之阴、阳与动、静的"太和","太和"是太极的原本和谐状态。

> 太和,和之至也,道者,天地人物之通理,即所谓太极也。阴阳异撰,而其絪缊于太虚之中,和同而不相悖害,浑沦无间,和之至矣。未有形器之先,本无不和;既有形器之后,其和不失,故曰太和。⑦

"和"有多种,以"太和"为"和之至"。王夫之采《易传》之言,以为"天地絪缊"是气未成之前的那种原本状态,可以说是气之原型。此为一。二,从"未有形器之先"走向"既有形器之后",是"至"、"极"的原美趋于消解与衰退,这是采老庄道本原之说来解读"太和"。而"既有形器之后","其和不

---

① 王夫之:《周易内传·发例》。
② 萧汉明:《船山易学研究》,华夏出版社,1987年,第90页。
③ 王夫之:《周易外传》卷六。
④ 王夫之:《张子正蒙注》卷九。
⑤ 王夫之:《读四书大全说》卷五。
⑥ 王夫之:《周易内传·发例》。
⑦ 王夫之:《张子正蒙注》卷一。

失",是"太和"的回归,亦是循老庄之说。可见,王夫之并没有对"既有形器之后"的自然、社会与人生丧失信心,他认为,人的精神与审美倘要返回故乡,还是有路可走的。

"太和"的思想,即原始"天人合一"的思想。"天人"何以"合一"？因气贯通于"天人"之故,所谓"人之道,天之道也"①。人、天之际,一气而已,气本"淳和"。在这"天人合一"的宇宙中,有"天"（自然）之美,有"人"（人工）之美,有两者"合一"之美,而究竟孰美？王夫之的回答是:"天地之生,莫贵于人矣。人之生也,莫贵于神矣。神者,何也？天地之所致美者也。百物之精、文章之色、休嘉之气,两间之美也。函美以生,天地之美藏焉。天致美于万物而为精,致美于人而为神,一而已矣。"②人乃天地灵气之化生,人最为天下"贵",其美达于"神"之境界。"神"者,"天地"之间"所致美者"。中华美学史所言"天人合一"之美,有三种境界:此一,"以人合天",道家之境;此二,"以天合人",儒家之境;此三,"天人合于空"即无所谓"合"或不"合",佛家之境。"以人合天"者,"天人"合于"无";"以天合人"者,"天人"合于"有";"天人合于空"者,实乃"天人"无所谓"合"亦无所谓不"合",或曰连"合"本身也是"空"的。王夫之称"天地之生,莫贵于人",人是"天地之所致美者",强调人之美高于天地之美,显然是指"以天合人"的儒家所主张与追求的"有"（实）之美,而非道家所谓"以人合天"之美。王夫之说"天之道,人可以以之为道",有先秦荀况"天人相分"的意思与唐刘禹锡"人定胜天"的意思,这种天人之思的终极,亦属儒家"天人合一"观。

其六,王夫之的美学主气、主实,则必重于象。《易传》云,"形乃谓之器,见乃谓之象"。象是天下之形、器在人心中的"见（现）"。就形、器言,象因"见"而性"虚",但象毕竟是形、器之"见",不如形上之道那般玄虚与抽象,象处于形上与形下以及道与器之际,亦即在虚、实之际。同时,象乃生命之"见",生命之根因是气,因而,凡气皆有象,凡象皆具气,气、象不可分拆。因此,所谓象之美,实乃生命之气的呈现,美是生命之气的象"见"。象因气之流行而美。气是生命原型。在原始巫术文化中,气具神秘意味,即李约瑟所谓神秘的感应力。气又是中华生命哲学与生命美学的元范畴,它是审美之象的生命素质,气就道而言,是实。王夫之一生精研易学,对象与气与易理之关系独有会心。《易传》云:"易者,象也。"象乃易之本。王夫之说:"天

---

① 王夫之:《续春秋左传博议》卷下。
② 王夫之:《诗广传》卷五。

下无象外之道。"①"盈天下而皆象矣。"②

凡言道必涉于象,这是与魏王弼"扫象"说的不同之处,却回到了通行本《老子》关于道之"其中有象"的美学立场。而"天下""皆象",是因为天下万事万物作为形、器,均可"见"于心的缘故。"心"作为主体"灵府"或阳明所言"灵明",均具有"见"之为象的功能。王夫之强调"盈天下而皆象矣",实即肯定主体认知与体悟客体对象的生命力。主体认知与体悟对象之属性与现象靠什么?靠生命之气。生命之气化为认知与体悟,实即意。意是以主体生命之气为底蕴与素质、知道、悟象之一种主观心理的品格与深度。因此,哪里有象,那里便有气,便具象的主观心理品格与深度。因此,哪里有象,哪里也必然有"意",气、象与意、象亦不能分拆,它们共同"见"之为美。王夫之说:

> 道者,物之所众著而共由者也。物之所著,惟其有可见之实也;物之所由,惟其有可循之恒也。既盈两间而无不可见,盈两间而无不可循,故盈两间皆道也。可见者,其象也。可循者,其形也。出乎象,入乎形;出乎形,入乎象。两间皆形象,则两间皆阴阳也。两间皆阴阳,两间皆道。③

这里所谓"两间",指"物之所众著"与物之"共由者"。"物之所众著","可见之实"。此实,有实体、实相之义;"物之所由","可循之恒",此恒,常道之义。"可见"与"可循",关乎象、形,皆能达于道。

可见,从自然美到社会美(艺术美、人格美),均是一个象的问题。王夫之气论的美学,是象的美学。

其七,正如前述,象之美学,必关乎意。意在审美中的地位,是王夫之所强调的:

> 无论诗歌与长行文字,俱以意为主。意犹帅也。无帅之兵,谓之乌合。李杜所以称大家者,无意之诗,十不得一二也。烟云泉石,花鸟苔林,金铺锦帐,寓意则灵。④

这是将魏曹丕的"文以气为主"变成了"美以意为主",不仅关乎文,而

---

① 王夫之:《周易外传》卷六。
② 同上。
③ 王夫之:《周易外传》卷五。
④ 王夫之:《薑斋诗话》卷二。

且关乎自然("烟云泉石"之类)、社会("金铺锦张"之类)的审美,都是"寓意则灵"的。

王夫之所言"意",不等于儒家(理学)之理,又关涉于理。这可以从其言论中见出:"以意为主,势次之。势者,意中之神理也。"①王夫之以"势"来形容"神理",可见其内心还留下一块儒家之理(道德纲常及其审美)的地盘。然而,他的所谓审美"以意为主"的目光已经放开,明言"意"不等于"势",而"势次之"。王夫之说:"宽于用意,则尺幅万里矣。"②又说:"亦理亦情亦趣,逶迤而下,多取象外,不失圜中。"③说明其审美与诗论的视野,已非限于儒而旁采道家之言,此所谓"多取象外,不失圜中",是以司空图之说而推崇道家之旨。

由此,王夫之对美学史上"达理"与"缘情"之辨作了一个理论总结,对宋人的"以议论为诗"作了正确的评判:"王敬美谓'诗有妙悟,非关理也',非理抑将何悟?"④"王敬美谓'诗有妙悟,非关理也',非谓无理有诗,正不得以名言之理相求耳。"⑤诗之美,当然在"妙悟",但这不等于说诗的"妙语""非关理",而凡是"妙悟"者,决非"无理之诗"。问题是,诗之理,既不局限于儒家、理学所推崇的道德伦理,更不是"名言之理"。这里的"名",指概念、逻辑;"名言",指表达抽象意义的语言文字。抽象的、概念化的"言"与议论,是"妙悟"之诗美所排斥的。在王夫之看来,"以议论为诗"之所以不可取,是因为其惟求"达理"而无诗象诗悟之故。

> 诗固不以奇理为高。唐宋人于理求奇,有议论而无歌咏,则胡不废诗而著论辨也。⑥

王夫之的结论是:"诗以道性情,道性之情也。"⑦"性之情"不等于"情之性",前者重性而后者重情。可见王夫之的诗论,还是偏于主"缘情"一路,但他不废以诗象"达理"之说:"诗源情,理源性,斯二者岂分辕反驾者哉?"⑧情、性或曰性、情是不可分割的健全人性与人格的两翼,诗作为人性

---

① 王夫之:《薑斋诗话》卷二。
② 王夫之:《唐诗评选》卷四。
③ 王夫之:《古诗评选》卷五。
④ 王夫之:《薑斋诗话》卷一。
⑤ 王夫之:《古诗评选》卷四。
⑥ 王夫之:《古诗评选》卷五。
⑦ 同上。
⑧ 同上书,卷二。

与人格的审美方式,美在性、情(情、性)、意、象(象、意)、气、象(象、气)之际,达到"合化无迹者谓之灵,通远得意者谓之灵"①的境界。

其八,王夫之气论的美学,又因重象而独拈"现量"之说,来言说审美感悟与审美直觉。王夫之指出:

> 现量,现者有现在义,有现成义,有显现真实义。现在,不缘过去作影;现成,一触即觉,不假思量计较;显现真实,乃彼之体性本自如此,显现无疑,不参虚妄。②

王夫之又说:

> "僧推月下门",只是妄想揣摩,如说他人梦,纵令形容酷似,何尝毫发关心? 知然者,以其沉吟"推"、"敲"二字,就他作想也。若即景会心,则或推或敲,必居其一,因景因情,自然灵妙,何劳拟议哉?"长河落日圆",初无定景;"隔水问樵夫",初非想得;则禅家所谓"现量"也。③

这里所言"现量"以及后文所要谈到的"比量"与"非量",是印度原古因明学之量论的基本范畴。印度古代各哲学流派在"量"问题上多各持己见。据孙剑英《因明学研究》一书,"总起来共有十种量,即现量、比量、圣教量、譬喻量、假设量、无体量、世传量、姿态量、外除量与内包量等"。④ "正理派"持此前四量说,古因明即陈那之前的瑜珈行宗也持前四量说。而陈那的因明学说,尤为重视现量、比量与非量之说。印度因明学认为:量,度量,决定之义。凡构成知识的过程及知识本身,称为量。

现量有真现量、似现量的区别。

> 此中现量,谓无分别。若有正智于色等义,离名、种等所有分别,现现别转,故名现量。⑤。

现量,感官直接接触对象(所量),不假判断、推理与逻辑而使主体直接"印可"知识的过程及知识本身。不假语言、思维,无有分别且主体处于纯粹感觉状态,其精神"无有迷妄"即所谓"正智",此之谓真现量。如果主体

---

① 王夫之:《唐诗评选》卷三。
② 王夫之:《相宗络索·三量》。
③ 王夫之:《薑斋诗话》卷二。
④ 孙剑英:《因明学研究》,中国大百科全书出版社,1985年,第6页。
⑤ 商羯罗主:《入论》,即《因明入正理论》,唐玄奘译本。

对象的感觉因思维活动而起于对象上有了分别与执着,其获得的是一种具有思维与逻辑的知识,那么,这便是似现量。"似"是迷误之意。因此,真现量亦称为无思维现量;似现量即有思维现量。

现量说虽为因明、逻辑之见,但主张在对象上的感觉不起分别与无所执著,即主张"有正智于色"(色,一切事物现象)、"离名、种等所有分别",而通于审美直觉与审美感悟。这是很关键的一点。

正如前引,如唐人贾岛《题李凝幽居》"鸟宿池边树,僧敲月下门"而倡言作诗须"沉吟推、敲二字",这在王夫之看来,是有背于"现量"说的。作诗的推、敲,已有逻辑思维与分别理念、精神执著在矣。这是误入了非审美的似现量亦即比量与非量之境。王夫之说:"比量,比者以种种事比度种种理;以相似比同,如以牛比兔,同是兽类;或以不相似比异,如以牛有角比兔无角,遂得确信。此量于理无谬,而本等实相原不待比,此纯以意计分别而生。"①比量,是知识的推理、类比,已有悖于直觉与审美。"于理无谬"者,不等于于诗"无谬",也不等于于审美感悟与直觉"无谬"。王夫之又说:"非量,情有理无之妄想"。② 非量是个什么状态呢?"情有理无"。审美不可无情,然绝对的非理性、绝对地为情所累、为情所遮蔽,即执著、迷乱于情,也是王夫之所反对的。似现量、比量不是审美;非量也是非审美的。

王夫之移用因明三量尤其是其中的现量说,来研究审美感悟与直觉的审美心理机制问题,显得相当精彩、准确与有思想深度。

## 第二节 尚"实"的美学思考

清代历经二百五十余年,以公元1840年鸦片战争之爆发为界,分前、后两期。这一时代的美学,历时弥久,范围广大而情况多变,其间理论之演变,给人以眼花缭乱的美的风景。它是中华古典美学的终结,孕育了这一伟大民族美学思想的新精神,圆熟与僵滞并存,守成与潜在的趋新映对。而清代美学之大要,一言以蔽之,崇实而已。有一种实学精神素质,渗融在这一时代的美学思考之中。

其一,原始儒学所谓实用理性(实践理性),是道德伦理意义之"实"。原始儒学的所谓"内圣外王"之学,有"经世致用"之功。"经世致用"之学,

---

① 王夫之:《相宗络索·三量》。
② 同上。

实学之一种也。梁启超倡言"以复古为解放"的所谓"复古",主要在"复"孔子实学精神之"古"。这尤其是针对明中叶之后阳明心学及其遗响之崇尚玄谈、虚无而言的。

清代的艺术审美,以孔子儒学为原始的实学精神,它体现出清代审美之"文化守成"的特点。

黄宗羲重提孔子"兴观群怨"说,以为"昔吾夫子以兴观群怨论诗",肯定"兴,引譬连类"、"观风俗之盛衰"、"群居相切磋"与"怨刺上政"之诗的实际功用,称"盖古今事物之变虽纷若,而以此四者为统宗"。虽然黄宗羲不忘补充了一句:"然其情各有至处,其意各就境中宣出者,可以兴也;言在耳目,赠寄八荒者,可以观也;善于风人答赠者,可以群也;凄戾之骚之苗裔者,可以怨也。"① 已有从审美角度重新解释"兴观群怨"的意思,但依然基本以孔子实用理性精神来解读"兴观群怨"。

叶燮以为"盈天地万有不齐之数,总不出乎理、事、情三者","而天地备于六经。六经者,理、事、情之权舆也。合而言之,则凡经之一句一义,皆各备此三者而互相发明"。② 这种"宗经"的美学思想,依然颇具儒味。

顾炎武说,"文之不可绝于天地间者,曰明道也,纪政事也,察民隐也,乐道人之善也"③。这是"文以明道"说的重申。

章学诚说:"文,虚器也;道,实指也。""文可以明道,亦可以叛道。"④ 这是实用理性意义上的艺术工具论。

沈德潜重申儒家之"诗教""温柔敦厚"又说:"诗之为道,可以理性情,善伦物,感鬼神,设教邦国,应对诸侯,用如此其重也。"⑤ 沈德潜有"格调"说。

翁方纲主"肌理"说,称"经籍之光,盈溢于宇宙,为学必以考证为准,为诗必以肌理为准"⑥。以诗艺耀"经籍之光",言诗艺之功用。

桐城派方苞也说,"盖政事文学,皆人臣所以自效,而政事之所关尤重"。"尤重"在何处呢?"不专以文辞,而必求实济"。⑦ 所谓"实济",实用

---

① 黄宗羲:《汪扶晨诗序》,《南雷文定四集》卷一。
② 叶燮:《与友人论文书》,《已畦文集》卷十三。
③ 顾炎武:《日知录》卷十九。
④ 章学诚:《原道下》,《文史通义·原道二》。
⑤ 沈德潜:《说诗晬语》。
⑥ 翁方纲:《志言集序》。
⑦ 方苞:《诂律书一则》。

济世之功。

　　清代的艺术美学,在倡言宗经、尊儒、"文以明道"等方面,大凡仍在因袭儒门实用理性的诗学传统。

　　其二,清人的实学精神,是一种做学问的"求是"、"求事"精神。清儒尤重考据之学。清乾隆、嘉庆(1736—1820)八十余年间,训诂、考据之风盛于域中。它以明清之际的顾炎武为首倡,至乾嘉而笃行于天下。学者尤承汉古文经学之传统,以文字训诂与校勘之学从事古籍整理与文化研究,形成朴学,追求"无一字无来历"的治学境界,具有强烈而严谨的经学与历史哲学精神。这方面的代表有以惠栋为首的"吴派"与以戴震为首的"皖派"。乾嘉学人的学问做得尤为扎实。就校勘而言,或两籍互校,以古籍为准;或据本籍或他籍之旁证与反证来校读讹误;或发见著者原定体例以刊正全书可能有的讹误;或据别有的确凿资料校正原著之错失。虽因历史、时代局限,未入于后人王国维所谓"二重证据法"之境,但崇实是其不移的学术立场。

　　梁启超《清代学术概论》谈朴学之学风,凡立十条:一、"凡立一义,必凭证据;无证据而以臆度者,在所必摈";二、"选择证据,以古为尚。以汉唐证据难宋明,不以宋明证据难汉唐";三、"孤证不为定说";四、"隐匿证据或曲解证据,皆认为不德";五、"最喜罗列事项之同类者,为比较的研究,而求得其公则";六、"凡采用旧说,必明引之,剿说为大不德";七、"所见不合,则相辩诘";八、"辩诘以本问题为范围,词旨务笃实温厚";九、"喜专治一业,为'窄而深'的研究";十、"文体贵朴实简契,最忌'言有枝叶'"。①

　　这种朴实学风,不仅具有方法论意义,而且深潜以崇实的人格精神与思想意义。时代之审美,必与之取同一步调。

　　清代文学审美的求实精神,是很明显的。开一代朴学之风气,在音韵学诸方面多有学术建树的顾炎武,全部四百余首诗作中除叠用典故以炫耀学问、文辞古雅有美感外,所撰大抵沉醉于史实的记叙,滞累于历史真实而削弱了艺术真实的审美意味。朱彝尊《送袁骏还吴门》等诗亦喜用典故:"袁郎失意归去来,弹铗长歌空复哀。天寒好向汝南卧,酒尽谁逢河朔杯。"仅此诗之上半短短四句,已连用冯谖弹铗、袁安卧雪以及袁绍子弟与刘松河朔醉饮等典故,其用意在夯实诗的学问根基,结果导致以学问遮蔽诗情。清代诗词,虽有钱谦益兴亡感抒的真挚、吴伟业笔墨的偏于清婉平易、王士禛独抒神韵、陈维崧追随稼轩词以自裁悲慨、纳兰性德自然而凄婉、袁枚性灵轻

---

① 《梁启超论清学史二种》,第39页。

越、赵翼于悲情中见豪健、郑板桥略具狂狷、怪诞而有平民气、张惠言文辞细腻而雅净、魏源山水诗的壮伟雄放以及谭嗣同的激越慷慨等等,但总体上其思想与艺术成就难与唐诗、宋词相比。这一时代,人们的文学审美情趣大致已从诗词领域出走与转移,既难以神交于李诗的潇洒风流、想象奇特,又不能以杜诗的沉雄顿挫为知音同调,李杜的"不新鲜"(赵翼《论诗》有"李杜诗篇万口传,而今已觉不新鲜"句),正是清代诗词审美趋于沉没的悲哀。

清代散文以桐城派为代表。方苞、刘大櫆与姚鼐等辈的散文审美理想,在所谓"义法"。方苞申言:

> 《春秋》之制义法,自太史公发之,而后之深于文者具焉。义,即《易》之所谓"言有物"也;法,即《易》之所谓"言有序"也。义以为经而法纬之,然后为成体之文。①

方苞所言"言有物"、"言有序",前者出自《易传》之"象辞"释"家人"之文:"君子以言有物而行有恒";后者引述《周易》艮卦六五爻辞:"艮其辅,言有序,悔亡。""有物"而"有序",以文辞内容笃实、言之无妄为准;以叙述有条有理、合乎规范为则。两者合一,可谓文之全美。这种审美理想,到底是沾溉、执著于物与物之序的,无疑是崇实精神的表现。桐城古文,倚重于老老实实的学问与规规矩矩的叙述,在精神气质上追慕三代两汉,合乎孔孟、程朱,确有些道德说教的复古倾向,曾被后人骂为"桐城谬种"。它一般地缺乏灵虚之魂与有深度的哲学,是审美之一缺憾。审美如果是有深度、有魅力的,必然以哲学与宗教为其终极关怀,必然对世界、人生提出问题,有惊奇以及有惊奇之余的凝视与思考。仅此而言,难道不是桐城古文的一个缺失么?它脚踏于大地,大地固然是其力量的源泉,它的平实纵然有许多好处,它的古雅也往往是庄严的,然而人们依然有理由认为,它一般地缺少那种惊鸿一瞥而深邃的哲学眼神。

清代美学的崇实精神也在小说、戏曲创作与理论上得到了体现。元明之世,在宋"说话"的基础上,小说空前地发展起来,这得自城市文化与市民文化的发展。《三国演义》、《水浒传》、《西游记》、《金瓶梅》以及"三言"、"二拍"等,成为清代《聊斋志异》、《儒林外史》与《红楼梦》之宏伟的前奏。除《西游记》外,这些小说以写实为基本特色。《聊斋志异》虽以狐鬼与花木精灵为虚构之意象,其骨子里到底还是写实的,其世态人情与举止行为,都

---

① 方苞:《又书货殖列传后》。

如实描绘。《儒林外史》和《红楼梦》的写实程度尤高,是白描艺术的精品。《红楼梦》除"太虚幻境"等为虚写外,其余几乎笔笔都是实写。从小说艺术理论看,写实是诸多学人的一贯主张。金圣叹说:"《史记》是以文运事,《水浒》是因文生事。"①"以文运事"的"事",是史事、史实;"因文生事"的"事",是虚构之事。又说:"他妙手所写纯是妙眼所见,他决不肯放手便写,此良工之所以永异于俗工也。"②毛宗岗这样评论《三国演义》与《西游记》两著之短长:"读《三国》胜读《西游记》。《西游》捏造妖魔之事,诞而不经,不若《三国》实叙帝王之实,真而可考也。"③李渔说:"其人其事,观者烂熟于胸中,欺之不得,罔之不能,所以必求可据,是谓实则实到底也。"④仍拘泥于历史真实之思路,于讨论艺术真实之义无补。李渔的崇实思想,是显然的。周亮工《尺牍新钞》云,"文有虚神,然当从实处入,不当从虚处入。尊作满眼觑着虚处,所以遮却实处半边,还当从实上用力耳。"⑤虽然承认"文有虚神",仍旧是持"实"之见。又明确指出:"天下事,无论作文作人,只以老实稳当为主。"⑥脂砚斋则云:"非经历过,如何写得出","试思若非亲历其境者,如何摹写得如此"。⑦ 其立场仍坐实在事实上。刘熙载也说:"实事求是,因寄所托,一切文字不外此两种。"⑧以为"因寄所托"固然重要,而"实事求是",在"实事"上"求是"尤为重要。

其三,正如前文已经谈到的,清代美学的基本哲学精神,是生命哲学的气论。不过,由于清人说气,往往与事、情同列,因而,以气为哲学基础的清代美学,又无疑具有实的思想与思维品格。

清人论气,亦随古贤之见,称"夫文章,天地之元气也"⑨,并无新意。清初文士、学者关于"愤气"的论述,是前贤所谓"发愤"著述、"不平则鸣"说的历史遗响,渗以新的时代意绪与精神。廖燕说,天地间本有"愤气"在,

---

① 金圣叹:《读第五才子书》。
② 《杜诗解·戏题王宰画山水图歌》,《金圣叹全集》卷二。
③ 毛宗岗:《读三国志法》,清邹悟岗《第一才子书》本。
④ 李渔:《闲情偶寄·词曲部·审虚实》。
⑤ 周亮工:《与友人论文》,《尺牍新钞》。
⑥ 周亮工:《又与程正夫》,《尺牍新钞》。
⑦ 《红楼梦》第十七、七十六回批语。
⑧ 刘熙载:《艺概·赋概》。
⑨ 黄宗羲:《谢翱年谱游录注序》,《南雷文约》卷四。注:钱谦益《纯师集序》亦说:"夫文章者,天地之元气也。"

"天地未辟,此气尝蕴于中"。又称"故知愤气者,又天地之才也"。① "天地之才"(天才)本具天地之"愤气",这是将人的"愤气"先天化了。"愤气"说,体现了清初"社会良心"的不平与苦闷。黄宗羲指出,"其文,盖天地之阳气也"。他所言"元气",尤指"阳气"。"阳气在下,重阴锢之,则击而为雷;阴气在下,重阳包之,则搏而为风。"②这里活用先秦伯阳父所谓"阳迫阴烝"遂成"地震"之说,来宣泄对民族压迫的愤懑之情,从倡言"风雪"之文肯定阳刚、雄健的文品与人品,说明清代美学虽为中华古典美学的终结,却不等于全是精神的萎靡不振,而时时有些大气的呐喊与挥写。"鸟以怒而飞,树以怒而生,风水交怒而相鼓荡,不平焉乃平也。观余诗者,知余不平之平,则余之悲愤尚未可已也。"③心中"不平"而强抑之,此"不平之平",则"悲愤"无以复加,故须以"吹砂崩石,掣雷走电,鼓鲸奋蛟"之文来宣泄之,"然后知风之为物,其怒也,乃其所以宣也;其激也,乃其所以平也;其凄怆也,乃其所以于喁唱和也,风人之诗亦犹是已"。④ 可见为文为人,亦有悲慨之气,证明这一伟大民族古典美学正值日落之时,仍不失其生命潜涌的底气,即有一股坚强的阳刚之气在奔突。

清人论气与文之关系,不同于宋儒。

叶燮以理、事、情这三元来说"文"之大要:

> 仆尝有《原诗》一编,以为盈天地间万有不齐之物之数,总不出乎理、事、情三者。⑤

> 譬之一木一草,其能发生者,理也;其既发生,则事也;既发生之后,夭乔滋植,情状万千,咸有自得之趣,则情也。⑥

以草木之"能发生"、"既发生"与"既发生之后"来论述理、事、情三者关系,具有明显的经验性比附的思维特征。除了"其能发生者,理也"颇有些宋人事物本原说的余韵之外,虽则讲了些平实的道理,然而倘若宋人泉下有知,则一定会发笑。从逻辑上分析,理、事、情三者不能相提并论。理是思的对象而非思之本身,思是经验的而理虽来自经验却是非经验的,经验世界无

---

① 廖燕:《刘五原诗集序》,《二十七松堂集》卷四。
② 黄宗羲:《恽仲昇文集序》。
③ 贺贻孙:《诗余自序》,《水田居诗文集》卷三。
④ 贺贻孙:《康上若诗序》,《水田居诗文集》卷三。
⑤ 叶燮:《与友人论文书》,《已畦文集》卷一三。
⑥ 叶燮:《原诗·内篇》。

理。因而超验的理不能与同是经验性的事、情并列。与宋人相比,叶燮在此虽言理却不大信任、看重这理,既不得不拾宋人之唾余,又以为理本不足以说明这世界,故在理之后便捡得事、情二者来作补正,可见其思维的品位,已从形上向形下挪移,最后落实在事与情上。可见叶燮所言美,不在理而是美在事与情上。朱熹云"天下之物莫不有理"①,"格物只是就事物上求个当然之理"②。说理虽关涉于物、事,而作为本原、本体,理是独一份的,不沾溉于物、事的。叶燮却以草、木为比,称理、事、情不能分拆。朱熹言"性情"、"情性",以为情与性互对,"心如水,性犹水之静,情则水之流,欲则水之波澜"。③ 而"性即理",故情与理亦成互对关系。叶燮则不然,他在理与情之间设置了事这一道屏障,又称,情是事后的"自得之趣",与理无直接关系,所以,以情为主的审美,关乎事(实)而非直接与理(虚)相关。

叶燮说:

> 然具是三者(引者注:指理、事、情),又有总而持之、条而贯之者,曰:气。事、理、情之所为用,气为之用也。④

将理、事、情尤其理隶属于气之下,这真是清人之典型的哲学与美学的思维方式。宋张载言"太虚即气,即无无"⑤,故太虚是"有"。气即"有"。而"物无孤立之理"。⑥ 张载主气一元论,理与气的关系,并未引起关注。朱熹早年研究周子《太极图说》,在44岁时所撰成的《太极图说解》里,以理、气关系解说太极与阴阳的关系,理、气即体、用;65岁之后,认为理、气无先后而逻辑上必是理先气后。可见,叶燮以气为体与以理、事、情为用的见解,是超越了理学思域的新说,而其思维品格比宋儒崇实。所谓文以气为体,实即主张文以气为美。叶燮主张"才、胆、识、力"为文之四要:

> 大凡人无才则心思不出,无胆则笔墨畏缩,无识则不能取舍,无力则不能自成一家。⑦

无才、无胆、无识与无力,便是无气,文之无美矣。

---

① 朱熹:《四书章句集注》。
② 《朱子语类》卷一二〇。
③ 《朱子语类》卷五。
④ 叶燮:《与友人论文书》,《已畦文集》卷一三。
⑤ 张载:《正蒙·太和》。
⑥ 张载:《正蒙·动物》。
⑦ 叶燮:《原诗·内篇》。

清代美学既然以气为本体哲学，而且时时倡说"阳气"与"愤气"之类，那么，由于这指的是崇实意义之气，必导致对文之禅味与禅悟的轻忽。清初周亮工说：

> 诗与禅相类，而亦有合有离。禅以妙悟为主，须从最上乘，具正法眼，悟第一义，而无取于辟支声闻小果。诗亦如之，此其相类而合者也。然诗以道性情，而禅则期于见性而忘情。①

这大抵接续严羽《沧浪诗话》的话题，而说诗、禅的"有合有离"，但已经不如严羽那般对禅悟的热情肯定。站在儒家"诗教"的立场称禅诗"见性而忘情"，是"诗之攻禅，禅病也"②，也不够公允。照此逻辑，如唐王维的禅诗，尤为"见性而忘情"，大约都非好诗了。

在贺贻孙看来，诗之美，在既非说理，又不说"禅"。贺贻孙云：

> 夫唐诗所以夐绝千古者，以其绝不言理耳。宋之程朱，及致明陈白沙诸公，惟其谈理，是以无理。③

这是以精神的投枪刺向理学及其诗作。

> 近有禅师作诗者，余谓此禅也，非诗也。禅家、诗家，皆忌说理。以禅作诗，即落道理，不独非诗，亦非禅矣。诗中情艳语皆可参禅，独禅语必不可入诗也。尝见刘梦得云：释子诗，因定得境，故清；由悟遗言，故慧。余谓不然。僧诗清者，每露清痕，慧者即有慧迹。诗以兴趣为主，兴到故能豪，趣到故能宕。释子兴趣索然，尺幅易窘，枯木寒岩，全无暖气，求所谓纵横不羁、潇潇自如者，百无一二，宜其不能与才子匹敌也。④

"释子"对世俗生活"兴趣索然"、"全无暖气"，其生存状态与心境果然如此，可谓"以禅作诗，即落道理，不独非诗，亦非禅矣"，把那"禅师作诗者"，贬得一无是处。想当时唐人竞相以作禅诗为尚，宋明文士又以儒道释三学融会为诗之高格，岂料时至清季，禅诗与禅悟，已难得那些具有儒之实学精神之学人的垂青。嫌禅诗的审美意境"全无暖气"与骨力，是一大原

---

① 周亮工：《与雪崖》，《尺牍新钞》。
② 周亮工：《与雪崖》，《尺牍新钞》。
③ 贺贻孙：《诗筏》，《水田居遗书》。
④ 同上。

因;亦因明中叶之后至明末,那些满街乱走的狂禅之徒背俗出格,使禅失却庄严与清净,以至于坏了名声。

关于这一点,即使主张"性灵"、并不很古板的袁枚,对禅悟与"以禅为诗",亦颇有微词:

> 阮亭好以禅悟比诗,人奉为至论。余驳之曰:"毛诗三百篇,岂非绝调?不知尔时禅在何处?佛在何方?"人不能答。①

真是抨击得十分有力。禅之所以在清代遭到攻抨,有清人"复"先秦儒学之"古",以及尚气、崇实却虚等株守实学之原因。

其四,清代美学尚实,亦因西学开始东渐之故。

本书所言"实学"精神,不仅包括明清之际如东林党人反对王学末流"落空学问"、推重"崇实致用"的思想精神,做学问"求事"、"求是"的训诂、考据与校勘工夫,以气为本的哲学关怀,而且,也包括因西学尤其西方自然科学的初步东渐而引起的中国人精神气候的崇实倾向。

早在明嘉靖三十年(公元1552年),西方耶稣会创办者之一圣方济各自印度来华,到达广东上川,为西洋传教士直接踏上中土第一人。明万历十年(公元1582年),意大利传教士、对西学东来具有重要影响的利玛窦来华,开始在广东肇庆传教,后担任在华耶稣会会长,公元1601年到达北京,进献《堪舆万国全图》与西洋自鸣钟等。其间,陆续有意大利传教士毕方济、罗雅谷、龙华民、高一志、熊三拔、艾儒略与利类思,葡萄牙人阳玛诺、傅汎际,西班牙人庞迪我,法国人金尼阁与德国人汤若望(注:以上均为洋人汉名)等来华,他们入乡随俗,"习华言,易华服,读儒书,从儒教,以博中国人之信用"②。通过传教这一文化传播方式,他们不仅将西方的宗教神学思想,而且将大量的西方哲学、自然科学与文学艺术等译介给中国人。"中国通"利玛窦与礼部尚书兼东阁大学士、中华著名学者徐光启等交厚。徐光启以及光禄少卿李之藻等,都对西学抱欢迎、接纳的态度。徐光启曾说:"余尝谓其教必可以补儒、易佛"③,西学"真可以补益王化,左右儒学,救正佛法"④。称西方自然科学"一一皆精实典要,洞无可疑"⑤。徐光启从利玛

---

① 袁枚:《随园诗话》卷一。
② 柳诒徵:《中国文化史》下,中国大百年全书出版社,1988年,第19页。
③ 徐光启:《泰西水法序》。
④ 徐光启:《辨学章疏》。
⑤ 徐光启:《刻几何原本序》。

窦等学习西方天文学、数学、测量学与水利学等科学技术,译著《几何原本》等,影响尤巨,并主持编译《崇祯历书》,编著《农政全书》,成为明末受西学东渐影响的东土第一人。据沈福伟《中西文化交流史》一书介绍,由于利玛窦等人温文尔雅、十分友好的"文化殖民主义",西方教会势力在明末迅速扩大。从 1584 年到 1644 年这 60 年间,中华人加入耶稣教的人数,增加 12600 多倍。可见,这一股受纳西学的文化思潮,不仅仅局限在几个社会精英身上,而且具有一定的社会群众基础,这说明了劣势文化在西方强势文化面前之无奈的历史与人文选择。晚明之时,中华社会文化结构,已因西方神学兼自然科学与人文科学的"文化侵略"而注入了一些新因素,这都为清代实学文化及其思潮的兴起准备了条件。徐光启笃执于实学,虽其本人在章句、声律与书法等传统中华文化修养方面造诣很深,但"即谓雕虫不足学,悉屏不为,专以神明治历律兵农"①。虽谓传统文学艺术"雕虫不足学",但在接纳西学的过程中,在"治历律兵农"之余,已有一颇具新质的实学的美学潜伏其间。徐光启认为,如《几何原本》这样的著作与学术,"有三至三能:似至晦,实至明,故能以其明明他物之至晦;似至繁,实至简,故能以其简简他物之至繁;似至难,实至易,故能以其易易他物之至难。易生于简,简生于明,综其妙在明而已"②。而李之藻作为徐光启的同道者,亦推崇西学,以为"遐方文献,何嫌并蓄兼收"③。

西学东渐,早在晚明已开启了一扇通往清代实学的历史之门,无奈的历史、人文选择,提供了一种不同于中土传统经学、理学的知识模式。首先入渐的数理、逻辑与实证思想,企图动摇中华传统的象思维、实用理性与天人合一观,有一种生命的呼喊从中华历史与民族人文之魂的深处隐隐传来,体现为努力挣脱尚虚、钩玄的缺乏自然科学精神支撑的形上之人文诉求,要求走出以儒为代表的经学与经验的文化之迷氛。中华文化史自然不乏古代自然科学的传统,汉代《九章算术》、张衡的浑天地动仪、南朝大数学家祖冲之的《大明历》与圆周率计算、唐一行和尚的天文学成就以及四大发明等等,都曾经代表了人类自然科学知识的最高水平,足可引以为自豪,而其数理、物理以及自然科学意义上的天理思想等等,往往为沉重而几乎无所不在的伦理学所遮蔽,所谓"自然国学"的思辨逻辑及实学精神之难以深刻影响中

---

① 徐光启:《与孙潇湘待御书》。
② 徐光启:《几何原本杂议》。
③ 李之藻:《刻同文算指序》。

华古代美学的时代建构,可以看做是中华古代美学的基本特点与缺失之一。晚明开始的西学的文化侵略与传播,为中华美学之文脉发展能否亦以一种自然科学的实学精神为其精神品格之一面,提出了一个哲学的追问。李时珍的《本草纲目》,方以智的《物理小识》及其"质测"、"通几"之说,宋应星的《天工开物》与朱载堉的《乐律全书》及其"立表测量"与"治历之本"说,正如徐光启等人所接受的西方自然科学学识,都是具有某种文化之新质因素的时代实学。

同时,清代伊始,朝野尚爱西洋"机巧"仍有蔓延之趋势。清初顺治、康熙二帝亦与西洋教士往来。顺治帝赐封汤若望为"通玄教师",汤若望在《修历记事》中称顺治"亲自到我住处来了二十四次"、"在我的住处吃饭、喝茶"。① 康熙任用一些西方传教士在朝廷为官,被康熙作为钦差派回西方的白晋曾携两张易图回欧洲。白晋以及安多、巴多明与张诚等传教士曾应召入宫讲欧几里得几何学、物理学与天文学这些"洋玩意"。而在白晋等传教士以前,曾有比利时传教士柏应理撰《中国之哲人孔子》。清帝入主中原,在镇压明末遗民造反之余,容受了部分西方实学思想,促成了中西实学文化的初步对话。时风真是有些变了。虽然这些开明、崇实之举好景不长,清初之后,清廷依然贯彻闭关锁国之策,直到1840年鸦片战争之后才不得不打开国门,但这种西方以自然科学为代表的实学思潮以及人文科学的实学精神,对中华美学却具有潜在的影响。

随西学东渐与孔子、经学传统遭到怀疑,十九、二十世纪之交的中华文坛,一则以所谓"谴责小说"的"故事新编"来奚落这老大帝国的种种不是,以引起疗救的注意。"谴责小说"的艺术水准在此并不值得多说,其政治理念,在于与皇权社会、时代取一个合作的态度,于无奈之中发发牢骚而已,其审美品味,大抵是情绪化多于理性之沉思,鲁迅在《中国小说史略》中称为"辞气浮露,笔无藏锋",固然是矣。而"谴责小说"诸作者,早已不是传统意义上的那种皓首穷经的儒生,他们多半接受了些西方实学精神的濡染,不作精神上的仰天长啸,没有那么多不可排遣的痛苦与悲愤,也并非是些能够仰望苍穹、擅于哲理玄思的静虑的头脑,却以实实在在的生活态度脚踏在中华大地之上,眼光向下注视,对社会、时代的黑暗、滑稽与不平,作一点审美的描绘,对洋人、洋文化入驻于中华这一现实,半是推拒,半是容受,"遍地都

---

① 转引自张力等:《中国教案史》,四川社会科学出版社,1987年,第57页。

是这些东西,我们中国怎么了哪?"①而谴责之所以发生在这一批文学家身上,崇实与眼光向下、关注社会现实问题,是原因之一。谴责者尽管可以在其小说里对西方传入的文化、人物及生活方式等等表示深恶痛绝,表现出极大的民族义愤,但其谴责本身所具有的某些理念与精神,却与西方及其实学精神有关。这一点在四大谴责小说之一《孽海花》那里,表现得尤为典型。这一作品原署"爱自由者发起,东亚病夫编述"。"爱自由者",是曾朴友人金天翮,所谓"发起",意谓金天翮是该作品的"策划者";"东亚病夫",是作者曾朴带有自我嘲讽味道的笔名。无疑,无论"爱自由者"还是"东亚病夫",都是西方传入的文化理念或西方人对中国人的蔑称。有意思的是,《孽海花》"谴责"慈禧有云:"暴也暴到吕政、奥古士都、成吉思汗、路易十四的地位;昏也昏到隋炀帝、李后主、查理士、路易十六的地位",把这些个洋人的"主"一股脑儿都骂了进去,却不知其骂人、谴责的眼光与理念,是受西方传入的实学的影响。二则以梁启超1899年所正式倡言的"诗界革命"为旗帜,成为此后五四文学革命的前驱景观。梁启超对诗与小说的革命之功用十分看好,如谈到小说时说:"欲新一国之民,不可不先新一国之小说。故欲新道德,必新小说;欲新宗教,必新小说;欲新政治,必新小说;欲新风俗,必新小说;欲新学艺,必新小说;乃至欲新人心,欲新人格,必新小说;何以故?小说有不可思议之力,支配人道故。"②此说过于夸大了文学(小说)的社会功能,是一种"小说救世"论,不无偏激。1899年,梁启超亡命日本时著《论学日本文之益》,对日人"自维新三十年来,广求智识于寰宇,其所译所著有用之书,不下数千种,而尤详于政治学、资生学(注:经济学)、智学(注:哲学)、群学(注:社会学)等,皆开民智强国基之急务也"③的状况颇多倾羡,痛感中华民族之落后与衰弱,以"唤醒吾国四千年之大梦"④、"当革其精神"⑤为己任,一时又未能真正找到"精神革命"即欲新一国之民的正确道路,遂将由西方经日本传入的文学思想,糅合中华传统的文学工具论,裁成其"小说界革命"之说,偏颇却很可爱。黄遵宪说:"诗虽小道,然欧洲诗人,出其鼓吹文明之笔,竟有左右世界之力。"⑥梁启超以此为同调,极度称许与

---

① 《二十年目睹之怪现状》第二十二回。
② 梁启超:《论小说与群治之关系》。
③ 梁启超:《饮冰室合集·文集》之四,第81页。
④ 同上书,第38页。
⑤ 梁启超:《饮冰室诗话》六三。
⑥ 黄遵宪:《人境庐诗草笺注》。

夸大文学的精神力量。梁启超的文学观,还潜藏着一个"壮哉我中国少年"之梦,称"吾心目中有一少年中国在","老年人如夕照,少年人如朝阳。老年人如瘠牛,少年人如乳虎。老年人如僧,少年人如侠。老年人如字典,少年人如戏文。老年人如鸦片烟,少年人如泼兰地酒。老年人如别行星之陨石,少年人如大洋海之珊瑚岛。老年人如埃及沙漠之金字塔,少年人如西伯利亚之铁路。老年人如秋后之柳,少年人如春前之草。老年人如死海之潴为泽,少年人如长江之初发源。此老年与少年性格不同之大略也。任公曰:人固有之,国亦宜然。"①以"老年"、"少年"之比,喻"美哉我少年中国,与天不老"之审美理想,有显明的进化论的思想倾向。而在梁启超看来,"诗界革命"与"小说界革命",就是实现这一理想的途径与方式。这一诗化的见解,不乏对欧西文明与文化的赞美,而少年必胜于老年之理念,则根植于西方的实学精神。

要之,酝酿于晚明、继起于清代的实学精神,是中华古典美学走向终结的体现。它基本守成在传统实践理性的思想与思维域限,以前所未有的广度与深度的朴学工夫,来证明、追溯与追问实践理性的合事、合理与合情,归结为气的哲学关怀;又旁采西学的自然科学精神因素,构成清代美学崇实的文化背景,画出一个并不圆满的中华古典美学的句号。中华美学,从此面临着现代转递的历史与人文契机。

## 第三节 从古典走向现代

在中华美学从古典走向现代的历程中,王国维可以说是一个开拓者。

关于王国维辉煌的学术业绩,著名学者陈寅恪认为主要表现在三方面:"取地下之实物与纸上之遗文,互相释证,凡属于考古学及古史之作,如《殷卜辞中所见先公先王考》及《鬼方·昆吾·玁狁考》等是也",此其一;"取异族之故书与吾国之旧籍,互相补正,凡属于辽、金、元史事及边疆地理之作,如《萌古考》及《元朝秘史之主因亦儿坚考》等是也",此其二;"取外来之观念与固有之材料,互相参证,凡属于文艺批评及小说、戏曲之作,如《红楼梦评论》及《宋元戏曲考》等是也",此其三。并称,"此先生之遗书,所以为吾国近代学术界最重要之产物也"。②

---

① 梁启超:《少年中国说》。
② 陈寅恪:《王静安先生遗书·序》,《王国维遗书》(一),上海古籍出版社,1983年。

王国维的美学研究及其成就,属于陈寅恪所说的第三类。其美学思想,主要体现在如下著述之中:《叔本华之哲学及其教育学说》、《红楼梦评论》、《论哲学家及美术家之天职》、《屈子文学之精神》、《文学小言》、《古雅之在美学上之位置》、《人间词话》、《人间词乙稿序》、《宋元戏曲考》、《唐宋大曲考》、《戏曲考源》、《古剧脚色考》、《录鬼簿校注》、《优语录》、《录曲余谈》与《曲录》等。

王国维的美学思想,在广深、宏博之中华儒、释、道传统审美文化的基础上,深受康德、叔本华等西学的影响,其理论贡献,无疑具有中华美学从古典走向现代的时代特点。

### 一、在境界与意境之际

境界说,是王国维美学的基本理论,集中体现在《人间词话》一书中。

境界说并非王国维首倡。

据笔者仅见,境界一词,在中华古籍中出现较早。《后汉书·仲长统传》云,"当更制其境界,使远者不过二百里"。此境界,指地理疆界,是境界本义。耶律楚材《和景贤》云,"吾爱北天真境界,乾坤一色雪花霏"中的"境界",大致与其本义同,而显与审美有关,仍兼指地理空间。本来意义上的境界,原只以"境"一字表达,如《荀子·强国》所谓"入境观其风俗"的"境";又如陶渊明《饮酒》所言"结庐在人境",等等。故"境界"是"境"字的衍生。

佛教亦言"境界"。《入楞伽经》云,"我弃内证智,妄觉非境界"。《俱舍颂疏》说:"如眼能见色,识能了色,唤识为境界。"《无量寿经》上曰:"比丘白佛:斯义弘深,非我境界。"《大乘起信论》:"境界相,以依能见故,境界妄现。"佛教所谓境界,指空幻实相,内心的一种空寂状态,兼指对空幻的无执。

王国维的美学思想受佛学影响,是显然的。从《人间词话》引述严羽《沧浪诗话》"羚羊挂角,无迹可求"、"如空中之音,相中之色"诸语看,显与佛学相涉。《人间词话》说:

> 尼采谓:"一切文学,余爱以血书者。"后主之词,真所谓以血书者也。宋道君皇帝《燕山亭》词亦略似之。然道君不过自道身世之戚,后

主则俨有释迦、基督担荷人类罪恶之意,其大小固不同矣。①

称后主之词有尼采所言"以血书者"的品格,兼得了那佛陀"慈悲"、基督"原罪"之意,说明王国维治文学与美学,受西学之熏染较多,亦颇具佛学之"只眼"。王国维说,文学与哲学的区别在于,"一直观的,一思考的;一顿悟的,一合理的耳"②。"顿悟"云云,显然采自佛禅之学。

以王国维之好学博闻,佛学应在其所治学业之内。"家有书五、六箧,除《十三经注疏》为儿时所不喜外,其余晚自私塾归,每泛览焉"。③ 这是一个旁证。从王国维在世界观、美学观上引叔本华为同调看,难以证明王国维的思想与佛学无关。因为,在关于"人生本是痛苦"这一点上,叔本华的悲观主义与佛教的"苦谛"(四圣谛之一)说是相通的。而叔本华确曾深受东方佛学之影响。

无疑,王国维美学的境界说,具有佛教境界说的思想因素。尽管佛学对中华美学意境说在唐代的理论建构具有重要影响(参见本书第五章有关内容),但在佛教典籍中,言"意"、"意识"、"意业"、"意力",不言"意境"而多言"境界",这也许是王国维受佛学影响、因而在《人间词话》中多说境界、偶提意境④的一个原因。

《人间词话》所说的境界与意境,在艺术审美意义这一点上,相通、合契,可以互用。如:

> 词以境界为上。有境界则自成高格,自有名句。⑤

> 境非独谓景物也,喜怒哀乐,亦人心中之一境界。故能写真景物、真感情者,谓之有境界,否则谓之无境界。⑥

> "红杏枝头春意闹",著一"闹"字,而境界全出。"云破月来花弄影",著一"弄"字,而境界全出矣。⑦

这里的境界,与艺术审美所谓意境相同。

---

① 《蕙风词话·人间词话》,人民文学出版社,1960年,第198页。
② 《国学丛刊序》,《观堂集林别集》卷四,《王国维遗书》(十五),上海古籍出版社,1983年。
③ 《静安文集续编·自序》,《王国维遗书》(十五),上海古籍出版社,1983年。
④ 王国维《人间词话》仅有一处说到"意境":"古今词人格调之高无如白石。惜不于意境上用力。"见该书第四十二则,《蕙风词话·人间词话》,人民文学出版社,1960年,第212页。
⑤ 王国维:《人间词话》第一则,《蕙风词话·人间词话》,第191页。
⑥ 同上。
⑦ 王国维:《人间词话》第七则,《蕙风词话·人间词话》,第191页。

那么在《人间词话》中,王国维为什么要基本上以境界代替意境呢?

除了因其受佛学影响之外,根本一点,是王国维在中华美学史上既以境界说发展意境说,又消解意境说的缘故。

在《人间词话》中,境界作为美学范畴,其含义比意境更为广泛、深巨。意境仅限于艺术审美,而境界,可以包括艺术审美在内的人生、宇宙境界。

宗白华说:

> 人与世界接触,因关系的层次不同,可有五种境界:(1)为满足生理的物质的需要,而有功利境界;(2)因人群共存互爱的关系,而有伦理境界;(3)因人群组合互制的关系,而有政治境界;(4)因穷研物理,追求智慧,而有学术境界;(5)因欲返本归真,冥合天人,而有宗教境界。功利境界主于利,伦理境界主于爱,政治境界主于权,学术境界主于真,宗教境界主于神。但介乎后二者的中间,以宇宙人生的具体为对象,赏玩它的色相、秩序、节奏、和谐,借以窥见自我的最深心灵的反映;化实景而为虚境,创形象为象征,使人类最高的心灵具体化、肉身化,这就是"艺术境界",艺术境界主于美。①

笔者曾在拙著《周易的美学智慧》中谈到,"宗白华在这里实际是将艺术境界看做人生的第六境界。我们可以将这六个境界再归纳为四个境界,即将功利境界、伦理境界和政治境界合并为求善境界,包括求人之生理的满足和求人际关系的和谐,再加上求真境界(学术境界,认知境界)、求神境界(宗教境界)和求美境界(艺术境界)"②。

可见,意境仅是境界的一种,它主于美。可以用境界来称意境,却不能以意境来涵盖人生的全部境界。意境通常是艺术的、美的,而境界远非艺术可以涵盖,且有高下,它可以美,可以不美;可以真,可以不真;亦可以善,可以不善。

王国维的境界说,固然以艺术(词)为出发点,但远非局限于此。王国维曾说:

> 古今之成大事业、大学问者,必经过三种之境界。"昨夜西风凋碧树。独上高楼,望尽天涯路",此第一境也。"衣带渐宽终不悔,为伊消得人憔悴",此第二境也。"众里寻他千百度,回头蓦见(引者注:原词

---

① 宗白华:《美学散步》,上海人民出版社,1981年,第59页。
② 王振复:《周易的美学智慧》,第201—202页。

为:"蓦然回首"),那人正(引者注:原词为"却")在,灯火阑珊处",此第三境也。①

这里引述了三种词境,依次源自晏殊《蝶恋花》、柳永《凤栖梧》与辛弃疾《青玉案》,所言却并非词境本身,意在有如但丁《神曲》所说的地狱境界、炼狱境界与天堂境界。也可以说道出了人生三境:第一境,敢于追求,虽然孤独与茫然,却是信心百倍,有"我不入地狱,谁入地狱"的劲头与高瞻远瞩的眼光;第二境,坚持于追求,这是生命的熬煎与精神受鞭挞的阶段,有如被投掷于烈火焚烧,是灵魂的被拷问;第三境,追求已得,精神的巨大痛苦暂时解除,是解脱、幸福与怡乐的人生,臻于真、善、美境界。

笔者认为,这是王国维境界说之最具思想价值的论述。考虑到王国维美学思想受尼采、叔本华哲学、美学思想的影响尤深这一点,这人生三境说,其实指人欲无厌与暂时满足的循环往复这一精神生命过程。这过程,佛教称为"轮回",叔本华指精神意志(人欲)犹如"劫数"一般的永恒的痛苦。人生痛苦无有穷时,这是王国维受佛教与叔本华哲学之影响而形成的人生悲剧论。其境界说,实际是其整个悲剧观的重要构成。从其逻辑推见,王国维这人生三境说的第三境之后其实还有追问,即追求已得,精神进入"天堂"以后人生到底怎样。回答是,因为追求已得,则必生新的欲望与痛苦,故"天堂"也不是人生之精神的最终栖息处。

王国维的境界说,从生命之根本立论,拓宽了原先意境说的思想与思维域限。"王国维的境界说并不属于中国古典美学的意境说的范围,而是属于中国古典美学的意象说的范围。"②将意境说与境界说加以区别是对的,但王国维这一境界说并不是属于意象说范围的。意象这一范畴,泛指人的心理印迹、图景与氛围等等,而境界,指人的生命、生活之境,既是心理的,又是生理的。两者文化、哲学视域与深度不相同。

应当指出,王国维的这一境界说,虽并非专言艺术审美,甚至也不是专指审美而言,却由于能从宇宙与哲学角度谈论人生境界,倒是很美学的,有深度的。他的"有我之境"与"无我之境"、"隔"与"不隔"以及"写境"与"造境"说等,固然所言不离艺术审美,但又不限于此。所谓"无我之境"、所谓"不隔"云云,都能从"天人合一"这一哲学"大局"上着眼,具有较高的哲思素质。王国维说:"然沧浪所谓兴趣,阮亭所谓神韵,犹不过道其面目,不若

---

① 王国维:《人间词话》第二十六则,《蕙风词话·人间词话》,第 203 页。
② 叶朗:《中国美学史大纲》,上海人民出版社,1985 年,第 621 页。

鄙人拈出'境界'二字,为探其本也。"①又说:"言气质,言神韵,不如言境界。有境界,本也。气质、神韵,末也。有境界而二者随之矣。"②境界云云,根本上指人生境界。

在王国维之前,中华美学史上谈论境界者,已不乏其人,如白居易《题阁下厅》:"平生闲境界,尽在不言中。"恽寿平《南田论画》:"方壶泼墨,全不求似,自谓独参造化之权,使真宰欲泣也。宇宙之内,岂可无此种境界。"陆游《杂题》:"半饱半饥穷境界,知情知雨病形骸。"

王国维多以境界言意境,实际上也标志着传统"意境"说的逐渐被消解。正如本书第五章所言,唐代意境说的建构,与中华佛教在唐代发展到成熟的文化现实相联系。宋人的文学艺术最讲意境,所谓神韵、气韵、逸格等属于意境的范畴最为活跃,明以后渐渐被"童心"、"性灵"与"格调"说等所遮掩。同时,以境界代言艺术意境屡有所见,这与唐宋之后中华佛教与佛学的渐趋于不振有关。明中叶之后,中华城市经济、文化的发展与市民审美口味的需要,实际已从重抒情的诗、词趋向于重叙事的小说、戏剧,加上西学东渐种种社会、文化因素的影响,那种传统的田园诗、山水画以及园林艺术等所营构的意境观,便逐渐被打破。尤其在明、清之际及以后,社会的动荡,使人难以意守空灵、虚静而趋于激动、慷慨,清初一些文人士子那般提倡"发愤"、"忿怒"便是明证。王国维的境界说,在审美层次上,尚动强于守静,崇实先于蹈虚,由于接受西学影响,拓展其哲学视野,既发展又逐渐消解中华传统的意境说,是不令人奇怪的。但王国维没有断然拒绝意境说,他的美学思想,只是体现了中华美学史从意境说走向境界说的文脉轨迹,这便是《人间词话》为什么多言境界而又不舍意境说的缘故。

## 二、悲剧说的初步建构

中华文学艺术"天人合一"的哲学观与和谐观,是与悲剧观相对立的。讲"天人合一",讲和谐,就是在理念上消解悲剧。所谓"大乐与天地同和"的思想以及儒家那种"温柔敦厚"、"乐而不淫,哀而不伤"的诗歌,等等,都在强调世界本在的"和"、天人之"和"、人与社会、人与人以及人内心的"和"。尽管现实人生充满了悲剧,但中华传统的文学艺术对悲剧的表现,无论在广度、深度还是力度上,都不如以古希腊为传统的西方悲剧艺术。西

---

① 王国维:《人间词话》第九则,《蕙风词话·人间词话》,第194页。
② 王国维:《人间词话删稿》第十三则,《蕙风词语·人间词话》,第227页。

方以塑造典型为艺术之高致。这艺术典型,可以是而且往往是悲剧性的。中华传统文学艺术,以营构意境为最高审美理想,崇尚淡泊、虚静、空灵而一般地缺乏悲剧性。屈子《离骚》伤时忧国;魏晋"风骨"有悲歌、慷慨之气;老杜的一些诗,尚沉郁顿挫之美,司空图的《诗品》,将"悲慨"列为二十四品之一;宋严羽《沧浪诗话·诗辨》,亦说"悲壮"与"凄婉";凡此等等,都与美学意义上的悲剧有关。然而,早在《周易》时代,中华审美文化包括文学艺术,就已由这一民族乐天知命的文化素质定下了一个审美基调:"生生之谓易"。中国人总是倾向于将人生之历程看做生命之悦乐的展开与实现。《周易》有豫卦,《国语·晋语》说:"司空季子曰'豫,乐也。'"唐李鼎祚《周易集解》引郑玄云:"豫,喜逸悦乐之貌也。"《易传》又说:"乐天知命,故不忧。"应当说,中华文化一般并不回避人生的忧患问题,《易传》称文王被囚于羑里而演易,便是对人生忧患的认同。但是,这种人生忧患一般是属于道德层次、伤时忧国型的。"知我者,谓我心忧;不知我者,谓我何求"。无论屈原式的掩涕自沉,还是宋玉的"悼余生之不时兮,逢此时之狂舆",或者贾长沙的《吊屈原赋》、司马迁的《悲士不遇赋》等等,都是文王演易式之忧患的诗性沿续。杜甫的"感时花溅泪,恨别鸟惊心"、"穷年忧黎元,叹息肠内热",范仲淹的"先天下之忧而忧"等等,都是道德、伦理意义上的忧患意识的表现。这就是为什么,即使诸多文学艺术作品写"死"、写"悲",也仍要力争一个"大团圆"的结尾了事。元曲《窦娥冤》冤情似海,惊天地泣鬼神,而最后得到昭雪平反,来了个虚假的"大团圆"。杜丽娘明明因情而死,却奇迹般地由情而复生;因情而死是残酷的、活生生的生活悲剧,由情而复生却只是一个梦。汤显祖的唯情主义,称"如丽娘者,乃可谓之有情人耳。情不知所起,一往而深,生者可以死,死者可以生"①,其功在以情反理学理念,其过在由情而虚构了一个廉价的"大团圆"。金圣叹腰斩"水浒",固然与其政治立场有关,在美学理念上,大约也是"大团圆"思想的体现。曹雪芹很了不起,他原设想《红楼梦》的结局是"白茫茫一片大地真干净",而续书来了个"狗尾续貂",弄出些"兰桂齐芳"、"家道复初"之类的俗套"劳什子"。对此,鲁迅是看不惯的,他笔下的阿Q临刑前立志画一个圆而终于画不成的情节设计,对"大团圆"思想理念的讽刺与否定,可谓入木三分,他的悲剧观是彻底的。在鲁迅之前,中华美学史上第一个建构悲剧说的,是王国维。王国维也是反对"大团圆"这一美学思想的,他称中华一般的小说戏曲"无往

---

① 汤显祖:《牡丹亭记·题辞》,《玉茗堂文》之六。

不著此乐天的色彩;始于悲者终于欢,始于离者终于合,始于困者终于亨"①。王国维的功绩,在于一改中华传统伤时忧国式的悲剧理念而为人之生命本在的悲剧说。

王国维悲剧说的逻辑起点,是叔本华的"意志"亦即王国维所言生活之欲。"生活者非他,不过自吾人之知识中所见之意志也。吾人之本质,即为生活之欲矣。"王国维说:

> 生活之本质何?欲而已矣。欲之为性无厌,而其原生于不足。不足之状态,苦痛是也。既偿一欲,则此欲以终,然欲之被偿也一,而不偿者什百。一欲既终,他欲随之。故究竟之慰藉,终不可得也。既使吾人之欲悉偿,而更无所欲之对象,倦厌之情,既起而乘之。于是吾人自己之生活,若负之而不胜其重。故人生者,如钟表之摆,实往复于苦痛与倦厌之间者也,夫倦厌固可视为苦痛之一种。②

宋明理学以"存天理,去人欲"等,努力地将"人欲"摒弃于审美与美学视野之外,王国维却称,欲是人生之本质,欲海难填,即人之天生的"无厌",是人之生命的本在状态。故人生历程无他,不过是此欲的暂时满足而苦痛与生俱来,"一欲既终,他欲随之"。假设人生之欲都能得到满足("悉偿"),则生"倦厌",而"倦厌"亦为"苦痛之一种"。

王国维的悲剧说,是叔本华悲剧说的东方版。叔本华以"意志"为世界本体,他说:"意志自身在本质上是没有一切目的、一切止境的,它是一个无尽的追求。""世界作为意志","大自然的内在本质就是不断的追求挣扎,无目的无休止的追求挣扎"。③ 这种永无止境的追求挣扎的精神原型,是生命意志,生命意志的本质就是悲剧、痛苦:

> 第一,这里因为一切欲求作为欲求来说,就是从缺陷,也即是从痛苦中产生的……第二,这里因为事物的因果关系使大部分的贪求必然不得满足,而意志被阻挠比畅遂的机会要多得多,于是激烈的和大量的欲求也会因此带来激烈的和大量的痛苦。原来,一切痛苦始终不是别的什么,而是未曾满足的和被阻挠了的欲求。④

---

① 王国维:《红楼梦评论》,《中国近代文论选》下册,第773页。
② 同上书,第744页。
③ 叔本华:《作为意志和表象的世界》,第235、427页,商务印书馆,1982年。
④ 叔本华:《作为意志和表象的世界》,第497—498页。

叔本华又说：

> 人的本质就在于他的意志有所追求，一个追求满足了又重新追求，为此永远不息。①

显然，王国维的"生活之欲"、"苦痛"与"倦厌"，即叔本华的"欲求"、"追求挣扎"与"痛苦"，从思想理念到措辞，都是有所相同、相通的。

王国维之学识的佛学基础及其人生观中的厌世思想，是其接受经"远古印度智慧的洗礼"的叔本华悲剧观的依据。叔本华的思想尤其是他的悲剧说，显然在其西方传统原罪说的基础上，熔裁了印度佛教苦谛说，这很符合王国维的思想与学术口味。但笔者以为王国维的悲剧说，与叔本华或印度佛教相比仍有不同。

叔本华认为生命意志是世界及其悲剧的本原、本体，认为人的理性、认识无法拯救世界与悲剧的人类，他指出人类从悲剧苦海中解脱的一个出路：神秘的直观。叔本华说，直观即"直接的了知"，"直观是一切根据的最高源泉。只是直接或间接的直观为依据才有绝对的真理"。② 这神秘的直观，其实就是叔本华从印度佛教顿悟说采撷而来的所谓悟性："一切因果性，即一切物质，从而整个现实都只是关于悟性。由于悟性而存在，也只在悟性中存在。悟性表现的第一个最简单的、自来即有的作用便是对现实世界的直观。"③这说明，在叔本华看来，处于悲剧之中的人类，终于是有救的，叔本华悲剧说的神秘的直观论，也是其受印度佛教影响而产生的解脱论。印度佛教亦认同于解脱。大凡解脱有二途，其一是通过渐修而达到渐悟，最后圆成；其二是无须渐修，当下顿悟而证得圆果。无论叔本华还是佛教的悲剧观，其逻辑起点都是人生皆苦，其终极关怀是直观、顿入，都具一光明的理想。

王国维曾称《红楼梦》的美学精神是"以生活为炉，苦痛为炭，而铸其解脱之道"④，但他对叔本华或佛教式的解脱之途，并不寄予信任与希望：

> 试问释迦示寂以后，基督尸十字架以来，人类及万物之欲生奚若？其痛苦又奚若？吾知其不异于昔也。然则所谓持万物而归之上帝者，

---

① 叔本华：《作为意志和表象的世界》，第360页。
② 同上书，第114页。
③ 同上书，第114页。
④ 王国维：《红楼梦评论》，《中国近代文论选》下册，第760页。

其尚有所待欤？抑徒沾沾自喜之说,而不能见诸实者欤？果如后说,见释迦、基督自身之解脱与否,亦尚在不可知之数也。①

"释迦、基督自身之解脱与否",倘且"尚在不可知之数",更遑论你我？王国维的悲剧说有些特别。他的自沉于昆明湖,可以看作其悲剧说的一个实践,称为"不是解脱的解脱"、"不了了之"可矣。

### 三、传统文论的趋于消解

以儒家政治道德教化思想为中心的传统文论,比如,汉代文论之典范《毛诗序》,就特别强调通过《诗》来实现"先王以是经夫妇,成孝敬,厚人伦,美教化,移风俗"的政治伦理教育功能,是先秦孔子"兴观群怨"说的文脉沿袭。王充以为:"故夫贤圣之兴文也,起事不空为,因因不妄作;作有益于化,化有补于正。"②又如唐新乐府运动的倡导者白居易,称"文章合为时而著,歌诗合为事而作",在《新乐府序》中,说文学者,"总而言之,为君、为臣、为民、为物、为事而作,不为文而作也"。文学作为为政教伦理服务的工具,其本身的审美价值是不被肯定的。中华美学史上的所谓"文以明道"、"文以载道"诸说,两千余年基本统治了中华文论及其美学的主导思想与思维,而庄禅的文论及其美学思想,大致只是其对立与补充。

这种状况,直到王国维美学观的出现,才开始被打破。

其一,王国维说:"政治家之言"与"诗人之言"是不同的,源于两者审视现实的眼光不同。"政治家之眼,域于一人一事;诗人之眼,则通古今而观之。词人观物,须用诗人之眼,不可用政治家之眼。"③王国维区别了政治家与诗人两种不同的"眼"与"观",是其向传统的儒家以政治教化为中心的美学思想说"不"的第一步。

> 余谓一切学问皆能以利禄劝,独哲学与文学不然……至一新世界观与人生观出,则往往与政治及社会上之兴味不能相容。若哲学家而以政治及社会之兴味为兴味,而不顾真理之如何,则又决非真正之哲

---

① 王国维:《红楼梦评论》,《中国近代文论选》下册,第760页。
② 王充:《论衡·对作》。
③ 王国维:《人间词话删稿》第三十七则,《蕙风词话·人间词话》,人民文学出版社,1960年,第238页。

学……文学亦然。俯馇的文学决非真正之文学也。①

美术之无独立之价值也久矣！

此无怪历代诗人多托于忠君爱国劝善惩恶之意以自解免，而纯粹美术上之著述往往受世人之迫害而无人为之昭雪者也。②

为"美术之无独立之价值"而鸣不平，此"迫害"、"昭雪"云云，措辞之激烈，说明王国维内心的不能平静。他要求哲学美术应具"独立之价值"。

其二，从康德关于美是无功利的功利说出发，王国维说："美之性质，一言以蔽之曰：'可爱可玩而不可利用者是已'。"并说："虽物之美者，有时亦足供吾人之利用，但人之视美时，决不计及其可利用之点……"③美的东西，有时具有实用性，"亦足供吾人之利用"，但美本身是无用的、无功利的。"无功利"就是美的"功利"，这是接受了康德关于美的二律背反说。

既然承认美的不可利用者，那么必然得出"一切之美，皆形式之美"④这一结论。这并非否定内容之美，而是否定形式所可能携带的内容即政治伦理教化。在王国维看来，"美在形式"这一命题，并不是无内容的，这内容，就是形式美的意蕴与意味。美作为形式，是独立自足的，故政治伦理教化作为内容，是外加的。这证明，王国维所言"一切之美，皆形式之美"这一命题，虽来自康德，却是针对儒家的"文以明道"、"文以载道"之说而言的。换言之，文是一种形式美，它本来就不是"明道"、"载道"的工具。这是用康德来清算中华传统儒家的"明道"、"载道"说，将政治伦理教化排除在审美之外。

其三，美既然是"可爱可玩而不可利用者"，那么，作为美之形式的文学，就只能是一种审美游戏。王国维说：

文学者，游戏之事业也。人之势力，用于生存竞争而有余，于是发而为游戏。⑤

诗人视一切外物，皆游戏之材料。然其游戏，则以热心为之。⑥

---

① 王国维：《文学小言十七则》，《静安文集续编》，《海宁王静安先生遗书》，商务印书馆，1940年。
② 同上。
③ 王国维：《古雅之美在美学上之位置》，《静安文集续编》，《海宁王静安先生遗书》。
④ 同上。
⑤ 王国维：《文学小言十七则》，《静安文集续编》，《海宁王静安先生遗书》。
⑥ 王国维：《人间词话删稿》，《蕙风词话·人间词话》。

这一"游戏"说,是彻底地将儒家美学及文论之沉重的政治伦理教化的使命放下,而专以审美自由与娱乐为己任。康德以为,在一般理性认知活动中,审美的想象力为知性所规定,所以认知不是游戏。而审美活动不然,在这里,知性为想象力而不是想象力为知性服务。当想象力不受知性、理性的局限而飞翔于无限时空,则意味着主体的心意诸能力在游戏中达到谐调愉悦。游戏是心灵自由的一种生存方式,它是相通于审美的。席勒以为,游戏是感性与理性的统一,艺术是一种审美游戏。只有当人充分地是人的时候,人才游戏;而且只有在游戏的时候,人才完全是人。而斯宾塞的游戏说认为,游戏之所以产生,是因为"过剩精力"需要"发泄"。王国维说:"婉娈之儿,有父母衣食之,以卵翼之,无所谓争存之事也。其势力无所发泄,于是作种种之游戏。""而成人以后,又不能以小儿之游戏为满足,于是对其自己的感情及所观察之事物而摹写之,咏叹之,以发泄所储蓄之势力。故民族文化之发达,非达一定之程度,则不能有文学。"①

王国维推崇游戏说,同样是对传统儒家关于文学之政治伦理教化功能说的一种理论上的消解。

### 四、趋新之中的守成

王国维倡言中西、新旧美学的交融,以为"中西二字,盛则俱盛,衰则俱衰,风气既开,互相推助"②,是吸纳西学最早、最多并建构其美学体系的第一人。虽然如此,以其深厚的国学底子与作为士大夫的传统人格,他不可能不在他那趋于现代的美学建构中,对古典与传统有所留恋与继承。正如前述,其境界说,便具有传统意境说的思想因素,体现出"守成"的特点。一方面采西学以为己用,另一方面又在中西融汇、力求趋新的同时,时时回眸于中华传统美学。

关于美的本质,王国维在《叔本华与尼采》一文中说:"夫美术(按:大致类于今日所言'艺术')者,实以静观中所得之实念。"这"实念"与"静观",成为其纯粹艺术哲学的重要概念。这里,"实念"即西学所谓"理念";"静观",虽直接采自叔本华,但归根结底是东方古代的一种观照世界、人生与美的角度、方式与境界。通行本《老子》云,"致虚极,守静笃,万物并作,吾以观复"。此已有"静观"的意味在。北宋邵雍倡言"以物观物"与"忘我"

---

① 王国维:《文学小言十七则》,《静安文集续编》,《海宁王静安先生遗书》。
② 王国维:《国学丛刊序》,《观堂集林别集》卷四,《王国维遗书》(十五)。

之"观","忘我"之"观",又必为"静虚","因闲观时,因静照物",①故"以物观物",亦是审美意义上的"静观"。王阳明《睡起有感》说:"闲观物态皆生意",指的就是无功利、无目的而忘我的"静观","静观"而生美感。佛教有"静力"、"静虑"与"静慧"说,《圆觉经》:"诸菩萨取极静,由静力故,永绝烦恼。"《圆觉经》又说:"静慧发生,身心客尘从此永灭。"烦恼断灭,亦即"静虑"。佛教此说,也已有"静观"(空观)的意味在。

王国维又说:"美之对象,非特别之物,而此物之种类之形式;又观之之我,非特别之我,而纯粹无欲之我也。"②形式是审美对象,而审美主体是"无欲之我"。"无欲之我",庄周所谓"心斋"、"坐忘"之"我"、无偏私、无机心、无功利之"我",既与康德的审美判断无功利说相联系,又根植于庄子美学。

王国维时代,随着俗文学、俗审美之风的进一步兴起,雅、俗问题是美学所思考的一大问题。而今之俗、古之雅是中华美学的重要思想、思维表现之一。王国维关于"古雅"的思想,体现出其美学思想的某种崇古精神,是与其整个美学的趋新趋势相映成趣的。

王国维认为,美是形式。形式有第一、第二之分,所谓"优美"、"宏壮"是也。"优美"与"宏壮",既可实现为美的"第一形式",亦可实现为美的"第二形式"。美的"第一形式"关乎构成美的材质因素,但不等于材质,它存在于艺术与自然之中,"为先天的,故亦普遍的、必然的也","即一艺术家所视为美者,一切艺术家亦必视为美"③。美的"第二形式","后天的也,经验的也,故亦特别的也,偶然的也"。如果说,"优美"与"宏壮"属于美的"第一形式","若夫优美及宏壮,则非天才殆不能捕攫之而表出之",那么,"古雅之致存乎艺术而不存于自然",它"以第二形式表出之","于是艺术中古雅之部分,不必尽俟天才,而亦得以人力致之"。④

王国维将"古雅"与"优美"、"宏壮"加以比较:

> 优美之形式,使人心和平;古雅之形式,使人心休息,故亦可谓之低度之优美。宏壮之形式,常以不可抵抗之势力唤起人钦仰之情,古雅之形式,则以不习于世俗为耳目故,而唤起一种之惊讶。惊讶者,钦仰之

---

① 邵雍:《伊川击壤集序》。
② 王国维:《叔本华之哲学及其教育学说》,《静安文集》。
③ 王国维:《古雅之在美学上之位置》,《静安文集续编》,《海宁王静安先生遗书》,商务印书馆,1940年。
④ 同上。

情之初步,故虽谓古雅为低度之宏壮,亦无不可也。故古雅之位置,可谓在优美与宏壮之间,而兼有此二者之性质也。①

"古雅"既是"低度之美",又是"低度之宏壮",如此看来,王国维有扬"优美"、"宏壮"而抑"古雅"的意思。他确实说过,"故古雅之价值,自美学上观之,诚不能及优美及宏壮"②。这是其接受康德、叔本华"天才"说、"先天"说的表现,说明在中、西问题上,王国维有崇尚西学的思想倾向。然而他又是尚古而贱今的,否则,为什么他要特意标举"古雅",给以美学定位呢?王国维认为,虽然"优美"、"宏壮"高于"古雅",但是"优美"、"宏壮"决离不开"古雅","优美及宏壮必与古雅合,然后得显其固有之价值"③,"雅"的素质,同时是"优美"、"宏壮"的共同素质,否则,遑论"优美"、"宏壮"?而"雅"是与"古"联系在一起的,往往是"古"即"雅"、因"古"而"雅"。"古雅"与"今俗"相对。王国维说"古雅",意在肯定"雅"在中华美学史上应有的地位。

"古雅"作为美学范畴,并非王国维首倡。雅者,夏也。梁启超《释四诗名义》云:"雅音即夏音,犹言中原正声云尔。"《毛诗序》说:"言天下之事,形四方之风,谓之雅。雅者,正也。言王政之所由废兴也。"可见其美学思想中仍有关于"雅正"的一块思想领地。对照前文关于王国维初步消解儒家以政治伦理教化为中心的美学思想的分析,是很容易得出这一结论的。这一诗教源远流长。至于"古雅"一词,唐人已有使用。王昌龄《诗格》以"古雅"为五大诗格之一,其余为"高格"、"闲逸"、"幽深"与"神仙"。南宋张炎《词源》倡"清空则古雅峭拔"之言。司空图《诗品》有"高格"与"典雅"之说,两者合参,有"古雅"之境,所谓"喜古图画器玩,环列左右,前辈诸公笔墨,尤所珍爱,时时展玩";所谓"尝见前辈诸老先生多蓄书法、名画、古琴、旧砚,良以是也。明窗净几,罗列布置,篆香居中,佳客玉立,相映对时,取古文妙迹,以观鸟篆蜗书,奇峰远水,摩挲钟鼎,亲见商周。"④其生活情调以"古"为"雅",便是"古雅"这一类美学范畴得以确立的审美背景。明人屠隆《文论》曾言,《左传》、《国语》妙不可言,"高峻严整,古雅藻丽,而浑朴未散"。凡此,都说明王国维的"古雅"说,有很深的历史文脉背景。作为美

---

① 王国维:《古雅之在美学上之位置》,《静安文集续编》,《海宁王静安先生遗书》。
② 同上。
③ 同上。
④ 赵希鹄:《洞天清录集·序》。

学范畴,体现了王国维在趋新之时对中华传统审美趣味与风格的眷恋。总之,王国维的美学思想,标志着中华美学的文脉历程从古典走向现代,不仅挥斥清代实学的美学,而且脚踏在中华传统文化、哲学与美学之坚实的大地上,接纳来自西方的美学思想,从而体现出趋于现代的某些新思路、新素质与新气象。关于这一点,本书第八章还将有所涉及。

## 第四节　值得重视的美学范畴与命题

　　清代是中华古典美学的终结期。作为美学的终结而非总结,这一时期的美学范畴与命题的特点有三:其一,接续于以往历代的美学话题,历史上曾经出现过的主要美学范畴,如气、道、象及其范畴群落,有清一代,大致都曾重提。尤其属儒一系的有关范畴,如性、情与心等,尤为关注。此可以戴震《孟子字义疏证》为代表。其二,作为终结,清代并非中国古典美学的高峰。虽然传承甚于创造,却不等于说,在美学范畴与命题的重新阐说与建构中,没有属于这一时代的新东西。尤其在1840年之后,在西方列强侵略、西学东渐的人文境遇中,总体意义上美学范畴与命题的新变,是不可避免的。其三,清人重学问、讲实际,包括实学、朴学及其影响下的哲论、文论、诗论、画论与书论等等,虽然并非思想深度与思维方式上的大步跨越,却在有所新见中,体现出趋于近代、现代的特征。清人为学严谨,著述尤丰。比如郭绍虞《清诗话续编序》曾经指出,"诗话之作,至清代而登峰造极。清人诗话约有三四百种,不特数量远较前代繁富,而评述之精当亦超越前人"。尽管这一关于清代诗话的评价,也许并不适用于对整个清代美学理论及其范畴、命题的评价,但总体上,重学、尚实的美学范畴及命题的论问与阐述,则无愧于这一时代。

　　一、与以往相比,清人美学范畴与命题的哲学表达,是一个实字。正如本书前述,明清之际王夫之尚实的哲学,已经为整个清代的美学范畴定了一个基调,即以"实"这一范畴,来言说世界及其美的本原、本体。清初魏祥《答友人论文书》云,"文乃极天下之虚,变化神妙,不可方物,而所以本而发之,发而达之,而盈乎天地之间者,则非有至实之物,无以相致"。此以"至实之物"为文之"本",说得斩钉截铁。魏禧《答蔡生书》亦说,"文章之道,必先立本,本丰则末茂"。此"本"者,实也,"则发之言者,必笃实而可传"。此"笃实"之"实",实为"是"。"笃实"者,"求是"、"执是"之谓。方苞《进四书文选集》倡言"古雅"、"清真"之美,引述韩愈所谓"文无难易,惟其是耳"并加以发挥云,"文之古雅者,惟其辞之'是'而已"、"文之清真者,惟其理之'是'而已"。"是"者,实也。古雅、清真,须以"是"即"实"为底蕴,舍此则伪矣。清人论美学,以"理、事、情"三者并列,在思维方式上,实际已将原本玄虚之"理",降格为与事、情同列的"实"义之上,而"作诗"之"要",唯"实写"而已。清诗提倡"重厚",对那些"淫风"、"淫奔"之诗,嗤之以鼻。如顾炎武《日知录》卷一三"重厚"条,甚至提出焚其淫诗,以"正人心术"的激烈主张,抨击诗之滥情虚意。王夫之对那些"艳诗有述欢好者"的"尚虚"之风,亦不屑一顾,要求诗风笃实。翁方纲《石洲诗话》卷四评唐诗、宋诗之短长,以为"唐诗妙境在虚处,宋诗妙境在实处",称"宋人之学,全在研理日精,观书日富,因而论事日密"。说南宋如"武林之遗事,汴土之旧闻"等,"莫不借诗以资考据,而其言之是非得失,与其声之贞淫正变,亦从可互按焉"。又说,"今论者不察,而或以铺写实境者为唐诗,吟咏性灵、掉弄虚机者为宋诗",误矣。"唐诗"是否"妙境"全"在虚处","宋诗"是否"妙境"全"在实处",此当别论。而翁氏此言,尚"实"之见也。章学诚《文史通义》云,"文,虚器也;道,实指也"。这是将历史上的文"实",道"虚"说倒过来说,真正是清人口吻。清人做学问、写小说、撰戏曲胜于吟诗、填词,是审美理想与口味一变而为尚实的表现。故王国维《沈乙庵先生七十寿序》一文曾经总结云,清人"志在经世,故多为致用之学。术之经史,得其本原。一扫明代苟且破碎之习,而实以兴"。

二、清人言气,时指"愤气",多从本原、本体角度立说,而与时世艰危之情状相接。黄宗羲《谢翱年谱游录注序》虽重申古哲所谓"夫文章,天地之元气也"的美学之见,但重在指明"逮夫厄运危时,天地闭塞,元气鼓荡而出,拥勇郁遏,忿愤激汗,而后至文生焉"之理。"愤气"者,阳气也。黄宗羲《缩斋文集序》又云,"阳气在下,重阴锢之,则击而为雷",故文章之"愤气","雷怒"也,并以商亡时之《采薇》、宋末谢翱、方韶卿与龚圣予等愤激之文加以论证,称"温柔敦厚"的传统诗教,已经不合时宜。魏禧《答计甫草书》说:"古人法度,犹工师规矩,不可叛也;而兴会所至,感慨悲愤之激发,得意疾书,浩然自快其志,此一时也。"法度固然不可废,而"兴会"、"感慨悲愤"之气尤不可泄。侯方域《与任王谷论文书》称,"大约秦以前之文主骨,汉以后之文主气",提倡"运骨于气者"之文,如"飑风忽起,波涛万状,东汨西注,未知其底",盖"愤气"之所蕴也。廖燕《与澹归和尚书》说:"古今文章,皆叹声耳",此乃"愤起笔飞,文成恨绝",实乃以为,"愤气"为文美、情美之根因。廖燕《刘五原诗集序》又云,"慷慨者何哉?岂藉山水而泄其幽忧之愤者耶","故吾以为山水者,天地之愤气所结撰而成者也"。"故知愤气者,又天地之才也。非才无以泄其愤;非愤无以成其才。则山水者,岂非吾人所当收罗于胸中而为怪奇之文章哉"①? 这是将"愤气"天地化,又指其为"怪奇之文章"的本原。清人又有"血书"之说。张潮《幽梦影》云,"古今至文,皆血泪所成"。历代儒家诗说,以"怨而不怒","温柔敦厚"为主旨,但世之有不平与苦难,犹天地间阴阳失序而风雷激起,便有愤气之作。孔子的原始诗说,也还有"诗可以怨"这一条。可见诗之怨刺、抒愤,乃其不移之品格、功用。时至清季,儒者心中不平之气日盛,故平和、清雅之诗少;尊杜诗"雄浑悲壮"之风多。② 想是当时文人学子,心中郁勃忧愤者多矣,尤其是汉人。贺贻孙好用"悲愤"一词,所谓"悲愤之中,偶涉柔艳,柔艳乃所以为悲愤也",并说"知余不平之平,则余之悲愤未可已也"。以"不平"为"平",是强抑"不平",极"不平"也。可谓"悲愤"之极。明李贽曾撰"焚书","续焚书",满篇激愤之辞。其《读书乐》云,"歌吟不已,继之呼呵;恸哭呼呵,涕泗滂沱"。而《徐文长传》记徐渭亦云,其著因"佗傺穷愁,自知绝不见用于时,益激愤无聊,放言高论",此类于朱耷的"哭之笑之"。清人持"愤气"之说,是历史文脉的积淀与迸发。

三、关于"朴"这一范畴,在石涛《画语录》中得到重视。"朴",与"析"相对,前者指未经砍伐之原木,后者指以斧伐木。通行本《老子》以"朴"名"道",楚简《老子》亦如是。《庄子》有"素朴而天下莫能与之争美"这一命题。可见,"朴"指原美、自然美。石涛《画语录》说:"太古无法。太朴不散。太朴一散而法立矣。法于何立? 立于一画。一画者,众有之本,万象之神,藏用于人,而世人不知,所以一画之法,乃自我立。立一画之法者,盖以无法生有法,以有法贯众法也。"又说,"盖自太朴散而一画之法立矣。一画之法立而万物著矣。我故曰:吾道一以贯之"。这是石涛关于画法的一个著名论断,学界以其为"一画"论,以为"一画"的"一",指道。并以通行本《老子》三十九章为证,所谓"昔之得一者:天得一以清;地得一以宁;神得一以灵;谷得一以盈;万物得一以生;侯王得一以为天下正"。然而同是通行本《老子》,还有"道生一,一生二,二生三,三生万物"的著名道论。此道,并非"一",而是"零",一种化生天下万物的本原,亦指事物运化无限之可能性。这两个道论显然是矛盾的,体现出由战国中期太史儋所编纂《老子》之复杂

---

① 《二十七松堂集》卷四。
② 贺贻孙《诗筏》评杜诗,曾引《沧浪诗话》"雄深雅健,不若雄浑悲壮"句。

的文本现象。笔者以为,道在本始意义上,不是"一"而是"零",何以见得?《庄子》有"混沌"说,以为倏、忽二者"谋报混沌之德","凿七日而混沌死"。此"凿"者,即"析"也。可见,"混沌"即"朴","朴"即"道",即石涛所言"太朴"。又,考虑到石涛画论有"蒙养"一说,此正与"太朴"("朴")说相对应。"蒙养"一说,取自《易传》"蒙以养正"一语。此"蒙",指《周易》蒙卦,即本始,亦即"朴"。这里,石涛论述的重点,是"法",所提出的问题,是"法于何立"? 其答案是,"太朴一散而法立矣"。可见,"法"是后天的。"太朴一散",即"析"耳。然而,何"法"能"立"? 石涛的意思是说,不是所有的"法"都能"立"的。只有"散"于"太朴"(朴)的"法"才得"立"于天下。此"法"本原于"朴",且回归于"朴"。就是说,只有那种能使画境回归于"朴"(太朴、道)的"法",才是至"法"。这用《庄子》庖丁解牛的寓言来说,其美之境界,即技法臻于完善,"恢恢乎其游刃自有余地矣",返璞归真也。从《庄子》"混沌"之言可见,"一画"之美,人工之至美,乃"凿"之"混沌""死"而复生矣。另外,刘熙载《艺概·文概》有"白贲"说,称"白贲占于贲之上爻,乃知品居极上之文,只是本色"。这是以《周易》贲卦来阐说本色之美。所谓"白贲"的"贲",《易传》指为文饰。故而"白贲",并非原本无文饰,而是文饰之余回归于"白"的境界,即"朴"散而"法"立;"法"立又回归于"朴",本色之谓。

四、关于美,正如前述,早在先秦典籍中,美这一范畴已大量出现,此后历代不绝如缕。时至清季,美这一美学范畴在诸多哲论、文论与书论中更见频繁。明清之际王夫之《诗广传》云:"神者何也? 天地之所致美者也。百物之精、文章之色、休嘉之气,两间之美也。函美以生,天地之美藏焉。天致美于百物而为精,致美于人而为神,一而已矣。"虽论诗,而自哲学进入,其视点不同寻常。以"天地之所致美者"释"神",这是重新将"神"定为诗美之最高品格,而不像宋明时代那样以"逸"为最上。李重华《论诗答问》提出"诗有三要"说,称"三要"者,"发窍于音,征色于象,运神于意"。其中所谓"音","诗本空中出音,即庄生所云'天籁'是已";所谓"象与意","象者,摹色以称音也";"意之运神,难以言传,其能者常在有意、无意间"。《易传》云,"鼓之舞之以尽神","善写意者,意动而其神跃然欲来,意尽而其神渺然无际,此默而成之,存乎其人矣"。这一论述,可以看做对王夫之"致美于人而为神"的最好注说。王夫之《薑斋诗话》曾言"意犹帅也","寓意则灵",以及《唐诗评选》所言"意伏象外"、"以意为主"等见解,是其以"神"为"美"说的重要构成。而归根结底,王夫之的这一"美"论,是先秦《庄子》所谓"天地有大美而不言"的发挥。

但清人毕竟尚实,如王夫之这样谈美者不多。叶燮说美,从具体之文进入。其《与友人论文书》云,"今有文于此,必先征美与不美。其美者,则人共誉之曰美,彼文而美固可誉也。夫固有其文之美者矣,然而未可即谓之曰通也。固有其文之通者也,然而未可即谓之曰是也。固有其文之是者矣,然而未可谓之曰适于道也"①。"人共誉之曰美",这是类于"美普遍可传达"的见解,有类于所谓"共同美"的观点。但是此"文之美",不一定共"通";即使共"通",不一定共"是";即使共"是",不一定共"适于道"。可见叶燮所言美,仅以"共誉"为标准。这有点靠不住。因为毁誉与否,是随时代、民族、环境等因素而改变的。有些人所"共誉"者,未必美;有些人所"共毁"者,却可以美。这类审美现象,在在多是。而叶燮这里所言道,指儒家六经之道而非道家哲学本原、本体之道,所以就审美而言,此于天下未必共"是"、共"通"。

清人说美,又往往以"奇"、"妙"与"趣"代称。王夫之《薑斋诗话》有"神于诗者,妙合无垠"这一命题;袁枚《随园诗话》以"灵机"、"灵犀"称说,其《遣兴》有"但肯寻诗便有诗,灵犀一点是吾师"之吟,此"灵"者,"妙"也。"妙"者,美之天成也。刘大櫆《论文偶记》云,"文贵奇","然有奇在字句者;有奇在意思者;有奇在笔者;有奇在丘壑者;有奇在气者;有奇在神者"。又称"字句之奇,不足为奇;气奇则真奇矣;神奇则古来亦不多见"。可见,"奇"乃真美、罕见之美、出人意料之美。李渔《闲情偶寄》说,"'机趣'二字,填词家必不可少。机者,传奇之精神;趣者,传奇之风致。少此二物,则如泥人、土马,有生形而无生气"。此言是。"机",本字为"几"。《易传》称为"吉之先见(现)者也","几"即幽微之化。以"机"说"趣",乃"灵机"、"灵犀"或云空灵幽微之"风致"也。因此所谓"趣",是美之于心灵的愉悦。张潮《幽梦影》云,"春听鸟声,夏听蝉声,秋听虫声,冬听雪声;白昼听棋声,月下听箫声,山中听松声,水际听欸乃声,方不虚此生耳"。这便是一种"趣"。卫泳《悦容编》说美人之美,有"喜之态"、"怒之态"、"泣之态"、"睡之态"、"懒之态"与"病之态"等六"态"之言,称美人"惜花步月为芳情;倚栏踏径为闲情;小窗伫坐为幽情;含娇细语为柔情;无明无夜、乍笑乍啼为痴情"。称"美人真境",以"得神为上,得趣次之,得情得态又次之。至于得心,难言也"。此对美女之审美及其美之理念,比起如先秦古典、古雅之美

---

① 叶燮:《己畦文集》卷一三。

女的美来,自有些出于玩赏的俗味在,至于如李渔欣赏女子缠足之美等,就更不在话下了。

与美范畴相应,是丑这一美学范畴的运用。刘熙载《艺概·书概》有"以丑为美"这一命题:"怪石以丑为美。丑到极处,便是美到极处。一丑字中丘壑未易尽言。"丑范畴的美学意义何以"未易尽言"?其一,先秦有丑概念,见于《易传》。但先秦时人言丑时往往以恶字代,《老子》有"美恶"相待、相反、相倚之言,此恶,实为丑也。其二,如果说,美是人之本质力量的自由实现,那么,丑便是人之本质力量的非自由实现。实现大凡有二,合规律合目的又无功利者,即自由。而此目的,是无目的的目的,无功利的功利,否则便是非自由。在历史、人文与科学境遇中,人的本质,并非单个人所天生的,它是现实的,在先天条件下,实现为一切社会与自然之关系的总和。因此,人的本质力量,积极、消极二分,如果说前者即美、创造美;那么后者即丑,不创造或毁灭美。其三,美、丑不是绝对的,在一定历史、人文与科学条件下,美、丑必互应、互对而互变,这便是所谓"丑到极处,便是美到极处"。在艺术审美中,可以以丑的事物、现象与人物为题材,来进行审美创造、表达与欣赏,这也便是艺术领域的以丑为美。在此意义上,审丑便是另一种审美。郑燮《题画·石》云,"东坡又曰,石文而丑,一丑字则石之千态万状,皆从此出"①。可见,此丑并非道德意义上的丑恶之丑,而是一个美学范畴。

关于美,王国维的理论贡献尤巨。其《古雅之在美学上之位置》云,"美之性质,一言以蔽之曰:可爱可玩而不可利用者是也。虽物之美者,有时亦足供吾人之利用,但人之视为美时,决不计及其可利用之点"。又说,"一切之美皆形式之美也"。王国维《叔本华之哲学及其教育学说》指出,"美之对象,非特别之物,而此物之种类之形式,又观之之我,非特别之我,而纯粹无欲之我也"。这种关于美范畴的阐说与理解,源自西方美学关于美的理念,王国维的美论,具有现代意义。王国维称美"非特别之物",而是"无欲之我"的对象,就是说,倘"有欲之我",美便不"在"了。又说,美者,"夫空间、时间,即为吾人直观之形式"。美即"直观"。"直观"无"利害"。当然,作为一种拓荒意义上的美论,其深受叔本华所谓"夫美术者,实以静观中所得之实念,寓诸一物焉而再现之"思想与思维的影响与局限,是显而易见的。既称美是一种"非特别之物"的"物",又说"美"是"实念",逻辑上是有矛盾的。

---

① 《郑板桥集·题画》。

与美范畴相应,王国维《人间词话》有"优美"、"宏壮"之说,称审美分"有我之境,物皆著我之颜色。无我之境,不知何者为我,何者为物"。又云,"无我之境,人唯于静中得之。有我之境,于由动之静时得之,故一优美;一宏壮也"。"无我之境","有我之境",作为美学命题,是王国维对美、审美品类的理论概括。"有我之境",作者的主观情感、审美判断溢于言表,喷薄而出;是审美主观对审美对象的移情"拥抱";"无我之境",作者作为审美之"我",于"境"不露痕迹,犹王维之禅诗然,"无我"为之又为"无情"之境,"太上无情"也,是审美主观对审美对象的移情"化入"。从审美总体意义分析,一切审美都是既"有我"又"无我"的。"有我"者,理智强于移情;"无我"者,移情甚于理智。一切审美都是移情,故"有我"、"无我"只是移情程度之不同,而不是有、无移情这一点上的区别。王国维以"有我"、"无我"来区分"宏壮"与"优美",应当说言之有理,而倡"优美"这一范畴,是其贡献。

五、关于神韵这一范畴,清人翁方纲《神韵论·下》,称王士禛"首倡神韵"。其实,六朝谢赫《古画品录》早就有言,"神韵气力,不逮前贤",而"精致谨细,有过往哲"。唐张彦远《历代名画记》再标"神韵"之说,称图画人物、鬼神,"须神韵而后全"。此后,神韵范畴出现于诗、画、书论中,为人所熟知。王士禛说神韵,独标"清"、"远"二字。其《池北偶谈》云,"诗以达性,然须以清、远为尚",且以谢灵运、王维、孟浩然、韦应物等诗品为清、远之代表。所谓"'何必丝与竹,山水有清音";所谓"景昃鸣禽集,水中湛清华","清远兼之也,总其妙在神韵矣"。虽然,这是引用明代孔文谷、薛西原的见解,但王士禛接着说,"神韵二字,予向论诗,首为学人拈出,不知先见于此"。王氏神韵说的确立,为的是对治明诗少清、远之境的流弊。何谓清、远?北宋周敦颐《爱莲说》有"予独爱莲之出淤泥而不染,濯清涟而不妖,中通外直,不蔓不枝,香远益清,亭亭净植,可远观而不可亵玩焉"。菊的隐逸与牡丹的富贵,均不为所取,这清、远却是"予"之"独爱"。周子取莲为喻,人格比拟也。人格亦文格、诗格之人文基因。莲华乃佛教之人文符号。佛典曾云,摩耶夫人坐于莲座。故后世佛之"须弥座",塑为莲座,有空幻、成佛之寄。而周濂溪独标莲华"香远益清,亭亭净植",融空幻、成佛之义,和道家无、玄(所谓"净")之旨,以为宋代融佛、道之思想的儒士襟怀。此清、远之境,就是王渔洋所谓神韵范畴的美学本旨。王氏神韵说,又为翁方纲肌理说所采纳,翁氏撰《神韵论》,反复阐说"其'肌理'亦即'神韵'也"之说。实际上,翁氏肌理之义与神韵相去甚远。肌理一词"近取诸身",将诗美等同于人之生命,以为神韵鲜活,此翁方纲《志言诗集序》所谓"畅于四支(肢),发于事业,美诸(之于)通理焉"。可见肌理这一范畴,已尽失神韵之旨。翁氏云,何谓"理"?答曰:"义理之理,即文理,即肌理之理也。"笔者以为,王士祯所言神韵,固然不能仅从佛学"空幻"之义去理解,但深受佛禅之旨的濡染,是可以肯定的。王士桢好禅,尤其在晚岁。其《咏雪亭诗序》云,"严沧浪以禅喻诗,余深契其说"。王士亦倡说诗之悟境,以禅趣为神韵的人文底蕴构成。渔洋所推重的清远冲淡之旨,亦其所言神韵之一种内涵。翁方纲将"神韵"解说为"理",指责"今人误执神韵,似涉空言,是以鄙人之见,欲以肌理之说实之",是很有趣的。

六、关于格调这一范畴,有人以为格调说为沈德潜所首倡,其实格调作为美学范畴,当始于稍晚于沈德潜的翁方纲。翁氏期待以其肌理说,来综合王渔洋神韵与所谓沈氏格调之说。翁方纲《格调论·上》说,"夫诗岂有不具格调者哉?《礼记》曰:'变成方,谓之音'。方者,音之应节也,其节即格调也。又曰:'声成文,谓之音'。文者,音之成章也,其章即格调也"。又,从格调谈诗之创新而不泥古,其《格调论·下》称"化格调之见而后可以言格调也"。

当然这不等于说,沈德潜在格调这一范畴的创构上,没有自己的作为。在清代美学史中,正如前述,神韵说独拈清、远之旨,有宋代美学尚逸、尚韵之遗响。而"格调"说以杜诗沉郁、刚健、合律的诗格为标榜。沈德潜《说诗晬语》云,"诗不学古,谓之野体"。又说,"诗中韵脚,如大厦之柱石"。因而格调第一义,指诗之音律、声调合于规范。此《说诗晬语》所谓"诗贵性情,亦须论法。乱杂而无章,非诗也"。此其一。其二,《说诗晬语》说,"文以养气为归,诗亦如之","气盛则言之短长与声之高下皆宜"。这是以诗人人格之高下、尊卑说格调。"有第一等襟抱,第一等学识,斯有第一等真诗"。其三,宋人以学识为诗,非学识之误诗,是学识与诗之关系处理不当的缘故。以学识直接入诗,掉书袋则无诗,然而人之博学并非必定害诗,以学识深厚,可以是作诗之心理、心灵背景。胸无点墨,何以为诗?好诗须"如土膏既厚,春雷一动,万物发生"。格调言说,有尊唐抑宋之倾向。

七、关于阳刚之美、阴柔之美这一对美学范畴,至清代方最终得以完成。《易传》有阴阳、刚柔说。其文有云,"一阴一阳之谓道","是故刚柔相摩,八卦相荡","阴阳不测之谓神","刚柔相推而生变化",等等。这阴阳与刚柔,是分开说的。在中华美学漫长的历史、人文进程中,"刚健"、"柔美"、"阴阳合德"、"刚柔有体"等言说,比比皆是。清人姚鼐《复鲁絜夫书》云:"天地之道,阴阳刚柔而已。文者,天地之精气,而阴阳刚柔之发也。"又说:"其得于阳与刚之美者,则其文如霆、如电,如长风之出谷,如崇山峻崖,如决大川,如奔骐骥。其光也,如杲日,如火,如金镠铁。其于人也,如冯(凭)高视远,如君而朝万众,如鼓万勇士而战之。其得于阴与柔之美者,则其文如升初日,如清风,如云,如霞,如烟,如幽林曲涧,如沦如漾,如玉之辉,如鸿鹄之鸣而入寥廓。其于人也,漻乎其如叹;邈乎其如思,暧乎其如喜,愀乎其如悲。"一系列生动而丰富的比喻,将美之品格,大致归为"阴阳刚柔"两大类,但未标出阳刚、阴柔两大对应范畴。曾国藩《庚申三月日记》则进而建构阳刚、阴柔两大美学范畴,其文云:"吾尝取姚姬传先生之说。文章之道,分阳刚之美、阴柔之美。大抵阳刚者气势浩瀚;阴柔者韵味深美。浩瀚者喷薄而出之;深美者吞吐而出之。"这是对历史上"阴阳刚柔"说的一个总结与发展,一种对偶性思维方式深蕴其间。《易传》说,"是故易有太极,是生两仪,两仪生四象,四象生八卦"。曾国藩《送周荇农南归序》由此发挥云:"物无独,必有对。太极生两仪,倍之为四象,重之为八卦,此一生两之说也。"①这里,"物无独,必有对"这一判断,作为一哲学思维与方法,具有重要的理论意义。清贺贻孙《诗筏》曾以"二分"法论诗云:"诗亦有英分、雄分之别。英分常轻,轻者不在骨而在腕,腕轻故宕,宕故逸,逸故灵,灵故变,变故化。至于化而英之分始全,太白是也。雄分常重,重者不在肉而在骨,骨重故沉,沉故浑,浑故老,老故变,变故化。至于化而雄之分始全,少陵是也。若夫骨轻则佻,肉重则板,轻与重不能至于变化,总是英、雄之分未全耳。"此以"英"、"雄"二范畴,分天下诗风、诗格为两类,分别以李白、杜甫诗为代表。而"英分"、"雄分"又互为"变"、"化",是一深刻见解。然他并未如曾氏一般,得出"物无独,必有对"这一结论。"要之,阳刚之美,动美也,神健、骨拙、质刚、味浓、气盛、象巨;阴柔之美,静美也,神清、骨秀、质柔、味淡、韵适、境灵。它们分别是生命以及生命力体现在自然美、社会美与艺术美中的健康品格"。②

八、清人说厚,较前代为甚。厚作为美学范畴,始于先秦儒家所谓"温柔敦厚"诗教之厚。古人以味醇说厚,以境之深远称厚,以骨峻肉腴喻厚,以文风之雅壮为厚,又以文实而却虚说厚。"充实之谓美"者,厚;"大美配天而华不作"者,厚;"点铁成金"者,厚;"书必有神、气、骨、肉、血"五品兼备

---

① 参见黄霖:《近代文学批评史》,上海古籍出版社,1993年,第192—194页。
② 王振复:《周易的美学智慧》,湖南出版社,1991年,第312页。

者,厚;"沉郁顿挫"者,厚;"人以气为主"、"文以气为主"者,厚;以"学"养文、养诗者,厚。清人说"诗文之厚",最集中的,为贺贻孙《诗筏》。其文云:"诗文之厚,得之内养,非可袭而取也。博综者谓之富,不谓之厚。秾缛者谓之肥,不谓之厚。粗僿者谓之蛮,不谓之厚。"这是将厚与富、肥、蛮相区别,以"内养"为厚之人文根因。《诗筏》又说:"'厚'之一言,可蔽风、雅。古十九首,人知其澹,不知其厚。所谓厚者,以其神厚也,气厚也,味厚也。即如李太白诗歌,其神气与味皆厚,不独少陵也。他人学少陵者,形状庞然,自谓厚矣。及细测之,其神浮,其气嚣,其味短。画孟贲之目,大而无威;塑项籍之貌,猛而无气,安在其能厚哉?"厚,关乎神、气、味,而"神浮"、"气嚣"、"味短"以及"大而无威"、"猛而无气"者,厚之失也。《诗筏》进而又说:"《庄子》云:'彼节者有间,而刀刃者无厚'。所谓'无厚'者,金之至精,炼之至熟,刃之至神,而厚之至变至化者也。夫惟能厚,斯能无厚。古今诗文能厚者有之,能无厚者未易觏也。无厚之厚,文惟孟、庄,诗惟苏、李、十九首与渊明。后来太白之诗,子瞻之文,庶几近之。虽然无厚与薄,毫厘千里,不可不辨"。此言述"能厚"与"无厚"的辩证关系,可谓深有见地。而所言"无厚之厚",是否仅为孟、庄、苏、李、十九首与渊明,可当别论。刘熙载《艺概·书概》说,"书尚清尚厚,清、厚要必本于心行"。这是清、厚并提。然非知清者可以厚、厚者可以清之理。清者,厚之未见(现)而以厚为底蕴;厚者,可以清为韵逸者。刘熙载《艺概·书概》又说,"凡论书气,以士气为上。若妇气、兵气、村气、市气、匠气、腐气、伧气、俳气、江湖气、门客气、酒肉气、蔬笋气,皆士之弃也"。此谓"士气",雅士之气。刘氏以贵族、雅士之气为厚之根柢,固然是矣。然而其所列为"士之弃"的诸气,未必全与厚格、厚味、厚气无涉;比如"蔬笋气",属素朴之气,大凡亦可以为厚之人格依据。

# 第八章
## 20世纪中华美学的现代格局

中华美学发展到20世纪,逐步实现从古典到现代的转换。它一般是在中华古典美学传统与西方美学思潮大举东渐的条件、背景下进行的,达到20世纪中华美学思想理念与思维方式之空前的革新。反帝、反封建,走具有中国特色之社会主义道路,是20世纪中国的政治文化主题。科学和民主,构成其走向现代化的基本内容与人文精神的基本内涵。20世纪中华美学,具有民族现代化、现代民族化的鲜明人文特征。

自古至今,中华文化的基本特点是"淡于宗教"且重视政治、伦理,是以皇权为中心与官本位。考虑到现实政治、伦理对20世纪中华美学(审美)的影响,可以将这一伟大世纪的中华美学分为1949年前后两大历史时期。第一历史时期的重大主题,是基本完成的民主、民族的革命与解放,其深刻的、脱胎换骨的思想启蒙,一般是在不断进行的、各种文化意义上的战争之巨大阴影中实现的。从辛亥革命、五四运动到中华人民共和国成立这一系列的思想与政治事件,使这一时期的中华美学,既具有精神超然的文化品格,又是深深扎根在现实政治与伦理的土壤之中的。第二历史时期的中华美学,经历了"文革"前十七年,"文革"十年和自70年代末至世纪末三个历史时段。其间,大致自1955延续到1964年的"美学大讨论"以及发生于八九十年代的美学再讨论,是令人鼓舞的、相对而言具有美学追问与沉思性质的精神事件,尽管它不是没有任何历史与人文缺失的。

无疑,20世纪中华美学已经取得了巨大的思想与思维成果,而其每前进一步,都尤为艰辛、曲折。

从20世纪中华美学的学理角度分析,不妨可将百年美学在中国大陆的历史进程,分为五个阶段:

一、自19世纪末、20世纪初到五四(公元1898年—公元1919年)为启蒙期。在这一历史阶段,西方如康德、叔本华、尼采与柏格森等的学说,以及马克思主义的美学思想,由王国维、梁启超、胡适、李大钊与鲁迅等人介绍到中国来,形成美学思想的启蒙,成为五四运动思想启蒙运动的前期准备与有机构成。其中,梁启超、王国维站在"中学为体、西学为用"的文化立场,做了具有开创意义的工作。王国维的《人间词话》与蔡元培的"以美育代宗教"理论及其思想,是这一时段突出的理论成果。

二、自五四到中华人民共和国建立(公元1919年—公元1949年)为奠基期。在这一历史阶段,西方美学思想被进一步译介到中国来,它以马克思列宁主义美学思想与西方现代主义美学思潮为主流。以瞿秋白、鲁迅为代表的美学思想、以《在延安文艺座谈会上的讲话》为代表的毛泽东文艺思想,成为马克思列宁主义美学思想的重要构成;蔡仪、朱光潜等人的美学思想初步形成;起于20年代初的梁漱溟、熊十力等新儒学亦登上历史与人文舞台。

三、自中华人民共和国建立到"文革"(公元1949年—公元1966年)为建构期。在这一历史阶段,发生于1955至1964年的美学大讨论,是20世纪中华美学建构的重要标志。蔡仪的"美是客观"说、吕荧、高尔泰的"美是主观"说、朱光潜的"美是主客观的统一"说与李泽厚的"美是社会性与实践性的统一"说,尽管各抒己见,有时甚至针锋相对,但共同的思想特色是马克思主义或是趋向于马克思主义的,换言之,讨论各方均愿意以马克思主义美学思想为指导。其间,马克思《巴黎手稿》的美学思想、苏联发生于50年代"解冻"时期之美学大讨论,具有重要而深刻的影响,而朱光潜、高尔泰的美学思想较多地吸收了西方美学的思想因素。

四、"文革"十年(公元1966年—公元1976年)为停滞期。在这一历史阶段,中华美学作为"封、资、修"被"彻底"批判,但依然存在一定的关于美学的"潜思考"与"潜写作"。

五、改革开放时期(公元1976年—公元2000年)为发展期。在这一历史阶段,随着思想理念的空前解放,西方美学包括古典主义、现代主义、后现代主义与西方马克思主义等美学著述大量输入。中华美学所获得的思想、思惟的自由前所未有。人道主义与异化、主体性、方法论、结构主义、解构主义、实践论美学与中华古代美学之现代转换等问题,成了八九十年代美学再讨论的重要问题。与五六十年代美学大讨论相比较,这一次美学再讨论的政治与思想氛围变了。这一历史阶段,以1989年为界,又可分前后两个时段。值得注意的,是中华古代美学史、中华美学范畴史与西方美学史、范畴史研究所取得的丰硕成果。

启蒙、奠基、建构、停滞与发展,构成 20 世纪中华美学从古代、近代走向现代的文脉轨迹。

美国哈佛大学教授史华慈(Schwartz)《论保守主义》一文曾经指出,文化保守主义、自由主义与激进主义"这三项范畴大致同时出现的事实,恰足以说明他(它)们在许多共同观念的同一架构里运作,而这些观念是出现于欧洲历史的某一时期"[①]。在笔者看来,20 世纪中华文化,其实也是文化保守(守成)主义、自由主义与激进主义相互冲突、融和的文化,20 世纪中华美学亦然。这三大主义,具有各自的文化与思想内涵,而在赞成与趋向于美学现代化这一点上又是共同而相通的。

## 第一节　守成主义

20 世纪中华守成主义亦即保守主义美学思潮以因袭、承续与发展古代美学的传统为基本特色。值得强调指出的是,守成主义美学并不否定与反对美学的现代化,而是认为这种现代化,恰恰须在认同中华民族古代美学之传统的前提下才有可能实现。本土化,是守成主义美学的思想之帜。从其学理角度分析,诸如 19 世纪末至 20 世纪初梁启超、王国维诸人,尽管曾经接纳过来自西方自由主义等的深刻影响,但其文化立场,则基本属于守成主义范畴。

20 世纪中华守成主义美学之最典型的思想代表是现代新儒学。

现代新儒学是相对于先秦原始儒学、宋明理学而言的。学界有人称其为"第三期儒学"。牟宗三《儒家学术之发展及其使命》一文指出,第一期儒学以孔、孟、荀的思想学说为代表,先秦是原始儒学"典型之铸造时期";第二期儒学,以濂学(周敦颐)、关学(张载)、洛学(程颢、程颐)、闽学(朱熹)与心学(陆九渊、王阳明)为代表,宋明为理学"彰显绝对主体性时期"。现代新儒学起于 20 世纪 20 年代初,在五四运动爆发后不久的一片"打倒孔家店"的时代呐喊中,梁漱溟站在文化守成主义立场,打出"新孔学"即原始现代新儒学的旗帜,在传统儒学及其价值体系不断解构的人文境遇中,企图接纳宋明理学的文化血脉,以传统本土的文化胸怀,迎候、面对、改造大举东渐

---

[①] 见《近代中国思想人物论——保守主义》,台湾时报文化出版事业有限公司,1980 年,第 20 页。

的现代西学,以实现儒学的现代化。

现代新儒学作为一股文化思潮与文化、哲学派别,是在20年代初中西文化剧烈冲撞之中诞生的。中西文化论战与所谓"科玄论战"等直接刺激了现代新儒学的生成与成长。它是作为迎对东渐的西方科学主义、实证论哲学尤其是"全盘西化即现代化"论的对立面而出现的。现代新儒学对以儒学为文化主干的中华传统文化充满"同情与敬意"。在传统儒学所谓"花果飘零"的年代,现代新儒学重提北宋张载"为天地立心,为生民立命,为往圣继绝学,为万世开太平"的儒学宗旨,以天下为己任,是一种充满民族文化危机意识与强烈责任意识的文化、哲学思潮及流派。

现代新儒学的代表人物,坚信中华儒学文化传统具有普遍意义。其意义的真理性思想因子,不因时代的流迁而丧失,其间的"人文睿智"、"生存智慧"与"生存策略",是"恒常之道"。但他们不是顽固的文化守旧派,而是意在开新,愿以传统"心性"这"内圣""开出新外王"即科学与民主。当然,从现代新儒学的实践来看,这一流派的主要功绩,在于"六经注我",与对儒家"内圣之学"的理论阐发,这种理论建树,据冯友兰所言,是"接着讲"而非"照着讲"。

现代新儒学的思想建构,经过了数代学人的努力。20年代初至30年代末,为现代新儒学之第一代。第一代的代表人物,是梁漱溟、张君劢与熊十力。梁漱溟发表于1921到1922年底的《东西文化及其哲学》,是现代新儒学的奠基之作(此前于1920年连载于上海《晨报》的梁启超的《欧游心影录》,作了它的思想的引发与背景)。该书被蒋百里称为"烁古震今之作"。李石岑记当时该书的社会影响是,"发行之后不到一年,已经得了近百篇的论文,十几册的小册子,和他大打其笔墨官司。这样一闹,他这部书,居然翻成了十二国的文字,把东西两半球的学者,闹了个无宁日"①。作为第一个现代意义上儒者的著作,梁漱溟在《东西文化及其哲学》中,阐述了中国、欧西与印度文化的区别,尤为推崇其中华儒学见解。梁曰:"这书的思想差不多是归宗儒家,所以其中关于儒家的说明自属重要。"②于儒学,又特别重视孔子的生命思想,指出"这一个'生'字是最重要的观念,知道这个就可以知

---

① 李石岑:《评〈东西文化及其哲学〉》,《民铎》三卷三号,1922年。
② 梁漱溟:《东西文化及其哲学》第八版自序,《梁漱溟全集》第一卷,山东人民出版社,1989年,第324页。

道所有孔家的话"①。又说:"中国文化在这一面的情形很与印度不同,就是于宗教太微淡。"②这成为其一生所持"淡于宗教"说的起始。又,张君劢于1923年2月14日在清华大学发表题为《人生观》的著名讲演,认为"人生观问题之解决,决非科学所能为力",抨击科学主义。这一讲演,刊载于《清华周刊》1923年3月号。1923年4月,丁文江撰《玄学与科学》一文载于《努力周报》,为"科玄论战"之始。张君劢作为玄学派的主要代表人物,企图以人文主义批判科学主义,来解决人生观与人生道路问题。他"一生兴趣,徘徊于学术与政治之间"。1949年前偏于政治实践,1949年之后偏于学术。1957年3月与1963年2月,张君劢的《新儒学思想史》上册与下册分别出版,是现代新儒学的重要著述。1958年元旦,张君劢与唐君毅、牟宗三、徐复观在《民主评论》与《再生》杂志上联名发表《为中国文化敬告世界人士宣言》,成为现代新儒学在海外蓬勃发展的纲领性文件而载入史册。相比之下,被牟宗三称为能在学识、学术、思想上"作狮子吼"的熊十力,是在现代新儒学深入发展的语境中被台港、海外思想界所发现与重视的。熊十力新儒学具有深沉的思想深度。其问学之路,他本人有准确的总结:早年"趋向佛法一路,直从大乘有宗唯识论入手。未几舍有宗,深研大乘空宗,投契甚深。久之,又不敢以观空之学为归宿,后乃返求诸己,忽悟于大易"③。熊十力的一生及其思想轨迹,具有"会通儒佛,归宗于易"的特点,他的《新唯识论》(1932年出版文言文本,1944年出版语体文本)富于哲学原创精神,是现代新儒学的扛鼎之作。是书以儒、道思想融佛空之见,构《周易》之"翕辟成变"说,治学立足于儒,于佛说又圆熟于心,成就颇高。熊十力一生著述丰硕。除《新唯识论》之外,还有《佛家名相通释》(1937)、《读经示要》(1945)、《十力语要》(1947)、《十力语要初续》(1949)、《原儒》(1956)、《体用论》(1958)与《明心篇》(1959)等,是现代新儒学的重镇之一。

　　冯友兰与贺麟等辈,是现代新儒学之第二代代表人物。他们的主要著论及思想的成熟,大致在30年代到40年代中叶。郑家栋曾经指出,从社会文化思潮的走向分析,五四到三十年代的文化思潮,"无论是西化派、东方文化派还是早期马克思主义者,都强调中西文化的对立性质",而"30年代

---

① 梁漱溟:《东西文化及其哲学》,《梁漱溟全集》第一卷,第448页。
② 梁漱溟:《东西文化及其哲学》,《梁漱溟全集》第一卷,第441页。
③ 熊十力:《体用论·赘语》,上海龙门联合书局,1958年。

末到 40 年代中期社会思潮的特点,则在于强调中西文化的融合"①。与此相应,第一代时期的文化思潮,表现为对中华传统文化持比较严厉的批判态度;第二代时期则相对温和些。此时,抗战与民族救亡形势严峻,第二代新儒学,是在中华之大却放不下一张平静之书桌的人文境遇中发展的。作为第二代现代新儒学的代表人物,冯友兰早在 30 年代就撰写、出版两卷本《中国哲学史》,肯定传统儒学的文化、哲学价值。自 30 年代末至 40 年代中叶,以《新理学》(1939)、《新事论》(1940)、《新世训》(1940)、《新原人》(1943)、《新原道》(1944)与《新知言》(1946)等所谓"贞元六书"构建其"新理学"体系。这一哲学体系的主旨,以西方新实在论关于共相、殊相之学说,来解读程朱理学关于理、气关系的思想。

第二代现代新儒学之另一代表人物贺麟,早年在西方求学时即接受新黑格尔主义哲学,他在 40 年代撰写、出版的《儒学思想的新开展》、《宋儒的新评价》、《文化的体与用》、《五伦观念的新检讨》、《宋儒的思想方法》、《近代唯心论简释》与《文化与人生》等著述,具有所谓"新陆王"的思想特色。陆、王主张心即理说,贺麟晚年撰《康德黑格尔哲学东渐记》,这样总结他的哲学:"我在解放前是赞同'心为物之体,物为心之用'、'心即是理'的唯心观点的。所以我是从新黑格尔主义观点来讲黑格尔,而且往往参证了程朱陆王的理学心学。"同时,贺麟又对既往的现代新儒学加以总结评价,意见往往中肯。他在《当代中国哲学》中,称梁漱溟"自成一家言,代表儒家,代表东方文化说话的"。他尤为推崇熊十力,认为熊氏"得朱、陆精意,融会儒、释,自造新唯识论"、"为陆、王心学之精微化系统化最独创之集大成者"。他批评冯友兰"讲程、朱而不能发展至陆、王,必失之支离。讲陆、王而不能回复到程、朱,必失之狂禅",又肯定冯友兰哲学难能可贵的体系性与思想的深致性。

现代新儒学的第三代,以牟宗三、唐君毅与徐复观为代表。1949 年之后,现代新儒学的阵地,由大陆移至港台地区与海外。驻地在香港的新亚书院的办学指导思想是,"上溯宋明书院讲学精神,并旁采西欧导师制度,以人文主义教育为宗旨,沟通世界东西文化"②。1964 年,由新亚书院、崇基书院与联合书院组建香港中文大学。

第三代代表之一牟宗三,是熊十力弟子。牟宗三深厚的西学底子,来自

---

① 郑家栋:《现代新儒学概论》,广西人民出版社,1990 年,第 219 页。
② 转引自郑家栋:《现代新儒学概论》,广西人民出版社,1990 年,第 288—289 页。

罗素、怀德海与康德哲学。牟氏早年著有《逻辑典范》,自30至50年代的著述主要是《道德的理想主义》与《历史哲学》等。此后,陆续出版《政道与治道》(1961)、《中国哲学的特质》(1963)、《才性与玄理》(1963)、《心体与性体》(1968—1969,大陆版共三册)、《从陆象山到刘蕺山》(1979)、《康德的道德哲学》(1982)、《康德纯理性之批判》(1983)、《中国哲学十九讲》(1983)、《圆善论》(1984)、《中西哲学之会通十四讲》(1990),以及牟氏去世后刊行的《人文讲习录》(1996)、《四因说演讲录》(1997)与《佛性与般若》等,煌煌30种之多。牟宗三的新儒学研究,以宋明理学为解读对象,以生命问题为母题,以康德哲学等为主体学养之一,完成了"道德的形上学"理论体系的建构,在现代新儒学界,具有崇高的学术地位。

相比而言,唐君毅早年接受英美新实在论哲学,转而对黑格尔之精神现象学"生无尽的兴趣",终悟"先秦儒学宋明理学佛学,又有超过西方唯心论者之所在"①,于是潜心于新儒学。有《中国文化之精神价值》、《人生之体验》、《中国哲学原论》、《生命存在与心灵境界》、《心物与人生》、《人文精神之重建》等著述存世。为学注重中西文化、哲学、道德伦理学与文学的比较研究与融通,主张发扬以儒学为核心的中华传统文化的价值系统,企望实现现代新儒学意义上的中华文化精神的重建。

在现代新儒学阵营中,徐复观前半生的戎马生涯与后半生的书斋研究,形成强烈反差。他为学重在中华思想史方面,《中国人性论史(先秦篇)》、《两汉思想史》(大陆版为三卷本)、《中国思想史论集》、《中国经学史的基础》与《中国艺术精神》等,是其代表性论著。与几乎所有的现代新儒家一样,徐复观研究新儒学,也具有明确的人生与治世目的,即"要在中国文化中发现可以和民主政治衔接的地方","我要把中国文化中原有的民主精神重新显豁疏导出来,这是'为往圣继绝学';使这部分精神来支持民主政治,这是'为万世开太平'"。②

现代新儒学的第四代,以杜维明、刘述先与成中英等为代表,他们活跃于80年代之后的国际儒学学术舞台。他们已经不像先辈那样深研宋明理学,而更具世界文化眼光,视野开阔,富于现代意识,注重以现代意识重新解读《周易》等儒家经典,注重中西文化的交流与融和。刘述先说:"我们面对

---

① 唐君毅:《人文精神之重建》,台湾学生书局,1974年,第565页。
② 徐复观:《当代思想的俯视:擎起这把香火》,《徐复观传记资料》(一),天一出版社,1985年。

的真正问题既不是抱残守缺,也不是全盘西化,而是如何去解释选取东西文化的传统,针对时代的问题加以创造的综合。"①杜维明《儒学第三期发展的前景问题》认为,中西文化、哲学一旦两离则俱伤,两合则共荣。他批评五四运动否定中华传统文化太过,称当年胡适诸人"以全盘西化的极端态度来对抗狭隘的国粹主义","导致媚外与仇外两种态度反应,结果对西方文化造成了免疫性和过敏性同时并存的矛盾现象"。成中英则站在世界文化一体化与现代化的立场,鼓吹人类文化、哲学的重建。其《世纪之交的抉择》云:"西方哲学需要从新的出发点和新的思考来突破它的狭隘和独断;中国哲学也同样需要汲取西方哲学的养料来恢复其活力,并用这种活力来反馈世界哲学的发展。这就是重建中国哲学的重大意义。这个重建既是中国哲学的世界化,也是世界哲学的中国化。"

综上所述,现代新儒学大致经历了八十余年的发展历程,可以看做是基于中华文化、哲学之有一定世界影响的思想文化事件。这里值得加以总结的,有如下几点:其一,现代新儒学的文化本涵,是文化守成主义,包含了赛义德《东方学》所肯定的民族本位的文化立场与理念。它并非拒绝世界范围内的文化传播与现代化,但本能地警惕文化殖民主义的侵害。它的本土立场意味着,民族文化之现代化的关键依然是所谓"中学为体"。失去本位与本土,便是迷失民族自我。在西风大举东渐的20世纪,它是全盘西化思潮与理念的一种文化纠偏方式,它最大限度地发现、研究与肯定中华民族文化尤其儒家文化与哲学的"与时偕行"、"与时消息"的思想因素,建立了与传统儒学文化的信任关系,尽可能挖掘儒学文化之具有普遍意义的思想根因及精神价值。在向世界范围内传播以儒为代表的中华文化与哲学这一点上,是有功绩的,值得肯定。然而,文化守成主义也在一定程度上遮蔽了传统儒学首先是宋明理学的历史局限性与思想局限性。

其二,文化守成主义认为中华民族的落后,首先是思想文化的落后,认识到民族的图强、开新必自思想文化的启蒙始。正如海外华裔学者林毓生所言,现代新儒学确是"借思想文化以解决问题的途径"②,因而主张援入西学使传统儒学焕发生机。但是,思想(精神)一开始就很倒霉,它注定会受到物质的纠缠。所以,孤立地讨论思想文化问题而不涉及、不下贯于物质生产活动与物质生活层面的现代化,以为可以通过援西学以实现儒学的现代

---

① 刘述先:《中国哲学与现代化》,台湾时报出版公司,1980年,第22页。
② 林毓生:《中国意识的危机》,贵州人民出版社,1986年,第8页。

化,便是中华民族的现代化,这大概可以称为"书生的天真"与对儒学思想的偏爱。其实,物质生产方式与思想文化的现代化是互动的,大凡文化,都包括物质、制度、精神与传播四层次、四维度,因而,仅从思想、精神入手讨论、研究民族文化的现代化,是不全面的,孤立的,脱离于物质、制度与传播维度的精神、思想的所谓现代化,是不能实现的。这不等于说思想精神之现代化不重要,而是说这一现代化,须同时以物质、制度与传播的现代化为基础、为伴侣。

其三,就思想文化的现代化而言,现代新儒学尤为推崇"道德救世"说。究竟以什么来疗救世道人心?现代新儒学倚重于以"心性"说、以仁学为基质的宋明儒的道德,发现与肯定了道德修为在塑造、重建个体、群体健全的现代人格的重要意义。问题是,道德究竟能不能救世?道德起自于人际关系,有人际关系必有一定的道德存在,但道德的性质与历史、人文水准,不是由人际关系所决定的,而是决定于人与自然之本然关系。人改造自然(社会)的历史水平与能力即人的生产力水平,决定了人与人之间关系的历史与人文水平,也便是决定道德之历史与人文水准的条件。可见,建立于封建社会生产力水平基础上的宋明儒的所谓道德,在文化本质与水准上,与20世纪走向现代化的中华民族的要求不相适应。宋明儒的道德传统,当然具有某些超越时代、民族的普遍意义,但是,怎样准确而又正确地评估传统儒学的道德规范转递为现代道德的可能性,是一个值得研究与实践的问题。

其四,现代新儒学从其诞生之日起,就将科学的人文性问题排除在其文化视野之外。它或者断然否认科学认知的人文意义,否认科学精神本身就是民族、时代人文精神的重要构成,或者干脆说传统儒家思想已经天然地具有某些科学素质。前者可从当年的"科玄论战"看得很清楚;后者则等于说传统儒学圆满俱足,它似乎什么都不缺。现代新儒学的一个重要思想,不就是从"内圣"(心性,仁)"开出新外王"(科学与民主)吗?其实,一般地缺乏科学因素与科学精神,正是传统儒学一个不可弥补的人文缺陷。如果说中华民族之传统人文精神有什么民族与时代之局限的话,那便是偏重于伦理、德性而轻忽于物理与科学理性。

其五,从现代新儒学与宗教精神的关系看,梁漱溟曾有学界都熟知的所谓中华文化"淡于宗教"的著名论断。"淡于宗教"确是中华传统文化包括儒家文化的基本素质之一。应当说,"淡于宗教"既是传统儒学的优长之处,又是其缺失之处。因为"淡于宗教",所以尤为重视伦理。将道德伦理抬高到"准宗教"的高度,正是传统儒学的基本特征。20世纪初,蔡元培曾有"以美育代宗教"的论断,相应的,笔者在此也不妨提出"以伦理代宗教"的见解,而且从两千多年中华民族的道德实践来分析,"以伦理代宗教"确是中华历史的现实。问题是,伦理真的能够代替宗教吗?从文化功能上看,伦理与宗教其实不能相互代替,因为各自的文化本质有别。宗教的问题,其理念建构于此岸、彼岸之际;伦理道德问题,只是在于调整、处理此岸人与人之际的关系。两者的终极关怀是不同的。现代新儒学如此推崇道德,它们所做的,确实在于企图"以伦理代宗教",但是,中华文化因"淡于宗教"所留下的这一历史与民族文化的空白,是伦理所难以真正填补的。同时,虽然现代新儒学的所有代表人物,都认同中华传统文化"淡于宗教"这一特点,然而他们中的有些人在充分肯定儒学传统之同时,却不自觉地美化儒学与孔子,甚至达到崇拜的地步。如五六十年代的牟宗三,曾称孔子为"教主",说儒学为宗教,为"人文教";唐君毅说,穆罕默德、释迦牟尼与耶稣是"偏至的圣贤",惟孔子是"圆满的圣贤",其《中国之人格世界》一文,称孔子人格"是超越一切对待的",即独一无二、无与伦比的,"乃上帝之精光毕露之所在",这无异于说,孔子等于上帝。这使人想起东汉谶纬神学对孔子的神化。现代新儒学,有时因为过分偏爱传统儒学及孔子而失去平常心,失却了科学、平实的治学态度和人文立场。

守成主义的现代新儒学的美学思想与理念,是蕴涵在现代新儒家的言述与著论之中的,显得丰富而深刻。应当说,许多年来,学界对此并不加以关注,故这里试作简略而初步的论析。

## 一、"生命"美学

这是中华美学的一个老问题。大凡中华美学思想之历史与逻辑的根因,没有不自生命问题始。这不等于这一美学问题不值得作进一步的讨论。实际上,现代新儒学关于生命美学问题的关切、思考与研究,是很精彩的。现代新儒学对传统儒家的生命美学作出了新的解读,这种解读往往同时渗融着来自西方的生命美学思想。

在现代新儒学史上,第一个阐释生命美学问题的是梁漱溟。他从《易传》"生生之谓易"、"天地之大德曰生",悟出儒家与孔子的人生哲学、美学都是"讲'宇宙之生'的"这一点:"这一个'生'字是最重要的观念,知道这个就可以知道所有孔家的话。孔家没有别的,就是要顺着自然道德,顶活泼顶流畅的去生发。他以为宇宙总是向前生发的,万物欲生,即任其生,不加造作必能与宇宙契合,使全宇宙充满了生意春气。"①这里,梁漱溟是借孔子来说他自己的意见,认为宇宙乃生命之流,生生不息。他说:"宇宙是一个大生命。从生物进化史,一直到人类社会的进化史,一脉下来,都是这个大生命无尽无已的创造。一切生物,自然都是这大生命的表现。"②"大生命"这一理念恰与儒家"天人合一"的思想相合。试问天、人合一于何处?答曰:合"一"于"生"。这里,梁漱溟关于"宇宙是一个大生命"的思想,实际是将"生"看做人类审美的本原、本体。与传统儒学一样,梁漱溟对人的生命问题抱着积极入世的态度,从"生"而不是从"死"的角度来追问人的生命及其审美,所坚守的是儒的立场而非佛的立场,由孔子所言"未知生、焉知死"的文化立场接续而来。

另一位现代新儒学的代表人物熊十力的学说,也高举"生命"。熊十力的新唯识论的逻辑起点,改变了佛教唯识学以"死"、"空"为逻辑起点的思维格局,站在"生"的本原、本位立场来谈"体用不二"与"翕辟成变"。他说:"浑然全体,即流行即主宰,是乃所谓生命也。""夫生命云者,恒创恒新之谓生,自本自根之谓命。""吾人识得自家生命即是宇宙本体,故不得内吾身而外宇宙。吾与宇宙,同一大生命故。此一大生命非可剖分,故无内外。"③熊十力也讲"大生命",恰与梁漱溟相合,都将世界、宇宙看做"生"之本原、本体的大化流行,对世界、人生之乐观的审美态度隐潜其间。熊氏云,生命之所以是美的,是因为"生命之表现,自无机物而有机物,以至人类,皆其创进之迹也"④。创进即美。

## 二、"生活"美学

按照梁漱溟的理解,"生"乃本原、本体意义上的美,"生"的现实实现便是"生活"。梁氏说,"文化即是一个民族的生活样法","一家文化,不过是一民族生活的种种方面"。⑤ 故实际上,梁氏所言"生活",实指"文化"。"生命"与"生活"的关系如何?梁漱溟说:"生命与生活,在我说实际上是纯然一回事。"既然如此,又为什么在"生命"之外,另提"生活"?梁氏回答:"不过为说话方便计,每好将这件事打成两截。所谓两截,就是一为体,一

---

① 梁漱溟:《东西文化及其哲学》,《梁漱溟全集》第一卷,第 448 页。
② 梁漱溟:《朝话》,中国文化服务社,1936 年,第 85 页。
③ 熊十力:《新唯识论》,中华书局,1985 年,第 102—103、534—535 页。
④ 同上书,第 328 页。
⑤ 梁漱溟:《东西文化及其哲学》,《梁漱溟全集》第一卷,第 352 页。

为用。其实这只是勉强的分法。"是何缘故呢？因为世界本然,是体用不二的。然而为措辞、言说"方便"计,姑且以体、用言之,"生命与生活只是字样不同,一为表体,一为表用而已"①。体、用在本然意义上无有不同,仅应然意义上"表体"与"表用"有区别。这种对中华文化、哲学及其审美意识的理会与表述,可谓准确而深致。

熊十力的"体用不二"说中,实际也包含"生命"与"生活"之关系的见解。他说:"本论以体用不二为宗,本原、现象不许离而为二,绝实、变异不许离而为二,绝对、相对不许离而为二,质、力不许离而为二,天、人不许离而为二。"②美在于"不二"的世界之"一"。但美之显现即美的东西作为"不二"的世界,便是美的现实、现实的美。熊十力称其为"实体流行"。"余说实体流行一语,本谓实体即此流行者是。譬如大海水,即此腾跃的众沤相即是。倘不悟此,将求实体于流行之外,是犹求大海水于腾跃的众沤之外,非甚愚不至此也。"③此所言"实体",即"本体"。"实体"不在"流行"之外,也不是"流行"之外另存"实体",即体即用、即用即体,亦即美与美的事物不二。

然而,现代新儒学所说的"生活",实际指以"生命"为文化、哲学之根因的道德生活。道德生活内在于"心","心"是一种先天的"道德精神",牟宗三称为"尽理精神",或曰"心性"。唐君毅说:"中国文化之精神,在度量上、德量上,乃已足够,无足以过之者,因其为天地之量故也。""度量上,德量上之足够,多只见精神之圆而神。"④这是说,儒家的道德生活虽然是人为的、可以由人修为的,但其本原、本体是"天地"的"度量"。因道德生活之本然即"天地"之"度量"是哲学的,天然地具有哲学意义的人文秉赋,所以,这种生活的极境必然是美学的、审美的。既然它在"度量"与"德量"上"乃已足够",是"圆而神"的,那么,这种道德生活就不仅是"尽善"的,而且是"尽美"的。这里,现代新儒学明显吸取先秦孟子的"心性""本善"说,糅合了南宋陆九渊的"宇宙即吾心、吾心即宇宙"说与明王阳明的"良知"与"灵明"说,又回归于孔子的"尽善尽美"说。牟宗三谈到这一点时,以"心体"、"性体"不二为逻辑原点,从康德那里采撷思想,建构其"道德的形上学"。在理论上,将宋明理学"道德作为本体、审美如何可能"加以"解决",使"头上的

---

① 梁漱溟:《朝话》,中国文化服务社,1936 年,第 85 页。
② 熊十力:《体用篇》,台北学生书局,1980 年,第 336 页。
③ 同上书,第 247—248 页。
④ 唐君毅:《中国文化之精神价值》,台湾正中书局,1969 年,第 503 页。

星空"(本体)与"心中的道德律令"(工夫)相对应,来言说道德兼审美的"崇高"与道德主体心中的"幸福"①,凡此,都是很见功力的。当然,牟宗三在思辨方式上,受康德影响太大,其学,注重形上理由的追溯,而忽略了历史发生原因的考察。对于问题偏重于性质的反省,而忽略了事实经验的直接分析。所论大抵是大原则,而较缺乏历史、现实的分析;往往倾向于先验的分析,而较缺乏经验的综合。

### 三、"意欲"与审美

意欲这一概念,是由梁漱溟首先运用于现代新儒学的。他说:"你且看,文化是什么东西呢?不过是那一民族生活的样法罢了。生活又是什么呢?生活就是没尽的意欲(will)——此所谓'意欲'与叔本华所谓'意欲'略相近,——是那不断的满足与不满足罢了。"又说:"然则你要去求一家文化的根本或源泉,你只要去看文化的根原的意欲,这家的方向如何与他家的不同"②。这里有几点值得注意。其一,生活即意欲。其二,此所言意欲,梁漱溟称"与叔本华所谓'意欲'略相近"。叔本华的"世界作为意志"说,是以意志为本体,所谓"自在之物就是意志"③,"意志自身在本质上是没有一切目的、一切止境的,它是一个无尽的追求"。④ 在意志的"无尽的追求"方面,确与深漱溟的意欲相类。但两者的区别又是显然的。叔本华的意志没有"目的"与"止境",梁漱溟的意欲除了指"不满足"的欲望外,兼指"满足";前者是盲目的生命之欲与执著,后者指自觉道德本体;前者因其文化本性是"没有一切目的"与功利性的,本然地与审美具有直接联系,后者作为道德本体,它的直接指向是至善,因至善而与至美相联系;前者因为叔本华的生命意志之哲学,深受佛教苦空思想的影响而具有悲观的色彩,后者则因梁漱溟的文化哲学实由先秦儒家重生之根因生起而富于乐观情调;前者强调种种具有破坏性的恶的力量的根由,而后者基于儒家"人生本善"说而是人性的"善端"。同时应当指出,梁漱溟的意欲,实与柏格森的"绵延"(主要指"生命过程"、"自我的意识形态"的时间性)与"生命冲动"、"自由意志"具有更多的学理与思想的联系。"生命冲动"即"生命之流"。可见梁漱溟的

---

① 请参见本书第六章有关分析,此处从略。
② 梁漱溟:《东西文化及其哲学》,《梁漱溟全集》第一卷,第352页。
③ 叔本华:《作为意志和表象的世界》,商务印书馆,1982年,第177页。
④ 同上书,第235页。

"生活"观,主要来自柏格森的生命哲学与中华先秦原始儒家的生命观。

更为值得注意的是,梁漱溟说:"生活即是在某范围内的'事的相续'。这个'事'是什么?照我们的意思,一问一答即唯识家所谓——'见分'——'相分'——是为一'事'。一'事',一'事',又一'事'……如是涌出不已,是为'相续'。为什么这样连续的涌出不已?因为我们问之不已——追寻不已。"①生命以及生命的现实实现即生活,就是"意欲"的"涌出不已"、"事的相续",梁漱溟称其"一问一答即唯识家所谓——'见分'——'相分'",其实就是柏格森所言绵延。绵延即生命这一本原、本体之美的"生活之流"的意欲的不断涌出。只是梁氏所谓意欲,并非纯是哲学与美学的,它主要指道德本体之冲动。

本书前文在讨论宋明理学之美学意义问题时,一再提到宋明理学的所谓"存天理,去人欲",虽然梁漱溟的"意欲"是哲学的,宋明理学的"人欲"是道德形态意义上的,两者不能并提,然而,梁漱溟从西方哲学美学的生命观获取灵感与思想资料来建构其"意欲说",实际上包含着走出宋明的重要一步。宋明尤其二程、朱熹的理学,都高扬理或天理而主张去甚至灭人欲,其美学是反人欲的美学。意绪与情欲作为感性心理,本与审美具有直接的联系,而宋明理学的美学偏偏崇"理"。陆、王心学的美学自然是崇"心"的美学,但此心乃纯净之心,"一点灵明"之心,并非意欲。可见,现代新儒学在此是违背理学传统之教条的。

传统儒学以"仁"为生命之本体,如汉之董仲舒《春秋繁露》就有"仁者,天也"的著名命题。但仁是一个在思维意义上将生命的情、欲过滤干净的本体。"仁"的至善至美,是剔除情、欲之美。可是,梁漱溟等现代新儒家偏偏要以意欲为美之根。熊十力说:"儒家则远自孔子已揭求仁之旨,仁者本心也,即吾人与天地万物所同具之本体也。至孟子提出四端,只是就本心发用处两分说之耳。实则四端统是一个仁体。"②而此心乃纯净之心,却不是不息追求之心。它并非什么意欲。可见,现代新儒学在此是违背理学教条而有所开新的。

### 四、"境界"与审美

王国维《人间词话》多言境界而偶谈意境,他的注意力已从意境转移到

---

① 梁漱溟:《东西文化及其哲学》,第377页。
② 熊十力:《新唯识论》,中华书局,1985年,第567页。

境界上来。尽管意境与境界在意义、意蕴上有时是相同的,可以互用。然而,意境仅指艺术审美之境界,而境界所指要宽广得多。

现代新儒学在这一点上继承、发展了王国维的境界说,他们多言境界而极少提到意境,提倡一种"天地境界"。

什么是境界? 冯友兰说:"他做各种事,有各种意义,各种意义合成一个整体,就构成他的人生境界。"①境界是人所处之社会环境与人之生活意义的总和。"人对于宇宙人生底觉解的程度,可有不同。因此,宇宙人生,对于人底意义,亦有不同。人对于宇宙人生在某种程度上所有底觉解,因此宇宙人生对于人所有底某种不同底意义,即构成人所有底某境界。"②冯友兰将人生境界,分为"自然境界"、"功利境界"、"道德境界"与"天地境界"四类。所谓"自然境界",是人并未摆脱自在状态的一种初级的生存状态;"功利境界",对"功利"与"我"具有初步的"觉解",是一执注于"功利"的境界;"道德境界",具有较高的"觉解"程度,"人的行为,都是以贡献为目的"。③"天地境界",一种最高"觉解"的生存之境,"他已完全知性,因其已知天"。④ 孔子"五十而知天命"的境界是矣。

唐君毅有"心通九境"说,他的《生命存在与心灵境界》就是研究境界的专著。他将境界归纳为"三类九境"。第一类,客观境界:万物散殊境、依类成化境、功能序运境;第二类,主观境界:感觉互摄境、观照凌虚境、道德实践境;第三类,超主客观境:归向一神境、我法二空境、天德流行境。"三类九境"说,具有一个层层递进的逻辑结构,以万物散殊境为最低,天德流行境为最高。这一境界说的思维模式,兼具德国黑格尔"正反合"三维结构和中华传统文化之崇九意绪的思维特点。

## 第二节　自由主义

科学意义上的自由,指主体对事物本质规律的准确把握。政治学意义上的自由,与人格的被束缚、与专制相对立。在道德领域,自由是对一定人际规范、律令的蔑视与突破,也包括对健全之道德规范的遵守与践行。而思

---

① 冯友兰:《中国哲学简史》,北京大学出版社,1985年,第389页。
② 冯友兰:《新原人》,商务印书馆,1946年,第34页。
③ 同上书,1946年。
④ 同上。

想、精神的自由,首先是一种健全理性的自觉,理性是人类灵魂、人格之中最高贵的部分。笛卡尔的"我思故我在",体现了理性主体的自由观。康德在美学上提出"自由的愉快"这一命题,认为"自由的概念应该把它的规律所赋予的目的在感性世界里实现出来"①。审美是一种"在感性世界里实现出来"的精神自由。因而,以人与现实的审美关系为研究对象的美学,是一门关于精神自由的学问,审美就是精神之自由。

20世纪中华美学之自由主义一系的基本点,是对审美自由问题的追求与研究。20世纪西方美学以现代人本主义与现代科学主义为两大主流,无论是克罗齐、科林伍德与鲍桑葵的表现主义美学、柏格森的生命直觉主义、英国贝尔的"美是有意味的形式"等形式主义美学、弗洛伊德与荣格的精神分析美学,还是现象学、存在主义、符号论、结构主义、阐释学与解构主义等美学,其共同的研究主题,都是审美自由。这种自由主义思想与思潮的东渐,以现代主义与后现代主义为旗帜,以二三十年代与八九十年代为两大高潮,严重地影响了20世纪的中华美学。20世纪中华的自由主义美学,是西方自由主义美学思潮、中华传统的以庄禅为代表的美学思想与从当下现实中存在、升腾而起的自由意识与理念相结合的成果。

自由主义美学之东渐究竟始于何人、何时,从笔者仅见,以王国维、梁启超为最早。

1898年春,王国维因罗振玉创农学社,设东文学社,被聘为"馆主"而初识于罗氏,王国维撰写于1907年的《三十自述》云:"是时社中教师为日本文学士藤田丰八、田冈佐代治二君。二君故治哲学,余一日见田冈君之文集中,有引汗德(引者注:康德)、叔本华之哲学者,心甚喜之。"然而,"顾文字睽隔,自以为终身无读二氏之书之日矣。"1900年冬天,王国维因罗振玉之襄助而赴日留学。1901年夏因病回国,因日人藤田等人影响而决意从事哲学研究。《三十自述》说:"余之研究哲学始于辛(丑)壬(寅)之间(引者注:1901—1902年)。"1903年春,王氏开始阅读康德《纯粹理性批判》(当时译为《纯理批判》)一书,"苦其不可解,读几半而辍"。随后读叔本华而尤为喜好。王国维称:"自癸卯之夏以至甲辰(1904年)之冬,皆与叔本华之书为伴侣之时代也。"1905年王氏重读康德,在理解上已觉无有"窒碍"②。从王国维的著述看,1900年所撰《欧罗巴通史序》(收入《静安文集续编》),为其撰

---

① 康德:《判断力批判》上卷,宗白华译本,商务印书馆,1964年,第13页。
② 参见佛雏:《王国维诗学研究》,北京大学出版社,1999年,第4页。

文首次以欧西为话题。1903 年有《汗德像赞》发表,表示了对康德的好感与赞美。并翻译英人西额惟克《西洋伦理学史要》,发表于《教育世界》五十九至六十一号。1904 年,是王国维集中撰写文章以向中国读者宣说康德、叔本华与尼采等学说的重要一年。文章主要有:《叔本华之哲学及其教育学说》、《叔本华与尼采》、《书叔本华遗传说后》、《尼采氏之教育观》、《汗德之哲学说》、《汗德之知识论》、《汗德之事实及其著书》、《德国文化大改革家尼采传》、《德国哲学大家叔本华传》、《希腊圣人苏格拉底传》、《希腊大哲学家柏拉图传》、《近代英国哲学大家斯宾塞传》与《法国教育大家卢骚传》等,并站在中华本土文化的立场,运用叔本华的哲学、美学及其悲剧理念,撰写并发表《红楼梦评论》,成为以西方美学观研究《红楼梦》并获成功的最初尝试。这些论著中的许多篇章,均发表于《教育世界》(《教育世界》由罗振玉主办,王国维主编)。后于 1905 年编入《静安文集》。1907 年,王国维对自己大量引入与阐解西方美学的学术现状已不满意。《三十自述》有云,"余疲于哲学有日矣"。"伟大之形而上学、高严之伦理学与纯粹之美学,此吾人所酷嗜也。然求其可信者则宁在知识论上之实证论、伦理学上之快乐论与美学上之经验论。知其可信而不能爱,觉其可爱而不能信,此近二三年中最大之烦闷"。于是,"而近日之嗜好所以渐由哲学而移于文学,而欲于其中求直接之慰籍者也"。为什么呢?"余之性质(引者注:指人格、个性)与才气等,欲为哲学家则感情苦多而知(智)力苦寡;欲为诗人则又苦感情寡而理性多"。于是彷徨苦闷,主观上似愿弃哲学而就文学。实际上,尽管王国维在 1907 年大致上实现了学术转向,然而,早年王国维所接纳、消化的西方自由主义美学观,尤其研究方法及思想视野等,都留下了西学影响的烙印。1904 年发表的《红楼梦评论》,其他如 1907 年发表的《古雅之在美学上之位置》,1908 年开始刊行的《人间词话》(连载于《国粹学报》四十七、四十九、五十期)等,都是如此。其为学立场,实际在自由主义与文化守成主义之际。

与王国维相比,早在 1902 年 9 月,梁启超就在自己创办的《新民丛报》上发表名文《进化论革命者颉德之学说》。他先于王国维撰文提及尼采,称"尼志埃(引者注:尼采)谓今日社会之弊,在少数之优者为多数之劣者所钳制",宣说尼采的"超人"哲学。1903 年,梁启超在《新民丛报》上发表《近代第一大哲学家康德之学说》,将康德哲学比附于佛教唯识论。王国维是年所发表的《论近年来之学术界》,称梁氏的这种中西比附,大凡是"谬误"。

这一时期,中华思想界与学术界对西方自由主义美学思潮与思想的接受与传播,可谓不遗余力。比较令人注目的,还有马君武。他在《教育世界》上连续发表文章,参与"播火"的工作。如《康德之学说》(1904年,七十四号)、《康德之事实与著作》(1904年,八十一号)、《德国哲学家康德氏》(1906年,一百二十号)与《康德伦理学及宗教论》(1906年,一百二十三号)等。柏格森的美学思想,也受人青睐。如钱智修曾翻译美国学者勃鲁斯论及柏格森《笑论》的《笑之研究》,发表于《东方杂志》(1913年,第十卷第六号)。其《现今两大哲学家概略》(《东方杂志》1913年,第十卷第一号)与《布格逊哲学说之批评》(《东方杂志》1914年,第十一卷第四号)两文,均比较准确地解读了柏格森的直觉主义美学。《布格逊哲学说之批评》说:"布格逊者,则欲探精神之真相与造化之秘密者之友也,造化之秘密,当以智的直观探索之。""凡超越性之真理,皆由直观而来。""盖布格逊之哲学,生之哲学,非死之哲学。"

五四前后,西方自由主义美学也有力地影响了中华一批、先进的知识分子。继王国维首倡"美育"之后,蔡元培曾于1908至1911年赴德研究哲学与美学,并于1912年在中华民国临时政府教育总长任上大力提倡美育。1917年任北京大学校长后,发表著名演讲"以美育代宗教",认为美育"皆足以破人我之见,去利害得失之计较。则其明以陶养性灵,使之日进于高尚者,固已足矣"。其《大战与哲学》一文,发表于1919年《新青年》第五卷第五号,肯定尼采的"超人""奋斗"精神与"向着意志的权威"的思想。1920年,蔡元培在湖南作《美术的进化》、《美学的进化》、《美学的研究方法》与《美术与科学的关系》等演讲。又编著《美学导论》,撰其中《美学的倾向》与《美学的对象》两章。随后,在北京大学首先开设讲授美学课程。而李大钊《介绍哲人尼杰》发表于《晨钟报》1916年8月22日。陈独秀《人生真义》一文称:"又像那德国人尼采,也主张尊重个人的意志,发挥个人的天才,成功一个大艺术家、大事业家,叫作寻常人以上的'超人',才算人生的目的,甚么仁义道德,全是骗人的话。"①以尼采之思想,抨击封建旧道德与旧思想,其态度可谓激烈。陈独秀作为早期马克思主义者,其世界观、文化观与美学观,在反封建、反传统这一点上,与自由主义相一致。鲁迅于1907年发表著名论文《摩罗诗力说》与《文化偏至论》,1908年发表《破恶声论》,1913年发表《拟播布美术意见书》,也为自由主义美学的传播作出了努力。

《文化偏至论》这样描述"超人":"不和众嚣,独具我见之士,调瞷幽隐,

---

① 该文收入《陈独秀文章选编》(上),三联书店,1984年,第238页。

评骘文明,弗与妄感者同其是非,惟向所信是诣,举世誉之而不加劝,举世毁之而不加沮。"1918 年,鲁迅曾以文言译尼采的《察拉图斯忒拉的序言》第一、二、三节。周作人后来回忆道,鲁迅的案头,常有《扎拉图如是说》一书。早期鲁迅的思想,受尼采的影响,是显然的。从蔡元培、陈独秀到鲁迅,都曾经受到西方自由主义美学的影响。康德的审美"无功利"、"美感为普遍快适之对象"与"游戏"说,叔本华的"生命直觉意志"与悲剧观以及尼采的反传统、非理性与"天才"(超人)论等,都曾经是激动中华学人之心灵的美学思想,至于后来对西方自由主义思想的批判与扬弃,当是另一回事。

20 世纪中华自由主义美学思潮在文艺美学方面的突出表现,是西方现代主义文学美学思想在中国的译介、接纳与改造。首先是西洋小说被大量译介。早在 19 世纪末 20 世纪初,文学界以林纾的"意译"(或被批评为"歪译")之作在读者中的影响最大,且锻炼形成一支人数众多的翻译队伍,从戊戌变法到五四期间,译作几乎包括了英、法、俄、德、意大利与西班牙等十八九世纪主要作家的代表作。这些"意译",颇合中国读者的口味。而一些强调忠实于原著的"直译"作品,却不为读者所欢迎。如 1909 年出版的《域外小说集》,十年间仅卖出 21 册。这种文字传播现象,印证了一个规律就是只有那些"取媚"于本民族欣赏口味及其理念的译作之通过"格义"方式,才能被接受,被有效地传播。

随着文学译作的大量流播,必然是对西方现代主义文学美学思想的进一步的译介、评估与接受,从而推动中华现代主义美学思想的发展。

从笔者目前所见资料,西方现代派的未来主义一系,是进入中华之较早的自由主义美学思潮。未来主义起自意大利。1909 年,意大利诗人马利奈蒂撰《未来主义宣言》,发表于法国《弗加罗报》,此为未来主义这一称名之始。1910 年,马利奈蒂又发表《未来主义文学宣言》,画家博菊尼、巴拉也于该年发表《未来主义画家宣言》,以相呼应。1915 年,马利奈蒂与塞蒂梅里、柯拉等联名发表《未来主义戏剧宣言》,遂使未来主义一时声势很大,波及俄国、法国、德国、英国与波兰等。未来主义顺应时代文化之需,打出反传统、向未来、求自由的旗号,宣说"未来"是"真理"的同义词,惟"未来"是瞻,出于对"未来"的极端信任与憧憬,拒绝与否定人类既往的一切文化与文明,未来主义是关于文学美学的"乌托邦"的"独断"论。

尽管未来主义文学美学思想与思潮总体上在中国影响不大,但它的入渐中土,却相当迅速。它自日本译介而来。1914 年,章钖琛翻译日本《新日本》杂志所载《风靡世界之未来主义》一文,发表于《东方杂志》第十一卷第二号。未来主义思潮之所以很早被介绍到中国,是因为它适应了中国人当时对传统文化之绝望、对未来世界之急切盼望的时代精神。未来主义在二三十年代的苏联文坛,也很有影响。它的哲学与美学底色,是尼采的"强力意志"与柏格森的"生命意志"说,它崇尚生命之"动",崇尚阳刚的男性力量,要求表现机器技术时代之飞速变动的"现代感觉"的美。未来主义的引入,可以说是西方现代自由主义文学美学思潮来到中国的一个开始。

西方表现主义诞生于20世纪初年,极盛于二三十年代的德、美诸国。这一主义,不久便入渐中华。《小说月报》第十二卷第八号(1912),刊载海镜所译《近代德国文学主潮》第十三节,该文为日人山岸光宣所撰。海镜所译的另一文即日人黑田札二《狂飙运动》,载于《小说月报》第十二卷第十六号(1912)。可见,西方表现主义最初亦从日本传入。此后,由郭沫若、成仿吾与郁达夫等所成立之创造社的《创造周报》等,成为宣说表现主义的重镇,不少表现主义文章均发表于此。如郁达夫《文学上的阶级斗争》、成仿吾《写实主义与庸俗主义》与郭沫若《自然与艺术——对于表现派的共感》、《论中德文化书》等,都宣传或涉及了表现主义。鲁迅曾多次翻译日本学者的表现主义论文,主要有板垣鹰穗《近代美术史潮》、片山孤村《表现主义》、山岸光宣《表现主义诸相》。又,胡梦华《表现的鉴赏论——克罗伊兼的学说》,发表于《小说月报》1926年第十七卷第十号,该文说:"艺术,极端的是表现,是创造。不是自然的再现,也不是'摹写'。"刘大杰《表现主义的文学》1928年由北新书局出版,标志着中华表现主义思想有了进一步的发展。该书内容综合多位日本学者的见解,概括表现主义文学的特征、渊源、意义与审美品格,并且将其与自然主义作了比较。

中华表现主义文艺美学,一定程度上体现了"心"的表现与解放,与五四及此后反传统、个性解放之时代要求相合拍。这一文艺美学思潮,到四十年代初才告消退。

弗洛伊德的精神分析学说,作为西方自由主义美学之重要一系,是诞生于19世纪末欧洲具有重要影响的心理学与哲学学派。1895年,弗洛伊德与其好友布洛依尔合撰《关于歇斯底里研究》一书,是精神分析学说创立的标志。此后,弗洛伊德陆续出版的著作,主要有《释梦》(即《梦的解析》,1900)、《日常生活的心理分析》(1904)、《性学三论》(1905)、《图腾与禁忌》(1912)、《精神分析引论》(1917)、《超越快乐原则》(1920)、《集体心理学和自我分析》(1921)与《自我与本我》(1923)等。弗洛伊德的"无意识"论、"性本能"论、"梦"论与"人格"论等,在美学上表现为"性欲升华"与"白日梦"说,并且是其文化起源与本原论的哲学之基。弗洛伊德的弟子荣格的"集体无意识"与"原型"说,则发展了弗洛伊德的学说。

弗洛伊德精神分析说之进入中国,在章锡琛于《东方杂志》第十一卷第二号(1914)发表《风摩世界之未来主义》之后未久。1914 年,钱智修《梦之研究》一文,发表于《东方杂志》第十一卷第十一号。该文称,"梦的问题,其首先研究者,为福留特博士"。1918 年,陈大齐《心理学大纲》出版于商务印书馆。虽然该书并非是研究精神分析学说的专著,但已指出,下意识"此种作用,在平常健康之人格,潜伏于意识作用之下,故变态心理学家称之曰下意识(Subconsciousness)"。1920 年,汪敬熙《心理学之最后的趋势》等论文,发表于《新潮》第二卷第四、五期,论述精神分析学说及荣格等人的生平与学说。这一年,署名"Y"的《佛洛特新心理学之一斑》,发表于《东方杂志》第十七卷第二十二号,指出弗洛伊德学说的"革命"意义:"心理学显已入革命的时期,旧时学说大半都受动摇。此与恩斯登(引者注:爱因斯坦)之发明相对律,同为现代科学一极堪注意之事。故佛洛特之心理解析法,有人比之哥白尼及达尔文之学说。"①此后,张东荪、周作人、高觉敷与潘光旦等学者,都曾撰文介绍、论述精神分析学说。1924 年,鲁迅译日人厨川白村《苦闷的象征》,称"生命力受了压抑而生的苦闷懊悔乃是文艺的根柢",这是对弗氏关于美乃"被压抑的性的升华"说的准确阐解,批评将一切文化、艺术之源起归之于"性"的偏颇,而接受荣格、柏格森"生命力"思想的合理因素。声称"半生所读书中性学书给我影响最大"的周作人,如潘光旦一样,同时受到弗洛伊德与另一心理学、性学家霭理斯的深刻影响,他不仅用以解读郁达夫《沉沦》等文艺作品的性心理描述,而且用以抨击旧礼教、假道学。早在1921 年,朱光潜《福鲁德的隐意识与心理分析》,发表于《东方杂志》第十八卷第十四号,成为其、出版于30 年代的《变态心理学》一书的前期准备之一。同时,鲁迅《补天》(初名《不周山》)、《肥皂》与《高老夫子》,施蛰存《鸠摩罗什》、《春阳》与《石秀》等,都自觉地以弗洛伊德的性学理念观照、表现人物的人格底蕴,描述其性心理,显得微妙而有新意,并且与新感觉主义所表述的性心理内容不无联系。

中华现代主义文艺美学的自由主义理念,以执著于审美自由为指归。因为追求与追问自由,必然是中华传统美学如"文以载道"等学说的叛逆或

---

① 参见吴中杰、吴立昌主编:《中国现代主义寻踪》之第二章(吴立昌执笔),学林出版社,1995 年。

疏离。在思想上,以自由为最高审美理想;在思维上,将艺术、人格之审美问题及其终极孤立起来加以观照与研究。"为艺术而艺术"以及追求人格、个性的解放,使其必然地与"为人生的艺术"观和传统儒家的人格理想相冲突。唯美主义是其美学的基本信条。这是20世纪中华美学之具有独特的思想、思维与学术个性的流派。

在这一流派中,前期朱光潜及其美学思想是有代表性的。朱光潜的美学思想,可以1956年美学大讨论为基本界限分为前、后两期。朱光潜(1897—1986)第一篇美学处女作,是20年代初在香港大学求学期间以白话撰写的《无言之美》,此后在英、法留学八年之中,先是为开明书店主办的刊物《一般》和后来的《中学生》撰写美学文章,后辑为《给青年的十二封信》出版,"接着我就写出了《文艺心理学》和它的缩写本《谈美》;一直是我心中主题的《诗论》,也写出初稿;并译出了我的美学思想的最初来源——克罗齐的《美学原理》。此外,我还写了一部《变态心理学派别》(开明书店)和一部《变态心理学》(商务印书馆),总结了我对变态心理学的认识"①。其中,《变态心理学》撰于1930年,1933年出版。《文艺心理学》写成于1931年前后,1936年开明书店出版。《谈美》完稿于1932年11月,作者称其为《文艺心理学》的缩写本。朱自清《〈谈美〉序》云:"它自成一个完整的有机体,有些处是那部大书(注:指《文艺心理学》)所不详的;有些是那里所没有的。——'人生的艺术化'一章是著明的例子;这是孟实先生自己最重要的理论。"朱光潜的美学论著,另有《悲剧心理学》一书,原为其博士学位论文,曾以英文版出版于斯特拉斯堡大学。前期朱光潜的美学著论,后来被批判为"资产阶级唯心主义",大致上是西方美学的"艺术即直觉、即表现"、"心理距离"、"移情"说与中华传统之庄禅美论的结合。

在这一历史时期,诸多学人都热心于美学之撰述,如吕澂《美学概论》,从心理学角度论美,所思所写,深受立普斯的影响;陈望道《美学概论》,从修辞学进入,研究"美底"形式之审美意识的心理特征;还有范寿康的《美学概论》与金公亮的《美学原论》等,凡此大多不同程度地受到了西方自由主义美学的影响。

这一股磅礴于二三十年代的自由主义美学思潮以及再起于80年代"美学热"中的自由主义思潮,虽因时代条件之不同而不能简单地加以类

---

① 《作者自传》,《朱光潜美学文集》第一卷,上海文艺出版社,1982年,第9页。

比,然而其一,两者都主张美学与政治学、伦理学,审美与政治教化、道德规范及践履无关,要求美学、审美从政治、伦理的束缚中解放出来,不管是什么性质的政治、伦理;其二,坚信"借思想文化以解决问题"的思路,体现了自由主义美学的自恋与自负,依然坚持五四以思想文化改造世道人心的人文传统。

## 第三节 激进主义

20世纪中华美学的第三支系,是被西方称为"激进主义"的马克思主义美学。激,本义指阻遏水势使之腾涌、飞溅,指水势猛急。王羲之《兰亭集序》"又有清流激湍,映带左右"之"激",取本义;进者,《说文》:"进,登也。"从止从隹,卜辞有"甲戌卜进寮于祖乙"(胡厚宣:《战后京津新获甲骨集》四〇〇一)之记。激进,可指社会群体、个体意识、观念、思想、理论与行为、实践方式的超常、反传统或革命。将激进作为社会理想、目标来追求、践履,并形成思想流派、理论体系,可称为激进主义。前述自由主义美学往往有反传统的一面,具有某些激进的文化特色。马克思主义主张革命,从事革命实践,被西方称为激进主义。这里,我们称20世纪中华马克思主义美学为激进主义美学,没有任何贬义。

马克思主义美学在20世纪中国的传播与实践,即20世纪马克思主义美学的本土化,作为20世纪中华美学的主角,无疑具有重要地位。

马克思主义美学的东渐,在西方马克思主义、社会主义思想传入中土之后。据有关史料,中华近代史上,第一个向国人、介绍欧洲社会主义、工人运动的中国人,是清王朝赴法使臣随员张德彝。清同治十年(1871),清专使崇厚因天津教案到法国"谢罪",作为外语译员的张德彝随往。1871年3月17日(即巴黎公社起义前一日)到达巴黎,耳闻目睹了巴黎公社起义这一政治事件。他归国后撰成《三述奇》(八卷),多次言及巴黎公社,记述起义战士的英雄事迹。1873年8月,《普法战纪》出版于中华印书总局。该书描述巴黎公社女战士的英勇行为尤为生动:"说者谓乱党之以女子从军也,殊胜于男子,其临阵从容,决机猛捷,皆刚健中含婀娜之气。"[①]1878年,黎庶昌

---

[①] 《社会主义思想在中国的传播》下,中共中央党校科研办公室发行,1985年,第1000页。参见李衍柱主编《马克思主义文艺理论在中国》,山东文艺出版社,1990年,第19—20页。本书参见该书时,作了必要的增删、调整与甄别。下同于此。

《开色遇刺》一文,首次音译 Socialist(注:社会主义者)为"索昔阿利司脱"。1898年,由英美基督教新教传教士创办于上海的广学会,出版胡诒谷译作《泰西民法志》。其书有云,"马克思是社会主义史中最著名和最具势力的人物,他及他同心的朋友昂格思(注:恩格斯)都被大家承认为'科学的和革命的'社会主义派的首领"。① 1902年,流亡于日本的梁启超在其所创办的《新民丛报》十八号发表《进化论革命者颉德之学说》,称"麦喀士(注:马克思),日耳曼人,社会主义之泰斗也"。1908年2月至5月,民鸣所译《共产党宣言》第一章,发表于日本《天义报》第十六至十九卷,成为1920年4月陈望道全译、出版《共产党宣言》之先驱。1915年9月,陈独秀创办《青年》(第二卷起易名为《新青年》),其发刊辞《敬告青年》,激烈抨击中华传统文化理念,鼓吹"自主的而非奴隶的"、"进步的而非保守的"、"进取的而非退隐的"、"世界的而非锁国的"、"实利的而非虚文的"、"科学的而非想象的"六项文化启蒙的主张,成为五四运动的重要舆论准备之一。陈独秀《偶像破坏论》大声呐喊:"破坏破旧的偶像! 破坏虚伪的偶像! 吾人信仰,当以真实的合理为标准。"②并宣说"科学与人权并重",成为此后未久提出"德、赛二先生"之论的先声。1919年5月,李大钊《我的马克思主义观》,发表于《新青年》第六卷第五、六期,宣告其坚定的马克思主义的立场与观点。

一般而言,五四运动之前马克思主义美学思想尚来不及大规模地、深入地传播于中华大地。但这里值得注意的是,其一,马克思主义、社会主义思想尤其是唯物主义的先期传入,为马克思主义美学思想的东渐,作了思想准备,并提供方法论依据;其二,苏俄十月革命对中国的巨大冲击与影响,无疑推动了马克思主义美学的东渐,但其传播的思想内容,实际上主要是列宁主义理论形态的马克思主义;其三,五四运动作为新文化运动,冲决旧文化的樊篱,在反帝、反封建、提倡科学与民主、解放人性与人格的总主题中,包含了提倡无产阶级新文化、新文艺观和马克思主义美学思想的精神与要求;其四,在五四运动前后,首先传入的,主要是马克思主义在文艺问题之体现即列宁主义的文艺美学思想,且不同程度地体现出扬弃传统之激进的思想倾向。

从目前所见有关史料看,陈独秀《论戏曲》③一文,是涉及激进主义文化思潮最早的一个文本。该文指出,"戏馆子是众人的大学堂,戏子是众人的

---

① 转引自陈铨亚:《马克思主义何时传入中国》,《光明日报》,1987年9月16日。
② 《陈独秀文章选编》上,三联书店,1984年,第276页。
③ 《论戏曲》,《安徽俗话报》,1904年9月10日,该报由陈独秀创刊于1902年。

大教师。世上人都是他们教训出来的"。这是强调文艺的教育功能,接续"文以载道"的思想传统。该文又说:"西洋各国,是把戏子和文人学士一样看待。因为唱戏一事,与一国的风俗教化,大有关系,万不能不当一件正经事做,那好把戏子看贱了呢?"这是以西方人格平等的思想来说文艺的社会教育作用的重要性。谈到文学的美,陈独秀又以激进的态度来批判"文化载道"说:"惟鄙意固不承认文以载道之说,而以为文学美文之为美,却不在骈体与用典也。择词之丽(即俗语亦丽,非必骈与典也),文气之清新,表情之真切而动人,此四者,其为文学美文之要素乎?"①1917年2月1日出版的《新青年》,发表陈独秀著名论文《文学革命论》,作为胡适《文学改良刍议》一文之不同见解,该文大声疾呼:"大书特书吾文学革命的三大主义:曰,推倒雕琢的阿谀的贵族文学,建设平易的抒情的国民文学;曰,推倒陈腐的铺张的古典文学,建设新鲜的真诚的写实文学。曰,推倒迂晦的艰涩的山林文学,建设明了的通俗的社会文学。"②体现出一位早期共产主义者鼓吹文学革命的激进文化态度。在1917年4月1日给曾毅的信中,陈独秀又写道:"何为文学之本义耶?窃以为'文以代语'而已。达意状物,为其本义。""其本义原非为载道有物而设。"③这是对"文以载道"说的断然拒绝。这里所引,虽则见不出何为马克思主义美学思想,甚至看不出哪里受到马克思主义美学思想的影响,然而,早年陈独秀的这些见解,确与马克思主义美学思想取同一步调。

马克思主义文艺、美学思想的主要播火者是李大钊。1918年,李大钊写出《俄罗斯文学与革命》一文,由于某种原因,该文在当时未及发表(这是1965年才发现的一篇佚文,后发表于1979年《人民文学》第五期),但已可证明,这位早期马克思主义者对革命文艺问题的关注与研究,是很早的,且明显受到来自苏联的影响。李大钊《什么是新文学》一文,发表于《星期日》周刊1920年1月4日。该文重点在批评胡适关于"新文学"、"白话文"的观点,指出"我的意思,以为刚是用白话作的文章,算不得新文学,刚是介绍点新学说、新事实,叙述点新人物,罗列点新名词,也算不得新文学"。"我们所要求的新文学,是为社会写实的文学,不是为个人造名的文学","不是为文学本身以外的什么东西而创作的文学",这种文学,具有"真爱真美的

---

① 《答常乃眠》《陈独秀文章选编》(上),三联书店,1984年。
② 《陈独秀文章选编》(上),第174页。
③ 同上书,第202页。

质素"。① 在五四运动与中国共产党成立前后,李大钊的一系列重要论文,如《法俄革命之比较观》、《马克思的历史哲学》、《真正的解放》以及《我的马克思主义观》等,都论及马克思主义文艺美学问题。如《真正的解放》一文强调:"现在是解放时代了!解放的声音,天天传入我们的耳鼓。但是我以为一切解放的基础,都在精神的解放。"②只有"精神的解放",才有文学的解放、美的解放。那么,如何实现这一解放呢?李大钊说:"我们若愿园中花木长得美茂,必须有深厚的土壤培育它。宏深的思想、学理,坚信的主义,优美的文艺,博爱的精神,就是新文学新运动的土壤、根基。"③这里,所谓"宏深的思想、学理,坚信的主义",无疑指马克思主义。李大钊进而认为,"艺术家最希望发表的是特殊的个性的艺术美,而最忌的是平凡"。这里所谓"平凡",与平庸同义。为此,"更不能不去推翻现代的资本主义制度,去建设那社会主义制度的了。不过实行社会主义的时候,要注意保存艺术的个性发展的机会就是了"④。这一论述,使我们想起列宁《党的组织与党的出版物》一文关于文学革命与社会革命、关于文学个性化的马克思主义观点。

李大钊的文艺美学思想,是马克思主义美学在中国最早的体现。他从历史唯物主义立场出发,一是从社会主义革命的角度认识文学革命问题;二是指明作为上层建筑之意识形态的文学艺术的审美,受经济基础的制约;三是文学之审美的个性要求,即文学的审美质素在真,"真爱真美",而决不是什么"广告文学。"⑤

从五四运动到毛泽东在1942年5月发表《在延安文艺座谈会上的讲话》,是马克思主义美学进一步本土化的过程。这里,一批共产党人或倾向于革命的知识分子,成为马克思美学的忠诚宣传者与阐释者,发表诸多著论,影响很大。其中,田汉《诗人与劳动问题》(《少年中国》1920年2月第一卷第八期);郑振铎译高尔基《文学与现在的俄罗斯》(《新青年》1920年10月第八卷第二期);瞿秋白所译凯因赤夫《共产主义与文化》(《改造》杂志1921年3月第三卷第七期);瞿秋白《自由世界与必然世界》(《新青年》1923年12月第二期季刊);邓中夏《贡献于新诗人之前》(《中国青年》1923

---

① 《什么是新文学》,《李大钊选集》,人民出版社,1959年,第276页。
② 《真正的解放》,《李大钊选集》,第309页。
③ 《什么是新文学》,《李大钊选集》,第276页。
④ 《社会主义释疑》,《李大钊选集》,第477—478页。
⑤ 《什么是新文学》,《李大钊选集》,第276—277页。

年12月第十期);恽代英《文艺与革命》(《中国青年》1924年5月第三十一期);瞿秋白《赤俄新文艺时代的第一燕》(《小说月报》1924年6月第十五卷第六期);肖楚女《艺术与生活》(《中国青年》1924年7月第三十八期);蒋光慈《无产阶级革命与文化》(《新青年》1924年8月第三期季刊);沈雁冰《论无产阶级艺术》(《文学周报》1925年5月起第一七二至一七五期);鲁迅所译《苏俄文艺政策》(《奔流》自1925年6月20日连载);雪峰所译升曙梦《新俄文学的曙光期》(上海北新书局1926年);鲁迅《革命文学》(《民众旬刊》1927年10月第五期);蒋光慈、瞿秋白《俄罗斯文学》(上、下)(创造社出版部1927年);雪峰所译升曙梦《新俄无产阶级文学》(上海北新书局1927年);鲁迅《文艺与革命》(《语丝》1928年4月第四卷第十六期);成仿吾、郭沫若《从文学革命到革命文学》(创造社出版部1928年);李初梨《普罗列塔利亚文艺批评的标准》(《我们》1928年6月第二期);鲁迅《文学的阶级性》(《语丝》1928年8月第四卷第三十四期);鲁迅"硬译"与"文学的阶级性"》(《萌芽月刊》1930年3月);鲁迅《对于左翼作家联盟的意见》(《萌芽月刊》1930年3月);左联马克思主义文艺理论研究会《五四运动的检讨》(《文学导报》1931年8月5日);《中国无产阶级革命文学的新任务》(《文学导报》1931年11月15日);周扬《关于文学大众化》(《北斗》1932年7月);瞿秋白《鲁迅杂感选集·序言》(1933年);周扬《关于"社会主义的现实主义和革命的浪漫主义"》(《现代》1933年11月1日);周扬《现实主义试论》(《文学》1936年1月第六卷第一期);周扬《典型与个性》(《文学》1936年4月第六卷第四期)①,等等,都是当时具有重要影响的译作或著述。其间,瞿秋白与鲁迅的著译尤为值得注意。瞿秋白作为一个无产阶级革命家,强调文艺的阶级性、文艺与政治之关系,提倡大众文学与文学的现实主义,在当时是理所当然的,他是中华马克思主义文艺理论的主要奠基者之一。在瞿秋白之前,马克思主义文艺学、美学著述多从日文、英语转译,瞿氏则从俄文本译出。如翻译恩格斯《致玛·哈克奈斯》、列宁《列甫·托尔斯泰像一面俄国革命的镜子》、摘译列宁《党的组织与党的文学》(现译为《党的组织与党的出版物》)之主要内容,并编译《高尔基论文学选集》,等等,都是如此。其著名论文,除前文所述,主要还有《文艺的自由和文学家的不自由》、《论大众文艺》、《马克思、恩格斯和文学上的现实主义》、《文艺

---

① 参见李衍柱主编:《马克思主义文艺理论在中国》,山东文艺出版社,1990年,第313—324页。本书引用时,作了部分调整与补充。

理论家普列汉诺夫》与《论翻译》等。所编译的《"现实"——马克思主义文艺论文集》,其资料来自苏联共产主义学院《文学遗产》第一、二期(1932)。瞿秋白是将 Realism 译为"现实主义"(旧译"写实主义")的第一人。他将马克思恩格斯的文学现实主义理论、悲剧理论、典型理论,作家世界观理论、文艺大众化理论以及列宁论列夫·托尔斯泰等译介到中国,并且,第一个阐述与肯定鲁迅之伟大的文学与美学地位。

鲁迅在 1902—1903 年于日本弘文学院普通科就学时,曾先后译出《斯巴达之魂》、雨果《哀尘》与凡尔纳《月界旅行》等,显示了对文学的早期追求。1907 年发表《摩罗诗力说》,猛烈抨击封建社会严重扼杀天才、个性与创造的"黑暗",鼓吹"盖诗人者,撄人心者也",大力肯定"诗人为之语,则握拨一弹,心弦立应,其声激于灵府,令有情者皆举其省,如睹晓日,益为之美伟强力高尚发扬,而污浊之平和,以之将破。平和之彼,人道蒸也",充分体现青年鲁迅受尼采所启而倡天才之论,标举"美伟强力"的激进的美学理想。《摩罗诗力说》弥漫着充沛的关于人性解放、人格审美与诗之审美的现代意识。在俄国"十月革命"与中国五四运动之际,几乎与李大钊发表《庶民的胜利》之同时,鲁迅写作《来了》与《圣武》等随感,讴歌"十月"的胜利。他在《我之节烈观》(1918 年 7 月)中欢呼:"时候已是二十世纪了,人类眼前,早已闪出曙光。"在 1924 年所撰《未有天才之前》一文中,鲁迅说:"所以没有这种民众,就没有天才。"[①]批判他早年所接受的尼采将民众看做"庸众"的"超人"(天才)说。1927 年,鲁迅告别进化论而成为一个马克思主义的信仰者与宣传者。此后所撰大量文艺、美学问题的杂文,批判苏联"拉普"文艺思想与弗里契庸俗社会学,肯定普列汉诺夫"也不愧称为建立马克思主义艺术理论、社会学底美学的古典底文献的了"[②]的历史地位。鲁迅在文学艺术及其审美之起源、文学的阶级性、批评标准、现实主义、艺术典型、文学遗产之继承、怎样正确把握西方文论与美学以及文艺界之统一战线诸重要问题上,往往能够发表辩证、深刻的见解。他的冷峻、深邃与尖锐,无论在当时还是现在,可谓无人企及。当然,由于时代、环境与每个人都具有的个人的局限,瞿秋白、鲁迅的文艺美学思想也可能有偏颇之处。比如瞿秋白,就曾说过"文艺也永远是,到处是政治的'留声机'"[③]之类的话,这一看

---

① 《鲁迅全集》第一卷,人民文学出版社,1980 年,第 166 页。
② 《〈艺术论〉译文序》,《鲁迅全集》第四卷,第 261 页。
③ 《文艺的自由与文学家的不自由》,《瞿秋白文集》(二),第 963 页。

法,无论何时何地,都不符合文艺与审美现实。

20世纪中华马克思主义美学发展到40年代,值得一提的,是周扬与蔡仪。周扬《唯物主义的美学》(1942)、《车尔尼雪夫斯基〈生活与美学〉译后记》(1942)、《马克思主义与文艺》(1944)、《表现新的群众的时代》(1946);蔡仪《新艺术论》(1941)、《新美学》(1944)、《论美的认识》(1947)与《再论美的认识》(1947)等著述,是这一时期马克思主义美学的新收获。其中,1944年春,由延安解放社出版的《马克思主义与文艺》及"序",受到毛泽东的高度评价。该文首次将毛泽东在文艺问题上的思想与马、恩、列、斯并提。蔡仪1945年加入中国共产党,他的美学思想,早在这一时期,就与朱光潜的所谓唯心主义美学、宗白华的美学形成了分立的思想格局。同时,这一时期冯雪峰的文艺美学思想,也具有重要影响。他首先作为翻译家而崛起于中国革命文坛,对现实主义以生命观为基础的文学的真实论和典型论以及中国文学现代化等,都曾贡献过值得思考的美学思想。[1]

40年代马克思主义美学之影响最巨的著述,是毛泽东《在延安文艺座谈会上的讲话》。《讲话》的发表,标志着毛泽东文艺思想的成熟。据埃德加·斯诺《西行漫记》,1920年冬,毛泽东曾研读过出版未久的陈望道的《共产党宣言》全译本;1920年七、八月间所创办的《湘江评论》,已在鼓吹新文学、新思想。《讲话》是批判教条主义文艺学的文献,也批判了西方传统与现代主义文艺美学的偏颇,如批判苏俄"拉普"所谓"辩证法唯物论的创作方法"等,克服早期激进主义文艺视"一切文学,都是宣传"[2]的缺失,体现了抗战的时代需要,也体现了时代及毛泽东个人思想的局限。《讲话》的思想,总体上是马克思主义文艺美学的本土化。社会生活是一切文学艺术的"唯一源泉",生活美与艺术美的辩证,文艺为人民大众、为工农兵服务与文艺的批评标准与文学艺术的批判继承说等等,构成了《讲话》的主要思想内容。接受列宁主义关于文艺是"革命机器上的齿轮与螺丝钉"的思想,重申革命文艺与政治、伦理的关系,是马克思主义、列宁主义的中华本土化,暗寓着传统儒家"文以明道"、"文以载道"的思想因子与思维模式,这说明毛泽东文艺思想某些保守于传统的文化底色,而与传统庄禅的审美自由论较少民族与历史的内在联系。朱光潜说:"在中国方面,从周秦一直到现代西方

---

[1] 参见复旦大学中文系文艺理论教研室编著:《马克思主义文艺理论发展史》(修订版)第18—22章(王振复执笔),中国文联出版社,2001年5月第2版。

[2] 李初梨:《怎样地建设革命文学》,《文学批判》第二号,1928年2月15日。

文艺思潮的输入,文艺都被认为是道德的附庸。""就大体说,全部中国文学后面都有中国人看重实用和道德的这个偏向做骨子。"①对于毛泽东文艺美学思想而言,这话是颇为适合的。

20世纪中华美学的重大事件之一,是发生于五六十年代的"美学大讨论",参加讨论者之多、时间之长与讨论所达到的深度,前所未有。讨论的内容,大致围绕美的本质、美感与自然美等问题展开。讨论中所发表的主要论文,已收录于60年代出版的《美学问题讨论集》(六册),此勿赘述。讨论大致是在四派之间进行的。其一,主观派,以吕荧、高尔泰为代表,认为"美是人的社会意识"②,"客观的美并不存在。"③其二,客观派,以蔡仪为代表,认为"客观事物的美的形象关系于客观事物本身的实质","而不决定于观赏者的看法"④,"美的东西就是典型的东西","美的本质就是事物的典型性"。⑤ 在讨论中蔡仪所发表的一系列论文,都是其"美是客观的"这一基本美学观的阐发。其三,主客观统一派,以朱光潜为代表,朱光潜在"批判"自己"美是直觉"、"美是心灵"的前提下,认为"美的客观方面某些事物、性质和形状适合主观方面意识形态,可以交融在一起而成为一个完整形象的那种特质"⑥,"总而言之,要主观与客观的统一"⑦。其四,实践派,以李泽厚为代表,认为美是客观性与社会性的统一,"美是社会实践的产物"。"就内容言,美是现实以自由形式对实践的肯定;就形式言,美是现实肯定实践的自由形式",这是其阐述于《美学三题议》一文中的基本美学思想。

这四派中,蔡仪一系是"老牌"的马克思主义立场,由于坚持历史唯物论甚过而具有某种"机械唯物"的倾向;李泽厚的美学思想,体现了马克思主义的实践观,他以《巴黎手稿》关于"人的本质的对象化"为基本观点;吕荧、高尔泰和朱光潜的美学思想,其实质倾向于或来源于西方自由主义美学思想,在讨论中处在被批判、被质疑甚至被否定的地位。因此,这一次"美学大讨论"包括其后期对周谷城"时代精神汇合"论与"无差别"论的批判,都是实际上或自以为是马克思主义的。

---

① 《朱光潜美学文集》第一卷,上海文艺出版社,1982年,第99、102页。
② 《美学问题讨论集》第四集,第3页。
③ 《美学问题讨论集》第二集,第134页。
④ 蔡仪:《唯心主义美学批判集》,第56页。
⑤ 蔡仪:《新美学》,第68页。
⑥ 《美学问题讨论集》第三集,第36页。
⑦ 《美学问题讨论集》第四集,第178页。

这一场中华"美学大讨论",是在苏联"美学大讨论"的影响下展开的。1956年,随着政治"解冻"的到来,苏联美学界发生了此后长达十年的关于美之本质与美感等问题的讨论。关于美的本质,波斯彼洛夫的"自然"说认为,"自然"的"完善"即"美",这是体现于其代表作《审美和艺术》一书的基本见解之一。由此可以发现蔡仪"美是典型"的思想影子。假定"美是自然"之"完善"说可以成立,那么试问,"一只'完善'的癞哈蟆、一头'完善'的猪,它们作为动物,是否比处于较低进化层次上的植物,比如一朵玫瑰更'美'呢?""一只各方面都很'完善'的苍蝇,作为昆虫,是否能与燃烧的无机物质比如太阳比较出个'美丑'呢? 在这些诘难面前,'自然派'的美学观只好保持与忍受难堪的沉默"。[①] "社会"说的代表人物,主要是斯托洛维奇。"社会"说以《巴黎手稿》为文本依据,认为美是"人化的自然",是实践使"自然""人化",是美的根源,美是审美主体在社会实践中"直观自身"。斯托洛维奇举例说,彩虹之类之所以美,正因为一定意义上被"人化"了。另一著名美学家万斯洛夫《美的问题》(1957)也指出,"月亮、星星、山岭、大海没有为人的活动所改变。但是,它们在一定意义上也是为人们的实践所掌握了的,这是指它们在实践中起着一定的作用,成为人们生活活动的条件和前提","正因为如此,它们才能够具有审美的意义"。这使我们想起了李泽厚关于美的本质与自然美的某些见解。还有,斯托洛维奇、卡冈等人的"审美价值"论,讨论审美价值的真正内涵,在于主观抑或客观以及审美价值与非审美价值的区别。同时,卡冈关于美学方法论的思想等,都曾不同程度地影响中国美学界。笔者1964年9月开始就读于复旦大学中文系,即研读六册《美学问题讨论集》,当时钦佩李泽厚诸美学家思想的深刻,后来再读苏联诸美学文本,才知中华的这一场美学大讨论,大致并未走出苏联美学的阴影。

中华美学在"十年浩劫"之后,八九十年代再度形成"美学热"。其特点有三。其一,由于思想的解放,原五六十年代的美学四派,各有些理念的坚持、改变、深化与发展。高尔泰1982年出版《论美》一书,认为"美的自由"即"人的自由","人愈自由,美就愈是丰富。所以美的存在,反过来说,也就是人类自由的象征"。[②] 又说,"孤立、静止的所谓'圆满境界'并不是导向

---

[①] 《马克思主义文艺理论发展史》第22章(王振复执笔),中国文联出版社,1995年。
[②] 高尔泰:《论美》,甘肃人民出版社,1982年,第44页。

美的境界","美必然是负熵的"。①蔡仪的"客观"论美学,早在四十年代已经初步形成。他一贯虔诚地坚持唯物史观的美学立场。朱光潜早年受克罗齐、立普斯诸人的影响较大,他善于学习、善于修正自己的美学思想。80年代,朱光潜发表多篇关于重读《巴黎手稿》的论文,在他的"美是主客观的统一"说里,融渗了马克思主义的实践论。他无疑是中华现代美学的重要代表人物之一。李泽厚的实践论美学影响较大。70年代中期到80年代初,李泽厚通过对康德美学的研究,突出与构建其美学的"主体性"思想,从荣格"原型"说而提出美的"积淀"说。他说:"后来我造了'积淀'这个词,就是指社会的、理性的、历史的东西累积沉淀成了一种个体的、感性的、直观的东西,它是通过'自然的人化'的过程来实现的。"②80年代,李泽厚继1984年提出"建立新感性"命题之后,又提出"情感本体"说,与先前的"文化——心理结构"说相应。这体现他追随世界现代美学的努力。同时,八、九十年代重新发现了宗白华。宗白华美学以生命哲学为理论基础,以其较为深厚的中学、西学底子,站在中学的立场而努力熔裁中西,站在现代而重新解读古代,使诗性智慧与哲思深度互融,他的美学,别具神韵。

其二,这一历史时期集中引进了大量西方美学文本及其思想,西方古典文论、古典美学与古典艺术论等,继二三十年代之后,又得以译传或再版。李泽厚等学者组织队伍,翻译、出版西方现代主义、后现代主义、西方马克思主义等流派的著作,影响了大批青年、中年学人。原型批评、结构主义、分析美学、符号美学、解释学美学、接受美学、后结构主义(解构主义)、女权主义美学、人类学美学以及与美学相关的文化理论等,使中华美学发展到八九十年代,达到相当深化的程度,具有葱郁而特具生命活力的现代意识。

其三,这一历史时期中华美学的主要成就,固然体现于"美学大讨论"的争鸣与建树,关于共同美、科学美、美的主体性、美学方法论、人道主义与异化、后实践美学、主体间性、中华古代美学的现代转递、中西美学的对话与比较以及生态美学等问题,都曾展开有意义的讨论,但没有出现新的美学流派与理论体系。而西方美学史与中华美学史及其范畴史的研究成果不断涌现,是20世纪中华美学的新的实绩之一。

总之,20世纪中华美学之守成主义、自由主义与激进主义(马克思主义)的冲突与调和、对立与互融,是中华美学史壮丽而灿烂的新篇章,成为

---

① 高尔泰:《论美》,甘肃人民出版社,1982年,第71、198页。
② 李泽厚:《美学四讲》,三联书店,1989年,第123页。

21世纪中华美学之出发点而载入史册。

## 第四节 美学范畴与命题问题简说

20世纪中华美学,无疑从西方美学汲取了诸多美学思想及其范畴与命题,其数量之多,不胜论述。美、美感、自然美、社会美、艺术美、生活美、悲、喜、滑稽、丑、丑陋、怪诞、悲剧、喜剧、正剧、崇高、优美、意象、典型、主观、客观、主体、客体、主体间性、审美、审丑、接受、原型、本原、本体、诗性、形象、理性、感性、感觉、共同美、科学美、环境美以及人化的自然、自然的人化、人的本质的对象化、人的本质的异化、审美自由、主观与客观的统一、审美教育(美育)、审美心理、审美享受、审美愉悦、审美直觉与审美判断等等,大凡都是"舶来品"。就连"美学"这一范畴,也是西人的创构。通过本书的论证可以见出,20世纪中华美学的众多范畴与命题,并非纯由欧西移植,其中不少为中华古代美学所原有,因西方美学的东渐而具有新的时代与人文意义。我们看到,其中如美、丑、悲、喜、滑稽、意象、主体、本体与形象等等,早在20世纪之前,已是中华古代美学的"土产"。如"崇高"一词,始于《国语·楚语上》,虽然其人文内涵不具有美学意义上的悲剧性,然具有壮伟、壮美的意义。在战国中后期的《易传》中,也有"崇高"出现,虽然从道德角度立论,但显然与审美相联系。"阳刚之美","阴柔之美",也是中华古代美学的创造。其人文根因,在战国邹衍阴阳思想、《易传》阴阳、刚柔说与老庄思想之中。"形象"这一范畴,学界总以为由西方传入,其实正如本书前述,早在汉代《淮南子》与《论衡》二著中就已出现。最有意思的,是"典型"这一范畴,以往学界几乎一致认为,这是西方美学的理论贡献,以为中华自古只讲"意境",不述"典型",并以中华的"意境"与西方的"典型",来区别中、西美学主流。然而有一个问题难以解答,即文学创作方面,起码自唐代《李娃传》始,已具以写实为特征的文学"典型"因素。而此前如"志怪"、"志人"诸小说,难道就没有任何一点"典型"因子吗?从明代文人小说《金瓶梅》始,到《三国演义》、《水浒传》与《红楼梦》等,尽管这些作品中有些诗写得富于意境,但总体上大凡小说的审美品格,难道纯为"意境"而不是"典型"?金圣叹《读第五才子书》云,"《水浒传》写一百八个人性格,真是一百八样"。此言大致不虚。金圣叹又说,"只是写人粗卤处,便有许多写法:如鲁达粗卤是性急,史进粗卤是少年任气,李逵粗卤是蛮,武松粗卤是豪杰不受羁靮,阮小七粗卤是悲愤无说处,焦挺粗卤是气质不好"。这一言述,难道还不是美学意义上的"典型"之说？典型，独特的人物个性与共性的统一，以揭示一定的生活真理，且体现出作者健康的审美评价，《水浒传》诸多人物形象确实可以称为"艺术典型"。关于"典型"的理论，在中华古代小说、戏曲理论中不乏其例。而现代"典型"这一美学范畴的建构，确是 20 世纪中华美学融合西方"典型"说的一大贡献。可是笔者发现，"典型"一词起码早在初唐就已出现。卢藏用《蓟丘览古·序》曾说，汉晋诗文，"虽大雅不足，然其遗风余烈，尚有典型"。元代赵孟頫《印史序》云："采其尤古雅者，凡摹得三百四十枚，且修其考订之文，集为《印史》，汉魏而下，典型质朴之意，可仿佛见之。"此以"典型"说诗文、治印与印艺的历史，已具一定的美学意义。典，甲骨文写作 ⿱(一期，前七、六、一)、⿱(二期，明二〇九)、⿱(三期甲一三七四)等，象人之双手奉"册"之形。手持捧书册以示敬畏者，典也；型，从刑从土。刑，从井。井，井田之谓。故型有规范井田之本义。从其本义可见，"典型"是令人敬畏的规矩。《说文》云，"五帝之书册"为"典"，示"尊"也。虽是东汉时人的见解，亦可参考。"五帝之书册"之所以值得尊奉，是因为其乃典范、规矩之故。典范、规矩者，即必具一定的代表性，此事物、人物之共性也。而共性以个性显现，即大致是美学意义的"典型"了。汉晋诗文虽则"大雅"稍欠，而其"遗风余烈"，乃后代文学之典范、典则。赵孟頫采三百四十枚印，"集为《印史》"，称"汉魏而下"之"印"，以"汉魏"者为"典型"，此亦是矣。

至于"悲"这一范畴，本书前文已有所论述，此特补充言之。我们说，中华古代的悲剧之作及悲剧理论，大凡以"伤时忧国"为主题，伤时世、时俗而忧国家、社稷与民生，的确如此。因而笔者以为，中华美学史上"悲"这一范畴，大凡指"生活之悲"而非"生命之悲"、"人格之悲"而非"人性之悲"。尤其在印度佛学入渐中土之前，大致如是。然而这一问题，也不能看得太绝对。成语"杞人忧天"，原自"杞国无事忧天倾"这一古籍记载，确是有些"生命之悲"的意味的。"伤时忧国"的"伤时"，可以是"伤"时世、时俗之维艰，也可以是一种"生命时间"观。屈原的《天问》，包含对"生命时间"的叩问。宋玉云"悲者，秋之为气也"亦然。始受佛学之影响的古诗十九首以及建安诗篇有些主题，也是。曹操《短歌行》"对酒当歌，人生几何。譬如朝露，去日苦多"的吟唱，确是关于生命苦短之焦虑的表达。唐王勃《秋日游莲池序》云："悲夫！秋者愁也。酌浊酒以荡幽襟，志之所之；用清文而销积恨，我之怀矣，能无情乎？"明代卓人月《新西厢序》云："悲与死，天之所以玉人也。"这是与《易传》所谓"生生之谓易"、"天地之大德曰生"相反的思想,无异于说"天地之大德曰悲曰死"。卓人月又云,"天下欢之日短而悲之日长,生之日短而死之日长,此定局也"。此所谓"定局",乃"命定"之谓,无可逃避之义。相比之下,《红楼梦评论》是王国维悲剧观及"悲"这一美学范畴的真正建构。王氏认为,《红楼梦》的美学主旨,在于"以生活为炉,苦痛为炭,而铸其解脱之道"。然则,"宇宙,一生活之欲也",欲海无垠,故悲时无期。王国维融叔本华"生命意志"说与佛教苦空观,称《红楼梦》乃"悲剧中之悲剧","示人生之真相,又示解脱之不可已","其美学上之价值即存乎此"。他将美学意义上的悲剧分为三类:"第一种之悲剧,由极恶之人极其所有之能力以交构之者;第二种由于盲目的命运者;第三种之悲剧,由于剧中之人物之位置及关系不得不然者。非必有蛇蝎之性质与意外之变故也。"这一分类有意义却不科学。就西方而言,古希腊的命运悲剧观、文艺复兴时期的性格悲剧观,以及恩格斯所谓"历史的必然要求与这种要求实际上的不可能实现之间的冲突"与鲁迅所谓悲剧"将人生有价值的东西撕破给人看"等等"悲"的理念,是20世纪中华美学史关于悲剧、关于悲的主要见解。当然,20世纪中华美学史的"悲"这一美学范畴,自西方移植而来,固然是矣,但是任何移植,都不会是无"根"的。这"根",就是中华古代美学史上有关"生命之悲"、"人性之悲"与"时间之悲"的悲剧思想因素。

最后,"美育"这一范畴,也在20世纪中华美学史上占有重要的理论地位。处于新旧世纪之交的王国维,首先倡言"美育"。其《论教育之宗旨》云:"真者,智力之理想;美者,感情之理想;善者,意志之理想也。完全(引者注:指人格健全)之人物,不可不备真、善、美之三德。欲达此理想,于是教育之事起。教育之事,亦分为三部:智育、德育、美育是也。"称"美育者,一面使人之感情发达,以达完美之域;一面又为德育与智育之手段"。这是关于"美育"的精辟之见,至今为人所首肯。可以说由于受王国维"美育"说的影响,蔡元培亦与1912年提倡"美育"。1917年,蔡氏又发表著名的学术演讲"以美育代宗教"。这是20世纪中华美学史上很重要的美学命题。"以美育代宗教",可谓深谙国情之论。自古中华文化始于巫文化而"淡于宗教"。虽然印度佛教东渐,自汉魏至隋唐达于极盛,然而佛学、佛教的中华本土化,实际主要是以儒、道为代表的中华传统文化、哲学对佛的改造。因而,佛学、佛教的最后难于收拾、滋润人心,隐伏着一种精神危机。而本土宗教道教在中华文化中的影响,亦较有限。且时至20世纪早期,传统儒、道文化及其理念、规范,也正处在渐被破坏之际。所以,"以美育代宗教"说的提出,一补中华传统文化之缺;二匡正某些以宗教传播之名而起的迷信之时弊;三立"美育"在国民教育中的重要地位,与德育、智育并列;四是现代、当代意义上的美学、美的教育理念的觉醒。当然,"美育"能否"代宗教",这是另一个问题,这正如"以伦理代宗教"然。

20世纪中国美学固然取得了重要成果,然而,多是西方的移植,少有自身的创造,是其基本的特点。如何使中华美学既具有当代意识,又不乏"中华"的科学与人文特色,怎样使传统与现代达到高度的融和,从而建构一种既世界化又中华化的美学及其范畴、命题,是21世纪中华美学的伟大使命。

# 主要征引与参考书目

（排序基本按本书征引与参考之先后）

《殷虚书契前编》，罗振玉编，上虞罗氏影印本，1913年。
《殷虚书契后编》，罗振玉编，上虞罗氏影印本，1916年。
《殷虚粹编》，郭沫若编，科学出版社，1965年。
《甲骨文字典》，徐中舒主编，常正光、伍仕谦副主编，四川辞书出版社，1990年。
《说文解字》，〔东汉〕许慎著，中华书局，1963年。
《说文解字注》，〔清〕段玉裁著，上海古籍出版社，1981年。
《文字学概要》，裘锡圭著，商务印书馆，1988年。
《汉字形义考源》，何金松著，武汉出版社，1996年。
《古汉字与中国文化源》，李玲璞、臧克和、刘志基著，贵州人民出版社，1997年。
《走出疑古时代》，李学勤著，辽宁大学出版社，1997年。
《中国考古学研究》，文物出版社，1986年。
《金枝》（上下），〔英〕詹·乔·弗雷泽著，徐育新、张泽石、汪培基译，中国民间文艺出版社，1987年。
《巫术科学宗教与神话》，〔英〕马林诺夫斯基著，李安宅译，中国民间文艺出版社，1986年。
《野性的思维》，〔法〕列维-施特劳斯著，李幼蒸译，商务印书馆，1987年。
《原始思维》，〔法〕列维-布留尔著，丁由译，商务印书馆，1985年。
《伏羲考》，闻一多著，《闻一多全集》第一册，三联书店，1982年。
《周易略例》，〔三国魏〕王弼著，《四部丛刊》本。
《周易正义》，〔三国魏〕王弼、〔东晋〕韩康伯注，〔唐〕孔颖达疏，上海古籍出版社，1990年。

《周易本义》,〔南宋〕朱熹著,怡府藏板(版),天津古籍书店,1986年。
《周易外传》,〔清〕王夫之著,中华书局,1997年。
《巫术:周易的文化智慧》,王振复著,浙江古籍出版社,1990年。
《周易的美学智慧》,王振复著,湖南出版社,1991年。
《大易之美》,王振复著,北京大学出版社,2006年。
《周易精读》,王振复著,复旦大学出版社,2008年。
《风水圣经:宅经·葬书》,王振复著,台北恩楷出版股份有限公司,2003年。
《四库术数类丛书》(1-9),上海古籍出版社,1990、1991年。
《新编诸子集成》,中华书局,1992年。
《山海经的文化寻踪》(上下),叶舒宪,萧兵,〔韩〕郑在书著,湖北人民出版社,2004年。
《郭店楚墓竹简》,文物出版社,1998年。
《上海博物馆藏战国楚竹书》(一)、(二)、(三),马承源主编,上海古籍出版社,2001、2002、2004年。
《郭店楚简国际学术研讨会论文集》,武汉大学中国文化研究院编,湖北人民出版社,2000年。
《上博馆藏战国楚竹书研究》,上海大学古代文明研究中心、清华大学思想文化研究所编,上海书店出版社,2002年。
《古史辨》,顾颉刚、罗根泽、吕思勉、童书业编著,上海古籍出版社,1982年。
《老子注译及评价》,陈鼓应注译,中华书局,1984年。
《庄子今注今译》,陈鼓应注译,中华书局,1983年。
《孟子译注》,杨伯峻译注,中华书局,1962年。
《中国人性论史·先秦篇》,徐复观著,上海三联书店,2001年。
《国语》,〔三国吴〕,韦昭注,四部丛刊本。
《战国策》,〔南宋〕,鲍彪,校注,〔元〕吴师道,重校,四部丛刊本。
《史记》,〔西汉〕司马迁著,中华书局点校本,1959年。
《汉书》,〔东汉〕班固著,中华书局点校本,1962年。
《纬书集成》(上中下),〔日〕安居香山编纂,中村璋八辑,河北人民出版社,1994年。
《三国志》,〔西晋〕陈寿著,中华书局点校本,1959年。
《人物志》,〔三国魏〕刘劭著,四部丛刊本。
《王弼集校释》(上下),〔三国魏〕王弼著,楼宇烈校释,中华书局,1980年。
《嵇康集校注》,〔三国魏〕嵇康著,戴明扬校注,人民文学出版社,1962年。

《阮籍集校注》,〔三国魏〕阮籍著,陈伯君校注,中华书局,1987年。
《庄子注》,〔西晋〕郭象注,商务印书馆,1936年。
《崇有论》,〔西晋〕裴頠著,〔清〕严可均辑,全晋文本。
《肇论》,〔后秦〕僧肇著,大正藏第四十五册。
《维摩诘经注》,〔后秦〕僧肇注,大正藏第四十五册。
《中国佛教源流略讲》,吕澂著,中华书局,1979年。
《汉魏两晋南北朝佛教史》,汤用彤著,中华书局,1983年。
《佛教般若思想发展源流》,姚卫群著,北京大学出版社,1996年。
《魏晋胜流画赞》,〔东晋〕顾恺之著,佩文斋书画谱本。
《画山水序》,〔南朝宋〕,宗炳著,四库全书本。
《世说新语注》,〔南朝宋〕,刘义庆著,〔南朝梁〕刘孝标注,上海古籍出版社,1982年。
《形神论》,〔南朝梁〕沈约著,四部丛刊本。
《文心雕龙》,〔南朝梁〕刘勰著,范文澜注本,人民文学出版社,1998本。
《诗品》,〔梁〕钟嵘著,津逮秘书本。
《古画品录》,〔南朝梁〕谢赫著,《中国画论类编》本,人民美术出版社,1957年。
《弘明集》,〔南朝梁〕僧佑著,山三藏记集本卷十二。
《高僧传》,〔南朝梁〕慧皎著,大正藏本,财团法人佛陀教育基金会印。
《法华经文句》,〔隋〕智颛著,大正藏本,财团法人佛陀教育基金会印。
《摩诃止观》,〔隋〕智颛著,大正藏本,财团法人佛陀教育基金会印。
《成唯识论》,〔唐〕玄奘著,大正藏本,财团法人佛陀教育基金会印。
《因明入正理论疏》,〔唐〕窥基疏,大正藏本,财团法人佛陀教育基金会印。
《广弘明集》,〔唐〕道宣著,大正藏本,财团法人佛陀教育基金会印。
《华严经金师子章》,〔唐〕,法藏著,方立天校释本,中华书局,1983年。
《坛经》,〔唐〕慧能讲述,法海集记,郭朋校释本,中华书局,1983年。
《大乘起信论义记》,〔唐〕法藏著,大正藏本,财团法人佛陀教育基金会印。
《山水论》《山水诀》,〔唐〕王维著,《中国画论类编》本,人民美术出版社,1957年。
《诗格》,〔唐〕,王昌龄著,《新唐书·艺文志》本。
《河岳英灵集》,〔唐〕殷璠著,《河岳英灵集研究》本,中华书局,1992年。
《诗式》,〔唐〕皎然著,浙江古籍出版社校注本,1983年。
《二十四诗品》,〔唐〕司空图著,郭绍虞集解本,人民文学出版社,1981年。

《韩愈全集》,〔唐〕韩愈著,上海古籍出版社,1997年。
《周子通书》,〔北宋〕周敦颐著,上海古籍出版社,2000年。
《张载集》,〔北宋〕张载著,中华书局,1979年。
《二程集》,〔北宋〕程颐,程颢著,中华书局,1981年。
《苏轼文集》,〔北宋〕苏轼著,中华书局,孔凡礼校点本。
《朱熹集》,〔南宋〕朱熹著,郭齐,尹波点校,四川教育出版社,1996年。
《朱子语类》,〔南宋〕黎靖德编,中华书局,1986年。
《陆九渊集》,〔南宋〕陆九渊著,中华书局,1980年。
《五灯会元》,〔南宋〕普济等编撰,中华书局,1984年。
《宋代文艺理论集成》蒋述卓等主编,中国社会科学出版社2000年。
《王阳明全书》(上下),〔明〕王守仁著,吴光,钱明,董平,姚延福编校,上海古籍出版社,1992年。
《焚书·续焚书》,〔明〕李贽著,中华书局,1975年。
《袁宏道集笺校》,〔明〕袁宏道著,钱伯诚笺校,上海古籍出版社,1981年。
《汤显祖全集》,〔明〕汤显祖著,北京古籍出版社,1998年。
《南词叙录》,〔明〕徐渭著,中国戏剧出版社,1989年。
《诗薮》,〔明〕胡应麟著,上海古籍出版社,1979年。
《园冶》,〔明〕计成著,陈植注释本,中国建筑工业出版社,1981年。
《沧浪诗话校释》,〔明〕严羽著,郭绍虞校注,人民文学出版社,1961年。
《心体与性体》,牟宗三著,上海古籍出版社,1999年。
《宋明理学研究》,张立文著,中国人民大学出版社,1985年。
《理学与中国文化》,姜广辉著,上海人民出版社,1994年。
《宋元学案》,〔清〕黄宗羲,黄百家,全祖望著,中华书局,1986年。
《明儒学案》,〔清〕黄宗羲著,中华书局,1985年。
《船山遗书》,〔清〕王夫之著,北京出版社,1997年。
《戴震全集》,〔清〕戴震著,清华大学出版社,1991年。
《日知录集释》,〔清〕顾炎武著,黄汝成,集释,上海古籍出版社,1985年。
《文史通义》,〔清〕章学诚著,中华书局,1985年。
《薑斋诗话笺注》,〔清〕王夫之著,戴鸿森笺注,人民文学出版社,1981年。
《尺牍新钞》,〔清〕周亮工著,上海书店出版社,1988年。
《古诗源》,〔清〕沈德潜编,中华书局,1963年。
《原诗》,〔清〕叶燮著,人民文学出版社,1979年。
《随园诗话》,〔清〕袁枚著,人民文学出版社,1960年。

《历代诗话》,〔清〕何文焕编,中华书局,1981 年。
《艺概》,〔清〕刘熙载著,巴蜀书社校点本,1990 年。
《清诗话》,〔清〕王夫之等著,上海古籍出版社,1999 年。
《清诗话续编》(上下),郭绍虞编选,富寿荪,校点,上海古籍出版社,1983年。
《王国维遗书》(凡十六册),王国维著,上海古籍出版社,1983 年。
《梁启超论清学史二种》,梁启超著,朱维铮,校注,复旦大学出版社,1985年。
《中国实学思想史》,葛荣晋主编,首都师范大学出版社,1994 年。
《中国新文学大系·理论建设集》,上海文艺出版社,1980 年。
《鲁迅全集》,鲁迅著,人民文学出版社,1982 年。
《管锥编》,钱锺书著,中华书局,1979 年。
《东西文化及其哲学》,梁漱溟著,《梁漱溟全集》第一卷,山东人民出版社,1989 年。
《现代新儒学概论》,郑家栋著,广西人民出版社,1990 年。
《新编中国哲学史》,劳思光著,广西师范大学出版社,2005 年。
《中国文化之精神价值》,唐君毅著,台北正中书局,1969 年。
《中国美学的文脉历程》,王振复著,四川人民出版社,2002 年。
《中国美学重要文本提要》,王振复主编,四川人民出版社,2002 年。
《中国美学思问录》,王振复著,沈阳出版社,2003 年。
《中国美学范畴史》(三卷本),王振复主编,第一卷第一作者,山西教育出版社,2006 年。
《中华古代文化中的建筑美》,王振复著,上海学林出版社,1991 年;台北博远出版有限公司,1993 年。
《中国建筑的文化历程》,王振复著,上海人民出版社,2000 年。
《中国建筑艺术论》,王振复著,山西教育出版社,2001 年。

# 后 记

本著所叙,似数十载问学之酸果而难得圆融乎?灵犀孤寂之际,虽仅偶有拾取,仍未改于中国美学及易、佛求索之疾愚也。

王静安氏云:"'昨夜西风凋碧树。独上高楼,望尽天涯路',此第一境也。'衣带渐宽终不悔,为伊消得人憔悴',此第二境也。'众里寻他千百度,回头蓦见(注:原词为"蓦然回首"),那人正(原词为"却")在,灯火阑珊处',此第三境也。"大凡人生兼为学之三境,有如但丁《神曲》之地狱、炼狱与天堂,诚未谙余之身心栖居于何耳。诸般努力,纵付之东水、交乎冷月而犹未悔,惟愿敬畏于精进之当下。

吾治学,仅出于爱好而已。《庄子》曰:"天地有大美而不言。""大美"无言,确乎守望在春华秋实、灯火明灭之书城中。而诗趣兼禅悦,无求之求也。释道安《安般守意经注·序》云:"得斯寂者,举足而大千震,挥手而日月扪,疾吹而铁围飞,微嘘而须弥舞。"愿问学之寄,由道"无"此"大美"而趋于佛之空寂矣。

是书所言,试以"我注六经"为本,图"六经注我"之新。恐史料之难以搜尽,立说有欠妥;探文脉似未全,而问美而少悟,余之愧焉。

本著出版,尤为感谢北京大学出版社张雅秋编、校之不吝心力,治学之严谨与敬业。

是为记。

王振复　2009年9月1日写于六如斋